이공계 학생을 위한

미분방정식

강부현 · 유동선 지음

KyoWooSa 敎友社

머리말

미분방정식은 대학이공계 과정에서 미분적분학에 이어 가장 중요한 과목이며, 응용수학에서의 꽃이다. 또한 모든 이공계 분야에서 가장 활용성이 높은 기초 과목이다.

따라서 미분방정식의 완벽한 지식을 얻으면 모든 응용분야에서 어떤 어려움도 극복할 수 있고, 수학적으로 완전한 이해가 가능한 필수불가결한 과목이 바로 이 미분방정식이다.

본서는 좀 더 유익하고, 이해하기 쉽고, 각 응용분야에 쉽게 접근할 수 있게 기술하려고 노력하였다. 본서의 저술에는 다음 문헌들을 참고하여 현대적, 실용적 저술에 힘썼다.

Richard Bronson 저, Differential Equations과 Erwin Kreyszig 저, Advanced Engineerring Mathematics 및 Peter V. O'Neil 저, Advaned Engineering Mathematics.

이들 문헌은 세계적인 공업수학의 교과서로 많이 활용되고 있는 문헌들이다.

본서는 이들 문헌으로 이해하기 어려운 부분을 알기 쉽게 상세히 설명했고, 학습에 편리하게 각 절말 연습문제는 풀이까지 상세히 다루었다.

미분방정식도 다른 학문과 마찬가지로 단일문헌만으로 완전히 이해하기는 쉽지 않다. 좋은 참고문헌이 많이 있으니 몇 권의 참고문헌을 준비하여 함께 학습하면 더욱 좋은 학습효과가 기대될 것이다.

저자

차 례

Chapter 4 Laplace 변환 147

Chapter 1 일계미분방정식

1.1 미분방정식의 개념

1 미분방정식의 정의

도함수를 포함하는 방정식을 **미분방정식**(differential Equation)이라 한다. 미분방정식은 크게 상미분방정식과 편미분방정식의 두 가지로 구분된다.

상미분방정식은 상도함수를 포함하는 미분방정식이고, **편미분방정식**은 편도함수를 포함하는 미분방정식이다.

이밖에 **전미분방정식**이 있다. 이는 각 변수의 미분을 포함하는 미분방정식이다. 상미분방정식을 단지 상미방(ODE)이라고도 표현한다.

상미분방정식은 포함되는 종속변수의 최고계 도함수의 **계수**와 그것의 **차수**를 써서 (몇)계 (몇)차 미분방정식이라 한다.

보기 1

(1) $xy'=2y$는 1계 1차 상미분방정식

(2) $y''+4y=0$은 2계 1차 상미분방정식

(3) $xy''+4y^2=0$은 2계 1차 상미분방정식

미분방정식에 포함된 종속변수와 도함수의 차수가 모두 1차인 것을 **선형미분방정식**, 그렇지 않는 것을 **비선형미분방정식**이라 한다.

위 보기에서 (1), (2)는 선형이고, (3)은 비선형이다.

❷ 미분방정식의 해

해(Solution)란 준미분방정식을 만족하는 함수관계를 말한다. 미분방정식의 해에는 다음 세 가지 해가 있다.

(1) **일반해 General solution** : (GS)는 계수만큼의 임의상수를 가진 해
(2) **특수해 Particular solution** : (PS)는 임의상수에 특정값이 주어진 해
(3) **특이해 Singular solution** : (SS)는 일반해의 임의상수에 어떤 값을 주어도 얻어지지 않는 해

예제 ① (1) $y=cx^2$은 미분방정식 $xy'=2y$의 해임을 밝혀라.
(2) $x^2+y^2=1$은 미분방정식 $yy'=-x$의 해임을 밝혀라.

(풀이) (1)

$$\begin{array}{r|l} -2 & y=cx^2 \\ +x & y'=2cx \end{array}$$

$$xy'-2y=2cx^2-2cx^2=0$$

(2) $x^2+y^2=1$을 미분하면

$2x+2yy'=0 \quad \therefore x+yy'=0$ 또는 $yy'=-x$

예제 ② $y=x^2/4$는 $y'^2-xy'+y=0$의 특이해 임을 밝혀라.

(풀이) y'은 실수이므로, $D=x^2-4y\geq 0$

특히 $x^2-4y=0$이면 $y'=\frac{x}{2}$이므로, $y=xy'-y'^2=x\left(\frac{x}{2}\right)-\left(\frac{x}{2}\right)^2=\frac{x^2}{4}$(SS)

| 참 고 |

$y'=p$이면 예제 2의 미방은 $p^2=xp-y$이다. 이 미방을 x에 관하여 미분하면

$$2pp'-xp'-p+p=0 \quad \therefore p'(x-2p)=0$$

(i) $p'=0$이면 $p=c \quad \therefore c^2=cx-y \quad \therefore y=cx-c^2$(GS)
(ii) $x-2p=0$이면 $p=\frac{x}{2} \quad \therefore \left(\frac{x}{2}\right)^2=x\left(\frac{x}{2}\right)-y \quad \therefore y=\frac{x^2}{4}$(SS)

이특이해(SS)는 일반해의 포락선이다.

❸ 미분방정식의 형성

곡선군의 방정식에서 미분을 써서 임의상수를 소거하면 미분방정식을 얻는다.

보기 2

원군 $x^2+y^2=a^2$의 미분방정식을 구해보자.

양변을 x에 관하여 미분하면

$$2x+2yy'=0 \text{ 또는 } x+yy'=0 \text{ 또는 } y'=-\frac{x}{y} \quad \cdots\cdots ①$$

이 미분방정식은 원군 $x^2+y^2=a^2$의 공통된 기하학적 성질을 나타내고 있다. 미분방정식 ①은 원군상의 임의 점(x, y)에서의 접선의 기울기가 x 좌표를 y 좌표로 나눈 것에 음의 부호$(-)$를 부친 것임을 나타내고 있다. 이런 성질을 가진 곡선군이 원군 $x^2+y^2=a^2$이다.

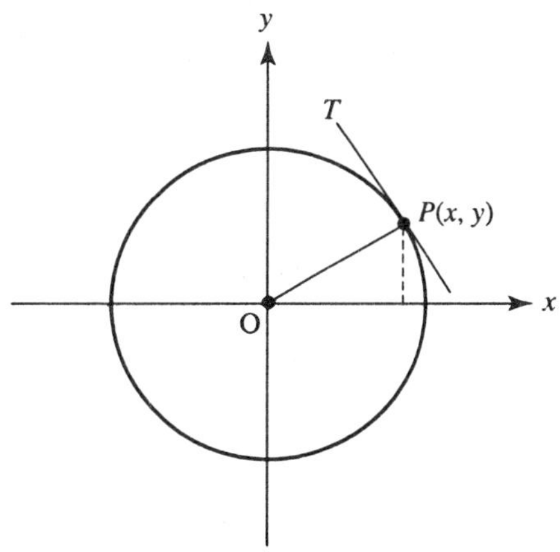

반지름 OP의 기울기가 $\frac{y}{x}$이다. 점 P에서의 접선을 PT이라면 OP⊥PT이므로, 접선의 PT의 기울기는 $-\frac{x}{y}$이다.

미분방정식 $y'=-\frac{x}{y}$를 만족하는 곡선군을 원군 $x^2+y^2=a^2$이고, 이 원의 미분방정식은 $x+yy'=0$이다.

예제 3 원군 $(x-c)^2-y^2=1$의 미분방정식을 구하라. 또한 역으로, 이 원군의 미분방정식의 일반해가 원군 $(x-c)^2+y^2=1$임을 밝혀라. 그리고 원군의 포락선(준 미분방정식의 특이해)를 구하라.

(풀이) (i) 주어진 원군의 방정식의 양변을 x에 관하여 미분하면

$$2(x-c)+2yy'=0 \text{ 또는 } x-c=-yy'$$

따라서 원군의 미방은

$$(-yy')^2+y^2=1 \text{ 또는 } y^2(1+y'^2)=1 \quad \cdots\cdots ①$$

(ii) 역으로, 미방 ①에서 원군 $(x-c)^2+y^2=1$을 유도해 보자.

①에서 $y'=p$이라면

$$p^2=\frac{1-y^2}{y^2}, \quad p=\pm\frac{\sqrt{1-y^2}}{y}=\frac{dy}{dx}$$

변수를 분리하여

$$\frac{ydy}{\sqrt{1-y^2}} = \pm dx, \text{ 적분하여 } -\sqrt{1-y^2} = \pm(x-c)$$

제곱하여

$$(x-c)^2 = 1-y^2 \text{ 또는 } (x-c)^2+y^2=1 \quad \cdots\cdots ②$$

②는 주어진 원구의 방정식이다.

따라서 ①의 일반해는 ②이다.

(iii) ①의 특이해를 구해본다. ①에서 $y'=p$이라면 ①은

$$y^2(1+p^2)=1, \quad y^2p^2+y^2=1 \cdots\cdots ③$$

③를 x에 관하여 미분하여 $2yp^3+2y^2pp'+2yp=0$

또는 $p(2yp^2+2y^2p'+2y)=0$, $p=0$이면 ③에서 $y^2=1$ $\therefore y=\pm1 \cdots\cdots ④$

④는 일반해 ②의 임의상수에 어떤 값을 대입해도 얻어지지 않으나 ①의 해이므로 특이해 이고, ④는 원군 $(x-c)^2+y^2=1$의 포락선이고, 미방 ①의 특이해(SS)이다.

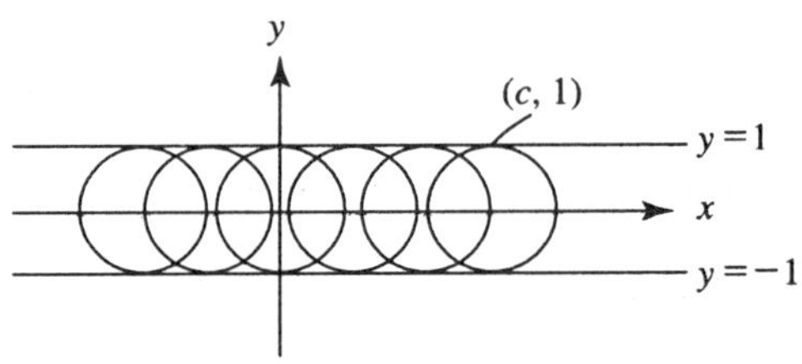

예제 4 다음 원군의 방정식에서 상수 a, b, c를 소거하여 이 원군의 미분방정식을 구하라.

$$x^2+y^2+2ax+2by+c=0$$

(풀이) x에 관하여 계속 3회 미분하면

$$x+yy'+a+by'=0 \cdots\cdots ①$$

$$1+(y')^2+yy''+by''=0 \cdots\cdots ②$$

$$2y'y''+y'y''+yy'''+by'''=0 \text{에서 } 3y'y''+yy'''+by'''=0 \cdots\cdots ③$$

③에서 $b=-(3y'y''+yy''')/y'''$을 ②에 대입하면

$$(1+y'^2+yy'')y'''-y''(3y'y''+y'y''')=0 \text{에서 } (1+yy')^2y'''-3y'y''^2=0 \cdots ④$$

이것이 구하는 원군의 미분방정식이다.

또는 ④를 구하는데 준식과 ①, ②, ③ 식에서 상수 a, b, c를 소거한 식을 행렬식으로 나타내면

$$\begin{vmatrix} 2x & 2y & 1 & x^2+y^2 \\ 1 & y' & 0 & x+yy' \\ 0 & y'' & 0 & 1+y'^2+yy'' \\ 0 & y''' & 0 & 3y'y''+yy''' \end{vmatrix}$$

$$=\begin{vmatrix} 1 & y' & x+yy' \\ 0 & y'' & 1+y'^2+yy'' \\ 0 & y''' & 3y'y''+yy''' \end{vmatrix}=\begin{vmatrix} y'' & 1+y'^2+yy'' \\ y''' & 3y'y''+yy''' \end{vmatrix}=3y'y''^2-y'''-y'^2y'''$$

$$=-(1+y'^2)y'''+3y'y''^2=0 \quad \therefore (1+y'^2)y'''-3y'y''^2=0$$

예제 5 인구의 증가율은 현존하는 인구에 비례하고, 포화인구 A인과 각 시점에서의 인구와의 차에 비례한다. 인구의 변화의 상태를 미분방정식으로 나타내라.

(풀이) 시점 t에서의 인구를 $P(t)$라면, 인구의 증가율 $\frac{dP}{dt}$는 P와 $(A-P)$에 비례하므로 비례상수 $k>0$이라면 구하는 미분방정식은 다음과 같다.

$$\frac{dP}{dt}=kP(A-P)$$

예제 6 질량 m의 물체를 연직상방으로 던져올릴 때, 중력 mg는 하방으로 작용한다. 또한 속도 v의 제곱에 비례하는 공기저항 $kv^2(k>0)$은 속도와 반대의 방향으로 받는다. 물체의 속도 v와 물체의 높이 x의 변화 상태를 나타내는 미분방정식을 구하라.

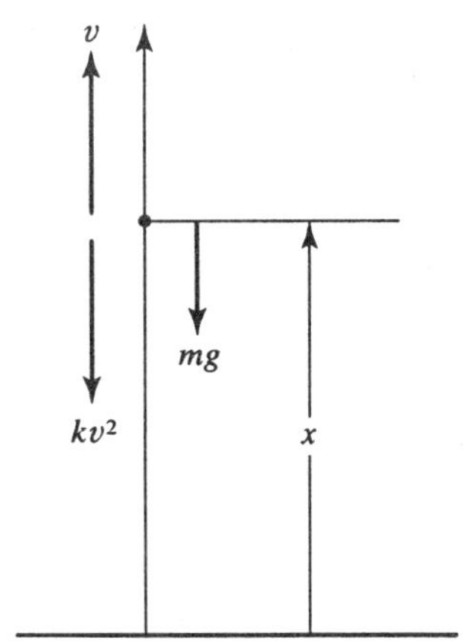

(풀이) 물체가 상승하는 방향을 x축으로 하고, 시간 t에서의 물체의 높이를 $x=x(t)$라 하면, 속도 $v=v(t)$와 가속도 $\alpha=\alpha(t)$는 각각

$$v=\frac{dx}{dt}, \quad \alpha=\frac{dv}{dt}=\frac{d^2x}{dt^2}$$

이고, 중력과 공기저항은 각각 $-mg$와 $-kv^2$으로 나타내지므로 Newton의 운동법칙 (질량)×(가속도) = (힘)에 의하여 구하는 미분방정식은 다음과 같다.

$$m\frac{dv}{dt}=-mg-kv^2 \text{ 또는 } m\frac{d^2x}{dt^2}=-mg-k\left(\frac{dx}{dt}\right)^2$$

④ 응용문제 해법 절차

응용문제는 다음 4단계 절차에 따라서 푼다.

1단계 물리적 과정을 수학적 모델로 만든다(자연현상을 수식화).
(자연현상, 사회현상을 미방으로 나타낸다)

2단계 작성된 미방의 해를 구한다.

3단계 초기조건, 경계조건에 맞는 특수해를 구하라.

4단계 해가 맞는지를 검토한다.

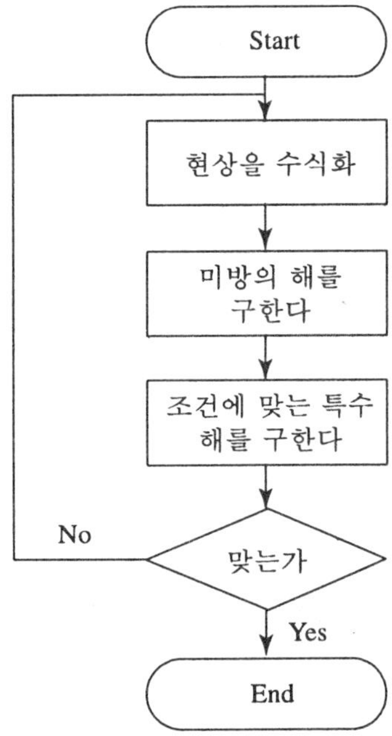

보기 3

어떤 물질의 시간에 대한 변화율은 현존하는 그 물질의 양에 비례한다. 시간 $t=0$일 때 물질양은 y_0이다. 53시간 후에 물질이 2배가 될 때, $t=1000$시간 경과 때 이 물질의 양을 구하여라.

1단계 물질의 시간에 관한 변화율=현존하는 물질량에 비례한다.
현존하는 물질량을 y라면 다음 미방을 얻는다.

$$\frac{dy}{dt}=ky, \quad y(0)=y_0,\ y(53)=2y_0$$

2단계 이 미방을 푼다.

$$\frac{dy}{y}=kdt\text{에서}\quad \ln y = kt+\log c \quad \therefore y=ce^{kt}$$

3단계 초기조건에 맞는 특수해를 구한다.

$y(0)=ce^0=y_0$에서 $c=y_0$, $y(53)=2y_0$에서 $2y_0=y_0\cdot e^{53k}$, 이므로

$$\ln 2=53k,\quad k=0.0131 \quad \therefore y=e^{0.0131t}$$

$$\therefore y(1000)=y_0e^{0.0131\times1000}=488,942y_0$$

4단계 해를 음미한다.

$$\frac{dy}{dt} = cke^{kt} = ky, \quad y(0) = y_0,\ y(53) = y_0 e^{0.0131\times 53} = 2.0023y_0 \simeq 2y_0$$

⑤ $y' = f(x,\ y)$의 기하학적 의미

$y' = f(x,\ y)$는 점$(x,\ y)$에서의 접선의 기울기가 $f(x,\ y)$이라는 것이다. 점 $(x,\ y)$와 기울기 $f(x,\ y)$를 **선소**(line segment) ⁄로 표시한 것을 **방향**(기울기)**장**(slope field)이라 한다.

미분방정식 $y' = f(x, y)$에서 많은 선소를 그리고 $f(x, y) = k$되는 점을 연결하면 미분방정식 (2)의 **등경선**(기울기가 같은 곡선)이 된다.

보기 4

미분방정식 $y' = xy$의 등경선을 그리고 점 (1, 2)를 지나는 해곡선을 구해보자.

모든 $(x,\ y)$에 대한 선소 /를 잔뜩 표시한다. 등경선은 $f(x, y) = xy = k$되는 쌍곡선을 나타낸다.

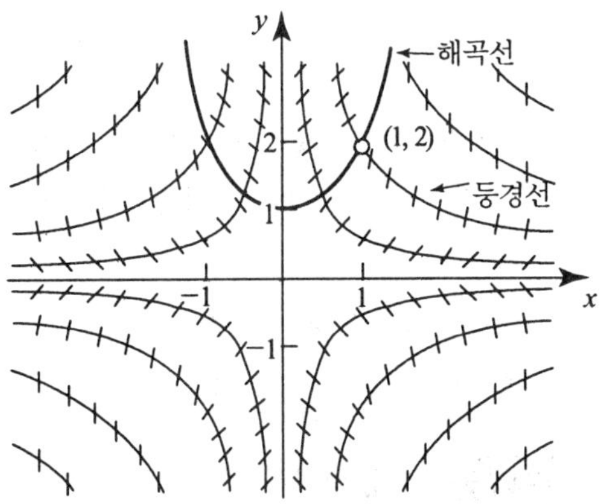

이 등경선에서 기울기가 연속되는 선소를 연결하면 해곡선을 얻는다.

즉, 방향장에서 각 점에서 기울기가 $f(x,\ y)$되는 점을 연결한 것이 미방의 해곡선이다. 점 (1, 2)를 지나는 해곡선은 그림에서 굵은 곡선이다.

해곡선은 기울기 $f(x,\ y)$가 연속되는 선소를 연결한 곡선이다. 해곡선과 등사선이 다름에 유의하자.

| 참 고 |

(i) $y'=xy$에서 $\frac{dy}{y}=xdx$, $\ln y=\frac{x^2}{2}+\ln c$

$\therefore y=ce^{x^2/2}$(해곡선)

특히 점 (1. 2)를 지나는 해곡선(PS)은

$$y(1)=ce^{1/2}=2\text{에서}\quad c=2e^{-1/2}$$

구하는 해곡선은 $y=2e^{-1/2}e^{x^2/2}=2e^{(x^2-1)/2}$

(ii) $y'=xy=k$에서 $y=\frac{k}{x}$은 등경선이다.

6 미분방정식의 해의 존재정리·유일성정리

정리 1 존재정리

미분방정식 $$y'=f(x,\ y),\quad y(x_0)=y_0 \tag{1}$$

에서 함수 $f(x,\ y)$가 어떤 4각형 영역

$$R: |x-x_0|<a,\quad |y-y_0|<b$$

안의 모든 점 $(x,\ y)$에서 연속이고, y에 관하여 편미분가능하고, 유계 즉 $|f(x,\ y)|\le k$이면 미방 (1)은 적어도 한해 $y(x)$를 갖는다.

α가 a와 b/k 중에서 작은 값 : $\alpha=\min\{a,\ b/k\}$일 때 이해는 폐구간 $|x-x_0|\le\alpha$ 안의 모든 x에서 정의된다.

정리 2 유일성정리

사각형 영역 R의 모든 점 $(x,\ y)$에서 함수 $f(x,\ y)$와 편도함수 $\partial f/\partial y$가 연속이고 유계이면, 즉

(i) $|f(x)|\le k$ (ii) $|\partial f/\partial y|\le M$

이면, 초기값 문제 (1)은 많아서 한 개의 해 $y(x)$를 갖는다.

존재정리와 유일성정리에 의하여, 미분방정식(1)은 정확하게 한해를 갖는다. 이 해는 적어도 구간 $|x-x_0|<\alpha$ 안의 모든 점에서 정의된다.

예제 7 미분방정식 $y'=1+y^2$, $y(0)=0$의 영역 $R: |x|<|y|<2$에서 해의 존재 여부와 존재구간을 살펴라.

(풀이) $|f|=|1+y^2|\le k=1+2^2=5$, $|\partial f/\partial y|=2|y|\le M=4$

$\alpha=b/k=2/5=0.4$

해는 $\dfrac{dy}{1+y^2}=dx$에서 $\tan^{-1}y=x+c$

$y(0)=0$이므로, $c=0$ $\therefore y=\tan x$

$|x|<2$이나 $x=\pm\dfrac{\pi}{2}$에서 $y=\tan x$는 불연속이므로 $|x|<2$인 전 영역에서 유효한 해는 없고, $\alpha=0.4$에서는 해를 갖는다 $(\tan 0.4=0.423)$.

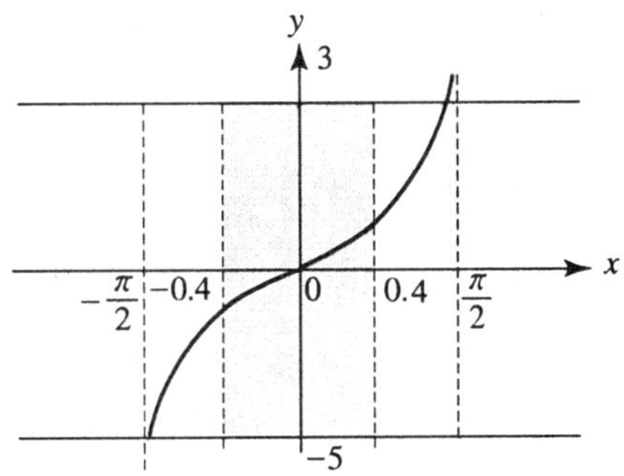

예제 8 다음 1계 미분방정식은 어떤 영역에서 해를 갖느냐?

$$y^2(1+y'^2)=1$$

(풀이) $y'^2=\dfrac{1-y^2}{y^2}$, $y'=\pm\dfrac{\sqrt{1-y^2}}{y}\ (=f(x,\ y))$

우변은 $\varepsilon\le y<1-\varepsilon(0<\varepsilon<1$이 되는 임의 수에서 y에 관하여 미분가능하고, 그 편도함수가 연속이므로 임의의 수 a에 대하여 $x=a, y=b(\varepsilon<|b|<1-\varepsilon)$되는 해가 하나 존재한다.

이 미분방정식의 일반해는 $(x+c)^2+y^2=1$(c는 임의 상수)이다.

연습문제 1.1

1. 다음 방정식에서 임의상수 c_1, c_2를 소거하여 준방정식의 미분방정식을 구하라.

(1) $y=c_1x$　　(2) $y=x+c_1x^2$

(3) $x^2+y^2-2c_1x=0$　　(4) $y=c_1x+c_2x^2$

2. 다음 조건을 만족하는 곡선군의 미분방정식을 구하라.

(1) y축상에 중심을 갖고, 반지름 1인 원군

(2) 포물선 $2y=x^2$의 접선군

(3) 원점 O에서 거리가 1인 직선군

3. 질량 m의 물체가 공기중을 낙하할 때, 그 속력의 제곱에 비례하는 저항력 $kv^2(k>0)$을 속도와 반대방향으로 받는다. 최초의 속력이 0으로 낙하할 때, 그 속력 v를 낙하거리의 함수로 나타내라.

해답

1. (1) $y'=c_1$이므로 $y=y'x$　　(2) $y'=1+2c_1x$에서 $c_1=\frac{y'-1}{2x}$

$\therefore y=x+c_1x^2=x+\frac{y'-1}{2x}x^2$　$\therefore y=x+\frac{x}{2}(y'-1)$ 또는 $xy'-2y=x$

(3) $2x+2yy'-2c_1=0$에서 $2c_1=2(x+yy')$

$\therefore x^2+y^2-2(x+yy')=0$ 또는 $2yy'-y^2=x^2-2x$

(4) $y'=c_1+2c_2x$, $y''=2c_2$에서 $c_2=\frac{1}{2}y''$, $c_1=y'-xy''$

$\therefore y=ax+bx^2=(y'-xy'')x+\frac{1}{2}y''x^2$ 또는 $\frac{1}{2}x^2y''-xy'+y=0$

행렬을 써서 상수 a, b를 소거하면

$$\begin{vmatrix} x & x^2 & y \\ 1 & 2x & y' \\ 0 & 2 & y'' \end{vmatrix}=x(2xy''-2y')-(x^2y''-2y)=0 \text{ 또는 } x^2y''-2xy'+2y=0$$

2. (1) 곡선군은 $x^2+(y-a)^2=1$이고 미분하여 $x+(y-a)y'=0$에서

$y-a=-\frac{x}{y'}$이므로, 구하는 곡선의 DE는

$$x^2+\left(-\frac{x}{y'}\right)^2=1 \text{ 또는 } x^2(1+y'^2)-y'^2=0 \text{ 또는 } y'^2(x^2-1)=-x^2$$

(2) $2y'=2x$이므로 $y=\frac{1}{2}x^2$ 위의 점 $\left(a,\ \frac{1}{2}a^2\right)$에서의 접선의 방정식은

$y-\frac{1}{2}a^2=a(x-a)$이다. 미분에 의하여 a를 소거한다. $y'=a$이므로

$y-\frac{1}{2}y'^2=y'(x-y')$ 전개하면 $y=xy'-\frac{1}{2}y'^2$ 또는 $y'^2-2xy'+2y=0$

(3) 원점부터 거리가 1인 직선의 방정식은

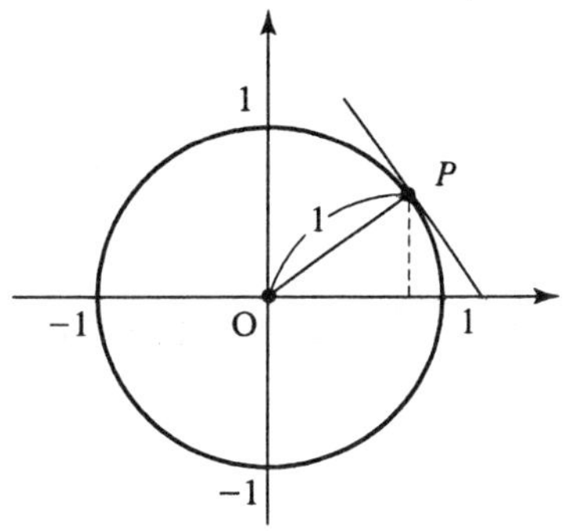

$x\cos\theta+y\sin\theta=1$ ·········①

$$\left(ax+by=c,\quad \overline{OP}=\frac{|c|}{\sqrt{a^2+b^2}}=1\right)$$

① 식을 미분하여 $\cos\theta+y'\sin\theta=0$ ·········②

② 식에서 $y'^2\sin^2\theta=\cos^2\theta=1-\sin^2\theta$,

$(1+y'^2)\sin^2\theta=1$·········③

①−②×x, $y\sin\theta-xy'\sin\theta=1$, $(y-xy')\sin\theta=1$···········④

③, ④에서 θ를 소거하면 $(1+y'^2)\frac{1}{(y-xy')^2}=1$ 또는 $1+y'^2=(y-xy')^2$

3. 물체의 최초의 위치를 원점 O로 하는 좌표축을 연직선으로 하고, 연직하방을 양의 방향으로 한다. 낙하 개서 시각을 $t=0$로 하고, 시각 t에서 물체의 속력을 v, 그 낙하거리를 x라면, $v=\frac{dx}{dt}$이다. 물체가 받는 힘은 중력 mg의 공기저항 $-kv^2$이므로, Newton의 운동방정식

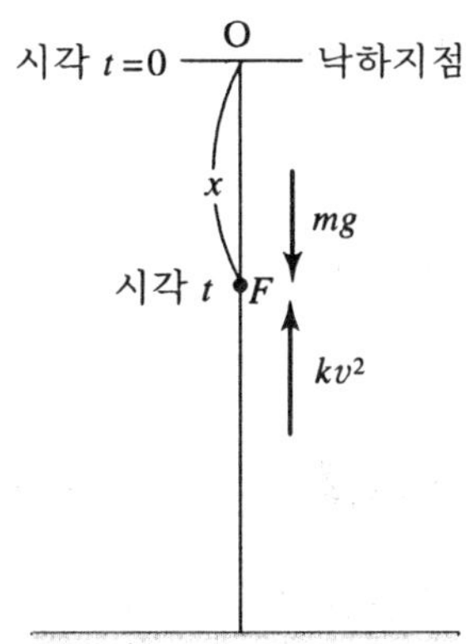

(질량)×(가속도)=(힘)

에 의하여

$$m\frac{dv}{dt}=mg-kv^2 \quad \text{또는} \quad mv\frac{dv}{dx}=mg-kv^2$$

$$\left(\frac{dv}{dt}=\frac{dv}{dx}\frac{dx}{dt}=v\frac{dv}{dx}\right)$$

변수를 분리하고, 적분하면 $\frac{mv}{mg-kv^2}=dx$ 에서 $\frac{-m}{2k}\ln(mg-kv^2)=x+\ln c''$

또는 $\ln(mg-kv^2)=\frac{2kx}{m}+\ln c^{-\frac{2k}{m}}$ 에서 $mg-kv^2=c'e^{\frac{-2k}{m}}e^{\frac{-2kx}{m}}$ $\therefore v^2=\frac{mg}{k}-ce^{-\frac{2kx}{m}}$

1.2 변수분리형

1 기본형

$$y' = \frac{f(x)}{g(y)} \text{ 또는 } g(y)dy = f(x)\,dx \tag{1}$$

꼴의 미분방정식을 **변수분리형**이라 한다. (1)을 적분하여 다음해를 얻는다.

$$\int g(y)dy = \int f(x)dx \tag{2}$$

보기 1

$2yy' + x = 0$을 풀어라.

$$2ydy + xdx = 0$$

적분하여

$$y^2 + \frac{1}{2}x^2 = c \text{ 또는 } x^2 + 2y^2 = c'$$

이 해곡선은 태원군이다.

예제 1 $y' = ky$를 풀어라.

(풀이) $\frac{dy}{y} = kdx$에서 $\ln|y| = kx + \ln|c|$

$$\therefore \ln\left|\frac{y}{c}\right| = kx \quad \therefore |y| = |c|e^{kx}$$

이해를 단지 $y = ce^{kx}$로 표시한다.

> **참 고**
>
> 흔히 절대값 기호를 생략하고 나타낸다.

예제 2 $y' = -2xy,\quad y(0) = 1$을 풀어라.

(풀이) $\frac{dy}{y} = -2xdx$를 적분하여

$\ln y = -x^2 + \ln c \quad \therefore y = ce^{-x^2/2}$ (GS)

$y(0) = ce^0 = 1$에서 $c=1 \quad \therefore y = e^{-x^2/2}$ (PS)

❷ $y' = g\left(\frac{y}{x}\right)$형 (동차형)

$\frac{y}{x} = u$이라면 $y = ux$, $y' = u'x + u$이므로

$$y' = g\left(\frac{y}{x}\right)\text{는} \quad u'x + u = g(u) \quad \text{에서} \quad \frac{du}{g(u)-u} = \frac{dx}{x}$$

이므로 이 미분방정식은 변수분리형이 된다.

예제 3 $2xyy' = y^2 - x^2$을 풀어라.

(풀이) $y' = \frac{y^2 - x^2}{2xy}$에서 $\frac{y}{x} = u$, 즉 $y = ux$이라면

$$u'x + u = \frac{u^2x^2 - x^2}{2ux^2} = \frac{u^2-1}{2u}, \quad u'x = \frac{u^2-1}{2u} - u = -\frac{u^2+1}{2u}$$

변수를 분리하면

$$\frac{2udu}{u^2+1} = -\frac{dx}{x}$$

적분하면

$$\ln(1+u^2) = -\ln x + \ln c \text{ 이므로 } 1 + u^2 = \frac{c}{x} \quad \therefore 1 + \frac{y^2}{x^2} = \frac{c}{x}$$

또는 $x^2 + y^2 = cx$ 또는 $\left(x - \frac{c}{2}\right)^2 + y^2 = \frac{c^2}{4}$

일반해는 중심이 $\left(\frac{c}{2}, 0\right)$이고, 반지금이 $\left|\frac{c}{2}\right|$인 원군이다.

❸ $y' = g(ax + by + c)$꼴

(i) $v = ax + by + c$ 이라면

$$\frac{dv}{dx} = a + by' = a + bg(v)$$

변수를 분리하여

$$\frac{dv}{a + bg(u)} = dx$$

적분하면 GS를 얻는다.

(ii) $v = ax + by$라면

$$\frac{dv}{dx} = a + by' = a + bg(v + c)$$

변수를 분리하여

$$\frac{dv}{a + bg(v+c)} = dx$$

적분하여 GS를 얻는다.

예제 4 $(2x-4y+5)y'+(x-2y+3)=0$을 풀어라.

(풀이) $v=x-2y$이라면 $\frac{dv}{dx}=1-2y'$, $y'=\frac{-v+3}{2v+5}$ 이므로, 준미분방정식은

$$\frac{dv}{dx}=1-2y'=1-2\left(-\frac{v+3}{2v+5}\right)=\frac{4v+11}{2v+5}$$

변수를 분리하여

$$\frac{2v+5}{4v+11}\,dv=dx,\quad \left(\frac{1}{2}-\frac{1/2}{4v+11}\right)dv=dx$$

구하는 해는 적분하여

$$\frac{1}{2}v-\frac{1}{8}\ln(4v+11)=x+c$$

또는 $4(x-2y)-\ln(4x-8y+11)=8x+c'$ $(c'=8c)$

4 변수분리형의 응용문제

$y(t)$의 시간에 관한 변화율이 y에 비례할 때, 이 현상을 나타내는 미분방정식은

$$\frac{dy}{dt}=ky$$

로 나타내진다.

예제 5 방사성 탄소의 반감기는 1000년이다. $\frac{1}{5}$로 감소되는 기간을 구하라.

(풀이) $y'=ky$에서 $\frac{dy}{y}=kdt$, $\ln y=kx+\ln c$ $\therefore y=ce^{kt}$

$y(0)=c=y_0$라면, $y=y_0e^{kt}$

$$y(1000)=y_0e^{1000k}=\frac{1}{2}y_0 \text{ 에서 } e^{1000k}=\frac{1}{2},\quad \ln\frac{1}{2}=1000k$$

$$\therefore k=\frac{\ln\frac{1}{2}}{1000}=-0.000693$$

$y=\frac{1}{5}y_0$ 되는 t는 구한다.

$$\frac{1}{5}y_0=y_0e^{-0.000693t}\text{에서 } \ln\frac{1}{5}=-0.000693t,\text{ 에서 } t=-\frac{\ln\frac{1}{5}}{0.000693}=2322.4\text{(년)}$$

응용문제의 일반적 해법절차는 다음 4단계를 밟는다.

1단계 : 수식모델을 미분방정식으로 작성한다.
2단계 : 일반해를 구한다.
3단계 : 특수해(조건에 맞는)를 구한다.
4단계 : 해의 결과를 검토한다.

예제 6 물 50l에 소금 2 kg이 용해된 탱크에 1l당 0.2 kg의 소금이 용해된 소금물이 매분 5l씩 유입되고, 물탱크에서 잘 용해된 소금물이 매분 5l씩 유출된다. 10분 경과후의 탱크 속에 있는 소금량을 구하라.

(풀이) **1단계** t분 경과 후의 탱크 속에 소금량을 $y(t)l$이라면

$$\frac{dy}{dt} = \text{소금의 유입량} - \text{소금의 유출량}$$
$$= 0.2\times5 - \frac{y(t)}{50}\times5 = 1-0.1y(t),\quad y(0)=2$$

2단계 변수를 분리하여 적분한다.

$$\frac{dy}{1-0.1y} = dt,\quad -10\log(1-0.1y) = t+c'$$

$$\log\frac{1-0.1y}{c} = -\frac{t}{10} \text{에서 } 1-0.1y = ce^{-\frac{t}{10}},\quad y = 10-10ce^{-\frac{t}{10}}$$

3단계 $y(0)=10-10c=2$에서 $c=0.8$ $\therefore y=10-8ce^{-10t}$

$t=10$일 때, $y(10)=10-8e^{-1}=7.057(l)$

예제 7 **(Newton의 냉각법칙)** 한 물질의 온도 T의 시간에 관한 변화율 dT/dt는 T와 T를 둘러싼 주변온도 T_0의 차에 비례한다. 이것을 Newton의 **냉각법칙**이라 한다. 즉

1단계
$$\frac{dT}{dt} = k(T-T_0) \tag{1}$$

$t=0$일 때, $T=20$℃이고, $t=2$일 때, $T=22$℃이다. $t=10$일 때 T를 구하라. 단, 주변온도는 $T_0=25$℃이다.

(풀이) 미분방정식 (1)을 푼다.

2단계 $$\frac{dT}{T-T_0} = kdt,\quad \ln(T-T_0) = kt+\ln c \quad \therefore T = T_0+ce^{kt}$$

3단계 $t=0$일 때, $T=20$, $T_0=25$이므로 $20=25+ce^0$에서 $c=-5$

$t=2$일 때, $T=22$이므로 $22=25-5e^{2k}$ 에서 $5e^{2k}=3$, $e^{2k}=0.6$,

$2k=\ln 0.6=-0.5108$ $\therefore k=-0.2554$ $\therefore T=25-5e^{-0.2554t}$

$t=10$일 때, $T=25-5e^{-0.2554\times 10}=24.61$℃

예제 8 **(이탈속도)** Newton의 인력의 법칙에 의하면 인력은 $1/r^2$에 비례(r은 지구중심에서 발사체까지의 거리, R은 지구의 지름)한다. 발사체를 초속도 얼마로 발사하면 지구를 이탈하겠느냐?

물체의 가속도 α는 $\alpha=\dfrac{a}{r^2}$, $r=R$일 때 $\alpha=\dfrac{a}{R^2}=-g$에서 $a=-gR^2$

이므로 $\alpha=-\dfrac{gR^2}{r^2}$ 이다(g는 지구표면에서의 중력의 가속도).

(풀이) 1단계 $\alpha=\dfrac{dv}{dt}=\dfrac{dv}{dr}\dfrac{dr}{dt}=v\dfrac{dv}{dr}$

이므로 속도 v를 구하는 미분방정식은

$$v\frac{dv}{dr}=-\frac{gR^2}{r^2} \quad \cdots\cdots ①$$

2단계 방정식 ①을 푼다.

$$vdv=-\frac{gR^2}{r^2}dr \text{ 에서 } \frac{v^2}{2}=\frac{gR^2}{r}+c$$

3단계 c의 결정하여 이탈속도를 구한다.

지구표면에서 즉, $r=R$일 때, $v=v_0$라면(v_0는 초속도)

$\dfrac{{v_0}^2}{2}=\dfrac{gR^2}{R}+c$에서 $c=\dfrac{{v_0}^2}{2}-gR$

$$\therefore v^2=\frac{2gR^2}{r}+{v_0}^2-2gR$$

$v=0$이면 발사체는 멈추고 지구로 돌아온다. $v>0$이면, 물체는 한없이 진행한다.

$$v_0=\sqrt{2gR}\text{이면 } v^2=\frac{2gR^2}{r}>0 \quad \cdots\cdots ②$$

② 식에서 $v_0=\sqrt{2gR}$을 지구로부터 물체가 이탈하는 **이탈속도**라 한다.

v_0의 수치적 값은 $R=6.372\,\text{km}$, $g=9.8\,\text{m/sec}^2=0.00980\,\text{km/sec}^2$ 이므로

$v_0=\sqrt{2gR}=11.2\,\text{km/sec}(=6.96\,\text{mile}\simeq 7\,\text{mile})$

❺ 직교곡선

미분방정식 $$y' = f(x,\ y) \tag{1}$$

의 직교곡선은 곡선 (1)상의 모든 점에서 접선의 기울기가 $-\dfrac{1}{y'}$ 이 되는 곡선이므로 $-\dfrac{1}{y'} = f(x,\ y)$에서

$$y' = -\frac{1}{f(x,\ y)} \tag{2}$$

이다. 구하는 직교곡선은 미분방정식 (2)의 해곡선이다.

예제 9 곡선 $x^2 + y^2 = a^2$의 직교곡선군을 구하라.

(풀이) 1단계 주어진 곡선군의 미분방정식을 구한다.

준 곡선군의 방정식을 미분하면

$$2x + 2yy' = 0 \text{ 또는 } y' = -\frac{x}{y}$$

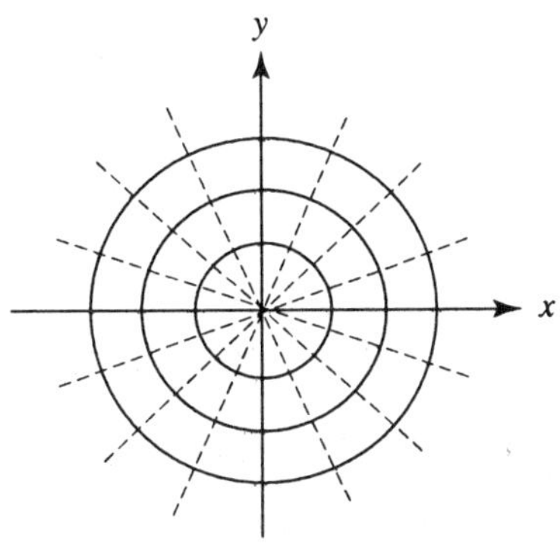

2단계 직교곡선의 미분방정식을 구한다.

$$-\frac{1}{y'} = -\frac{x}{y} \text{ 에서 } y' = \frac{y}{x}$$

3단계 직교곡선군을 구한다.

$$y' = \frac{y}{x} \text{ 에서 } \frac{dy}{y} = \frac{dx}{x}$$

적분하여 $\ln y = \ln x + \ln c$

$\therefore y = cx$(원점을 지나는 점선군)

예제 10 곡선 $2x^2 + y^2 = a^2$의 직교곡선군을 구하라.

(풀이) 1단계 준곡선군의 미분방정식은

$$4x + 2yy' = 0 \text{ 또는 } y' = -\frac{2x}{y}$$

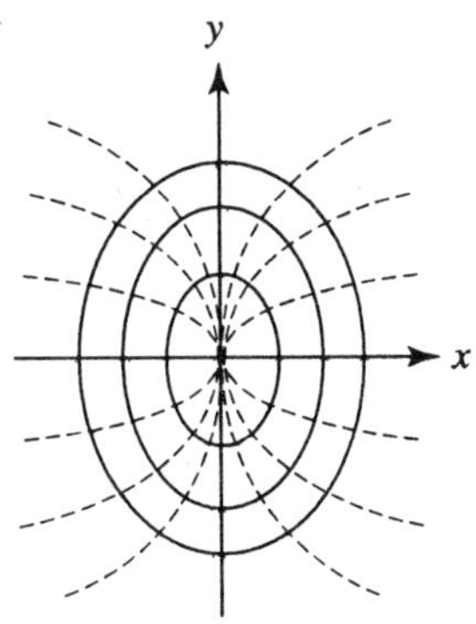

2단계 직교곡선군의 미분방정식은

$$y' = \frac{y}{2x}$$

3단계 직교곡선군을 구한다.

$$\frac{dy}{y}=\frac{dx}{2x}\text{에서}\quad \ln y=\frac{1}{2}\ln x+\ln c$$

또는 $y=c\sqrt{x}$ 에서 $y^2=c^2x$

6 미분방정식의 기하학적 응용

직교좌표계에서 곡선 $y=f(x)$ 위의 임의 점 P (x, y)에서 접선, 법선에 관한 기본 공식을 알아보자.

다음 그림에서 접선영, 법선영의 길이 공식을 구한다.

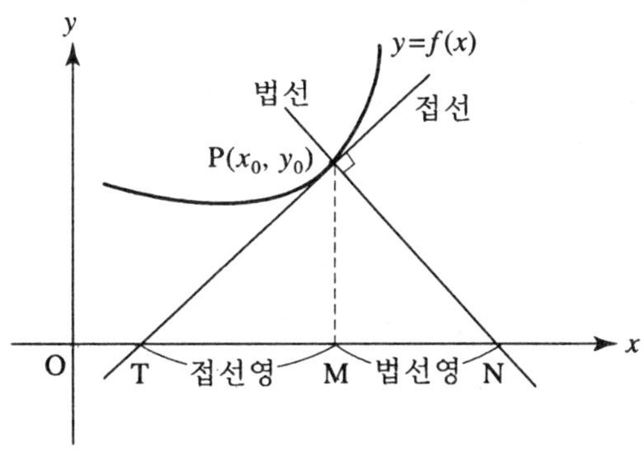

곡선 위의 점 $P(x_0, y_0)$에서의 접선, 법선의 방정식은 다음과 같다.

(1) 접선의 방정식 : $y-y_0=y_0'(x-x_0)$

(2) 법선의 방정식 : $y-y_0=-\frac{1}{y_0'}(x-x_0)$

점 $P(x_0, y_0)$에서 접선, 법선에서 접선영 TM, 법선영 MN을 구해보자.

접선의 방정식에서 $y=0$에서 점 T의 x좌표는

$$-y_0=y_0'(x-x_0)\text{에서}\quad x=x_0-\frac{y_0}{y_0'}$$

이므로 접선영 TM은

$$\mathrm{TM}=\left|x_0-\left(x_0-\frac{y_0}{y_0'}\right)\right|=\left|\frac{y_0}{y_0'}\right|$$

법선의 방정식에서 $y=0$에서, 점 N의 x좌표는

$$-y_0=-\frac{1}{y_0'}(x-x_0)\text{에서}\quad x=x_0+y_0y_0'$$

이므로 법선영 MN은

$$MN = |x_0 + y_0 y_0' - x_0| = |y_0 y_0'|$$

예제 11 법선 영의 길이가 일정한 값 a 되는 곡선군을 구하라.

(풀이) 법선 영은 $|yy'|$이므로 구하는 곡선군은

$$yy' = \pm a \text{에서} \quad ydy = \pm adx \quad \therefore \frac{1}{2} y^2 = \pm ax + c$$

예제 12 법선이 늘 원점을 지나는 곡선군을 구하라.

(풀이) 점 $P(x_0, y_0)$에서

의 곡선 $y = f(x)$의 법선의 방정식은

$$y - y_0 = -\frac{1}{y_0'}(x - x_0)$$

이 법선이 원점을 지나므로, $x = y = 0$에서

$$-y_0 = \frac{1}{y_0'} x_0 \text{ 또는 } y_0 y_0' = -x_0$$

따라서 임의 점(x, y)에서 법선이 원점을 지나는 곡선은

$yy' + x = 0$이고, 또는 적분하여 구하는 곡선군은 $\frac{1}{2} y^2 + \frac{1}{2} x^2 = c$

$$x^2 + y^2 = a^2 \ (2c = a^2) \quad (\text{원점이 중심인 원군})$$

연습문제 1.2

1. 다음 미분방정식을 풀어라.

(1) $xy'+y=0$

(2) $y'+\lambda y=0$

(3) $1-xy'=x^2y$

(4) $(1+x)y+(1-y)xy'=0$

2. 다음 곡선군의 직교곡선군을 구하라.

(1) $x^2+3y^2=c$

(2) $x^2-y^2=c$

3. 다음 조건을 만족하는 곡선을 구하라.

(1) 접선영의 길이가 일정한 곡선

(2) 법선영의 길이가 일정한 곡선

(3) 원점에서 곡선 위의 임의 점에서의 법선에 내린 수선의 길이가 그 점의 y좌표와 같은 곡선

해답

1. (1) $xdy+ydx=0$, $xy=c$

(2) $\dfrac{dy}{y}+\lambda dx=0$, $\log y+\lambda x=\log c$ $\therefore y=ce^{-\lambda x}$

2. (1) 준곡선군의 미분방정식은 $2x+6yy'=0$이므로, 직교곡선군의 미분방정식은

$2x+6y\left(-\dfrac{1}{y'}\right)=0$에서 $2xy'-6y=0$, $xy'-3y=0$

변수를 분리하여 $\dfrac{dy}{y}-\dfrac{3}{x}dx=0$, 적분하여 $\log y-3\log x=\log c$ $\therefore y=cx^3$

(2) 준곡선군의 미방은 $2x-2yy'=0$이고, 직교곡선군의 미분방정식은

$2x-2y\left(-\dfrac{1}{y}{'}\right)=0$ 또는 $xy'+y-0$에서 $d(xy)=0$ $\therefore xy=c$(쌍곡선)

3. (1) 접선 영은 그림에서 TH이다.

$\dfrac{PH}{TH}=y'$에서 $TH=\dfrac{PH}{y'}=\dfrac{y}{y'}$이다.

$$\frac{y}{y'}=k\text{에서 } \frac{dy}{y}=\frac{dx}{k},\ \ln y=\frac{1}{k}x+\ln c$$

$$\therefore y=ce^{\frac{x}{k}}$$

(2) 법선영은 그림에서 HT'이다.

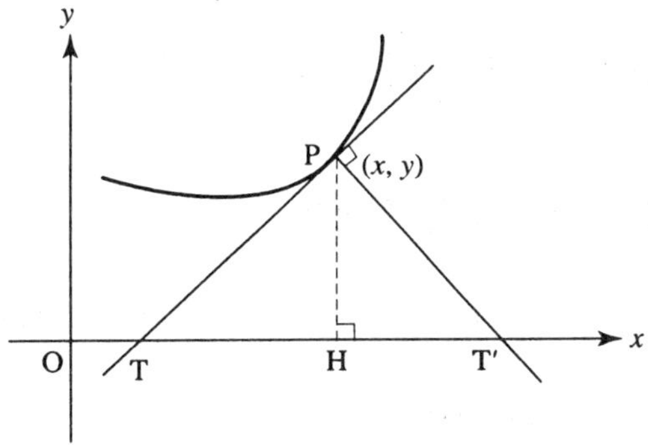

$\frac{PH}{HT'}=-\frac{1}{y'}$ 에서

$HT'=-y'PH=-yy'$

$-yy'=k'$ 에서 $ydy=kdx$,

$\frac{1}{2}y^2=kx+c'$

$\therefore y^2=2kx+c(2c'=c)$

(3) 곡선상의 점 $(x_0,\ y_0)$에서 곡선 $y=f(x)$의 법선의 방정식

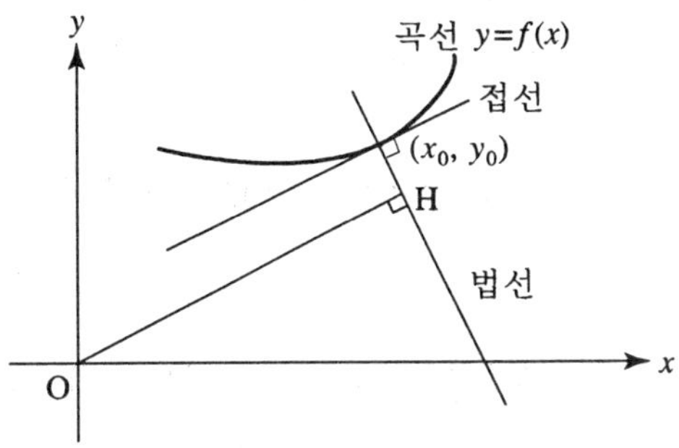

$y-y_0=-\frac{1}{y_0'}(x-x_0)$ 또는

$x+y_0'y-y_0y_0'-x_0=0$

원점에서 이 법선에 내린 수선의 길이가 y_0와 같으므로

$$\frac{|x_0+y_0y_0'|}{\sqrt{1+y_0'^2}}=y_0$$

임의점을 $(x,\ y)$이라면

$$\frac{|x+yy'|}{\sqrt{1+y'^2}}=y\text{에서}\quad (x+yy')^2=y^2(1+y'^2)\ \text{또는}\ \ x^2+2xyy'=y^2$$

이것은 동차형 $y'=\frac{y^2-x^2}{2xy}$ 이고, $y=ux$라면 $y'=\frac{u^2x^2-x^2}{2xux}=\frac{u^2-1}{2u}$

$$y'=u+x\frac{du}{dx}=\frac{u^2-1}{2u}\text{에서}\quad x\frac{du}{dx}=\frac{u^2-1}{2u}-u-\frac{u^2+1}{2u}$$

변수를 분리하여 적분하면

$$\frac{2u}{u^2+1}du+\frac{dx}{x}=0\text{에서}\quad \ln(u^2+1)+\ln x=\ln c$$

간단히 하면 $x(u^2+1)=c$ 에서 $x\left(\frac{y^2}{x^2}+1\right)=c\ \therefore x(y^2+x^2)=cx^2$

구하는 곡선은 이것의 해곡선 $x^2+y^2=cx$이다.

1.3 완전미분방정식

❶ 증분, 미분, 전미분

미분과 전미분, 도함수의 구분을 명확히 해두자.

(1) $y=f(x)$에서

$\Delta y=f(x+\Delta x)-f(x)$ …… y의 증분
$dy=f'(x)\Delta x$ …… $y=f(x)$의 미분

특히 $f(x)=x$이면 $f'(x)=1$이므로 $dx=1\cdot\Delta x=\Delta x$이다. 따라서 $\Delta x=dx$이므로

$$dy=f'(x)\,dx$$

이 경우 $\frac{dy}{dx}=f'(x)$는 미분 $f'(x)dx$에서 dx의 계수 $f'(x)$를 **미분계수** 또는 $f(x)$의 **도함수**라고 한다. $\frac{dy}{dx}$는 dy를 x의 미분 dx로 나눈 몫(상)으로 표시되고 있어서 $f'(x)$를 **미분상**이라고도 한다.

(2) $u=f(x, y)$에서

$\Delta u=f(x+\Delta x, y+\Delta y)-f(x, y)$ ……… u의 증분
$du=f_x dx+f_y dy$ ……… u의 전미분

$\frac{du}{dx}=\frac{\partial f}{\partial x}+\frac{\partial f}{\partial y}\frac{dy}{dx}$에서 $du=f_x dx+f_y dy$

$$\Delta u=f(x+dx,\ y+dy)-f(x,\ y)$$
$$=f_x(x,\ y)dx+f_y(x,\ y)dy+\frac{1}{2}\{f_{xx}dx^2+2f_{xy}dxdy+f_{yy}dy^2\}+\cdots$$

$du=f_x(x,\ y)dx+f_y(x,\ y)dy$ [dx, dy가 충분히(절대값) 작을 때]

(3) 미분한다. 편미분한다.

상도함수(미분계수)를 구하는 것을 "미분한다"라하고, 편도함수(편미분계수)를 구하는 것을 "편미분한다"라고 한다.

※ 일부 문헌에서는 상도함수를 상미분, 편도함수를 편미분이라 하고 있다.

② 완전미분방정식

u의 미분

$$du = u_x dx + u_y dy$$

이므로, 미분방정식

$$u_x dx + u_y dy = 0 \tag{1}$$

의 GS는 $du(x, y) = 0$에서, $u(x, y) = c$이다.

이런 미분방정식 (1)의 꼴을 **완전미분방정식**이라 한다.

보기 1

$$u(x, y) = x + x^2y^3 = c$$

이면, $u_x = 1 + 2xy^3$, $u_y = 3x^2y^2$이므로

$$(1 + 2xy^3)dx + (3x^2y^2)dy = 0$$

은 완전미분방정식이다. 해는 $x + x^2y^3 = c$ $[u(x, y) = c]$이다.

정리 1

미분방정식
$$M(x, y)dx + N(x, y)dy = 0 \tag{2}$$
에서 다음 조건
$$\frac{\partial u}{\partial x} = M(x, y), \quad \frac{\partial u}{\partial y} = N(x, y) \tag{3}$$
이 만족할 때, (2)는 완전미분방정식이다.
방정식 (2)가 완전미분방정식이 될 조건은
$$\frac{\partial M}{\partial y} = \frac{\partial N}{\partial x}$$

(증명) (i) 필요성 : 미분방정식 (2)가 완전미방이면

$$Mdx + Ndy = \frac{\partial u}{\partial x} dx + \frac{\partial u}{\partial y} dy = 0$$

에서 $M = \frac{\partial u}{\partial x}$, $N = \frac{\partial u}{\partial y}$ 이므로

$$\frac{\partial M}{\partial y} = \frac{\partial^2 u}{\partial x \partial y} = \frac{\partial N}{\partial x}$$

(ii) 충분성 : $\frac{\partial M}{\partial y}=\frac{\partial N}{\partial x}$ 하자, $\int Mdx=F(x,\ y)$라 할때,

$$\frac{\partial F}{\partial x}=M \text{이므로 } \frac{\partial^2 F}{\partial y \partial x}=\frac{\partial M}{\partial y}=\frac{\partial N}{\partial x}$$

따라서

$$\frac{\partial}{\partial x}\left(\frac{\partial F}{\partial y}-N\right)=0 \text{이고, } \frac{\partial F}{\partial y}-N=f(y)(\ y\text{의 임의 함수})$$

$$N=\frac{\partial F}{\partial y}-f(y)$$

따라서 미방 (2)는

$$Mdx+Ndy=\frac{\partial F}{\partial x}+\frac{\partial F}{\partial y}dy-f(y)dy=dF-f(y)dy$$
$$=d\left(F-\int f(y)dy\right)$$

이 사실은 $Mdx+Ndy$가 완전미분방정식임을 의미한다.

예제 ① $(x^3+3xy^2)dx+(3x^2y+y^3)dy=0$을 풀어라.

(풀이) $M=x^3+3xy^2$, $N=3x^2y+y^3$

$$\frac{\partial M}{\partial y}=6xy=\frac{\partial N}{\partial x}$$

이므로 준미방은 완전미방이다.

$M=\frac{\partial u}{\partial x}$ 이므로,

$$u=\int M(x,\ y)dx=\int(x^3+3xy^2)dx=\frac{1}{4}x^4+\frac{3}{2}x^2y^2+k(y)$$

$$\frac{\partial u}{\partial y}=3x^2y+k'(y)=3x^2y+y^3(=N)$$

따라서,

$$k'(y)=y^3 \text{에서 } k(y)=\frac{1}{4}y^4+c_1$$

구하는 GS는

$$u(x,\ y)=\frac{1}{4}x^4+\frac{3}{2}x^2y^2+\frac{1}{4}y^4+c_1=c_2 \text{ 또는 } \therefore x^4+6x^2y^2+y^4=c$$

정리 2

완전미분방정식 $M(x, y)dx+N(x, y)dy=0$의 일반해는

$$\int Mdx+\int\left[N-\frac{\partial}{\partial y}\int Mdx\right]dy=c \tag{4}$$

(증명) $F(x, y)=\int M(x, y)dx$ (y를 상수로 보고, x로 적분한다)

이라면, 정리 1에서

$$\frac{\partial F}{\partial y}-N=f(y)\text{에서} \quad N=\frac{\partial F}{\partial y}-f(y)$$

따라서 준 미분장정식은

$$Mdx+Ndy=\frac{\partial F}{\partial x}dx+\left[\frac{\partial F}{\partial y}-f(y)\right]dy=d\left[F-\int f(y)dy\right]$$

따라서 $Mdx+Ndy=0$의 일반해는

$$F-\int f(y)dy=\int Mdx+\int\left[N-\frac{\partial}{\partial y}\int Mdx\right]dy=c$$

예제 2 $(x^3+2xy+y)dx+(y^3+x^2+x)dy=0$을 풀어라.

(풀이) 이 미분방정식은 완전미분방정식이다. 위 정리의 공식에 의하여 일반해를 구한다.

$$\int(x^3+2xy+y)dx+\int\left[(y^3+x^2+x]-\frac{\partial}{\partial y}\int(x^3+2xy+y)dx\right]dy$$

$$=\frac{1}{4}x^4+x^2y+xy+\int[y^3+x^2+x-(x^2+x)]dy=\frac{1}{4}x^4+x^2y+xy+\frac{1}{4}y^4$$

$$\therefore \frac{1}{4}x^4+x^2y+xy+\frac{1}{4}y^4=c$$

❸ 적분인자

준미분방정식은 완전미분방정식은 아니나, 적당한 함수를 곱하면 완전미분방정식이 되는 경우가 있다. 곱해지는 적당한 함수를 준미분방정식의 **적분인자**(Integrating Factor)라 한다.

보기 2

$-ydx+xdy=0$을 풀어보자.

변수분리로 간단히 풀 수 있으나, 적분인자 λ를 찾아보자. 준미분방정식은 완전미분방정식은 아니나, $\lambda=\frac{1}{x^2}$을 곱하면

$$\frac{xdy-ydx}{x^2}=d\left(\frac{y}{x}\right)=0$$

이므로, $\lambda=\frac{1}{x^2}$은 적분인자이고, 구하는 해는

$$\frac{y}{x}=c \text{ 에서 } y=cx$$

관찰에 의한 적분인자를 구하는데 다음 관계가 자주 쓰인다.

① $d\left(\frac{y}{x}\right)=\frac{xdy-ydx}{x^2}$　② $d\left(\frac{x}{y}\right)=\frac{ydx-xdy}{y^2}$

③ $d\left[\ln\left(\frac{x}{y}\right)\right]=\frac{(ydx-xdy)/y^2}{\frac{x}{y}}=\frac{ydx-xdy}{xy}$　④ $d\left(\tan^{-1}\frac{y}{x}\right)=\frac{xdy-ydx}{x^2+y^2}$

예제 3 다음 미분방정식을 풀어라.

(1) $2xydx+(y^2-x^2)dy=0$

(2) $(x^2+y+1)dx-xdy=0$

(풀이) (1) $y^2dy+(2xydx-x^2)dy=0$에서 $dy+\frac{2xydx-x^2dy}{y^2}=dy+d\left(\frac{x^2}{y}\right)=0$

적분하여 $y+\frac{x^2}{y}=c$ 에서 $y^2-x^2=cy$

(2) $(x^2+1)dx+(ydx-xdy)=0$

양변을 x^2으로 나누면

$$\left(1+\frac{1}{x^2}\right)dx-\frac{xdy-ydx}{x^2}=\left(1+\frac{1}{x^2}\right)dx-d\left(\frac{y}{x}\right)=0$$

적분하여 $x-\frac{1}{x}-\frac{y}{x}=c$ 에서 $x^2-y-1=cx$

미분방정식　$M(x,y)dy+N(x,y)dy=0$　(2)

(2)의 적분인자를 구하는 방법을 알아보자.

미분방정식 $Mdx+Ndy=0$에 대한 어떤 함수 $\lambda(x, y)$를 곱한

$$\lambda Mdx+\lambda Ndy=0 \tag{3}$$

이 완전미분방정식이 될 때, λ는 적분인자이다.

적분인자 λ를 구해보자.

(3)이 완전미분방정식이므로 완전미분방정식의 조건에서

$$\frac{\partial}{\partial y}(\lambda M)=\frac{\partial}{\partial x}(\lambda N) \tag{4}$$

편미분한 결과는

$$\frac{\partial \lambda}{\partial y}M+\lambda\frac{\partial M}{\partial y}=\frac{\partial \lambda}{\partial x}N+\lambda\frac{\partial N}{\partial x} \tag{5}$$

특별한 경우에 (5)식에서 λ를 구할 수 있다.

정리 3

미분방정식 $M(x, y)dx+N(x, y)dy=0$에서 다음 조건

$$\frac{1}{N}\left(\frac{\partial M}{\partial y}-\frac{\partial N}{\partial x}\right)=p(x) \quad (x\text{만의 함수})$$

이면 이 미분방정식의 적분인자 $\lambda(x, y)$는 다음과 같다.

$$\lambda(x, y)=e^{\int p(x)dx}$$

(증명) (5) 식에서 λ가 x만의 함수이면 $\frac{\partial \lambda}{\partial y}=0$이므로

$$\lambda\frac{\partial M}{\partial y}=\frac{\partial \lambda}{\partial x}N+\lambda\frac{\partial N}{\partial x}$$

양변을 λN으로 나누면

$$\frac{\lambda_x}{\lambda}=\frac{1}{N}\left(\frac{\partial M}{\partial y}-\frac{\partial N}{\partial x}\right)=p(x) \tag{6}$$

양변을 x에 관하여 적분하면

$$\ln\lambda(x)=\int p(x)dx \qquad \therefore\ \lambda(x)=e^{\int p(x)dx}$$

정리 4

미분방정식 $M(x, y)dx+N(x, y)dy=0$에서 다음 조건

$$\frac{1}{M}\left(\frac{\partial N}{\partial x}-\frac{\partial M}{\partial y}\right)=\tilde{p}(y) \quad (y\text{만의 함수})$$

을 만족하면 이 미분방정식의 적분인자는 다음과 같다.

$$\lambda(x, y)=e^{\int \tilde{p}(y)dy}$$

(증명) (5) 식에서 λ가 y만의 함수이면 $\frac{\partial \lambda}{\partial x}=0$이므로

$$M\frac{d\lambda}{dy}+\lambda\frac{\partial M}{\partial y}=\lambda\frac{\partial N}{\partial x}$$

양변을 λM로 나누면

$$\frac{\lambda_y}{\lambda}=\frac{1}{M}\left(\frac{\partial N}{\partial x}-\frac{\partial M}{\partial y}\right)=\tilde{p}(y) \tag{7}$$

양변을 y에 관하여 적분하면

$$\ln\lambda(y)=\int\tilde{p}(y)dy \quad \therefore \lambda(y)=e^{\int \tilde{p}(y)dy}$$

예제 4 $(x^2+y^2)dx-2xydy=0$의 적분인자를 구하고, 이를 이용하여 일반해를 구하여라.

(풀이) $M=x^2+y^2$, $N=-2xy$

$$\frac{\partial M}{\partial y}=2y\neq\frac{\partial N}{\partial x}(=-2y)$$

이므로 준미방은 완전미분방정식이 아니다.

$$\frac{1}{N}\left(\frac{\partial M}{\partial y}-\frac{\partial N}{\partial x}\right)=\frac{1}{-2xy}(2y+2y)=-\frac{2}{x}=p(x)$$

이므로, 구하는 적분인자 λ는

$$\lambda=e^{-\int\frac{2}{x}dx}=e^{-2\ln x}=e^{-\ln x^2}=e^{\ln\frac{1}{x^2}}=\frac{1}{x^2}$$

준방정식의 양변에 $\frac{1}{x^2}$을 곱하면

$$\frac{x^2+y^2}{x^2}dx-\frac{2y}{x}dy=0$$

$$\frac{\partial u}{\partial x}=\frac{x^2+y^2}{x^2}, \quad \frac{\partial u}{\partial y}=-\frac{2y}{x}$$

이므로

$$u(x,\ y)=-\int\frac{2y}{x}dy+k(x)=-\frac{y^2}{x}+k(x)$$

$$\frac{\partial u}{\partial x}=\frac{y^2}{x^2}+k'(x)=\frac{x^2+y^2}{x^2} \quad \therefore k'(x)=1 \quad \therefore k(x)=x$$

구하는 일반해는

$$u(x,\ y)=-\frac{y^2}{x}+x=c \text{ 또는 } x^2-y^2=cx$$

예제 5 $dx-(x+y^2)dy=0$을 풀어라.

(풀이) $M=1,\ N=-x-y^2$

$$\frac{\partial M}{\partial y}=0, \quad \frac{\partial N}{\partial x}=-1\text{이므로 } \frac{1}{M}\left(\frac{\partial N}{\partial x}-\frac{\partial M}{2y}\right)=\frac{1}{1}(-1-0)=-1$$

적분인자 $\lambda=e^{-\int dy}=e^{-y}$

준방정식의 양변에 $\lambda=e^{-y}$를 곱하면

$$e^{-y}dx-(x+y^2)e^{-y}dy=0$$

은 완전미방이고

$$\frac{\partial u}{\partial x}=e^{-y}\text{에서} \quad u=xe^{-y}+k(y)$$

$$\frac{\partial u}{\partial y}=-xe^{-y}+k'(y)=-(x+y^2)e^{-y}\text{에서} \quad k'(y)=-y^2e^{-y}$$

$$k(y)=-\int y^2d^{-y}dy=e^{-y}(y^2+2y+2)$$

$$\therefore u=xe^{-y}+e^{-y}(y^2+2y+2)=c \text{ 또는 } x+y^2+2y+2=ce^y$$

예제 6 미분방정식 $y'=f(x)g(y)$를 적분인자를 써서 일반해를 구하라.

(풀이) $f(x)g(y)\,dx-dy=\cdots$①에서 $M=f(x)\,g(y),\ N=-1$이라면

$$\frac{\partial M}{\partial y}=f(x)g'(y), \quad \frac{\partial N}{\partial x}=0$$

$$\frac{1}{M}\left(\frac{\partial N}{\partial x}-\frac{\partial M}{\partial y}\right)=\frac{1}{f(x)g(y)}[0-f(x)g'(y)]=-\frac{g'(y)}{g(y)}=\tilde{p}(y)$$

적분인자 λ는

$$\lambda = e^{\int -p(y)dy} = e^{-\int \frac{g'(y)}{g(y)}dy} = e^{-\ln g(y)} = \frac{1}{g(y)}$$

미분방정식 ①의 양변에 $\lambda = \frac{1}{g(y)}$ 을 곱하여

$$f(x)dx - \frac{1}{g(y)}dy = 0 \cdots\cdots ②$$

일반해는 ②를 적분하여(이식은 준방정식을 변수분리한 것)

$$\int f(x)dx - \int \frac{dy}{g(y)} = c$$

정리 5

미분방정식 $M(x, y)dx + N(x, y)dy = 0$에서 만일

$$\left(\frac{\partial N}{\partial x} - \frac{\partial M}{\partial y}\right) / (xM - yN) = p(xy)$$

이면 적분인자 $\lambda(x, y)$는 다음과 같다.

$$\lambda = e^{\int p(xy)d(xy)} \tag{8}$$

(증명) λ가 xy만의 함수인 경우 $\frac{\partial \lambda}{\partial x} = \lambda' y$, $\frac{\partial \lambda}{\partial y} = \lambda' x$ 이므로

(5)식에서 $\lambda' xM + \lambda \frac{\partial M}{\partial y} = \lambda' yN + \lambda \frac{\partial N}{\partial x}$ 이므로

$$(xM - yN)\lambda' = \left(\frac{\partial N}{\partial x} - \frac{\partial M}{\partial y}\right)\lambda \text{에서 } \frac{\lambda'}{\lambda} = \left(\frac{\partial N}{\partial x} - \frac{\partial M}{\partial y}\right) / (xM - yN) \tag{9}$$

(9)의 우변이 xy만의 함수일 때는 이것을 $p(xy)$라 놓을 때

$$\frac{\lambda'}{\lambda} = p(xy) \tag{10}$$

가 되고, (10)을 적분하면

$$\ln \lambda = \int p(xy)d(xy) \text{ 에서 } \lambda = e^{\int p(xy)d(xy)}$$

정리 7

만약 (1)이 동차방정식이고 $xM + yN \neq 0$이면 $\frac{1}{xM + yN}$이 적분인자이다.

(증명) 여기서는 $\frac{M}{xM+yN}dx+\frac{N}{xM+yN}dy=0$이 완전미분방정식이라는 것을 밝히기 위하여

$$\frac{\partial}{\partial y}\left(\frac{M}{xM+yN}\right)=\frac{\partial}{\partial x}\left(\frac{N}{xM+yN}\right)$$

임을 밝히면 된다.

$$\frac{\partial}{\partial y}\left(\frac{M}{xM+yN}\right)=\frac{(xM+yN)\frac{\partial M}{\partial y}-M\left(x\frac{\partial M}{\partial y}+N+y\frac{\partial N}{\partial y}\right)}{(xM+yN)^2}$$

$$=\frac{yN\frac{\partial M}{\partial y}-MN-yM\frac{\partial N}{\partial y}}{(xM+yN)^2}$$

$$\frac{\partial}{\partial x}\left(\frac{M}{xM+yN}\right)=\frac{(xM+yN)\frac{\partial M}{\partial x}-M\left(x\frac{\partial M}{\partial x}+M+y\frac{\partial N}{\partial x}\right)}{(xM+yN)^2}$$

$$=\frac{yN\frac{\partial M}{\partial x}-MN-yM\frac{\partial N}{\partial x}}{(xM+yN)^2}$$

$$\frac{\partial}{\partial y}\left(\frac{M}{xM+yN}\right)-\frac{\partial}{\partial x}\left(\frac{N}{xM+yN}\right)$$

$$=\frac{N\left(x\frac{\partial M}{\partial x}+y\frac{\partial M}{\partial y}\right)-M\left(x\frac{\partial N}{\partial x}+y\frac{\partial N}{\partial y}\right)}{(xM+yN)^2}=\frac{N(nM)-M(nN)}{(xM+yN)^2}=0$$

예제 7 $y^2dx+(x^2-xy-y^2)dy=0$을 풀어라.

(풀이) 이 방정식은 동차이므로 적분인자 $\frac{1}{xM+yN}=\frac{1}{y(x^2-y^2)}$을 준미분방정식에 곱하면,

$$\frac{y}{x^2-y^2}dx+\frac{x^2-xy-y^2}{y(x^2-y^2)}dy=0$$

적분하여 일반해는 $(x-y)^2=C(x+y)$이다.

4 여러 가지 1계미분방정식

[1] $f'(y)\frac{dy}{dx}+f(y)P(x)=Q(x)$**의 꼴의 방정식은** $v=f(y)$**라는 치환으로**

$$\frac{dv}{dx}+vP(x)=Q(x)$$

인 1계선형미분방정식이 된다.

예제 8 $e^y \dfrac{dy}{dx} + e^y = 4\sin x$를 풀어라.

(풀이) $v=f(y)=e^y$인 치환으로, 이 방정식은 $\dfrac{dv}{dx}+v=4\sin x$가 된다.

적분인자 e^x을 양변에 곱하고, 적분하면

$ve^x = 4\int e^x \sin x\, dx = 2e^x(\sin x - \cos x) + C$ 또는 $e^y = 2(\sin x - \cos x) + Ce^{-x}$

예제 9 $\dfrac{\sin y}{\cos^2 y}\dfrac{dy}{dx} - \dfrac{1}{\cos y} = -x$를 풀어라.

(풀이) $\dfrac{d}{dy}\left(\dfrac{1}{\cos y}\right) = \dfrac{\sin y}{\cos^2 y}$ 이므로 $v=\dfrac{1}{\cos y}$ 이라면, 이 방정식은

$$\frac{dv}{dx} - v = -x$$

이고, 적분인자 e^{-x}를 곱하고, 적분하면

$$ve^{-x} = -\int xe^{-x}dx = xe^{-x} + e^{-x} + C \text{ 또는 } v = \frac{1}{\cos y} = \sec y = x + 1 + Ce^x$$

예제 10 $\sec^2 y \dfrac{dy}{dx} + \tan y = x$ 를 풀어라.

(풀이) $\tan y = v$라 놓으면 $\dfrac{dv}{dx} = \sec^2 y \dfrac{dy}{dx}$ 이므로, 준 방정식은

$$\frac{dv}{dx} + v = x$$

적분인자 e^x를 곱하고 적분하면

$$v = e^{-x}\left[\int xe^x dx + C\right] = e^{-x}(xe^x - e^x + C)$$

[2] Jacobi의 미분방정식

$P(x, y)$는 x, y의 m차의 동차식, $Q(x, y)$, $R(x, y)$는 모두 x, y의 n차의 동차식일 때

$$P(x, y)(x\,dy - y\,dx) + Q(x, y)dx + R(x, y)dy = 0$$

의 형의 미분방정식을 **Jacobi의 미분방정식**이라 한다. Jacobi의 미분방정식은 Bernoulli의 미분방정식으로 변환할 수 있다. $y=vx$이라면, $dy = vdx + xdv$이고,

$$P(x,\ y)=x^m P\left(1,\ \frac{y}{x}\right)=x^m P(1,\ v)$$

$$Q(x,\ y)=x^n Q\left(1,\ \frac{y}{x}\right)=x^n Q(1,\ v)$$

$$R(x,\ y)=x^n R\left(1,\ \frac{y}{x}\right)=x^n R(1,\ v)$$

이므로

$$x\,dy-y\,dx=x(v\,dx+x\,dv)-vx\,dx=x^2dv$$

이므로 주어진 미분방정식은

$$x^m P(1,\ v)x^2dv+x^n Q(1,\ v)dx+x^n R(1,\ v)(v\,dx+x\,dv)=0$$

$$[x^n Q(1,\ v)+x^n v\cdot R(1,\ v)]dx+[x^{m+2}P(1,\ v)+x^{n+1}R(1,\ v)]dv=0$$

$$\frac{dx}{dv}+\frac{R(1,\ v)}{Q(1,\ v)+vR(1,\ v)}x=-\frac{P(1,\ v)}{Q(1,\ v)+vR(1,\ v)}x^{m-n+2}$$

가 되어 Bernoulli의 미분방정식이 된다.

예제 11 $\frac{y}{x}(x\,dy-y\,dx)+(x-y)dx+(x+y)dy=0$을 풀어라.

(풀이) Jacobi의 미분방정식이므로 $y=vx$라 놓으면

$$dy=x\,dv+v\,dx \qquad x\,dy-y\,dx=x^2dv$$

이므로 주어진 미분방정식은

$$vx^2dv+x(1-v)dx+x(1+v)(x\,dv+v\,dx)=0$$

정리하면 $\qquad x(1+v^2)dx+x^2(1+2v)dv=0$

변수분리하면

$$\frac{dx}{x}+\frac{1+2v}{1+v^2}dv=0$$

또는

$$\frac{dx}{x}+\left(\frac{1}{1+v^2}+\frac{2v}{1+v^2}\right)dv=0$$

적분하면

$$\ln x+\tan^{-1}v+\ln(1+v^2)=c$$

$$\therefore\ \ln\frac{x^2+y^2}{x}+\tan^{-1}\frac{y}{x}=c$$

[3] Riccati의 방정식

방정식 $$\frac{dy}{dx}+P(x)+Q(x)y+R(x)y^2=0 \quad (1)$$

의 꼴의 방정식을 **Riccati의 방정식**이라 한다.

[해법] 하나의 특수해를 알고 있을 때만 풀 수 있다. 관찰 또는 어떤 방법으로 하나의 특수해 y_1을 알았을 때

$$y=y_1+u$$

라고 놓고, 준 방정식 (1)에 대입하면, (1)은 Bernoulli의 형

$$\frac{du}{dx}+[Q(x)+2R(x)y_1]u+R(x)u^2=0 \quad (2)$$

이 된다. 변환 $v=\frac{1}{u}$에 의하면 (2)는

$$\frac{dv}{dx}-(Q+2Ry_1)v=R$$

이 된다. 이것을 풀어서

$$\frac{1}{y-y_1}=e^{\int(Q+2Ry_1)dx}\left[\int Re^{-\int(Q+2Ry_1)dx}dx+c\right]$$

참고 Riccati방정식에서 한해 y_1을 써서 $y=y_1(x)+\frac{1}{u}$로 변환하면, 준 미분방정식은 $u'-(2Ry_1+Q)u=R$ 꼴의 선형미붕방정식이 된다.

예제 12 $y=1$은 다음 Riccati의 방정식의 해이다. 이 방정식을 풀어라.

$$\frac{dy}{dx}+\frac{4x}{2x^2-x}-\frac{1+4x}{2x^2-x}y+\frac{1}{2x^2-x}y^2=0$$

(풀이) $y=1+u$라 놓으면

$$\frac{du}{dx}+\left(-\frac{1+4x}{2x^2-x}+\frac{2}{2x^2-x}\right)u+\frac{1}{2x^2-x}u^2=0$$

$$\frac{du}{dx}+\frac{1-4x}{2x^2-x}u+\frac{1}{2x^2-x}u^2=0$$

다음 $v=\frac{1}{u}=\frac{1}{y-1}$이라 놓으면

$$\frac{dv}{dx}+\frac{4x-1}{2x^2-x}v=\frac{1}{2x^2-x}$$

이것은 선형 미분방정식이다. 양변에 적분인자 $(2x^2-x)$를 곱하면

$$\frac{d}{dx}[(2x^2-x)v]=1$$

적분하면

$$(2x^2-x)v=x+c$$

$v=\dfrac{1}{y-1}$ 로 바꾸면

$$2x^2+c=y(x+c)$$

예제 13 Riccati의 미분방정식 $y'+P(x)+Q(x)y+R(x)y^2=0$의 일반해는

$$y=\frac{cA(x)+B(x)}{cC(x)+D(x)}$$

꼴로 나타내짐을 밝혀라.

(풀이) $y'+P(x)+Q(x)y+R(x)y^2=0$의 특수해를 y_0라면, $u=y-y_0$는 Bernoulli의 방정식 $u'+S(x)+R(x)u^2=0$을 만족한다.

따라서 $v=\dfrac{1}{u}$은 일계선형 미분방정식

$$v'=S(x)u=R(x)$$

를 만족한다. 따라서 이 방정식의 일반해는 $v=c\phi(x)+\Psi(x)$의 꼴을 한다. 따라서

$$y=u+y_0=\frac{1}{c\phi(x)+\Psi(x)}+y_0$$

이다. 해 y를 분수식으로 나타내면

$$y=\frac{cy_0\phi(x)+y_0\Psi(x)+1}{c\phi(x)+\Psi(x)}=\frac{cA(x)+B(x)}{cC(x)+D(x)}$$

꼴이 된다.

연습문제 1.3

1. 다음 미분방정식의 적분인자를 구하고, 그것을 풀어라.

(1) $(x^2-y)dx+xdy=0$

(2) $(x^2+\ln y)dx+\frac{x}{y}dy=0$

(3) $2xydx+(y^2-3x^2)dy=0$

(4) $(2x-2y)dx-xdy=0$

2. 다음 미분방정식을 풀어라.

(1) $(2x+y)dx+(2y-x)dy=0$

(2) $xdy-3y\,dx=xy\,dx$

3. 다음 미분방정식을 풀어라.

(1) $ydx-xdy+y^2dx=0$

(2) $(y-xy^2)dx+(x+x^2y^2)dx=0$

4. 다음 미분방정식을 풀어라.

(1) $y(1-xy)dx+x\,dy=0$

(2) $y'+\frac{2}{x}-\frac{1}{x}y-\frac{1}{x}y^2=0$

해답

1. (1) $M=x^2-y$, $N=x$, $\frac{\partial M}{\partial y}=-1$, $\frac{\partial N}{\partial x}=1$, $\frac{1}{N}\left(\frac{\partial M}{\partial y}-\frac{\partial N}{\partial x}\right)=\frac{1}{x}(-1-1)=-\frac{2}{x}$

$\therefore \lambda=e^{-\int\frac{2}{x}dx}=e^{-2\ln x}=e^{\ln\frac{1}{x^2}}=\frac{1}{x^2}$, 준 미분방정식의 양변에 $\frac{1}{x^2}$을 곱하고 적분한다.

$x^2dx+(xdy-ydx)=0$, $dx+\frac{xdy-ydx}{x^2}=dx+d\left(\frac{y}{x}\right)=d\left(x-\frac{y}{x}\right)=0$

$\therefore x-\frac{y}{x}=c$ 또는 $x^2-y=cx$

(2) $\frac{\partial M}{\partial y}=\frac{1}{y}=\frac{\partial N}{\partial x}$ 이므로 완전미방

$x^2dx+\left(\ln ydx+\frac{x}{y}dy\right)=x^2dx+d(x\ln y)=0$ $\therefore \frac{1}{3}x^3+x\ln y=c$

(3) $\dfrac{\partial M}{\partial y}=2x,\quad \dfrac{\partial N}{\partial x}=-6x,\quad \dfrac{1}{M}\left(\dfrac{\partial N}{\partial x}-\dfrac{\partial M}{\partial y}\right)=\dfrac{1}{2xy}(-6x-2x)=-\dfrac{4}{y}$,

$\lambda=e^{-\int\frac{4}{y}dy}=e^{-4\ln y}=\dfrac{1}{y^4}$, 준 미분방정식의 양변에 $\lambda=\dfrac{1}{y^4}$ 을 곱하면

$$\frac{2xy}{y^4}dx+\frac{y^2-3x^2}{y^4}dy=P(x,y)dx+Q(x,y)dy=0\ (\text{완전미분방정식})$$

$P=\dfrac{\partial u}{\partial x}=\dfrac{2xy}{y^4}$ 에서 $u=\dfrac{x^2y}{y^4}+f(y)$, $\dfrac{\partial u}{\partial y}=-3x^2/y^4+f'(y)=\dfrac{y^2-3x^2}{y^4}$ 에서

$f'(y)=\dfrac{1}{y^2}\quad \therefore f(y)=-\dfrac{1}{y}\quad \therefore u=\dfrac{x^2}{y^3}-\dfrac{1}{y}=c$

(4) $M=2x-2y,\quad N=-x,\quad \dfrac{\partial M}{\partial y}=-2,\quad \dfrac{\partial N}{\partial y}=-1,\quad \dfrac{1}{N}\left(\dfrac{\partial M}{\partial y}-\dfrac{\partial N}{\partial x}\right)$

$=\dfrac{1}{-x}(-2+1)=\dfrac{1}{x}$

$\therefore \lambda=e^{\int\frac{1}{x}dx}=x$, 양변에 $\lambda=x$를 곱하여 $(2x^2-2xy)dx-x^2dy=0$

$2x^2dx-(2xydx+x^2dy)=2x^2dx-d(x^2y)=0$, 적분하여 $\dfrac{2}{3}x^3-x^2y=c$

2. (1) $2x\,dx+2y\,dy+(ydx-xdy)=0$, 양변에 $\dfrac{1}{x^2+y^2}$ 을 곱하면

$$\frac{2x\,dx+2y\,dy}{x^2+y^2}-\frac{xdy-ydx}{x^2+y^2}=d\{\ln(x^2+y^2)\}-d\left(\tan^{-1}\frac{y}{x}\right)=0$$

적분하여 $\ln(x^2+y^2)-\tan^{-1}\dfrac{y}{x}=c$

(2) 양변 $\dfrac{1}{xy}$ 을 곱하여 $\dfrac{dy}{y}-\dfrac{3dx}{x}=dx$

적분하면, $\ln y-3\ln x=x+\ln c,\quad \ln\dfrac{y}{cx^3}=x\quad \therefore y=cx^3e^x$

3. (1) $\dfrac{ydx-xdy}{y^2}+dx=0$에서 $\dfrac{x}{y}+x=c$

(2) $(ydx+xdy)+(-xy^2dx+x^2y^2xy)=0$

양변에 $\lambda=\dfrac{1}{x^2y^2}$ 을 곱하여 $\dfrac{d(xy)}{x^2y^2}+\left(-\dfrac{dx}{x}+dy\right)=0$

적분하여 $-\dfrac{1}{xy}-\log x+y=c$

4. (1) 이 미방은 $yf(xy)dx+xg(xy)dy=0$ 꼴이므로 적분인자 λ는

$$\lambda=\frac{1}{xM-yN}=\frac{1}{x[y(1-xy)]-y(x)}=-\frac{1}{(xy)^2}$$

준 미방의 양변에 이 적분인자 $\lambda=-\dfrac{1}{(xy)^2}$ 을 곱하여

$$\frac{xy-1}{x^2y}\,dx-\frac{1}{xy^2}\,dy=0$$

일반해를 $u(x,\ y)=c$이라면

$$\frac{\partial u}{\partial x}=\frac{xy-1}{x^2y}=\frac{1}{x}-\frac{1}{x^2}\,y,\quad \frac{\partial u}{\partial y}=-\frac{1}{xy^2}$$

$$u=-\frac{1}{x}\int\frac{1}{y^2}\,dy+f(x)=-\frac{1}{x}\left(-\frac{1}{y}\right)+f(x),\quad \frac{\partial u}{\partial x}=-\frac{1}{x^2y}+f'(x)=-\frac{1}{x^2y}+\frac{1}{x}$$

$\therefore f(x)=\ln x$ 구하는 일반해는 $u=\dfrac{1}{xy}+\ln x=c$

(2) 이 미분방정식은 Riccati의 방정식이다. 한해 $y_1=1$ 이므로

$y=1+\dfrac{1}{u}$ 이라면 $y'=-\dfrac{1}{u^2}\,u'$이므로, 준미방은

$$-\frac{1}{u^2}\,u'-\frac{1}{x}\left(1+\frac{1}{u}\right)^2-\frac{1}{x}\left(1+\frac{1}{u}\right)+\frac{2}{x}=0$$

정리한다.

$$-\frac{1}{u^2}\,u'-\frac{1}{x}-\frac{2}{xu}-\frac{1}{xu^2}-\frac{1}{x}-\frac{1}{xu}+\frac{2}{x}=0$$

$$-\frac{1}{u^2}\,u'-\frac{1}{xu^2}=\frac{3}{xu} \text{ 에서 } u'+\frac{3}{xu}=-\frac{1}{x}$$

적분인자 $e^{\int\frac{3}{x}dx}=x^3$을 양변에 곱하여

$$(x^3u)'=-x^2$$

적분하여 $x^3u=-\dfrac{1}{3}\,x^3+c\quad \therefore u=\dfrac{1}{y-1}=-\dfrac{1}{3}+\dfrac{c}{x^3}$

1.4 일계선형미분방정식

1 선형미분방정식

미분방정식 $$y' + p(x)y = r(x) \tag{1}$$

을 **1계선형미분방정식**이라 한다. 이것은 y'의 차수가 1차이고, $p(x)$, $r(x)$는 x만의 함수이거나, 상수로 주어진 경우이다.

특히 (1) 식에서 우변 $r(x)$가 0인 경우는 **제차**(homogeneous)라고 하고, $r(x) \neq 0$인 경우는 **비제차**(nonhomogeneous)라고 한다.

(i) 우선 제차인 경우의 해를 구해보자.

$$y' + p(x)y = 0 \tag{2}$$

은 변수분리형이 되어

$$\frac{dy}{y} + p(x)dx = 0$$

적분하면

$$\ln y + \int p(x)dx = \ln c$$

$$\therefore y = ce^{\int p(x)dx} \tag{3}$$

$c=0$ 인 경우는 $y=0$이고, 이것은 미분방정식 (2)의 자명해이다.

(ii) 미분방정식 (1)의 일반해를 구해보자.

(1)은

$$[p(x)y - r(x)]dx + dy = 0$$
$$M = p(x)y - r(x), \quad N(x) = 1$$

이라면

$$\frac{1}{N}\left(\frac{\partial M}{\partial y} - \frac{\partial N}{\partial x}\right) = \frac{1}{1}[p(x) - 0] = p(x)$$

이므로 적분인자 $\lambda(x)$는

$$\lambda(x) = e^{\int p(x)dx}$$

적분인자 $\lambda(x)=e^{\int p(x)dx}$를 (1)식의 양변에 곱하면

$$e^{\int p(x)dx}y'+e^{\int p(x)dx}p(x)y=e^{\int p(x)dx}r(x)$$

또는

$$[e^{\int p(x)dx}y]'=e^{\int p(x)dx}r(x)$$

적분하여

$$e^{\int p(x)dx}y=\int e^{\int p(x)dx}r(x)dx+c$$

따라서 일반해는

$$y=e^{-\int p(x)dx}\left[\int e^{\int p(x)dx}r(x)dx+c\right] \tag{4}$$

(4) 식은 1계선형미분방정식의 일반해를 구하는 공식으로 쓰인다.

예제 1 1계미분방정식 $y'-y=e^{2x}$을 풀어라.

(풀이) (i) 적분인자 $\lambda(x)=e^{\int(-1)dx}=e^{-x}$

준 미분방정식의 양변에 $\lambda(x)=e^{-x}$을 곱하면

$$(ye^{-x})'=e^{2x}\cdot e^{-x}=e^{x}$$

적분하면

$$ye^{-x}=e^{x}+c \quad \therefore\ y=e^{x}(e^{x}+c)=e^{2x}+ce^{x}$$

(ii) 공식 (4)에 대입한다.

$$p(x)=-1,\quad r(x)=e^{2x}$$

이므로

$$y=e^{-\int p(x)dx}\left[\int r(x)e^{\int p(x)dx}dx+c\right]=e^{-\int(-1)dx}\left[\int e^{2x}\cdot e^{-x}dx+c\right]$$

$$=e^{x}(e^{x}+c)=e^{2x}+ce^{x}$$

예제 2 다음 미분방정식을 풀어라.

$$y'+y\tan x=\sin 2x,\quad y(0)=1$$

(풀이) (i) $p(x)=\tan x$, $r(x)=\sin 2x=2\sin x\cos x$

전분인자 $\lambda(x)=e^{\int p(x)\,dx}=e^{\int \tan x\,dx}=e^{\ln \sec x}=\sec x$

준 미분방정식의 양변에 $\lambda(x)=\sec x$를 곱하면

$$[y\sec x]'=2\sin x\cos x\cdot\sec x=2\sin x$$

적분하면

$$\begin{aligned} y\sec x&=2(-\cos x)+c \quad \therefore y=\cos x(-2\cos x+c)\\ &=c\cos x-2\cos^2 x \end{aligned}$$

(ii) 공식에 대입하면

$$\begin{aligned} y&=e^{-\int \tan x}\left[\int 2\sin x\cos x\, e^{\int \tan x dx}dx+c\right]\\ &=e^{\ln \sec x}\left[\int 2\sin x\cos x\cdot \sec x dx+c\right]\\ &=\cos x(-2\cos x+c)=c\cos x-2\cos^2 x \end{aligned}$$

❷ 미정계수법과 매개변수변화법

[1] 미정계수법

미분방정식
$$\frac{dy}{dx}+p(x)y=r(x) \tag{1}$$

의 일반해는 다음과 같이 2단계로 나누어서 푼다.

1단계 우선 우변을 0으로 놓은 제차 미분방정식

$$\frac{dy}{dx}+p(x)y=0$$

를 푼다. 변수를 분리하여

$$\frac{dy}{y}+p(x)dx=0 \tag{2}$$

을 얻고, 적분하면

$$\log y+\int p(x)\,dx=\log c$$

에서 방정식 (2)의 일반해는

$$y=ce^{-\int p(x)dx} \tag{3}$$

이 해를 미분방정식 (1)의 **여함수**(complementary function)이라 하고, 흔히 y_h로 나타낸다.

[2단계] (1)의 특수해(특수적분) y_p을 예상하여 (1)의 해가 되도록 특수해 y_p를 정한다.

1단계와 2단계에서 구한 해를 더하여 구하는 (1)의 해 y는

$$y = y_h + y_p \tag{4}$$

이 된다.

(4)가 (1)의 일반해가 되는 사실을 (4)를 (1) 대입하여

$$\frac{d}{dx}(y_h + y_p) + p(x)(y_h + y_p)$$
$$= \left(\frac{dy_h}{dx} + p(x)y_h\right) + \left(\frac{dy_p}{dx} + p(x)y_p\right) = r(x)$$

위식은 $\dfrac{dy_h}{dx} + p(x)y_h = 0$, $\dfrac{dy_p}{dx} + p(x)y_p = r(x)$이기 때문에 성립한다.

예제 3 $y' + xy = x$을 풀어라.

(풀이) [1단계] $\dfrac{dy}{dx} + xy = 0$에서 $\dfrac{dy}{y} + xdx = 0$

적분하여 $\ln y + \dfrac{1}{2}x^2 = \ln c$ $\therefore y_h = ce^{-\frac{1}{2}x^2}$

[2단계] 준 미분방정식의 우변이 x이므로, 특수적분는 상수이어야 한다.

$y = a$를 준 미분방정식에 대입한다.

$$\begin{array}{r|l} +x & y = a \\ +1 & y' = 0 \\ \hline \multicolumn{2}{c}{y' + xy = ax \equiv x} \end{array}$$

에서 $a = 1$, $\therefore y_p = 1$

구하는 일반해는

$$y = y_h + y_p = ce^{-\frac{1}{2}x^2} + 1$$

2단계에서 y_p는 관찰에 의하여 예상하였고, y_p의 예상된 일반식을 준 미방에 대입하여 미지의 계수를 미정계수법으로 구한다. 이런 해법을 **미정계수법**(method of undetermined coefficients)이라 한다.

예제 4 $y' + \frac{y}{x} = x^2$을 풀어라.

(풀이) [1단계] $\frac{dy}{dx} + \frac{y}{x} = 0$에서 $\frac{dy}{y} + \frac{dx}{x} = 0$

적분하여 $\ln y + \ln x = \ln c \quad \therefore y_h = \frac{c}{x}$

[2단계] 우변 $= x^2$이므로 y'과 $\frac{y}{x}$는 2차의 다항식이므로

y는 3차의 다항식이다. 따라서 특수해는 $y = ax^3$으로 예상된다.

$$\begin{array}{r|l} +\frac{1}{x} & y = ax^3 \\ +1 & y' = 3ax^2 \\ \hline \end{array}$$

$$y' + \frac{1}{x}y = 3ax^2 + ax^2 = 4ax^2 \equiv x^2 \quad \therefore a = \frac{1}{4} \quad \therefore y_p = \frac{1}{4}x^3$$

구하는 일반해는

$$y = y_h + y_p = \frac{c}{x} + \frac{1}{4}x^3$$

[2] 매개변수변화법

미분방정식 $\frac{dy}{dx} + p(x)y = r(x)$에서 우선 우변이 0인 제차방정식

$$\frac{dy}{dx} + p(x)y = 0$$

의 해를 변수를 분리하고 적분하여 푼다.

$$\frac{dy}{y} + p(x)dx = 0\text{에서} \quad \log y + \int p(x)dx = \log c$$

따라서

$$y_c = ce^{-\int p(x)dx} \tag{5}$$

일반해를 구하는데 y_c에서 임의 상수 c를 x의 어떤 함수 $v(x)$로 바꾸어 놓은 $y = v(x)e^{-\int p(x)dx}$으로 하여 준 방정식을 만족하도록 $v(x)$를 정한다. 이런 해법을 **매개변수변화법**(method of variation of parameters) 또는 **상수변화법**이라 한다.

$y = v(x)e^{-\int p(x)dx}$를 준 방정식에 대입하면

$$\begin{array}{r|l:l} +p(x) & y = v(x)e^{-\int p(x)dx} & \\ +1 & y' = v(x)\left(-\int p(x)dx\right)e^{-\int p(x)dx} & +v'(x)e^{-\int p(x)dx} \\ \hline & y' + p(x)y = 0 & +v'(x)e^{-\int p(x)dx} = r(x) \end{array}$$

$$\therefore\ v(x) = \int r(x)e^{\int p(x)dx}dx + c$$

구하는 일반해는

$$y = e^{-\int p(x)dx}\left(\int r(x)e^{\int p(x)dx}dx + c\right)$$

이 해는 우리가 알고 있는 1계선형미분방정식의 일반해로 알려진 해공식이다.

예제 5 $y' + xy = x$을 매개변수변화법으로 풀어라.

(풀이) $y' + xy = 0$에서 $\dfrac{dy}{y} + xdx = 0,\quad \ln + \dfrac{1}{2}x^2 = \ln c$

따라서 여함수 $y_c = ce^{-\frac{1}{2}x^2}$

$$y = v(x)\,e^{-\frac{1}{2}x^2}$$

이라 놓고, 준 미방에 대입한다.

$+x$	$y = v(x)\,e^{-\frac{1}{2}x^2}$	
$+1$	$y' = -xv(x)\,e^{-\frac{1}{2}x^2}$	$+v'(x)\,e^{-\frac{1}{2}x^2}$
$y' + xy$	$= 0$	$+v'(x)\,e^{-\frac{1}{2}x^2} = x$

$$\therefore\ v(x) = \int xe^{\frac{1}{2}x^2}dx + c = e^{\frac{1}{2}x^2} + c$$

구하는 일반해는

$$y = v(x)\,e^{-\frac{1}{2}x^2} = e^{-\frac{1}{2}x^2}\left(e^{\frac{1}{2}x^2} + c\right) = ce^{-\frac{1}{2}x^2} + 1$$

예제 6 $xy' - y = x$를 풀어라.

(풀이) $xy' - y = 0$에서 $\dfrac{dy}{y} - \dfrac{dx}{x} = 0$

적분하여 $\ln y - \ln x = \ln c\quad \therefore\ y_h = cx$(여함수)

(i) 미정계수법으로 특수적분 y_p를 구한다.

우변이 1차식이므로, xy', y가 모두 1차식으로 예상된다.

$y = ax + b$를 준 미분방정식에 대입하면

-1	$y = ax + b$
$+x$	$y' = a$
$xy' - y = ax - ax - b = -b \neq x$	

$y_p = ax + b$을 준방정식에 대입하면 $xy'_p - y_p = 0$이므로 해를 구할 수 없다.

(ii) 매개변수변화법으로 일반해를 구한다.

$y = v(x)x$를 준 미분방정식에 대입한다.

-1	$y = v(x)x$	
$+x$	$y' = v(x)$	$+v'(x)x$
$xy' - y = 0$		$+v'(x)x^2 = x$(우변)

끝식에서 $v(x)$를 구한다.

$$v'(x) = \frac{x}{x^2} = \frac{1}{x} \qquad \therefore v(x) = \ln x + c$$

구하는 일반해는

$$y = v(x)x = (\ln x + c)x = cx + x\ln x$$

일반적으로 y_h가 준 미분방정식의 우변항(정함수)을 포함하고 있는 경우는 y_p의 시험꼴은 y_h에 $\ln x$를 곱한 꼴로 한다.

준 미분방정식의 우변이 초월함수이고, y_h가 우변 항을 포함하는 경우는 y_p의 시험꼴은 xy_h로 한다. 이러한 경우에 착오가 일어날 가능성이 있어서 미정계수법을 **시행착오법**이라고도 부르고 있다.

❸ Bernoulli 방정식

미분방정식

$$y' + p(x)y = g(x)y^n \qquad (n \neq 1) \tag{8}$$

을 **Bernoulli의 미분방정식**이라 한다.

식 (8)의 양변을 y^n으로 나누면

$$y^{-n}\frac{dy}{dx} + p(x)y^{1-n} = g(x) \tag{9}$$

$y^{1-n} = u$이라면 $\dfrac{du}{dx} = (1-n)y^{-n}\dfrac{dy}{dx}$

이므로

$$y^{-n}\frac{dy}{dx} = \frac{1}{1-n}\frac{du}{dx}$$

이들을 미분방정식 (9)에 대입하면

$$\frac{1}{1-n}\frac{du}{dx}+p(x)u=g(x)$$

또는
$$\frac{du}{dx}+(1-n)p(x)u=(1-n)g(x) \tag{10}$$

가 된다. 이 방정식은 선형이므로 쉽게 풀 수 있다. 일반해는

$$u=\frac{1}{y^{n-1}}=e^{-\int(1-n)p(x)\,dx}\left[\int(1-n)g(x)e^{\int(1-n)p(x)dx}dx+c\right]$$

예제 7 $y'-ay=-by^2$을 풀어라(a, b는 상수)

(풀이) 준 미분방정식의 양변을 y^2으로 나누면

$$y^{-2}y'-ay^{1-2}=-b$$

$y^{-1}=u$라면 $-y^{-2}y'=u'$이므로, 위 방정식은

$$-\frac{du}{dx}-au=-b \text{ 또는 } \frac{du}{dx}+au=b$$

구하는 해는

$$u=e^{-\int adx}\left[\int be^{\int adx}dx+c\right]=e^{-ax}\left(\frac{b}{a}e^{ax}+c\right)$$

$$\therefore u=\frac{1}{y}=e^{-ax}\left(\frac{b}{a}e^{ax}+c\right)$$

연습문제 1.4

1. 다음 미분방정식을 풀어라.

(1) $y'+y=x$

(2) $xy'+y=x$

(3) $(1+x^2)y'-xy=1$

(4) $xy'+y=x^3y^3$

2. 다음 미분방정식을 풀어라.

(1) $xy'+y=y^2\ln x$

(2) $y'+y=xy^3$

3. $f'(y)y'+f(y)p(x)=Q(x)$는 $v=f(y)$이라면, $v'+p(x)v=Q(x)$가 되어 선형미분방정식이 된다.

이 방법을 써서 $y'=4e^{-y}\sin x-1$을 풀어라.

4. $y'+p(x)+Q(x)y+R(x)y^2=0$ 꼴의 Riccati의 미분방정식의 한 특수해 y를 알 수 있을때, $y=u+y_1$이라 놓으면 Bernoulli의 방정식

$$\frac{du}{dx}+\{Q(x)+2R(x)y_1\}u+R(x)u^2=0$$

의 꼴이 되고, $v=\dfrac{1}{u}$이라면 선형미분방정식

$$\frac{du}{dx}-(Q+2Ry_1)v=R$$

이 되므로, 해를 구할 수 있다.

다음 미분방정식을 풀어라.

$$\frac{dy}{dx}+\frac{2}{x}-\frac{3}{x}y+\frac{1}{x}y^2=0,$$ 한 특수해는 $y=1$ 이다.

해답

1. (1) $\lambda(x)=e^{\int dx}=e^x$을 양변에 곱하여 $(e^x y)'=xe^x$

적분하여 $e^x y=\int xe^x dx=e^x(x-1)+c \quad \therefore y=x-1+ce^{-x}$

(2) 준 DE는 $(xy)'=x$에서 $xy=\frac{1}{2}x^2+c \quad \therefore y=\frac{1}{2}x+\frac{c}{x}$

(3) $y'-\frac{x}{1+x^2}y=\frac{1}{1+x^2}$, $\lambda(x)=e^{-\int\frac{x}{1+x^2}dx}=e^{-\frac{1}{2}\ln(1+x^2)}=\frac{1}{\sqrt{1+x^2}}$

양변에 $\lambda(x)$를 곱하여

$\left(\frac{y}{\sqrt{1+x^2}}\right)'=\frac{1}{(1+x^2)\sqrt{1+x^2}}$ 이고, 적분하여 $\frac{y}{\sqrt{1+x^2}}=\frac{x}{\sqrt{1+x^2}}+c$

$\therefore y=x+c\sqrt{1+x^2}$

(4) $(xy)'=x^3y^3$, $\frac{(xy)'}{(xy)^3}=1$, 적분하면 $-\frac{1}{2(xy)^2}=x+c$

$\therefore 2(x+c)(xy)^2+1=0$

2. (1) 양변을 y^2으로 나누면 $\frac{xy'}{y^2}+\frac{1}{y}=\ln x$ ……… ①

$z=\frac{1}{y}$ 이라면 $z'=-\frac{y'}{y^2}$ 이므로 ①은 $-xz'+z=\ln x$

또는 $xz'-z=-\ln x$에서 $z=\frac{1}{y}=cx+\ln x+1$

(2) 양변을 y^3으로 나누면 $\frac{y'}{y^3}+\frac{1}{y^2}=x$, $z=\frac{1}{y^2}$ 이라면 $z'=\frac{2y'}{y^3}$ 이므로,

$-\frac{1}{2}z'+z=x$, $z'-2z=-2x$에서 $z=\frac{1}{y^2}=x+\frac{1}{2}+ce^{2x}$

3. 양변을 e^{-y}으로 나누면 $e^y y'+e^y=4\sin x$, $v=e^y$이라면

$v'+v=4\sin x$이므로, $v=e^y=ce^{-x}+2(\sin x-\cos x)$

4. $y=1+u$이라면, $\frac{du}{dx}+\frac{2-3}{x}u+\frac{u^2}{x}=0$이고 $v=\frac{1}{u}=\frac{1}{y-1}$ 이라면 $\frac{dv}{dx}+\frac{1}{x}v=\frac{1}{x}$ 에서

$xv'+v=1$, $d(xv)=1 \quad \therefore xv=x+c$ 또는 $v=\frac{1}{y-1}=1+\frac{c}{x}=\frac{x+c}{x}$

1.5 일계미분방정식의 응용

1 낙체문제

Newton에 의하여 알려진 운동에 관한 **Newton의 법칙**은 다음과 같다.

1. 정지상태에 있는 물체는 정지해 있으려 하고, 움직이는 물체는 외력이 작용하지 않는 한 일정한 속도로 직선운동을 하려고 한다.
2. 시간에 관한 운동량의 변화율은 그 물체에 작용한 힘에 비례하고 작용한 힘과 같은 방향을 갖는다.
3. 모든 운동에는 작용과 반작용이 있다.

움직이는 물체의 운동량은 그 물체의 질량 m에 속도 v를 곱한 것으로 정의된다. 따라서 시간에 관한 운동량의 변화율은

$$\frac{d}{dx}(mv)$$

가 된다. 그러므로 물체에 작용한 힘을 F로 표시하면 Newton의 제2법칙에 의하여 운동량의 변화율은 작용하는 힘 F와 같으므로

$$\frac{d}{dx}(mv)=F \tag{1}$$

가 된다. 만일 m이 상수이면

$$m\frac{dv}{dt}=F \text{ 또는 } ma=F$$

이다. 단, $a=\frac{dv}{dt}$는 가속도이다.

예제 1 질량이 m인 물체가 중력에 의하여 정지상태로부터 수직으로 낙하한다. 이 물체의 운동을 나타내는 미분방정식과 그에 부수되는 조건을 구하고 풀어라.

(풀이) Newton의 운동 제2법칙에 의하여

$$m\frac{dv}{dt}=mg \text{ 또는 } \frac{dv}{dt}=g$$

적분하면

$$v=gt+c_1$$

$t=0$일 때, $v=0$이므로 $c_1=0$ 즉 $v=gt$, $v=\dfrac{dx}{dt}$에서

$$\frac{dx}{dt}=gt$$

이것을 t에 관하여 다시 적분하면

$$x=\frac{1}{2}gt^2+c_2$$

$t=0$일 때, $x=0$이므로 $c_2=0$

$$\therefore x=\frac{1}{2}gt^2$$

물체의 낙체에서는 힘 F에 다음 두 가지가 작용된다.

(1) 물체의 질량 m에 의하여 주어지는 중력에 의한 힘 mg

(2) 속도 v에 비례하는 공기의 저항 $-kv(k>0)$

여기서 양의 방향은 물체가 낙하는 방향(하방)으로 한다. 이 경우의 물체에는 힘 $F=mg-kv$이 작용되므로 운동방정식은 다음과 같다.

$$m\frac{dv}{dt}=mg-kv \quad \cdots\cdots\cdots ①$$

또는 $$\frac{dv}{dt}+\frac{k}{m}v=g$$

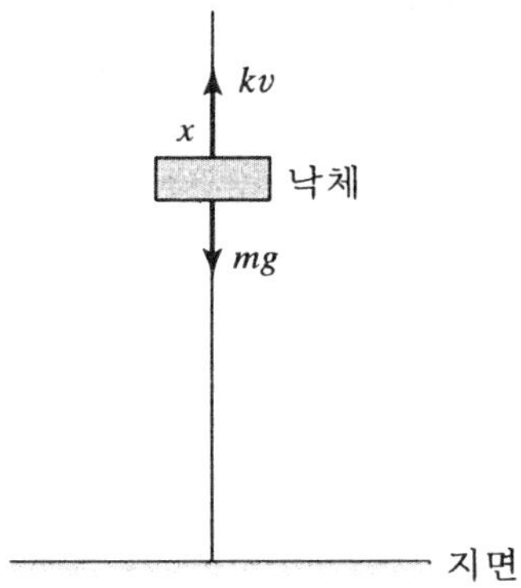

공기의 저항이 무시되는 경우는 $k=0$이므로

$$\frac{dv}{dt}=g$$

이다. 극한 속도는 $F=0$인 경우이므로 ①에서

$$v_l=\frac{mg}{k}$$

로 주어진다.

예제 2 5g의 물체를 10m 높이에서 초속도 0으로 떨어뜨렸다. 단, 공기의 저항은 무시한다.

(1) 시간 t에서 이 물체의 속도를 구하라.

(2) 이 물체가 지면에 떨어질 때까지의 시간을 구하라.

(풀이) (1) $\dfrac{dv}{dt}=g=9.8\ \text{m/sec}^2$에서 $v=gt+c$

$t=0$일 때, $v=0$이므로 $0=0+c$에서 $c=0$

$$\therefore v = gt = 9.8t \text{ m/sec}^2$$

(2) 시간 t 동안의 낙하거리를 xm이라면 $\frac{dx}{dt} = v$ 이므로

$$v = \frac{dx}{dt} = gt \text{ 에서 } x = \frac{1}{2}gt^2 + c_1 = 4.9t^2 + c$$

$$t = 0\text{일 때, } x = 0\text{이므로 } 0 = 0 + c_1 \quad \therefore c_1 = 0 \quad \therefore x = 4.9t^{2\text{m}}$$

$$x = 4.9t^2 = 10\text{에서 } t^2 = \frac{10}{4.9} = \frac{100}{49} \quad \therefore t = \frac{10}{7} \text{ sec}$$

예제 3 20g의 철로 만든 구를 높이 200m 상공에서 떨어뜨린다. 이 구는 속도 v에 비례하는 저항 $40v$를 받는다.

(1) 이 구의 극한속도 $(\lim_{t\to\infty} v)$를 구하라.
(2) 임의시간 t 까지의 낙하거리를 구하라. 단, 낙하거리≤ 200 m 이하이다.

(풀이) 질량 m인 물체가 속도에 비례하는 저항 $40v$를 받으면, 낙하할 때의 운동방정식은

$$m\frac{dv}{dt} + kv = mg \quad \text{또는} \quad \frac{dv}{dt} + \frac{k}{m}v = g$$

이 경우의 운동방정식은 $k=40$ 이므로

$$\frac{dv}{dt} + 2v = 9.8, \quad v(0) = 0$$

이 방정식의 해는

$$v = ce^{-2t} + 4.9$$

$v(0) = c + 4.9 = 0$에서 $c = -4.9$ $\therefore v = -4.9e^{-2t} + 4.9$

(1) $t \to \infty$일 때, $v = 4.9$ m/sec

(2) $\frac{dx}{dt} = -4.9e^{-2t} + 4.9$를 적분한다.

적분하여 $x = 2.45e^{-2t} + 4.9t + c_1$

$$x(0) = 2.45 + c_1 = 0\text{에서 } c_1 = -2.45 \quad \therefore x = 2.45e^{-2t} + 4.9t - 2.45$$

❷ 성장 및 감쇠문제

성장 또는 감쇠에서 y를 현존하는 양, t를 경과 시간이라 할 때 $\frac{dy}{dt}$는 현존량 y의 시간 t에 관한 순간변화율이다.

현존하는 양 y의 시간 t에 관한 변화률 $\frac{dy}{dt}$는 현존하는 양 y에 비례하는 자연현상에서는 다음 미분방정식

$$\frac{dy}{dt} = ky \quad (k\text{는 비례상수}) \tag{2}$$

이 기본이 된다.

여러 가지 자연현상에서 미분방정식 (2)의 꼴로 나타내지는 경우를 열거한다.

(1) 방사능 물질의 양 y의 분해속도 $\frac{dy}{dt}$는 현존하는 방사능 물질 y에 비례한다. 즉

$$\frac{dy}{dt} = ky$$

단, y는 시간 t에서의 남아 있는 방사능 물질의 현존하는 양이고, k는 비례상수이다.

(2) 금리의 시간에 대한 증가율은 그 시간에서의 현존하는 금액에 비례한다. 즉

$$\frac{ds}{dt} = ks$$

단, s는 시간 t에서 현금이다.

(3) 이상적 조건하에서의 세균 또는 인구 N의 증가율은 현존하는 세균 또는 인구에 비례한다. 즉

$$\frac{dN}{dt} = kN$$

인 관계가 있다.

(4) 어떤 물체의 온도 T의 시간에 관한 변화율은 그 물체의 온도 T와 주위의 공기의 온도 T_0의 차에 비례한다. 즉

$$\frac{dT}{dt} = k(T - T_0) \qquad (\text{Newton의 냉각법칙})$$

예제 4 한 나라의 인구가 50년 동안에 2배로 증가한다면 인구증가가 인구수에 비례한다는 가정하에 3배로 증가하려면 몇 년이 걸리는가?

(풀이) y를 t년째에 있어서의 인구, y_0을 $t=0$일 때의 인구를 나타낸다면

$$\frac{dy}{dt} = ky \quad \text{또는} \quad \frac{dy}{y} = k\,dt \ (k\text{는 비례상수})$$

적분하면

$$\ln y = kt + \ln c \text{ 에서 } y = ce^{kt}$$

$t=0$에서 $y=y_0$이라면 $y_0 = ce^0 = c$

따라서 $$y = y_0 e^{kt}$$

$t=50$일 때 $y=2y_0$이므로

$$2y_0 = y_0 e^{50k} \text{ 즉 } e^{50k} = 2, \quad \therefore y = y_0(e^{50k})^{\frac{t}{50}} = y_0 2^{\frac{t}{50}}$$

$y=3y_0$될 시간 t에는 $3y_0 = y_0 2^{\frac{t}{50}}$에서 $3 = 2^{\frac{t}{50}}$이므로

$$3^{50} = 2^t \quad \therefore t = \log_2 3^{50} = 50\log_2 3 = 79\text{년}$$

예제 5 실험에 의하면 어떤 시간 t에서의 라디움의 분해속도는, 그 때의 현존하는 라디움의 양에 비례한다. 만일 12년 동안에 라디움 0.5%가 없어진다고 할 때, 라디움의 반이 없어지려면, 몇 년 걸리겠느냐?

(풀이) t년 후의 라디움의 양을 y라 하면

$$\frac{dy}{dt} = ky \text{ (} k\text{는 비례상수)}$$

변수를 분리하여 적분하면

$$\int \frac{dy}{y} = k\int dt \text{ 곧 } \ln y = kt + \ln c$$

$$\therefore y = ce^{kt}$$

$t=0$일 때 $y=N$이라면 $c=N$이므로

$$y = Ne^{kt}$$

$t=12$일 때 $y=0.995N$이므로

$$0.995N = Ne^{12k} \quad \therefore e^{12k} = 0.995, \quad e^k = 0.995^{\frac{1}{12}}$$

$$\therefore y = Ne^{kt} = N(0.995)^{\frac{t}{12}}$$

또 $y = \frac{N}{2}$이라면 $\frac{N}{2} = N(0.995)^{\frac{t}{12}}$에서 $\frac{1}{2} = 0.995^{\frac{t}{12}}$

양변에 로그를 취하면

$$-\log 2 = \frac{t}{12}\log 0.995 \quad \therefore t = 12\left(-\frac{\log 2}{\log 0.995}\right) \fallingdotseq 1660\text{년}$$

예제 6 물을 끓는 온도 100℃까지 가열한 다음 일정한 온도 60℃를 유지하는 방안에 들여 놓았더니 3분 후의 물의 온도가 90℃로 되었다.

(1) 6분 후의 물의 온도는 얼마냐?

(2) 물의 온도가 70℃가 되는 시간을 구하라.

(풀이) 60℃의 방에 넣어서 t분 후의 물의 온도를 T℃라면, 물의 온도의 시간에 관한 변화율 $\frac{dT}{dt}$는 물의 온도와 방의 온도의 차 $T-60$에 비례하므로

$$\frac{dT}{dt}=k(T-60) \quad (k\text{는 비례상수})$$

변수를 분리하여 적분하면

$$\int\frac{dT}{T-60}=\int kdt,\ \text{곧}\ \log(T-60)=kt+c_1$$

$$\therefore\ T=60+c_1e^{kt}$$

$t=0$일 때 $T=100$℃이므로

$$100=60+c_1e^0 \qquad \therefore\ c_1=40 \qquad \therefore\ T=60+40e^{kt}$$

$t=3$분일 때 $T=90$℃이므로

$$90=60+40e^{3k}\text{에서}\ \ e^{3k}=\frac{3}{4} \quad \therefore\ e^k=\left(\frac{3}{4}\right)^{\frac{1}{3}}$$

따라서

$$T=60+40\left(\frac{3}{4}\right)^{\frac{t}{3}}$$

(1) $t=6$일 때, $T=60+40\left(\frac{3}{4}\right)^2=82.5$

(2) $T=75$일 때, $75=60+40\left(\frac{3}{4}\right)^{\frac{t}{3}}$에서 $\left(\frac{3}{4}\right)^{\frac{t}{3}}=\frac{15}{40}=\frac{3}{8}$

$$\therefore\ \frac{t}{3}=\frac{\log\frac{3}{8}}{\log\frac{3}{4}}=\frac{-0.9808}{-0.2877}=3.409 \qquad \therefore\ t=10.23\ \text{분}$$

③ 전기회로 문제

회로를 한바퀴 도는 동안의 전압강하의 대수적 합은 0이다. 다시 말하면 공급된 전압(기전력)은 전압강하의 합과 같다.

회로내의 요소는 보통 다음과 같이 표시한다.

예를 들어 공급된 전압이 E(전지 또는 발전기)이고 저항 R,inductor L을 아래 왼쪽 그림과 같이 연결한 직렬회로를 생각해 보자. 아래 그림에서 스윗치 K를 닫으면 전류는 +단자에서 회로를 통하여 −단자로 흐른다고 생각한다.

그러면 Kirchhoff의 법칙에 의하여 공급된 전압 E는 inductor에서의 전압강하 $L\frac{dI}{dt}$와 저항에서의 전압강하 RI의 합과 같으므로

$$L\frac{dI}{dt}+RI=E \tag{1}$$

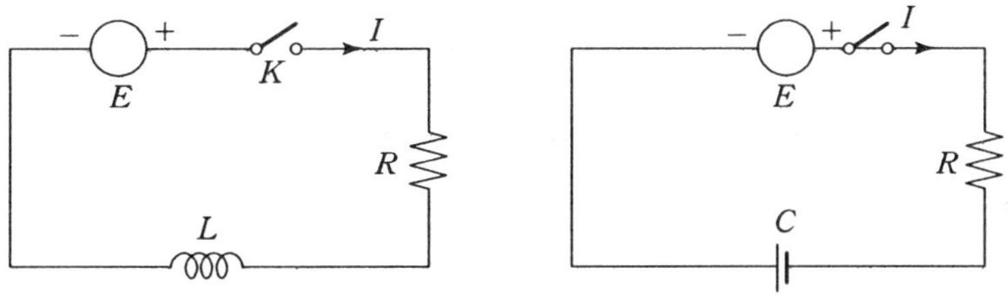

다른 예로 전지 또는 발전기 E, 저항 R, 그리고 capacitor C를 오른쪽그림과 같이 연결한 직렬회로를 생각해 보자. 저항에서의 전압강화는 RI이고 capacitor에서의 전압강하는 Q/C이므로, Kirchhoff의 법칙에 의하여

$$RI+\frac{Q}{C}=E \tag{2}$$

가 된다. 이것은 미분방정식이 아니나 $I=\frac{dQ}{dt}$라는 사실에 유의하면 (2)는

$$R\frac{dQ}{dt}+\frac{Q}{C}=E$$

가 되어 전하 Q에 관한 미분방정식이 된다.

예제 ⑦ 100 volt의 기전력을 가진 발전기가 10 ohm의 저항과 2 henry의 inductor와 함께 직렬회로에 연결되어 있다. $t=0$일 때 switch가 넣어졌다 하고, 전류에 관한 미분방정식을 만들고, 시간 t에서의 전류를 구하라.

(풀이) 문제의 회로는 다음과 같다.

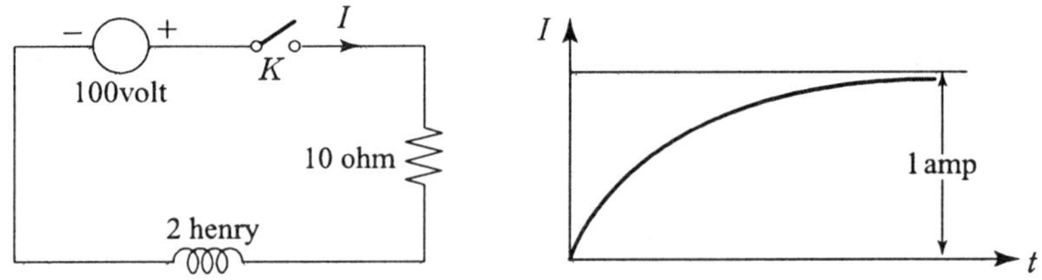

(a) 공급된 전압은 100 volt (b) 저항에서의 전압강하 RI는 $10I$ (c) inductor에서의 전압강하는 $L\frac{dI}{dt}=2\frac{dI}{dt}$가 된다. 따라서 Kirchhoff의 법칙에 의하여

$$100=10I+2\frac{dI}{dt} \text{ 또는 } \frac{dI}{dt}+5I=50 \qquad (3)$$

이다. $t=0$일 때 switch가 넣어졌으니까 $t=0$에서 $I=0$이다.
오른쪽 그림은 스윗치 K를 닫았을 때 시간에 따른 전류의 변화를 나타낸 것이다.
방정식 (3)의 적분인자 e^{5t}을 (3) 양변에 곱하면

$$\frac{d}{dt}(e^{5t}I)=50e^{5t} \text{ 또는 } e^{5t}I=10e^{5t}+c \quad \therefore I=10+ce^{-5t}$$

그런데 $t=0$일 때 $I=0$이므로 $c=-10$ $\therefore I=10(1-e^{-5t})$

예제 8 예제1에서 100 volt의 기전력을 가진 발전기 대신에 $20\cos 5t$ volt의 기전력을 가진 발전기를 설치했을 때, 전류에 관한 미분방정식을 구하고 풀어라

(풀이) 예제 1과의 차이는 다만 기전력이 100 대신에 $20\cos 5t$ 이므로 구하는 방정식은

$$10I+2\frac{dI}{dt}=20\cos 5t \text{ 또는 } \frac{dI}{dt}+5I=10\cos 5t \cdots\cdots ①$$

이 방정식의 적분인자가 e^{5t}이므로 이것을 ①의 둘째 방정식의 양변에 곱하여

$$\frac{d}{dt}(e^{5t}I)=10e^{5t}\cos 5t$$

적분하면

$e^{5t}I=10\int e^{5t}\cos 5t\,dt=e^{5t}(\cos 5t+\sin 5t)+c$에서 $I=\cos 5t+\sin 5t+ce^{-5t}$

그런데 $t=0$일 때 $I=0$이므로 $c=-1$ $\therefore I=\cos 5t+\sin 5t-e^{-5t}$

연습문제 1.5

1. 10 g의 철로 만든 구를 높이 495m에서 떨어뜨릴 때, 이 구가 지면에 떨어질 때까지 소요시간을 구하라.

2. 196g의 공이 정지상태에서 초속도 5m/sec 낙하한다. 이 공은 속도에 비례하는 공기의 저항 40 v를 받는다. 이 공의 운동방정식을 구하라.

3. 온도가 미지인 물체를 온도가 20℃인 방에 넣고, 10분 후의 이 물체의 온도가 40 ℃로 내려갔고, 20분 후에는 30℃로 내려갔다. 이 물체의 최초의 온도를 구하라.

4. 12 volt의 기전력을 가진 발전기가 그림과 같이 L=0.1 henry의 inductor와 저항 R=5 ohms이 직렬회로로 연결되어 있다. t=0 일 때 Switch가 넣어졌다. 전류에 관한 미분방정식을 세우고, 시간 t에서의 전류 I를 구하라.

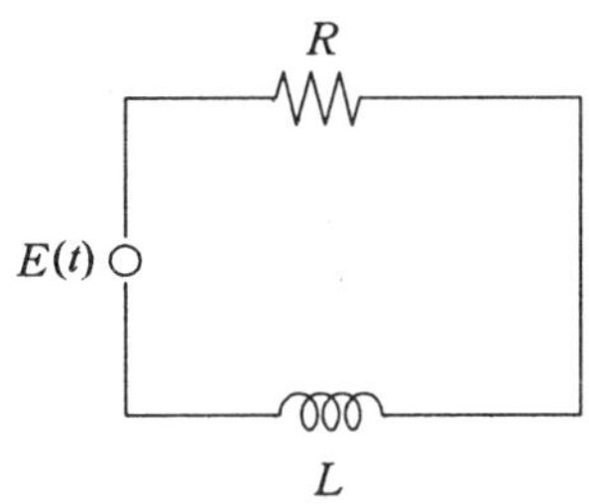

해답

1. $\frac{dv}{dt}=9.8$에서 $v=9.8t+c$, $v(0)=c_1=0$이므로, $v=9.8t$

적분하여 $x=4.95t^2+c_2$, $x(0)=c_2=0$에서 $c_2=0$ $\therefore x=4.95t^2$

$$x=495=4.95t^2\text{에서 } t^2=100 \quad \therefore t=10 \text{ sec}$$

2. $m\frac{dv}{dt}=w-kv$, $v(0)=0$, $w=mg=196$에서 $m=20$, $k=40$

$20\frac{dv}{dt}+400v=196$, $\frac{dv}{dt}+2v=9.8$ 적분하여 $v=ce^{-2t}+4.9$

$$v(0)=c_1+4.9=0\text{에서 } c_1=-4.9 \quad \therefore v=-4.9e^{-2t}+4.9$$

적분하여 $x=2.45e^{-2t}+4.9t+c_2$, $x(0)=2.45+0+c_2=5$에서 $c_2=2.55$

$\therefore x=2.45e^{-2t}+4.9t+2.55$

3. t분후의 이 물체의 온도를 T이라면

$$\frac{dT}{dt}=k(20°-T),\quad T(10)=40℃,\quad T(20)=30℃$$

이 방정식을 변수분리형이다. $\frac{dT}{20-T}=kdt$에서 $-\ln(20-T)=kt-\ln C$

정리하면 $T=20+ce^{-kt}$

$T(10)=20+ce^{-10k}=40$에서 $ce^{-10k}=20$ ⋯⋯⋯①

$T(20)=20+ce^{-20k}=30$에서 $ce^{-20k}=10$ ⋯⋯⋯②

②÷①에서 $e^{-10k}=\frac{1}{2}$, $c=40$이고 $k=\frac{1}{10}\ln 2=0.693$

$\therefore T=20+5e^{-0.693t}$ $\therefore T(0)=20+40e^{0}=60℃$

4. $L\frac{dI}{dt}+RI=E(t)$에분 $L=0.1$, $R=5$, $E(t)=12$이므로 $0.1\frac{dI}{dt}+5I=12$에서

$\frac{dI}{dt}+50I=120$. 적분인자 e^{50t}를 곱하고 적분하면 $\frac{d}{dt}(e^{50t}I)=120e^{50t}$,

$e^{50t}I=\frac{120}{50}e^{50t}+c \therefore I=2.4+ce^{-50t}$

Chapter 2 고계미분방정식

2.1 고계미분방정식의 해

1 2계제차선형미분방정식의 해

[1] 해의 구성

2계선형미분방정식은

$$y'' + p(x)y' + q(x)y = r(x) \quad (1)$$

꼴이고, $r(x) \equiv 0$인 경우를 **재차선형미분방정식**(homogeneous equation)이라 한다.

우선 제차선형미분방정식

$$y'' + p(x)y' + q(x)y = 0 \quad (2)$$

의 해법을 알아보자.

보기 1

미분방정식 $y'' - y = 0$을 풀어보자.

$y = e^{rx}$이라면, $\qquad y' = re^{rx}, \quad y'' = r^2e^{rx}$

이므로

$$y'' - y = (r^2 - 1)e^{rx} = 0$$

$e^{rx} \neq 0$이므로, $\qquad r^2 - 1 = 0 \quad \therefore r = \pm 1$

구하는 해는 $y_1 = e^x$과 $y_2 = e^{-x}$이고, 이들의 1차결합

$$y=c_1y_1+c_2y_2=c_1e^x+c_2e^{-x}$$

도 해이다. 이것이 구하는 일반해이다.

정리 1

제차선형방정식 (2)의 해가 y_1, y_2이면 이들 1차결합도 해가 된다.

(증명) $y=c_1y_1+c_2y_2$가 해임을 밝힌다.

$$\begin{aligned} y''+p(x)y'+q(x)y &= (c_1y_1+c_2y_2)''+p(x)(c_1y_1+c_2y_2)'+q(x)(c_1y_1+c_2y_2) \\ &= c_1[y_1''+p(x)y_1'+q(x)y_1]+c_2[y_2''+p(x)y_2'+q(x)y_2]=0 \end{aligned}$$

이 정리는 비선형이나 비제차미분방정식에서는 성립 안된다.

미분방정식 (2)에서 해 y_1과 y_2가 구간 I에서 비례하지 않을 때,

즉, $\frac{y_1}{y_2}\neq c$ 또는 $y_1\neq cy_2$ 일 때, y_1과 y_2는 미분방정식 (2)의 **기저해**(basis of solution) 또는 **1차독립인 해**라고 한다. 1차독립인 조건은

$$\frac{y_1}{y_2}\neq c \text{ 또는 } c_1y_1+c_2y_2\neq 0\,(c_1,\ c_2\text{가 동시에 0은 아니다})$$

이므로 $c_1=c_2=0$일 때만 $c_1y_1+c_2y_2=0$ 되는 것이 y_1, y_2가 1차독립인 조건이다. 이 관계식에서

$$\begin{cases} c_1y_1+c_2y_2=0 \\ c_1y_1'+c_2y_2'=0 \end{cases} \tag{3}$$

이므로 $\begin{vmatrix} y_1 & y_2 \\ y_1' & y_2 \end{vmatrix}\neq 0$이면, $c_1=c_2=0$일 때만 (3)이 성립한다. 따라서 y_1과 y_2의 1차독립인 조건은

$$W=\begin{vmatrix} y_1 & y_2 \\ y_1' & y_2' \end{vmatrix}\neq 0 \tag{4}$$

이다. 이를 y_1과 y_2의 Wronskian이라 하고, $W(y_1, y_2)$또는 단지 W로 나타낸다.

예제 1 $y''-y=0$에서 해 $y_1=e^x$, $y_2=e^{-x}$는 1차독립인 해임을 밝혀라.

(풀이) $\begin{vmatrix} y_1 & y_2 \\ y_1' & y_2' \end{vmatrix} = \begin{vmatrix} e^x & e^{-x} \\ e^x & -e^{-x} \end{vmatrix} = e^x(-e^{-x})-e^x(e^{-x})=-2\neq 0$

이므로, e^x과 e^{-x}은 1차독립인 해이다.

제차미분방정식 (2)의 일반해는 1차독립인 두 개의 해(해의 기저)의 1차결합으로 나타내진다.

y_1과 y_2가 (2)의 해의 기저(1차독립인 해)이므로, 일반해는

$$y=c_1y_1+c_2y_2$$

이다.

[2] 한 해를 알 때의 다른 기저를 구하는 방법

미분방정식
$$y''+p(x)y'+q(x)y=0 \tag{2}$$

의 한 해 y_1을 알 때, 이것과 독립인 다른 기저를 구하는 방법을 알아보자.

$$y_2=u(x)y_1(x)$$

이라면

$$y_2'=u'y_1+uy_1', \quad y_2''=u''y_1+2u'y_1'+uy_1''$$

을 (2)식에 대입하여

$+q(x)$	$y_2=uy_1$
$+p(x)$	$y_2'=u'y_1+uy_1'$
$+1$	$y_2''=u''y_1+2u'y_1'+uy_1''$

$$y_2''+p(x)y_2'+q(x)y_2=u''y_1+u'[2y_1'+p(x)y_1]+u[y_1''+p(x)y_1'+q(x)y_1]=0$$

$y_1''+p(x)y_1'+y_1=0$이므로

$$u''y_1+u'[2y_1'+p(x)y_1]=0 \text{ 또는 } u''+\frac{2y_1'+p(x)y_1}{y_1}u'=0 \tag{5}$$

$u'=v$, $u''=v'$이라면 (5)식은

$$v'+\frac{2y_1'+p(x)y}{y_1}v=0 \tag{6}$$

(6)은 v에 관한 1계미분방정식이다. 변수를 분리하여

$$\frac{dv}{v}+\frac{2y_1'+py_1}{y_1}dx=0$$

적분하여(적분상수는 생략한다)

$$\ln v=-2\ln y_1-\int p(x)dx,\quad \ln vy_1^2=-\int p(x)dx$$

$$\therefore v=\frac{1}{y_1^2}e^{-\int pdx}$$

$u'=v$에서 $\quad u=\int v\,dx=\int\frac{1}{y_1^2}e^{-\int pdx}dx,\quad y_2=uy_1$

이므로, (2)의 일반해는

$$y=c_1y_1+c_2(uy_1)=c_1y_1+c_2y_1\int\frac{1}{y_1^2}e^{-\int pdx}dx \tag{7}$$

이러한 해법은 1계미분방정식에서 다룬 매개변수변화법과 같은것이다.

❷ 고계비제차 선형미분방정식의 해

정리 2

2계선형미분방정식 $\qquad y''+p(x)y'+q(x)y=r(x) \qquad (1)$

의 한 특수해를 $y_p(x)$, 제차미분방정식 $y''+p(x)y'+q(x)y=0$의 일반해를 $y_h(x)$ 이라면, 미분방정식 (1)의 일반해는 다음과 같다.

$$y=y_h(x)+y_p(x)$$

(증명) $y=y_h(x)+y_p(x)$를 (1)식의 좌편에 대입하면

$$\begin{aligned}&y_h''+p(x)y_h'+q(x)y_h+y_p''+p(x)y_p'+q(x)y_p\\&=0+y_p''+p(x)y_p'+q(x)y_p=r(x)\end{aligned}$$

이므로 $y=y_h(x)+y_p(x)$는 (1)의 해이고, $y_h(x)$는 두 개의 임의 상수를 포함하므로 $y=y_h(x)+y_p(x)$는 (1)의 일반해이다.

예제 2 $y'' - 4y = e^x$의 일반해를 구하라.

(풀이) (i) $y''-2y=0$의 해를 구한다.

$y=e^{\lambda x}$라면 $y'=\lambda e^{\lambda x}$, $y''=\lambda^2 e^{\lambda x}$이므로

$$y''-2y=e^{\lambda x}(\lambda^2-4)=0,\quad \lambda^2-4=0\text{에서 } \lambda=\pm 2$$

따라서 $y''-2y=0$의 일반해(여함수)는

$$y_h=c_1e^{2x}+c_2e^{-2x}$$

(ii) $y=ae^x$이라면, $y'=ae^x$, $y''=ae^x$이므로

$y''-4y=e^x(a-4a)=e^x$에서 $-3a=1$ $\therefore a=-\frac{1}{3}$ $\therefore y_p=-\frac{1}{3}e^x$

구하는 일반해는

$$y=y_h+y_p=c_1e^{2x}+c_2e^{-2x}-\frac{1}{3}e^x$$

정리 3

$y_1(x)$, $y_2(x)$가 각각 선형미분방정식

$$y''+p(x)y'+q(x)y=r(x),\quad y''+p(x)y'+q(x)y=s(x)$$

의 해이면, $y=y_1(x)+y_2(x)$는

$$y''+p(x)y'+q(x)y=r(x)+s(x) \tag{2}$$

의 해이다.

(증명) $y=y_1(x)+y_2(x)$를 (2)식의 좌변에 대입하여 확인된다.

정리 4 ***n*계선형미분방정식**

$$y^{(n)}+p_1(x)y^{(n-1)}+p_2(x)y^{(n-2)}+\cdots+p_{n-1}(x)y'+p_n(x)y=r(x) \tag{3}$$

의 한 특수해를 $y_p(x)$, 대응하는 제차방정식(우변이 0)의 n개의 1차독립인 해를 $u_1(x)$, $u_2(x)$, $\cdots$, $u_n(x)$이라면 이 제차방정식의 해(여함수) $y_h(x)$는

$$y_n(x)=c_1u_1(x)+c_2u_2(x)+\cdots+c_nu_n(x)$$

이므로, 구하는 미분방정식 (3)의 일반해는 다음과 같다.

$$y=y_h(x)+y_p(x)=c_1u_1(x)+c_2u_2(x)+\cdots+c_nu_n(x)+y_p(x)$$

이 정리는 2계선형미분방정식에 관한 정리의 확장이다.

단, y_p는 (3)의 특수 적분이다.

예제 3 $y''-3y'+2y=e^{3x}$을 풀어라.

(풀이) (i) $y''-3y'+2y=0$의 해를 구한다.

$y=e^{\lambda x}$이라면 $y''-3y'+2y=e^{\lambda x}(\lambda^2-3\lambda+2)=0$에서

$$\lambda^2-3\lambda+2=(\lambda-1)(\lambda-2)=0 \quad \therefore \lambda=1,\ 2$$

$$\therefore y_h=c_1e^x+c_2e^{2x}$$

(ii) $y''-3y'+2y=e^{3x}$의 해를 $y=ae^{3x}$이라면

$$y''-3y'+2y=e^{3x}(9a-3a+2a)=e^{3x}$$

에서 $8a=1 \quad \therefore a=\frac{1}{8} \quad \therefore y_p=\frac{1}{8}e^{3x}$

구하는 일반해는

$$y=y_h(x)+y_p(x)=c_1e^x+c_2e^{2x}+\frac{1}{8}e^{3x}$$

예제 4 $y'''-7y'+6y=6x$를 풀어라.

(풀이) (i) $y'''-7y'+6y=0$의 해를 구한다.

$y=e^{\lambda x}$이라면 $\lambda^3-7\lambda+6=(\lambda-1)(\lambda-2)(\lambda+3)=0$에서

$y_h=c_1e^x+c_2e^{2x}+c_3e^{-3x}$

(ii) y_p를 구한다. $y_p=Ax+B$이라면

$y'=A,\ y''=y'''=0$이므로, 준 방정식은

$$y'''-7y'+6y=0-7A+6(Ax+B)\equiv 6x$$

계수를 비교하면

$$6A=6,\ -7A+6B=0 \quad \therefore A=1,\ B=\frac{7}{6} \quad \therefore y_p=x+\frac{7}{6}$$

구하는 일반해는

$$y=y_h+y_p=c_1e^x+c_2e^{2x}+C_3e^{3x}+x+\frac{7}{6}$$

연습문제 2.1

1. 제차미분방정식 $y''-2y'+2y=0$에 대하여 다음에 답하라.

(1) $e^x\cos x$과 $e^x\sin x$는 이 미분방정식의 1차독립인 해임을 밝혀라.

(2) 이 미분방정식의 일반해를 구하라.

2. $1, x, x^2$은 1차독립임을 밝혀라.

3. $x^2y''-xy'+y=0$의 한 해는 $y=x$이다. 이 미분방정식의 일반해를 구하라.

4. $xy''+xy'-y=x$의 일반해를 구하라.

해답

1. (1) $y=e^x\cos x$라면 $y'=e^x(-\sin x+\cos x)$

$$y''=e^x(-\cos x-\sin x-\sin+\cos x)=-2e^x\sin x$$
$$y''-2y'+2y=e^x\{-2\sin x-2(-\sin x+\cos x)+2\cos x\}=0$$

이므로, $y=e^x\cos x$는 해이다.

마찬가지로 $y=e^x\sin x$도 해이다.

$y_1=e^x\cos$, $y_2=e^x\sin x$이라면

$$W=\begin{vmatrix} y_1 & y_2 \\ y_1' & y_2' \end{vmatrix}=\begin{vmatrix} e^x\cos x & e^x\sin x \\ e^x(-\sin x+\cos x) & e^x(\cos x+\sin x) \end{vmatrix}$$
$$=e^{2x}\{\cos x(\cos x+\sin x)-\sin x(-\sin x+\cos x)\}$$
$$=e^{2x}(1)=e^{2x}\neq 0$$

이므로, $e^x\cos x$, $e^x\sin x$는 1차독립이다.

(2) 일반해는 $y=c_1e^x\cos x+c_2e^x\sin x=e^x(c_1\cos x+c_2\sin x)$

2. $W=\begin{vmatrix} 1 & x & x^2 \\ 0 & 1 & 2x \\ 0 & 0 & 2 \end{vmatrix}=2\neq 0$ 이므로, 1, x, x^2은 1차독립이다.

3. $y=u(x)x$이라면, $y'=\dfrac{du}{dx}x+u$, $y''=\dfrac{d^2u}{dx^2}x+2\dfrac{du}{dx}$

이들 값을 준 미분방정식에 대입하면

$$x^2\left(\frac{d^2u}{dx^2}x+2\frac{du}{dx}\right)-x\left(\frac{du}{dx}x+u\right)+ux=x^3\frac{d^2u}{dx^2}+x^2\frac{du}{dx}$$

$$=x^2\left(x\frac{d^2u}{dx^2}+\frac{du}{dx}\right)=0,\quad x\frac{d^2u}{dx^2}+\frac{du}{dx}=0,\quad \frac{du}{dx}=v\text{라면}$$

$$x\frac{d^2u}{dx^2}+\frac{du}{dx}=x\frac{dv}{dx}+v=0,\quad \frac{dv}{v}+\frac{dx}{x}=0\text{에서}\quad \ln(vx)=\ln c_1$$

$$\therefore vx=c,\quad v=\frac{du}{dx}=\frac{c_1}{x}\text{에서}\quad u=c_1\ln x+c_2$$

구하는 일반해 $y=u(x)x=x(c_1\ln x+c_2)$

4. $y=x$는 $xy''+xy'-y=0$의 한 해이다. 구하는 일반해를 $y=xu(x)$라 하자.

-1	$y=xu$
$+x$	$y'=u+xu'$
$+x$	$y''=2u'+xu''$
	$xy''+xy'-y=x^2u''+3xu'=x$

양변을 x로 나누어서

$xu''+3u'=1$

$u'=v$라면 $u''=v'$이므로

$xv'=1-3v$, $\dfrac{dv}{1-3v}=\dfrac{1}{x}dx$

$-\dfrac{1}{3}\ln(1-3v)=\ln(x)+\ln c$

$$(1-3v)^{-\frac{1}{3}}=cx,\quad \frac{1}{1-3v}=c^3x^3,\quad 1-3v=\frac{c'}{x^3}$$

$$v=\frac{du}{dx}=\frac{1}{3}\left(1-\frac{c'}{x^3}\right),\ \text{적분하면}\quad u=\frac{1}{3}\left(x+\frac{c'}{2x^2}\right)+c_2$$

구하는 일반해는 $y=ux=\dfrac{x}{3}(x+c_1x^{-2})+c_2x$

2.2 고계제차선형미분방정식

❶ 일반해

미분방정식 $$y^{(n)}+p_1(x)y^{(n-1)}+\cdots+p_{n-1}(x)y'+p_n(x)y=r(x) \tag{1}$$

을 n계 **선형미분방정식**이라 한다. (1)식과 같이 나타낼 수 없는 것을 **비선형**이라고 한다.

(1)의 우변이 0인 선형미분방정식

$$y^{(n)}+p_1(x)y^{(n-1)}+\cdots+p_{n-1}(x)y'+p_n(x)y=0 \tag{2}$$

을 **제차**라 하고, (1)을 **비제차**(nonhomogeneous equation)라 한다.

(1)의 일반해는 (2)의 일반해 y_h와 (1)의 특수적분 y_p의 합

$$y=y_h+y_P$$

로 구성된다. 재차방정식 (2)의 해 y_h를 **여함수**라고 한다.

(2)의 일반해는 n개의 **1차독립**인 기저해의 1차결합

$$y_h=c_1y_1+c_2y_2\cdots+c_ny_n$$

로 표시된다. $y_1, y_2, \cdots, y_n$은 1차독립인 기저해이다.

$y_1, y_2, \cdots, y_n$의 1차독립인 조건은 이들 함수의 Wronskian $W\neq 0$인 것이다. 즉

$$W=\begin{vmatrix} y_1 & y_2 & \cdots & y_n \\ y_1' & y_2' & \cdots & y_n' \\ \cdots & \cdots & \cdots & \cdots \\ y_1^{(n-1)} & y_2^{(n-1)} & \cdots & y_n^{(n-1)} \end{vmatrix}\neq 0$$

1차독립이 아닌 것을 **1차종속**이라 한다. 1차종속조건은 $W=0$이다.

참 고

$c_1y_1+c_2y_2+\cdots+c_ny_n=0$ 되는 것이 $c_1=c_2=\cdots=c_n=0$인 경우에만 성립할 때, $y_1, y_2\cdots, y_n$은 1차독립이고, 어떤 $c_i\neq 0$에 대하여 $c_1y_1+c_2y_2+\cdots+c_ny_n=0$일 때, $y_1, y_2, \cdots, y_n$은 1차종속이다.

예제 1 (1) $y_1=x$, $y_2=2x$, $y_3=3x^2$은 1차종속임을 밝혀라.
(2) $y_1=x$, $y_2=x^2$, $y_3=x^3$은 1차독립임을 밝혀라.

(풀이) (1) $c_1y_1+c_2y_2+c_3y_3=c_1x+2c_2x+3c_3x^2=0$

$$\begin{cases} c_1x+2c_2x+3c_3x^2=0 \cdots\cdots ① \\ c_1+2c_2 \quad +6c_3x \ =0 \cdots\cdots ② \\ \qquad\qquad\qquad 6c_3 \ =0 \cdots\cdots ③ \end{cases}$$

③에서 $c_3=0$, ①, ②에서

①, ②에서 $\begin{cases} c_1x+2c_2x=0 \text{에서} (c_1+2c_2)x=0 & \cdots\cdots ④ \\ c_1+2c_2=0 & \cdots\cdots ⑤ \end{cases}$

④, ⑤에서 $c_1+2c_2=0$, $c_1=-2c_2$ ⋯⋯ ⑥

⑥은 c_1, c_2가 꼭 0이 아니라도 성립됨으로 y_1, y_2, y_3은 1차종속이다.
Wronskian W는

$$W=\begin{vmatrix} x & 2x & 3x^2 \\ 1 & 2 & 6x \\ 0 & 0 & 6 \end{vmatrix}=12x+0+0-12x=0$$

이므로 x, $2x$, $3x^2$은 1차종속이다.

(2) $$W=\begin{vmatrix} x & x^2 & x^3 \\ 1 & 2x & 3x^2 \\ 0 & 2 & 6x \end{vmatrix}=12x^3+2x^3-6x^3-6x^3=2x^3\neq 0 \ (x\neq 0)$$

이므로, $c_1x+c_2x^2+c_3x^3=0 \ (x\neq 0)$은 $c_1=c_2=c_3=0$인 경우에만 성립하므로 x, x^2, x^3은 1차독립이다.

참 고

y_1, y_2, ⋯, y_n에서 어느 두 항의 비가 일정하면, 이들은 1차종속이다. 어느 두 항의 비도 일정하지 않으면 이들은 1차독립이다.

상수계수의 고계미분방정식의 해법은 2계미분방정식의 해법에 준한다.

② 상수계수의 2계제차미분방정식

2계제차미분방정식 $$y''+ay'+by=0 \tag{1}$$

의 해를 구한다.

$$y=e^{\lambda x} \tag{2}$$

이라면 $y'=\lambda e^{\lambda x}$, $y''=\lambda^2 e^{\lambda x}$
이므로 이들 값을 (1)에 대입하여

$$(\lambda^2+a\lambda+b)e^{\lambda x}=0 \tag{3}$$

$\lambda^2+a\lambda+b=0$을 미분방정식 (1)의 **특성방정식** 또는 **보조방정식**이라 한다.
(3)의 근은

$$\lambda_1=\frac{1}{2}(-a+\sqrt{a^2-4b}),\quad \lambda_2=\frac{1}{2}(-a-\sqrt{a^2-4b}) \tag{4}$$

이므로, 미분방정식 (1)의 해는 분명히 $y_1=e^{\lambda_1 x}$와 $y_2=e^{\lambda_2 x}$ 이다.
보조방정식의 근은 다음 세 가지 경우로 구분된다.

[경우1] $a^2-4b>0$인 경우는 서로 다른 두 실근 : λ_1, λ_2 $(\lambda_1\neq\lambda_2)$
[경우2] $a^2-4b=0$인 경우는 2중근 : $\lambda_1=\lambda_2$
[경우3] $a^2-4b<0$인 경우는 켤레 복소근 : $\lambda=\alpha\pm\beta i$

경우1 보조방정식이 두 개의 서로 다른 실근 λ_1, λ_2를 갖는 경우
이 경우는 서로 다른 독립인 두 해

$$y_1=e^{\lambda_1 x},\quad y_2=e^{\lambda_2 x}$$

을 갖고 일반해는 $y=c_1e^{\lambda_1 x}+c_2e^{\lambda_2 x}$이다.

예제 ② $y''+y'-2y=0$, $y(0)=4$, $y'(0)=5$를 풀어라.

(풀이) 보조방정식 : $\lambda^2+\lambda-2=(\lambda-1)(\lambda+2)=0$
에서 $\lambda_1=1$, $\lambda_2=-2$이고, 일반해는 $y=c_1e^x+c_2e^{-2x}$

$y(0)=4$이므로, $\quad c_1+c_2=4$ $\quad\cdots\cdots$ ①

$y'(0)=5$이므로, $\quad y'=c_1e^x-2c_2e^{-2x}$에서 $c_1-2c_2=-5$ $\quad\cdots\cdots$ ②

①, ②에서 $c_1=1$, $c_2=3$

구하는 해(특수해)는 $\quad y=e^x+3e^{-2x}$

경우2 보조방정식이 중근 $\lambda=-a/2$를 갖는 경우

미분방정식 (1)의 한 해는 분명히 $y_1=e^{-\frac{a}{2}x}$이므로, y_2를

$$y_2=uy_1=ue^{-\frac{a}{2}x}$$

이라 하고, u를 정하기 위하여 y_2를 미분방정식 (1)에 대입한다.

$$\begin{array}{r|l}
+b & y_2=ue^{-\frac{a}{2}x} \\
+a & y_2'=u'e^{-\frac{a}{2}x}-\dfrac{a}{2}ue^{-\frac{a}{2}x} \\
+1 & y_2''=u''e^{-\frac{a}{2}x}-\left(\dfrac{a}{2}u'+\dfrac{a}{2}u'\right)e^{-\frac{a}{2}x}+\dfrac{a^2}{4}ue^{-\frac{a}{2}x} \\
\hline
\end{array}$$

$$y_2''+ay_2'+by_2=u''e^{-\frac{a}{2}x}+\left(\frac{a^2}{4}-\frac{a^2}{2}+b\right)ue^{-\frac{a}{2}x}=0$$

그런데 $\lambda=-\dfrac{a}{2}$이므로 $\lambda^2+a\lambda+b=\dfrac{a^2}{4}-\dfrac{a^2}{2}+b=0$

$$\therefore u''e^{-\frac{a}{2}x}=0,\quad e^{-\frac{a}{2}x}\neq 0\text{이므로, } u''=0,\quad \therefore u=c_1'+c_2'x$$

구하는 y_2는 $\qquad y_2=(c_1'+c_2'x)e^{-\frac{a}{2}x}$

구하는 일반해는

$$\begin{aligned}
y=c_1y_1+c_2y_2&=c_1e^{-\frac{a}{2}x}+c_2(c_1'+c_2'x)e^{-\frac{a}{2}x} \\
&=(c_1+c_2c_1')e^{-\frac{a}{2}x}+c_2c_2'xe^{-\frac{a}{2}x} \\
&=Ae^{-\frac{a}{2}x}+Bxe^{-\frac{a}{2}x}=(A+Bx)e^{-\frac{a}{2}x}
\end{aligned}$$

y_2의 계산에서 $c_1'=0$, $c_2'=1$로 하면 다음과 같이 간단히 계산된다.

$$y=c_1y_1+c_2y_2=c_1e^{-\frac{a}{2}x}+c_2xe^{-\frac{a}{2}x}=(c_1+c_2x)e^{-\frac{a}{2}x}$$

예제 3 $y''-4y'+4y=0$, $y(0)=3$, $y'(0)=1$을 풀어라.

(풀이) 보조방정식 : $\lambda^2-4\lambda+4=(\lambda-2)^2=0$ $\therefore \lambda=2$(2중근)

구하는 일반해는 $y=(c_1+c_2x)e^{2x}$

$$y(0)=c_1=3,\quad y'=[c_2+2(c_1+c_2x)]e^{2x}$$

$$y'(0)=c_2+2c_1=1$$

에서 $c_1=3$, $c_2=-5$ $\therefore y=(3-5x)e^{2x}$

경우3 보조방정식이 허근을 갖는 경우

미분방정식 $$y''+ay'+by=0 \tag{1}$$

의 보조방정식

$$\lambda^2+a\lambda+b=0 \tag{2}$$

이 허근 $\lambda_1=\alpha+\beta i,\quad \lambda_2=\alpha-\beta i$

을 갖는 경우, 1차독립인 두 개의 해는

$$y_1=e^{(\alpha+\beta i)x},\quad y_2=e^{(\alpha-\beta i)x} \tag{3}$$

여기서 1차 독립인 실수해를 구해 보자.

y_1과 y_2는 복소수이고, Euler 공식에 의하여

$$e^{(\alpha+\beta i)x}=e^{\alpha x}e^{\beta ix}=e^{\alpha x}(\cos\beta x+i\sin\beta x)$$
$$e^{(\alpha-\beta i)x}=e^{\alpha x}e^{-\beta ix}=e^{\alpha x}(\cos\beta x-i\sin\beta x)$$

이므로 구하는 (1)의 일반해는

$$y=e^{\alpha x}(c_1\cos\beta x+c_1 i\sin\beta x)+e^{\alpha x}(c_2\cos\beta x-c_2 i\sin\beta x)$$
$$=e^{\alpha x}[(c_1+c_2)\cos\beta x+i(c_1-c_2)\sin\beta x] \tag{4}$$

실수의 근을 구하기 위하여 (c_1과 c_2를 켤레복소수로 취하면)

$$c_1+c_2=A,\quad i(c_1-c_2)=B \ (A, B\text{는 실수})$$

이라면 해 (4)는 다음과 같은 실수해를 갖는다.

$$y=e^{\alpha x}(A\cos\beta x+B\sin\beta x)$$

여기서 α는 보조방정식 (2)의 실성분, β는 허성분임을 기억해 두어야 한다.

참 고

(1) $e^{ix} = \cos x + i\sin x$, $e^{-ix} = \cos x - i\sin x$ (Euler 공식)

에서 다음관계를 얻는다.

$\cos x = \frac{1}{2}(e^{ix} + e^{-ix})$, $\sin x = \frac{1}{2i}(e^{ix} - e^{-ix})$

(2) $y_1 = e^{\alpha x}\cos\beta x$와 $y_2 = e^{\alpha x}\sin\beta x$는 (1)의 1차독립인 해이므로,

$y = Ae^{\alpha x}\cos\beta x + Be^{\alpha x}\sin\beta x$는 (1)의 일반해이다.

예제 4 $y'' - 2y' + 5y = 0$, $y(0) = 0$, $y'(0) = 2$를 풀어라.

(풀이) 보조방정식 $\lambda^2 - 2\lambda + 5 = 0$의 두 근은 $\lambda = 1 \pm 2i$이므로 $\alpha = 1, \beta = 2$

구하는 일반해는

$$y = e^x(A\cos 2x + B\sin 2x)$$

초기조건을 대입한다.

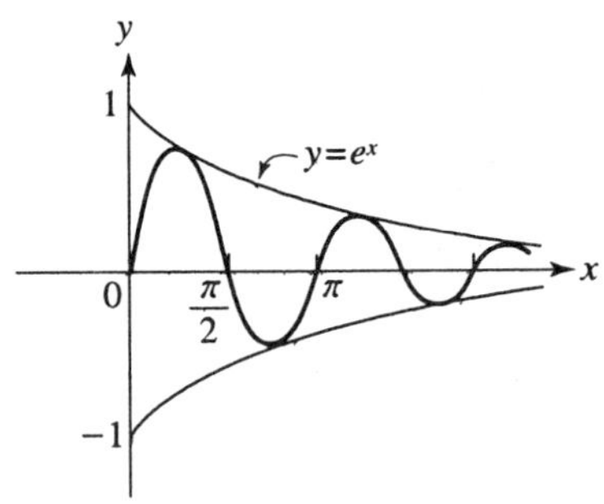

$y(0) = A = 0$이므로 $y = Be^x \sin 2x$

$y' = Be^x \sin 2x + 2Be^x \cos 2x$

$y'(0) = 2B = 2$에서 $B = 1$

구하는 특수해는 $y = e^x \sin 2x$

경계값 문제를 살펴보자

경계점에서의 함수값 $y(a_1) = k_1$, $y(b_2) = k_2$

가 주어지면, 이 조건을 **경계 조건**이라 하고, 경계조건이 주어진 미분방정식 문제를 **경계값문제**라 한다.

예제 5 $y''+y=0,\quad y(0)=3,\quad y\left(\frac{\pi}{2}\right)=-3$을 풀어라.

(풀이) 일반해는

$$y=c_1\cos x+c_2\sin x$$

경계조건에 의하여 $y(0)=c_1=3,\ y\left(\frac{\pi}{2}\right)=c_2=-3$

이므로, 구하는 해는 $y=3\cos x-3\sin x$

3 상수계수의 고계선형미분방정식

상수계수의 제차미분방정식

$$y^{(n)}+a_1y^{(n-1)}+\cdots+a_{n-1}y'+a_ny=0 \tag{1}$$

의 해의 형태는, (1)의 보조방정식

$$\lambda^n+a_1\lambda^{n-1}+\cdots+a_{n-1}\lambda+a_n=0 \tag{2}$$

의 근의 형태에 따라서 다르다.

[1] 보조방정식의 n개의 실근이 모두 다를 때

보조방정식 (2)의 서로 다른 n개의 실근을 $\lambda_1, \lambda_2, \cdots, \lambda_n$이라면 (1)의 일반해는

$$y=c_1e^{\lambda_1x}+c_2e^{\lambda_2x}+\cdots+c_ne^{\lambda_nx}$$

이다. 여기서 해 $y_1=e^{\lambda_1x},\quad y_2=e^{\lambda_2x},\ \cdots,\ y_n=e^{\lambda_nx}$는 1차독립이다.

예제 6 다음 미분방정식을 풀어라.

$$y'''-2y''-y'+2y=0$$

(풀이) 보조방정식 : $\lambda^3-2\lambda^2-\lambda+2=\lambda^2(\lambda-2)-(\lambda-2)=(\lambda-2)(\lambda^2-1)=0$

$$\therefore \lambda_1=2,\quad \lambda_2=1,\quad \lambda_3=1$$

구하는 해는 1차독립인 3개의 해 $e^{2x},\ e^x,\ e^{-x}$의 1차결합으로

$$y=c_1e^{2x}+c_2e^x+c_3e^{-x}$$

이다. 분명히 $e^{2x},\ e^x,\ e^{-x}$의 Wronskian $W=-6e^{2x}\neq 0$

(2)의 서로 다른 n개의 실근 $\lambda_1, \lambda_2, \cdots, \lambda_n$에 대한 n개의 (1)의 해 $e^{\lambda_1 x}, e^{\lambda_2 x}$, $e^{\lambda_n x}$이 1차독립이라는 것을 Wronskian $W \neq 0$이라는 것으로 다음과 같이 증명된다.

$$W = \begin{vmatrix} e^{\lambda_1 x} & e^{\lambda_2 x} & \cdots & e^{\lambda_n x} \\ \lambda_1 e^{\lambda_1 x} & \lambda_2 e^{\lambda_2 x} & \cdots & \lambda_n e^{\lambda_n x} \\ {\lambda_1}^2 e^{\lambda_1 x} & {\lambda_2}^2 e^{\lambda_2 x} & \cdots & {\lambda_n}^2 e^{\lambda_n x} \\ \cdot & \cdot & \cdots & \cdot \\ {\lambda_1}^{n-1} e^{\lambda_1 x} & {\lambda_2}^{n-2} e^{\lambda_2 x} & \cdots & {\lambda_n}^{n-1} e^{\lambda_n x} \end{vmatrix}$$

$$= e^{(\lambda_1 + \lambda_2 + \cdots + \lambda_n)x} \begin{vmatrix} 1 & 1 & \cdots & 1 \\ \lambda_1 & \lambda_2 & \cdots & \lambda_n \\ \lambda_1^2 & \lambda_2^2 & \cdots & \lambda_n^2 \\ \cdot & \cdot & \cdots & \cdot \\ \lambda_1^{n-1} & \lambda_2^{n-1} & \cdots & \lambda_n^{n-1} \end{vmatrix} \neq 0$$

예제 7 $y^{(4)} - 5y'' + 4y = 0$의 일반해를 구하여라.

(풀이) 보조방정식 $\lambda^4 - 5\lambda^2 + 4 = (\lambda^2 - 1)(\lambda^2 - 4) = 0$에서 $\lambda = \pm 1, \pm 2$
구하는 일반해는

$$y = c_1 e^x + c_2 e^{-x} + c_3 e^{2x} + c_4 e^{-2x}$$

예제 8 $x^3 y''' - 3x^2 y'' + 6xy' - 6y = 0$, $y(1) = 2$, $y'(1) = 1$, $y''(1) = 4$를 풀어라.

(풀이) $a_0 x^n y^{(n)} + a_1 x^{n-1} y^{(n-1)} + \cdots + a_{n-1} xy' + a_n y = r(x)$ 꼴의 미분방정식을 **Euler-Cauchy 방정식**이라 한다.
이 방정식에서 $y = x^m$이라면 상수계수의 선형미분방정식으로 변환된다.

$y = x^m$이라면 $y' = xn^{m-1}$, $y'' = m(m-1)x^{m-2}$, $y''' = m(m-1)(m-2)x^{m-3}$

이들을 준 미방에 대입하면

$$x^m[m(m-1)(m-2) - 3m(m-1) + 6m - 6] = 0$$

$x \neq 0$이므로, $m(m-1)(m-2) - 3m(m-1) + 6m - 6 = 0$

정리하면, $m^3 - 6m^2 + 11m - 6 = (m-1)(m-2)(m-3) = 0 \quad \therefore m = 1, 2, 3$

1차독립인 해의 기저는 $y_1 = x$, $y_2 = x^2$, $y_3 = x^3$ 이므로 일반해는

$$y = c_1 x + c_2 x^2 + c_3 x^3$$

1, 2차도함수는 $y' = c_1 + 2c_2 x + 3c_3 x^2$, $y'' = 2c_2 + 6c_3 x$
이므로 초기조건은

$$y(1) = c_1 + c_2 + c_3 = 2 \quad \cdots\cdots ①$$
$$y'(1) = c_1 + 2c_2 + 3c_3 = 1 \quad \cdots\cdots ②$$
$$y''(1) = 2c_2 + 6c_3 = 4 \quad \cdots\cdots ③$$

이고, ①, ②, ③에서 $c_1 = 6$, $c_2 = -7$, $c_3 = 3$ 이므로
구하는 해는

$$y = 6x - 7x^2 + 3x^3$$

[2] 보조방정식의 복소근을 가질 때

보조방정식의 복소켤레 $\alpha \pm \beta i$에 대한 해당되는 미분방정식의 해는

$$e^{\alpha x}(A\cos\beta x + B\sin\beta x)$$

이다. 서로 다른 근에 대하여는 〔1〕의 이론에 따라서 해가 얻어진다.

예제 9 $y''' - y'' + 100y' = 0$의 일반해를 구하여라.

(풀이) 보조방정식 $\lambda^3 - \lambda^2 + 100\lambda - 100 = \lambda^2(\lambda - 1) + 100(\lambda - 1)$
$= (\lambda^2 + 100)(\lambda - 1) = 0 \quad \therefore \alpha = 1, \pm 10i$

$\therefore \lambda = 1$에 대한 부분해 : e^x
$\lambda = \pm 10i$에 대한 부분해 : $A\cos 10x + B\sin 10x$
구하는 일반해는

$$y = c_1 e^x + A\cos 10x + B\sin 10x$$

[3] 보조방정식이 다중 실근을 가질 때

보조방정식의 2중근 $\lambda_1 = \lambda_2$에 대한 기본해는

$$y = (c_1 + c_2 x)e^{\lambda_1 x}$$

이고, 보조방정식의 3중근 $\lambda_1 = \lambda_2 = \lambda_3$에 대한 부분해는 다음과 같다.

$$y = (c_1 + c_2 x + c_3 x^2)e^{\lambda_1 x}$$

λ가 보조방정식의 m중 실근일 때, 이에 대한 부분해는
$$(c_1 + c_2 x + c_3 x^2 + \cdots + c_m x^{m-1})e^{\lambda x}$$

예제 10 $y''' - 3y'' + 3y' - y = 0$의 일반해를 구하여라.

(풀이) 보조방정식 : $\lambda^3 - 3\lambda^2 + 3\lambda + 1 = (\lambda - 1)^3 = 0$

$\lambda = 1$이 3중근이므로, 구하는 해는

$$y = (c_1 + c_2 x + c_3 x^2)e^x$$

[4] 보조방정식이 복수다중근을 가질 때

복소다중근이 $(\alpha \pm \beta i)$가 2중근이면 이에 대한 부분해는

$$e^{\alpha x}\{(c_1 + c_2 x)\cos\beta x + (c_3 + c_4 x)\sin\beta x\}$$

사실상 $e^{\alpha x}\cos x$, $xe^{\alpha x}\cos\beta x$, $e^{\alpha x}\sin\beta x$, $xe^{\alpha x}\sin\beta x$는 1차독립인 기본해 들이다.

마찬가지로 $(\alpha \pm \beta i)$가 3중근이면 이에 대한 부분해는

$$e^{\alpha x}\{(c_1 + c_2 x + c_3 x^2)\cos\beta x + (c_4 + c_5 x + c_6 x^2)\sin\beta x\}$$

가 된다.

4 2계미분방정식의 응용

[1] 단진동에 관한 문제

단진동은 어떤 고정점을 포함하는 주기운동을 말한다. 가령, 스프링의 끝에 무게 W를 달았을 때, 정지상태의 위치(평형위치)에 있는 것을 당겼다 노면 평형위치를 중심으로 진동운동을 한다.

경험에 의하면 늘어났거나 줄어든 스프링은 본래의 평형위치로 되돌아가려는 힘(복원력)이 작용된다. 이에 관하여 다음 법칙이 성립된다.

> ■ **Hooke의 법칙**
> 무게 W인 물체를 그 평형위치로 복귀시키려는 스프링에 의한 힘은 늘어난 길이에 비례한다.

스프링의 복원력의 크기 $|f| = k|x|$ (x는 평형위치부터 물체까지의 거리), k는 스프링 상수이고, x는 평형위치부터 물체가 하방에 있으면 $x > 0$이다.

$x > 0$일 때, 힘은 위로 향하니까 $f < 0$: $f = -kx$

$x < 0$일 때, 힘은 아래로 향하니까 $f > 0$: $f = k(-x)$ (1)

$$\therefore f = -kx \ (k > 0) \tag{2}$$

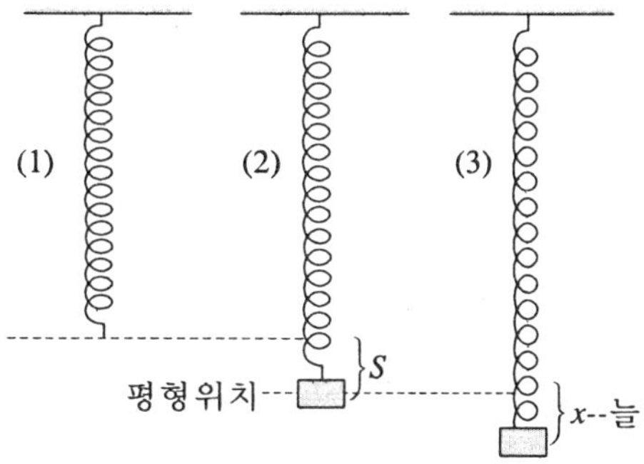

(1)은 스프링만의 상태
(2)는 물체를 매단 상태
(3)은 물체를 x만큼 댕긴 상태

평형상태 (2)에서 물체를 아래(양의방향)로 x 만큼 잡아당기면 Hooke의 법칙에 의하여 용수철에 의하여 위로 향하는 힘 F_1은

$$F_1 = -kx$$

을 발생한다. F_1은 복원력이다(그림 (3) 참조).

Newton의 법칙에 의하여 운동방정식은 $m\ddot{x} = \text{힘} = F_1$이므로

$$\frac{W}{g}\frac{d^2x}{dt^2} = -kx \tag{5}$$

예제 11 어떤 스프링에 245g의 무게를 달았을 때 5cm 늘어났다. 이 물체를 평형상태에서 아래로 7cm만큼 잡아당겼다 놓을 때
(1) 이 운동을 나타내는 운동의 방정식을 구하여라.
(2) 이 운동의 주기 및 진동수를 구하여라.

(풀이) (1) Hooke의 법칙에 따르면 $t=0$일 때, $F_1 = k|x| = W$에서

$$W = 245 = k \cdot 5\text{에서} \quad k = 49\text{(스프링 상수)}$$

따라서 운동의 미분방정식은

$$\frac{245}{980}\frac{d^2x}{dt^2} = -49x\text{에서} \quad \frac{d^2x}{dt^2} + 196x = 0$$

초기조진은 $t=0$일 때 $x=7, \quad \dfrac{dx}{dt} = 0$

보조방정식 $\lambda^2 + 196 = 0$에서 $\lambda = \pm 14i$이므로, 일반해는

$$x = A\cos 14t + B\sin 14t$$

$t=0$일 때, $x=7$이므로 $A=7$, $\left.\dfrac{dx}{dt}\right|_{t=0}=14B=0$에서 $B=0$

$$\therefore x=7\cos 14t$$

(2) 진폭=7cm, 진동수(주기의 역수)$=\dfrac{14}{2\pi}=\dfrac{7}{\pi}$(cycly/초) ($14T=2\pi$, $T=\dfrac{\pi}{7}$)

$$1\sec : x(\text{진동수})=T(\text{주기}) : 1 \quad \therefore x=\frac{1}{T}$$

일반적으로 공기의 저항을 무시할 때, 단진동의 미분방정식은

$$m\frac{d^2x}{dt^2}=-kx \ (k>0)$$

이고, $k=m\omega^2$이라면 단진동의 미분방정식은

$$\frac{d^2x}{dt^2}+\omega^2x=0$$

이고, 일반해는

$$x=A\cos\omega t+B\sin\omega t$$

단, x는 물체의 평형상태(또는 정지)에서 시각 t 때의 물체의 변위를 나타낸다. 진동에서 주기 $T=\dfrac{2\pi}{\omega}$이고, 진동수 즉 1sec 동안에 진동하는 회수 $n=\dfrac{\omega}{2\pi}$이다.

예제 12 앞 예제에서 물체가 속도에 비례하는 크기 2.5v의 저항을 받는 경우의 진동의 미분방정식을 만들어서 해를 구하여라. 또 진동수와 진폭을 구하여라.

(풀이) 진동의 미분방정식은 $v=\dfrac{dx}{dt}$이므로

$$\frac{245}{980}\frac{d^2x}{dt^2}=-49x-2.5\frac{dx}{dt}$$

또는 $\dfrac{d^2x}{dt^2}+10\dfrac{dx}{dt}+196x=0$, $x(0)=7$ ………… ①

①의 보조방정식

$$\lambda^2+10\lambda+196=0\text{에서 } \lambda=-5\pm\sqrt{25-196}=-5\pm13i$$

구하는 일반해는

$$x=e^{-5t}(A\cos 13t+B\sin 13t)$$

초기조건 $x(0)=7$, $x'(0)=0$을 써서 A, B를 구한다.

$x(0)=e^0(A+0)=7$에서 $A=7$

$$x'(t) = -5e^{-5t}(A\cos 13t + B\sin 13t) + e^{-5t}(-13A\sin 13t + 13B\cos 13t)$$
$$x'(0) = -5(A+0) + 1(0+13B) = 0$$
$$-5A + 13B = 0,\quad 13B = 5A = 35 \quad \therefore B = \frac{35}{13}$$

구하는 해는

$$x = e^{-5t}\left(7\cos 13t + \frac{35}{13}\sin 13t\right),\ \text{진동수} = \frac{13}{2\pi} = 2.069\ \text{cycle/sec}$$

진폭은 감쇠인수 e^{-5t}에 의하여 t의 증가와 더불어 감쇠한다.

■ **주기함수 $\cos\omega t$의 주기**

$$\cos\omega(t+p) = \cos(\omega t + \omega p) = \cos(\omega t + 2\pi)$$
$$\omega p = 2\pi \text{에서 주기 } p = \frac{2\pi}{\omega}$$

주 기 : 1회전(왕복)에 요하는 시간

진동수 : 1주기를 진동수 1로 보고, 1sec당의 진동수 x

$$1\sec : x = p : 1 \quad \therefore x = \frac{1}{p} = \frac{\omega}{2\pi}$$

[2] 전기회로에 관한 문제

다음 그림과 같은 직렬 회로를 생각해 보자. switch K를 닫는 순간 전류가 흐르게 되며 capacitor C의 순간 전류를 g라 하면 자체음도계수 L, 저항 R, 전기용량 C인 축전기와 기전력 $E(t)$를 포함하는 전기회로의 미분방정식은 Kirchhoff의 법칙에 의하여

$$L\frac{di}{dt} + Ri + \frac{q}{C} = E(t) \qquad (1)$$

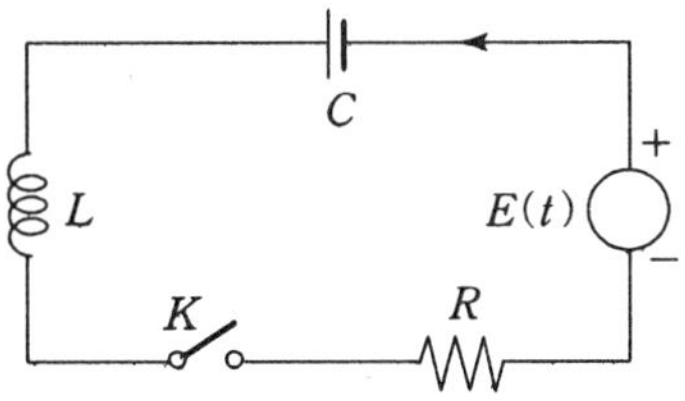

가 된다. 단 $E(t)$는 기전력이고(시간에 따라 변함), L, R 및 C는 상수라고 가정한다. 그런데 $i = \frac{dq}{dt}$ 이므로 (1)은

$$L\frac{d^2q}{dt^2} + R\frac{dq}{dt} + \frac{q}{C} = E(t) \qquad (2)$$

가 된다.

예제 13 0.5 henry의 inductor가 6 ohm의 저항, 0.02 farad의 capacitor, 교류전압 $24\sin 10t(t \geq 0)$를 가진 발전기 및 스윗치 K와 함께 한 회로에 직렬로 연결되어 있다.(그림).

(1) capacitor의 순간전하를 나타내는 미분방정식을 구하여라

(2) switch가 $t=0$에서 닫힐 때 전하가 영이었다 하고 임의시간 t에서의 전하와 전류를 구하여라.

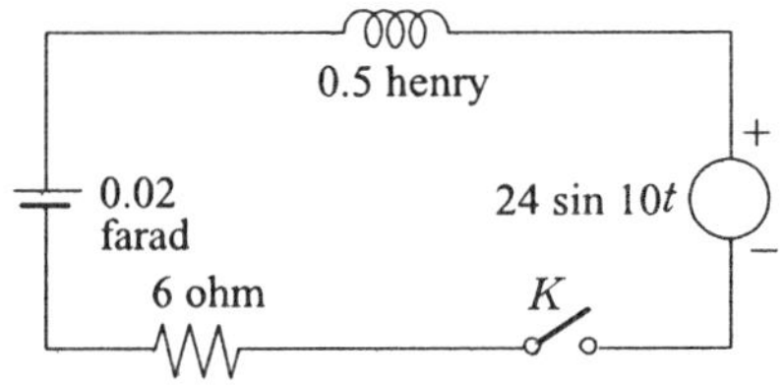

(풀이) (1) 저항, inductor 및 capacitor를 지날 때의 전압강하는 각각 $6I$, $0.5\dfrac{di}{dt}$ 및 $\dfrac{q}{0.02}=50q$이므로 Kirchhoff의 법칙에 의하여

$$6i+0.5\frac{di}{dt}+50q=24\sin 10t$$

또는 $i=\dfrac{dq}{dt}$를 써서

$$0.5\frac{d^2q}{dt^2}+6\frac{dq}{dt}+50q=24\sin 10t\text{에서 }\ \frac{d^2q}{dt^2}+12\frac{dq}{dt}+100q=48\sin 10t$$

조기조건은 $t=0$에서 $q=0$, $i=\dfrac{dq}{dt}=0$이다.

(2) 여함수는 $e^{-6t}(A\cos 8t+B\sin 8t)$

가 되고, 특수해를 구하기 위하여 $a\sin 10t+b\cos 6t$를 특수전분의 시험꼴로 택하면 $a=0$, $b=-\dfrac{2}{5}$을 얻는다.

일반해는 $q=e^{-6t}(A\cos 8t+B\sin 8t)-\dfrac{2}{5}\cos 10t$

초기조건을 써서 $A=\dfrac{2}{5}$, $B=\dfrac{3}{10}$을 얻으므로 구하는 해는

$$q=\frac{1}{10}e^{-5t}(4\cos 8t+3\sin 8t)-\frac{2}{5}\cos 10t$$

여기서 e^{-6t}을 포함하는 항은 곧 무시할 수 있게 되므로 $-\dfrac{2}{5}\cos 10t$만이 남는다.

예제 14 한 회로가 자체유도계수 0.1H, 저항 20 ohm, 용량 25 microfarad(1 microfara = 10^{-6} farad)의 축전기로 이루어져 있다.

(1) $t=0$일 때, 초기조건 $q=0.05$ coulomb, $i=\dfrac{dq}{dt}=0$이 주어졌을 경우

(2) $t=0$일 때 $q=0.05$ coulomb, $i=-0.2$ ampere 일 경우, 전기량 q와 전류 i를 구하라.

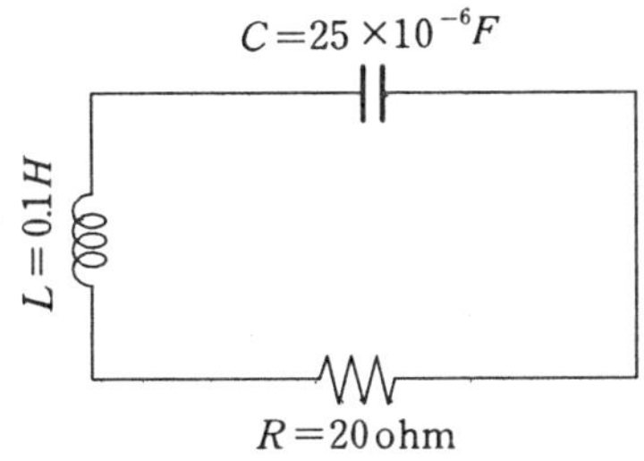

(풀이) $L=0.1\ R=20, C=25\times10^{-6}$이므로

$$\frac{d^2q}{dt^2}+R\frac{dq}{dt}+\frac{q}{c}=E(t)\text{에서}\ \ \frac{d^2q}{dt^2}+200\frac{dq}{dt}+40,000q=0$$

적분하면 $q=e^{-100t}(A\cos 100\sqrt{39}t+B\sin 100\sqrt{39}t)$

t에 관하여 미분하면

$$i=\frac{dq}{dt}=100e^{-100t}[\sqrt{39}B-a)\cos 100\sqrt{39}t-(sqr(39A+B\sin 100\sqrt{39}t)$$

(1) $t=0$일 때 초기조건 $q=0.05$, $i=-0.2$이므로 $A=0.05$, $B=\frac{0.05}{\sqrt{39}}=0.001$

따라서 $q=0^{-100t}(0.05\cos 624.5t+0.008\sin 624.5t)$

$$i=-0.32e^{-100t}\sin 624.5t$$

(2) 초기조건 $t=0$일 때 $q=0.05$, $i=-0.2$를 사용하면 $A=0.05, B=0.0077$이므로

$$q=e^{-100t}(0.05\cos 624.5t+0.0077\sin 624.5t)$$
$$i=e^{-100t}(-0.2\cos 624.5t-32.0\sin 624.5t)$$

연습문제 2.2

1. 다음 미분방정식을 풀어라.

(1) $y''' - 6y'' + 12y' - 8y = 0$ (2) $y^{(4)} - 2y''' - y'' + 2y' = 0$

(3) $y^{(4)} - 4y''' - 5y'' + 36y' - 36y = 0$ (4) $y^{(4)} + 4y''' + 8y'' + 8y' + 4y = 0$

2. 다음 미분방정식을 풀어라.

(1) $x^2y'' + xy' - 4y = 0$ (2) $x^3y''' + 2x^2y'' - 6xy' = 0$

3. 다음 미분방정식을 풀어라.

(1) $y'' + 6y'' + 10y' = 0$ (2) $y^{(4)} - y = 0$

4. x축에 따라서 움직이는 질량 m인 물체가 원점에서의 거리에 비례하는 힘으로 원점을 향하여 끌려지고 있다. $x = x_0$인 곳에 정지하고 있던 이 물체가 곳을 출발하였을 때의 운동의 방정식을 구하라.

해답

1. (1) 보조방정식 $\lambda^3 - 6\lambda^2 + 12\lambda - 8 = (\lambda - 2)^3 = 0$에서 $x = 2$(중근)

$\therefore y = (c_1 + c_2x + c_3x^2)e^{2x}$

(2) 보조방정식 $\lambda^3 - 2\lambda^2 - \lambda^2 + 2\lambda = \lambda(\lambda + 1)(\lambda - 1)(\lambda - 2) = 0$에서 $\lambda = 0,\ -1,\ 1,\ 2$

$\therefore y = c_1 + c_2e^{-x} + c_3e^{x} + c_4e^{2x}$

(3) 보조방정식 $\lambda^4 - 4\lambda^3 - 5\lambda^2 + 36\lambda - 36 = (\lambda - 2)^2(\lambda - 3)(\lambda + 3) = 0$에서 $t = 2$(2중근), 3, -3

$\therefore y = (c_1 + c_2x)e^{2x} + c_3e^{3x} + c_4e^{-3x}$

(4) 보조방정식 $\lambda^4 + 4\lambda^3 + 8\lambda^2 + 8\lambda + 4 = (\lambda^2 + 2\lambda + 2)^2 = 0$에서 $\lambda = -1 \pm i$(2중근)

$\therefore y = (c_1 + c_2x)e^{-x}\cos x + (c_3 + c_4x)e^{-x}\sin x$

2. (1) $y=x^m$이라면, $y'=mx^{m-1}$, $y''=m(m-1)x^{m-2}$이므로, 준 방정식은

$$x^m\{m(m-1)+m-4\}=0,\quad m^2-4=0,\quad m=\pm 2$$

구하는 일반해 $y=c_1x^2+c_2x^{-2}$

(2) $y=x^m$이라면 $x^m\{m(m-1)(m-2)+2m(m-1)-6m\}=0$,

$$m^3-m^2-6m=m(m^2-m-6)=m(m+2)(m-3)=0,\quad m=0,\ -2,\ 3$$

구하는 일반해는 $y=c_1+c_2x^{-2}+c_3x^3$

3. (1) 보조방정식 $\lambda^3+6\lambda^2+10\lambda=\lambda(\lambda^2+6\lambda+10)=0,\quad \lambda=0,\ -3\pm i$

$$\therefore y=c_1+e^{-3x}(c_2\cos x+c_3\sin x)$$

(2) 보조방정식 $\lambda^4-1=(\lambda^2-1)(\lambda^2+1)=0,\quad \lambda=\pm 1,\ \pm i$

$$\therefore y=c_1e^x+c_2e^{-x}+c_3\cos x+c_4\sin x$$

4. 시각 t에 있어서의 원점에서 질량까지의 거리를 x라고 하면,

$$m\frac{d^{2x}}{dt^2}=-Kx \text{ 또는 } \frac{d^{2x}}{dt^2}+k^2x=0,\quad K=mk^2$$

적분하면 1) $x=c_1\sin kt+c_2\cos kt$, 이것을 미분하면

2) $v=-kc_2\sin kt+kc_1\cos kt$

$t=0$일 때는, $x=x_0$, $v=0$ 이므로 2)에서 $C_1=0$, 1)에서 $C_2=x_0$이므로 $x=x_0\cos kt$

2.3 고계비제차선형미분방정식

1 매개변수변화법

2계선형미분방정식 $$y'' + p(x)y' + q(x)y = r(x) \tag{1}$$
의 일반해를 구할 때,

제차방정식 $$y'' + p(x)y' + q(x)y = 0 \tag{2}$$
의 해인 여함수 $y_h = c_1y_1 + c_2y_2$를 써서 (1)의 해를 구하는 방법에 상수 c_1, c_2를 x의 함수 $u(x)$, $v(x)$로 바꾸어서

$$y = u(x)y_1 + v(x)y_2 \tag{3}$$

가 (1)의 해가 되도록 $u(x)$, $v(x)$를 정하는 방법을 **매개변수변화법**(variation of parameter)이라 한다. (3)식을 (1)식에 대입하면

$+q(x)$	$y = uy_1 + vy_2$		
$+p(x)$	$y' = uy_1' + vy_2'$	$+u'y_1 + v'y_2 = 0$	(추가조건)
$+1$	$y'' = uy_1'' + vy_2''$	$+u'y_1' + v'y_2'$	
$y'' + p(x)y' + q(x)y = 0$		$+u'y_1' + v'y_2' = r(x)$	

여기서 $u'y_1 + v'y_2 = 0$으로 설정함으로써 u, v를

$$\begin{cases} u'y_1 + v'y_2 = 0 \\ u'y_1' + v'y_2' = r(x) \end{cases} \tag{4}$$

에서 구할 수 있다.

(4)식에서

$$u' = \frac{1}{W}\begin{vmatrix} 0 & y_2 \\ r(x) & y_2' \end{vmatrix} = -\frac{y_2 r(x)}{W}, \quad v' = \frac{y_1 r(x)}{W} \tag{5}$$

단, $W = \begin{vmatrix} y_1 & y_2 \\ y_1' & y_2' \end{vmatrix}$은 y_1, y_2의 Wronskian이다.

(5)식을 각각 전분하면 $u(x)$, $v(x)$가 구해지고, 이것을 (3)식에 대입하여 (1)의 일반 해가 구해진다.

y_1과 y_2가 1차독립이므로 $W \neq 0$이다. (1)의 일반해는

$$y = c_1 y_1 + c_2 y_2 + y_1 \int \frac{-y_2 r}{W} dx + y_2 \int \frac{y_1 r}{W} dx$$

예제 1 $y'' + y = \sec x$의 일반해를 구하라.

(풀이) $y_h = c_1 \cos x + c_2 \sin x$

구하는 특수적분은 $y = u(x)\cos x + v(x)\sin x$이라면

$+1$	$y = u\cos x + v\sin x$	
$+0$	$y' = -u\sin x + v\cos x$	$+u'\cos x + v'\sin x = 0$
$+1$	$y'' = -u\cos x - v\sin x$	$-u'\sin x + v'\cos x$
$y'' + y$	$= \quad 0$	$-u'\sin x + v'\cos x = \sec x$

u, v는 다음 연립방정식에서 구한다.

$$\begin{cases} u'\cos x + v'\sin x = 0 \\ -u'\sin x + v'\cos x = \sec x \end{cases}$$

$$W = \begin{vmatrix} \cos x & \sin x \\ -\sin x & \cos x \end{vmatrix} = 1$$

이므로

$$u = \int \frac{-y_2 r}{W} dx = -\int \sin x \cdot \sec x \, dx = \int \frac{-\sin x}{\cos x} dx = \ln \cos x$$

$$v = \int \frac{y_1 r}{W} dx = \int \cos x \cdot \sec x \, dx = x$$

구하는 일반해는

$$y = c_1 \cos x + c_2 \sin x + \cos x \ln \cos x + x \sin x$$
$$= (c_1 + \ln \cos x)\cos x + (c_2 + x)\sin x$$

참 고

u, v를 구할 때, 적분상수를 포함시키면, $y = uy_1 + vy_2$가 그대로 일반해가 된다.

예제 2 $y''' + y' = \sec x$를 풀어라.

(풀이) $y''' + y' = 0$에서 보조방정식 $\lambda^3 + \lambda = \lambda(\lambda^2+1) = 0$에서 $\lambda = 0, \pm i$이므로,

여함수는 $y = c_1 + c_2\cos x + c_3\sin x$

일반 해를 매개변수변화법으로 풀기 위하여

$$y = v_1(x) + v_2(x)\cos x + v_3(x)\sin x$$

이라 하고, 준 미분방정식에 대입한다.

$+0$	$y = v_1(x) + v_2(x)\cos x + v_3(x)\sin x$	
$+1$	$y' = \quad -v_2(x)\sin x + v_3(x)\cos x$	$+v_1'(x) + v_2'(x)\cos x + v_3'(x)\sin x = 0$
$+0$	$y'' = \quad -v_2(x)\cos x - v_3(x)\sin x$	$-v_2'(x)\sin x + v_3'(x)\cos x = 0$
$+1$	$y''' = \quad v_2(x)\sin x - v_3(x)\cos x$	$-v_2'(x)\cos x - v_3'(x)\sin x = 0$
$y''' + y' =$	0	$-v_2'(x)\cos x - v_3'(x)\sin x = \sec x$

추가한 조건식 둘과 끝식을 연립하여 $v_1(x)$, $v_2(x)$, $v_3(x)$를 구한다.

$$\begin{cases} v_1'(x) + v_2'(x)\cos x + v_3'(x)\sin x = 0 & \cdots\cdots ① \\ -v_2'(x)\sin x + v_3'(x)\cos x = 0 & \cdots\cdots ② \\ -v_2'(x)\cos x - v_3'(x)\sin x = 0 & \cdots\cdots ③ \end{cases}$$

이들 식을 연립하여 풀면 $v_1'(x) = \sec x$, $v_2'(x) = -1$, $v_3'(x) = -\tan x$

$$\therefore v_1(x) = \log(\sec x + \tan x), \quad v_2(x) = -x, \quad v_3(x) = \log(\cos x)$$

구하는 일반해는

$$y = c_1 + c_2\cos x + c_3\sin x + \log(\sec x + \tan x) - x\cos x + \sin x\log(\cos x)$$

매개변수변화법은 여함수의 일부(하나 또는 둘)를 써서 행할 수 있다.

여함수 $y_h = c_1y_1 + c_2y_2$에 한 해 y_1또는 y_2를 사용하여 $y = u(x)y$로 필요 없다.

하고 y를 미분방정 (1)에 대입하여 $u(x)$를 구한다. 이 경우는 추가조건이

$+q(x)$	$y = uy_1$
$+p(x)$	$y' = uy_1' + u'y_1$
$+1$	$y'' = uy_1'' + 2u'y_1' + u''y_1$

$$y'' + p(x)y' + q(x)y = u[y_1'' + p(x)y_1' + q(x)y_1] + u'[2y_1' + p(x)y_1] + u''y_1 = r(x)$$

$$\therefore u'[2y_1' + p(x)y_1] + u''y_1 = r(x)$$

이 방정식에서 $u(x)$를 구한다.(2.1 참조)

예제 3 $y''-2y'+y=e^{-x}$의 해를 매개변수변화법으로 풀어라.

(풀이) $(D^2+2D+1)y=0$에서 $y_h=(c_1+c_2x)e^{-x}$이다. 해 y를

$y=ue^{-x}+vxe^{-x}$으로 하는 것보다 $y=ue^{-x}$으로 하는 것이 간편하다.

$$\begin{array}{r|l} +1 & y=ue^{-x} \\ +2 & y'=-ue^{-x}+u'e^{-x} \\ +1 & y''=ue^{-x}+2u'e^{-x}+u''e^{-x} \\ \hline \end{array}$$

$$y''+2y'+y=u''e^{-x}\equiv e^{-x}$$

여기서 $\quad u''=1,\quad u'=x+c_2,\quad u=\frac{1}{2}x^2+c_2x+c_1$

구하는 일반해는

$$y=\left(\frac{1}{2}x^2+c_2x+c_1\right)e^{-x}$$

이 계산에서 $c_1=c_2=0$로 놓으면 $y_p=\frac{1}{2}x^2e^{-x}$를 얻게 되고, 일반해는

$$y=y_h+y_p=(c_1+c_2x)e^{-x}+\frac{1}{2}x^2e^{-x}$$

2 미정계수법

비제차미분방정식 $y''+ay'+by=r(x)$의 특수적분 y_p를 구하는데 **미정계수법**이 편리하다.

이 방법은 우변의 $r(x)$를 보고, y_p의 꼴을 예상할 수 있는 경우에 쓰인다.

y_p의 일반식은 $y_p''+ay_p'+by_p$가 $r(x)$가 되는 일반꼴을 정하여, 이것을 준 미분방정식에 대입하여 해가 되도록 미지의 계수를 정한다.

$r(x)$의 특수한 함수에 대하여는 아래 표와 같이 쉽게 y_p의 일반꼴이 예상된다.

$r(x)$의 꼴	y_p의 일반꼴
ke^{ax}	Ae^{ax}
kx^n	$A_0x^n+A_1x^{n-1}+\cdots+A_{n-1}x+A_n$
$k\cos\alpha x$	$A\cos\alpha x+B\sin\alpha x$
$k\sin\alpha x$	$A\cos\alpha x+B\sin\alpha x$
$ke^{\alpha x}\cos\beta x$	$e^{\alpha x}(A\cos\beta x+B\sin\beta x)$
$ke^{\alpha x}\sin\beta x$	$e^{\alpha x}(A\cos\beta x+B\sin\beta x)$

여함수(제차방정식의 일반해) 안에 y_p의 예상되는 항이 포함되는 경우는 y_p의 일반꼴은 위표의 우변의 함수에 대개 x를 곱한 식을 y_p로 하나, 우변의 둘째 식과 같이 다항식인 경우는 $\ln x$를 곱한 것을 y_p의 예상식으로 한다. 그리고 y_p의 예상되는 식에서 y_h에 포함된 항은 불필요하다.

예제 4 다음 미분방정식의 특수적분 y_p를 미정계수법으로 풀어라.

(1) $y''+4y=4x^2$　　　(2) $y''+2y'+y=e^{-x}$

(풀이) (1) $y_p=Ax^2+Bx+C$를 준방정식에 대입한다.

$+4$	$y=Ax^2+Bx+C$
$+0$	$y'=\quad 2Ax+B$
$+1$	$y''=\quad 2A$

$$y''+4y=4Ax^2+4Bx+4C+2A\equiv 4x^2$$

양변의 계수를 비교하여

$$4A=4,\ 4B=0,\ 4C+2A=0 \text{ 에서 } A=1,\ B=0,\ C=-\frac{1}{2}$$

$$\therefore y_p=x^2-\frac{1}{2}$$

(2) $y''+2y'+y=0$에서 $\lambda^2+2\lambda+1=(r+1)^2=0$ $\therefore \lambda=-1$(중근)

$$\therefore y_h=(c_1+c_2x)e^{-x}$$

우변의 e^{-x}과 xe^{-x}항이 y_h에 포함되므로 $y_p=Ax^2e^{-x}$으로 한다.
(이 경우 Be^{-x}, Cxe^{-x}을 예상되는 y_p에 포함시켜도 y_h에 흡수되므로 처음부터 생략한다)

$+1$	$y=Ax^2e^{-x}$
$+2$	$y'=-Ax^2e^{-x}+2Axe^{-x}$
$+1$	$y''=Ax^2e^{-x}\ -4Axe^{-x}+2Ae^{-x}$

$$y''+2y'+y=2Ae^{-x}\equiv e^{-x}$$

계수를 비교하여 $2A=1$에서 $A=\frac{1}{2}$　$\therefore y_p=\frac{1}{2}x^2e^{-x}$

y_p를 설정하는데 다음에 유의해야 한다.

미분방정식 $y''+2ay'+by=e^{kx}$에서 y_p의 설정은 보조방정식 $k^2+2ak+b=0$의 근의 종류에 따라 다음과 같이 설정한다.

(i) $k^2+2ak+b\neq0$이면 (k가 보조방정식의 근이 아닌 경우)

$$A=\frac{1}{k^2+2ak+b},\quad y_p=Ae^{x}\text{로 한다.}$$

(ii) k가 보조방정식의 단근일 때 $(k\neq-a)$

$$y_p=Axe^{kx}\text{로 한다.}$$

(iii) k가 보조방정식의 중근일 때 $(k=-a)$

$$y_p=Ax^2e^{kx}\text{로 한다.}$$

예제 5 $y''+y'=2x^2+e^{-x}$의 특수적분을 구하라.

(풀이) $y_h=c_1+c_2e^{-x}$, $y'=z$라면 $z'+z=2x^2+e^{-x}$이므로 z_p의 일반꼴은 $a^2+bx+c+dxe^{-x}$이므로 y_p의 일반꼴은 $Ax^3+Bx^2+Cx+Dxe^{-x}$으로 한다.

$$\begin{array}{r|l}
+0 & y=Ax^3+Bx^2+Cx+Dxe^{-x} \\
+1 & y'=3Ax^2+2Bx+C-Dxe^{-x}+De^{-x} \\
+1 & y''=\qquad 6Ax+2B+Dxe^{-x}-De^{-x}-De^{-x} \\
\hline
y''+y' & =3Ax^2+(2B+6A)x+(C+2B)-De^{-x}\equiv2x^2+e^{-x}
\end{array}$$

$\therefore 3A=2,\ 2B+6A=0,\ C+2B=0,\ -D=1\quad \therefore A=\frac{2}{3}, B=-2,\ C=4,\ D=-1$

$$\therefore y_p=\frac{2}{3}x^3-2x^2+4x-xe^{-x}$$

예제 6 $y'-6y'+9y=5e^{3x}$에서 특수적분 y_p를 구하라.

(풀이) $y_h=(c_1+c_2x)e^{3x}$이므로 $Ae^{3x}+Bxe^{3x}$은 y_h에 포함되어 있어서 y_p의 예상식에 포함시킬 필요가 없으므로 $y_h=Ax^2e^{3x}$로 한다.

$$\begin{array}{r|l|l}
+9 & y_p=Ax^2e^{3x} & \\
-6 & y_p'=3Ax^2e^{3x}+2Axe^{3x} & \\
+1 & y_p''=9Ax^2e^{3x}+2Axe^{3x} & +2Ae^{3x} \\
\hline
 & y_p''-6y_p'+9y_p=0 & +2Ae^{3x}\equiv5e^{3x}\quad \therefore A=\frac{5}{2}
\end{array}$$

$$\therefore y_p=\frac{5}{2}x^2e^{3x}$$

예제 7 $xy' - y = x$의 특수적분 y_p를 구하라.

(풀이) $xy' - y = 0$에서 $\dfrac{dy}{y} - \dfrac{dx}{x} = 0$ 적분하여 $\ln y - \ln x = \ln c$ $\therefore y_h = cx$

$r(x) = x$가 y_h에 포함되고 있으므로, y_p의 시험꼴은 $y = Ax\ln x$ 로 한다.

-1	$y = Ax\ln x$
$+x$	$y' = A\ln x + Ax \cdot \dfrac{1}{x}$

$xy' - y = Ax\ln x - Ax\ln x + Ax \equiv x$

$\therefore Ax = x \quad \therefore A = 1$

구하는 y_p는 $\quad y_p = x\ln x$

-1	$y = vx$
$+x$	$y' = v + v'x$

$xy' - y = vx - vx + v'x^2 = x$

$v'x = 1,\quad v' = \dfrac{1}{x}$ 에서 $v = \ln x$이므로

$y_p = vx = x\ln x \qquad \therefore y = cx + x\ln x$

예제 8 $y'' + 4y = \sin 2x$를 풀어라.

(풀이) (i) $y'' + 4y = 0$에서 $y_h = c_1\cos 2x + c_2\sin 2x$

(ii) $y_p = Ax\cos 2x + Bx\sin 2x$로 한다.

$+4$	$y_p = Ax\cos 2x + Bx\sin 2x$	
$+0$	$y_p' = -2Ax\sin 2x + 2Bx\cos 2x$	$+A\cos 2x + B\sin 2x$
$+1$	$y_p'' = -4Ax\cos 2x - 4Bx\sin 2x$	$-4A\sin 2x + 4B\cos 2x$

$y_p'' + 4y_p = -4A\sin 2x + 4B\cos 2x = \sin 2x$

계수를 비교하여 $\therefore -4A = 1,\quad +4B = 0$에서 $A = -\dfrac{1}{4},\quad B = 0$

$\therefore y_p = -\dfrac{1}{4}x\cos 2x$

따라서 구하는 일반해는 $y = y_h + y_p = c_1\cos 2x + c_2\sin 2x - \dfrac{1}{4}x\cos 2x$

참 고

예제 7에서 우변 $= x\sin 2x$일 때, 미정계수법으로

$$y = Ax^2\cos 2x + Bx^2\sin 2x + Cx\cos 2x + Dx\sin 2x$$

로 한다. $E\cos 2x + F\sin 2x$은 y_h에 포함되므로 y_p에 추가할 필요가 없다.

연습문제 2.3

1. $x^2y'' - xy' + y = x^2$을 풀어라.

2. $y'' - \frac{1}{x}y' + \frac{1}{x^2}y = x$를 풀어라.

3. 다음 미분방정식을 풀어라.

(1) $y'' - 5y' + 4y = x^2$ (2) $y'' - 3y' + 2y = 6e^{4x}$

4. 다음 미분방정식을 매개변수변화법으로 풀어라.

(1) $y'' - 2y' + y = e^x$ (2) $y'' + 4y = \sin^2 x$

5. 다음 미분방정식을 매개변수변화법으로 풀어라.

(1) $y'' - y' - 2y = 4x$ (2) $y'' - 3y' + 2y = e^x$

해답

1. $x^2y'' - xy' + y = 0$이 하나의 특수해는 $y = x$이다. 주어진 미분방정식의 해를 $y = u(x)x$이라면

$$\begin{array}{r|l} +1 & y = ux \\ -x & y' = u + u'x \\ +x^2 & y'' = \quad 2u' + u''x \\ \hline \end{array}$$

$$x^2y'' - xy' + y = x^3u'' + x^2u' = x^2, \quad xu'' + u' = 1, \quad (xu')' = 1$$

적분하여 $xu' = x + c_1$, $u' = 1 + \frac{c_1}{x}$ $\therefore u = x + c_1 \ln x + c_2$

구하는 일반해는 $y = (x + c_1 \ln x + c_2)x = x^2 + c_1 x \ln x + c_2 x$

2. $y = x$가 제차방정식 $y'' - \frac{1}{x}y' - \frac{1}{x^2}y = 0$의 해이다. $y = u(x)x$이라 하고, 이를 준 방정식에 대입한다.

$$
\begin{array}{r|l|l}
+\dfrac{1}{x^2} & y = ux & \\
-\dfrac{1}{x} & y' = u & +u'x \\
+1 & y'' = & 2u' + u''x \\
\hline
\multicolumn{3}{l}{y'' - \dfrac{1}{x}y' + \dfrac{1}{x^2}y = u''x + u' = x}
\end{array}
$$

이 방정식에서 $u' = v$이라면, $v'x + v = x$, $(vx)' = x$

적분하여 $vx = \frac{1}{2}x^2 + c_1$ $\therefore v = u' = \frac{1}{2}x + \frac{c_1}{x}$ $\therefore u = \frac{1}{4}x^2 + c_1\ln x + c_2$

$\therefore y = ux = \frac{1}{4}x^3 + c_1 x\ln x + c_2 x$

3. (1) $y'' - 5y' + 4y = 0$, $\lambda^2 - 5\lambda + 4 = (\lambda - 1)(\lambda - 4) = 0$ $\therefore y_h = c_1 e^x + c_2 e^x$

$y_p = ax^2 + bx + c$이라면, $y_p' = 2ax + b$, $y_p'' = 2a$이므로

$y_p'' - 5y_p' + 4y_p = 4ax^2 + (4b - 10a)x + (4c - 5b + 2a) \equiv x^2$에서 $4a = 1$, $a = \frac{1}{4}$

$4b - 10a = 0$, $b = \frac{5}{2}$, $a = \frac{5}{8}$, $4c - 5b + 2a = 0$에서 $c = \frac{21}{32}$

$\therefore y_p = \frac{1}{4}x^2 + \frac{5}{8}x + \frac{21}{32}$ $\therefore y = y_h + y_p = c_1 e^x + c_2 e^{4x} + \frac{1}{4}x^2 + \frac{5}{8}x + \frac{21}{32}$

(2) $y'' - 3y' + 2y = 0$에서 $y_h = c_1 e^x + c_2 e^{2x}$, $y_p = ae^{4x}$이라면

$y_p'' - 3y_p' + 2y_p = (16a - 12a + 2a)e^{4x} \equiv 6e^{4x}$에서 $a = 1$ $\therefore y_p = e^{4x}$

$\therefore y = y_h + y_p = c_1 e^x + c_2 e^{2x} + e^{4x}$

4. $y_h = c_1 e^x + c_2 xe^x$이므로, $y = v_1(x)e^x + v_2(x)xe^x$라 하고, 준 미방에 대입한다.

$$
\begin{array}{l|ll}
y = v_1(x)e^x + v_2(x)xe^x & & \\
y' = v_1(x)e^x + v_2(x)(e^x + xe^x) & + v_1'(x)e^x + v_2'(x)xe^x = 0 & \cdots\cdots\cdots ① \\
y'' = v_1(x)e^x + v_2(x)(xe^x + 2e^x) & + v_1'(x)e^x + v_2'(e^x + xe^x) = e^x & \cdots\cdots\cdots ②
\end{array}
$$

②-①에서 $y_2'e^x = e^x, v_2' = 1, v_2 = x + c_2$, ①에서 $v_1'e^x + xe^x = 0$이므로, $v_1' = -x$

$v_1 = -\frac{1}{2}x^2 + c_1$ $\therefore y = \left(-\frac{1}{2}x^2 + c_1\right)e^x + (x + c_2)xe^x = c_1 e^x + c_2 xe^x + xe^x - \frac{1}{2}x^2 e^x$

(2) $y''+4y=0$에서 $y_h=c_1\cos 2x+c_2\sin 2x$

$+4$	$y=v_1(x)\cos 2x+v_2(x)\sin 2x$	
$+0$	$y'=-2v_1(x)\sin 2x+2v_2(x)\cos 2x$	$+v_1'(x)\cos 2x+v_2'(x)\sin 2x=0$ $\cdots$ ①
$+1$	$y''=-4v_1(x)\cos 2x-4v_2(x)\sin 2x$	$-2v_2'(x)\sin 2x+2v_2'(x)\cos 2x$
$y''+4y=0$		$-2v_1'(x)\sin 2x+2v_2'(x)\cos 2x=\sin 2x$ $\cdots$ ②

$$v_1'(x)=\frac{\begin{vmatrix}0 & \sin 2x\\ \sin 2x & 2\cos 2x\end{vmatrix}}{\begin{vmatrix}\cos 2x & \sin 2x\\ -2\sin 2x & 2\cos 2x\end{vmatrix}}=-\frac{1}{2}\sin^2 2x,\quad v_2'(x)=\frac{1}{\sin^2}2x\cos 2x$$

$$v_1'=-\frac{1}{2}\sin^2 2x=-\frac{1}{2}\left(\frac{1-\cos 4x}{2}\right)\ \therefore v_1(x)=-\frac{1}{4}(x-\frac{1}{4}\sin 4x)+c_1$$

$$v_2'(x)=\frac{1}{2}\sin 2x\cos 2x=\frac{1}{4}\sin 4x,\ v_2(x)=-\frac{1}{16}\cos 4x+c_2$$

$$\therefore y=v_1(x)\cos 2x+v_2(x)\sin 2x=\left[-\frac{1}{4}\left(x-\frac{1}{4}\sin 4x\right)+c_1\right]\cos 2x-\left(\frac{1}{16}\cos 4x-c_2\right)\sin 2x$$

$$=c_1\cos 2x+c_2\sin 2x-\frac{1}{4}x\cos 2x+\frac{1}{16}\sin 4x\cos 2x-\frac{1}{16}\cos 4x\sin 2x$$

$$=c_1\cos 2x+c_2\sin 2x-\frac{1}{4}x\cos 2x+\frac{1}{16}\sin(4x-2x)$$

5. (1) $y''-y'-2y=0$에서 $\lambda^2-\lambda-2=(\lambda+1)(\lambda-2)=0$, $\lambda=-1, 2$

$\therefore y_h=c_1e^{-x}+c_2e^{2x}$

특수적분 $y_p=ax+b$라 하고, 준 미방에 대입한다.

-2	$y=ax+b$
-1	$y'=a$
$+1$	$y''=0$
$y''-y'-2y=-2ax-(a+2b)=4x$	

에서 $-2a=4$, $a+2b=0$ $\therefore a=-2$, $b=1$ $\therefore y_p=-2x+1$

구하는 일반해는 $y=c_1e^{-x}+c_2e^{2x}-2x+1$

2.4 미분연산자

1 미분연산자

미분기호 $\frac{d}{dx}$를 간단히 D로 나타내면

$$\frac{dy}{dx} = \frac{d}{dx} y = Dy \tag{1}$$

$$\frac{d^2y}{dx^2} = \frac{d}{dx}\left(\frac{dy}{dx}\right) = D(Dy) = D^2y$$

일반적으로

$$\frac{d^n y}{dx^n} = D^n y \qquad (n = 1, 2, \cdots)$$

로 표시된다. D를 **미분연산자**라고 한다.

2계미분방정식을 미분연산자로 나타내면

$$\begin{aligned} y'' + ay' + by &= D^2y + aDy + by \\ &= (D^2 + aD + b)y = 0 \end{aligned} \tag{2}$$

미분연산자 $L = D^2 + aD + b$의 기본작용을 살펴보자.

(i) 연산자의 작용

$$\begin{aligned} L(y_1 + y_2) &= (D^2 + aD + b)(y_1 + y_2) \\ &= D^2(y_1 + y_2) + aD(y_1 + y_2) + b(y_1 + y_2) \\ &= D^2y_1 + D^2y_2 + aDy_1 + aDy_2 + by_1 + by_2 \\ &= (D^2 + aD + b)y_1 + (D^2 + aD + b)y_2 \\ &= L(y_1) + L(y_2) \end{aligned}$$

일반적으로

$$L(ay_1 + by_2) = L(ay_1) + L(by_2) = aL(y_1) + bL(y_2) \tag{3}$$

가 성립하므로 연산자 L은 **선형연산자**이다.

(ii) 연산자의 곱으로의 분해

$$D^2+aD+b=(D-\alpha)(D-\beta)$$

로 인수분해가 되는 경우 다음관계가 성립한다. 단, $\lambda^2+a\lambda+b=(\lambda-\alpha)(\lambda-\beta)$이다.

$$(D^2+aD+b)y=\{(D-\alpha)(D-\beta)\}y=(D-\alpha)\{(D-\beta)y\}-(D-\alpha)(Dy-\beta y) \quad (4)$$
$$=D(Dy-\beta y)-\alpha(Dy-\beta y)=D^2y-(\alpha+\beta)Dy+\alpha\beta y=D^2y+aDy+by$$

따라서 미분연산자는 인수분해하여 사용할 수 있다.

다항식 $f(x)=a_0t^n+a_1t^{n-1}+\cdots+a_{n-1}t+a_n$에 대응하는 미분연산자

$$f(D)=a_0D^n+a_1D^{n-1}+\cdots+a_{n-1}D+a_n$$

를 y에 작용하는 것을

$$f(D)y=a_0y^{(n)}+a_1y^{(n-1)}+\cdots+a_{n-1}y'+a_ny$$

로 정의한다. 따라서 $f(D)$는 D에 관한 다항식과 같이 사용되어

$$f(D)y=a_0D^ny+a_1D^{n-1}y+\cdots+a_{n-1}Dy+a_ny \quad (5)$$

두 개의 다항식 $f(t)$, $g(t)$에 대하여

$$s(t)=f(t)+g(t), \quad p(t)=f(t)g(t)$$

일 때, 연산자 사이에도 $s(D)=f(D)+g(D)$, $p(D)=f(D)g(D)$이고,

$$s(D)y=f(D)y+g(D)y, \quad p(D)y=f(t)\{g(D)y\}$$

$$[f(D)+g(D)]y=f(D)y+g(D)y \quad (6)$$
$$[f(D)g(D)]y=f(D)\{g(D)y\} \quad (7)$$

또한 다음관계가 성립된다.

$D^n(u+v)=D^nu+D^nv$	(분배)
$D^n(ku)=kD^nu$	
$D^m(D^nu)=D^{m+n}u$	(지수)
$f(D)g(D)=g(D)f(D)$	(교환)

예제 1 다음 식을 도함수를 써서 나타내라.

(1) $(D+5)y$ (2) $(D^2+2D-3)y$

(3) $(D+1)(D+2)y$ (4) $D^2 \cdot D^3y$

(풀이) (1) $(D+5)y=Dy+5y=y'+5y$

(2) $(D^2+2D-3)=D^2y+2Dy-3y=y''+2y'-3y$

(3) $(D+1)(D+2)y=(D+1)\{(D+2)\}y=(D+1)(Dy+2y)=(D+1)(y'+2y)$

$=D(y'+2y)+(y'+2y)=y''+3y'+2y$

(4) $D^2 \cdot D^3y=D^5y=y^{(5)}$

예제 2 $(D+1)(D+2)y=0$의 해를 구하라.

(풀이) $(D+1)(D+2)y=(D^2+3D+2)y=y''+3y'+2y=0$

$y=e^{rx}$이라면 $y'=re^{rx}$, $y''=r^2e^{rx}$

이므로

$$y''+3y'+2y=e^{rx}(r^2+3r+2)=e^{rx}(r+1)(r+2)=0$$

$e^{rx}\neq 0$이므로 $(r+1)(r+2)=0$에서 $r=-1, r=-2$

$$\therefore y=c_1e^{-x}+c_2e^{-2x}$$

이 예제에서 $(D+1)(D+2)=0$와 $(r+1)(r+2)=0$은 동일한 근을 갖는다. 일반적으로 상수계수의 제차미분방정식

$$f(D)y=0$$

의 해를 구하는데, $y=e^{rx}$이라면

$$f(D)y=e^{rx}f(r)=0$$

이 되므로 보조방정식 $f(r)=0$의 근은 $f(D)=0$의 근과 동일하다. 그러므로 $f(D)y=0$에서 보조방정식의 근을 구하는데 $f(r)=0$에서 r을 구하면 된다. 물론 $f(D)=0$을 D에 관한 방정식으로 보고 구한 D의 값은 보조방정식 $f(r)=0$의 근과 같다.

예제 3 $y''-y'-6y=0$을 풀어라.

(풀이) $y''-y'-6y=(D^2-D-6)=(D-3)(D+2)y=0$

보조방정식 $r^2-r-6=(r-3)(r+2)=0$에서 $r=3, -2$

$\therefore y=c_1e^3x+c_2e^{-2x}$

② 역연산자

[1] 역연산자의 의미

(1) $Dy=r(x)$의 y_p를 $y=\frac{1}{D}r(x)$

(2) $(D-a)y=r(x)$의 y_p를 $y_p=\frac{1}{D-a}r(x)$로 나타낸다.

(1)의 해(특수적분)는 $$\frac{1}{D}r(x)=\int r(x)dx \quad (3)$$

(2)의 해(특수적분)는 $$\frac{1}{D-a}r(x)=e^{ax}\int r(x)e^{-ax}dx \quad (4)$$

로 나타내진다.

$\frac{1}{D}$, $\frac{1}{D-a}$을 **역미분연산자**라고 한다. 일반적으로 $f(D)y=r(x)$의 특수적분 y_p는

$$y_p=\frac{1}{f(D)}r(x)$$

로 나타낸다. $\frac{1}{f(D)}$은 역미분연산자이다.

예제 4 $(D-3)(D+2)y=e^x$을 풀어라.

(풀이) (i) 연산자를 써서 특수적분 y_p를 구한다.

$$(D-3(D+2)\ y=(D-3)\{(D+2)y\}=e^x$$

$$(D+2)y=\frac{1}{D-3}e^x=e^{3x}\int e^xe^{-3x}dx$$

$$=e^{3x}\int e^{-2x}dx=e^{3x}\int\left(-\frac{1}{2}e^{-2x}\right)=-\frac{1}{2}e^x$$

$$\therefore y_p=\frac{1}{D+2}\left(-\frac{1}{2}e^x\right)=-\frac{1}{2}e^{-2x}\int e^xe^{2x}dx=-\frac{1}{2}e^{-2x}\cdot\frac{1}{3}e^{3x}=-\frac{1}{6}e^x$$

(ii) 여함수는 $y_h=c_1e^{3x}+c_2e^{-2x}$ 이므로, 구하는 일반해는

$$y=c_1e^{3x}+c_2e^{-2x}-\frac{1}{6}e^x$$

$f(D)y=r(x)$이면 $y=\frac{1}{f(D)}r(x)$이고, $f(D)y=f(D)\cdot\frac{1}{f(D)}r(x)=r(x)$이므로

$$f(D)\frac{1}{f(D)}=1$$

그러나 $\frac{1}{f(D)}f(D)\neq 1$임에 유의해야 한다.

[2] 역 연산자 $\frac{1}{f(D)}$ 부분분수 분해

$$f(D)=(D-a)(D-b)$$

이라 할 때, $\frac{1}{f(D)}$을 분수식으로 보고, 부분분수로 분해하여

$$\frac{1}{f(D)}=\frac{1}{(D-a)(D-b)}=\frac{1}{b-a}\left(\frac{1}{D-b}-\frac{1}{D-a}\right)$$

이라면

$$\begin{aligned}f(D)\frac{1}{f(D)}&=(D-a)(D-b)\cdot\frac{1}{b-a}\left(\frac{1}{D-b}-\frac{1}{D-a}\right)\\&=\frac{1}{b-a}\left[(D-a)(D-b)\frac{1}{D-b}-(D-b)(D-a)\frac{1}{D-a}\right]\\&=\frac{1}{b-a}[(D-a)-(D-b)]=1\end{aligned}$$

따라서 $\frac{1}{f(D)}$은 부분분수 분해도 가능하므로 $\frac{1}{f(D)}r(x)$의 계산에서 $\frac{1}{f(D)}$을 부분분수로 분해하여 해를 구할 수 있다.

예제 5 $(D-3)(D+2)y=e^x$을 풀어라.

(풀이) $$\begin{aligned}y_p&=\frac{1}{(D-3)(D+2)}e^x=\frac{1}{3-(-2)}\left(\frac{1}{D-3}-\frac{1}{D+2}\right)e^x\\&=\frac{1}{5}\left[\frac{1}{D-3}e^x-\frac{1}{D+2}e^x\right]\\&=\frac{1}{5}\left[e^{3x}\int e^xe^{-3x}dx-e^{-2x}\int e^xe^{2x}dx\right]\\&=\frac{1}{5}\left[e^{3x}\cdot\left(\frac{1}{-2}e^{-2x}\right)-e^{-2x}\left(\frac{1}{3}e^{3x}\right)\right]=\frac{1}{5}\left(-\frac{1}{2}e^x-\frac{1}{3}e^x\right)\\&=-\frac{1}{6}e^x\end{aligned}$$

구하는 일반해는 $y=c_1e^{3x}+c_2e^{-2x}-\frac{1}{6}e^x$

③ 연산자를 이용한 특수적분을 구하는 간편산

[1] $f(D)y=x^n$의 특수적분

$$y_p=\frac{1}{f(D)}x^n$$

은 $$\frac{1}{f(D)}=a_0+a_1D+a_2D^2+\cdots+a_nD^n+\cdots$$

이면, 특수해 y_p는

$$\begin{aligned}y_p&=(a_0+a_1D+\cdots+a_nD^n)x^n\\&=a_0x^n+a_1nx^{n-1}+\cdots+a_nn!\end{aligned}$$

예제 6 $(D-a)y=x^3$의 특수적분을 구하라.

(풀이) $y_p=\dfrac{1}{D-a}x^3=\dfrac{1}{-a\left(1-\dfrac{D}{a}\right)}x^3$

$$=-\frac{1}{a}\left[1+\frac{D}{a}+\left(\frac{D}{a}\right)^2+\left(\frac{D}{a}\right)^3+\cdots\right]x^3$$

$$=-\frac{1}{a}\left(x^3+\frac{3}{a}x^2+\frac{6}{a^2}x+\frac{6}{a^3}\right)$$

적분하면 $\dfrac{1}{D-a}x^3=e^{ax}\int x^3e^{-ax}dx=-\dfrac{1}{a}\left(x^3+\dfrac{3}{a}x^2+\dfrac{6}{a^2}x+\dfrac{6}{a^3}\right)$

[2] $f(D)y=e^{ax}$의 특수적분

$De^{ax}=ae^{ax}$, $D^2e^{ax}=a^2e^{ax}$, $\cdots$, $D^ne^{ax}=a^ne^{ax}$, $\cdots$이므로

$$f(D)e^{ax}=f(a)e^{ax}$$

$f(a)\neq 0$이면, 양변을 $f(a)\neq 0$로 나누어서

$$f(D)\frac{1}{f(a)}e^{ax}=e^{ax}\qquad\therefore\ \frac{1}{f(D)}e^{ax}=\frac{1}{f(a)}e^{ax}$$

예제 7 $(D^2-1)y=e^{2x}$의 특수적분을 구하라.

(풀이) $y_p=\dfrac{1}{D^2-1}e^{2x}=\dfrac{1}{2^2-1}e^{2x}=\dfrac{1}{3}e^{2x}$

[3] $f(D)y= e^{ax}V(x)$의 특수적분

$$D(e^{ax}V)=e^{ax}DV+ae^{ax}V=e^{ax}(D+a)V$$
$$D^2(e^{ax}V)=D[e^{ax}(D+a)V]=e^{ax}\{D(D+a)V)+ae^{ax}(D+a)V$$
$$=e^{ax}[\{D(D+a)+a(D+a)\}V]$$
$$=e^{ax}\{(D^2+2aD+a^2)V\}=e^{ax}(D+a)^2V$$
$$D^3(e^{ax}V)=e^{ax}(D+a)^3V,\ \cdots,\ D^n(e^{ax}V)=e^{ax}(D+a)^nV$$

$f(D)$가 D의 다항식일 때

$$f(D)e^{ax}V=e^{ax}f(D+a)V$$

$f(D+a)V=Z$이라면 $V=\dfrac{1}{f(D+a)}Z$이므로

$$f(D)e^{ax}\frac{1}{f(D+a)}Z=e^{ax}Z$$

에서
$$\frac{1}{f(D)}e^{ax}Z=e^{ax}\frac{1}{f(D+a)}Z$$

이 공식은 $\dfrac{1}{f(D+a)}Z$를 쉽게 구할 수 있을 경우 쓰인다. Z을 V로 바꾸면

$$\frac{1}{f(D)}e^{ax}V=e^{ax}\frac{1}{f(D+a)}V$$

예제 8 $(D^2-3D+2)y=x^2e^{3x}$의 일반해를 구하여라.

(풀이) $y_p=\dfrac{1}{D^2-3D+2}x^2e^{3x}=e^{3x}\dfrac{1}{(D+3)^2-3(D+3)+2}x^2$

$=e^x\dfrac{1}{D^2+3D+2}x^2=e^{3x}\dfrac{1}{2\left(1+\frac{3}{2}D+\frac{D^2}{2}\right)}x^2=\dfrac{e^{3x}}{2}\left[1-\left(\dfrac{3}{2}D+\dfrac{D^2}{2}\right)+\left(\dfrac{3}{2}D+\dfrac{D^4}{2}\right)^2\right]x^2$

$=\dfrac{e^{3x}}{2}\left(1-\dfrac{3}{2}D+\dfrac{7}{4}D^2\right)x^2=\dfrac{e^{3x}}{2}\left(x^2-3x+\dfrac{7}{2}\right)=\dfrac{1}{2}\left(x^2-3x+\dfrac{7}{2}\right)e^{3x}$

$(D^2-3D+2)=(D-1)(D-2)y=0$에서 $y_h=c_1e^x+c_2e^{2x}$

일반해는 $y=y_h+y_p=c_1e^x+c_2e^{2x}+\dfrac{1}{2}\left(x^2-3x+\dfrac{7}{2}\right)e^{3x}$

예제 9 $(D^2-3D+2)y=e^{2x}$의 특수적분 y_p를 구하라.

(풀이) $(D-1)(D-2)y_p=e^{2x}$에서 $(D-2)y_p=\dfrac{1}{D-1}e^{2x}=\dfrac{1}{2-1}e^{2x}=e^{2x}$

$$\therefore y_p=\frac{1}{D-2}e^{2x}=e^{2x}\frac{1}{(D+2)-2}(1)=e^{2x}\frac{1}{D}(1)=xe^{2x}$$

[4] $f(D)y=\sin ax,\quad f(D)y=\cos ax$

(i) $D\sin ax=a\cos ax,\quad D^2\sin ax=-a^2\sin ax,\quad D^4\sin ax=(-a^2)^2\sin ax,$

$\cdots,\ D^{2n}\sin ax=(-a^2)^n\sin ax$ 일반적으로

$f(D^2)\sin ax=f(-a^2)\sin ax$

양변을 $f(-a^2)\neq 0$로 나누면

$$f(D^2)\frac{1}{f(-a^2)}\sin ax=\sin ax$$

$$\therefore\quad \frac{1}{f(D^2)}\sin ax=\frac{1}{f(-a^2)}\sin ax$$

(ii) $D\cos ax=-a\sin ax,\quad D^2\cos ax=-a^2\cos ax,\quad D^4\cos ax=(-a^2)^2\cos ax,$

$\cdots,\quad D^{2n}\cos ax=(-a^2)^n\cos ax$

일반적으로, $f(D^2)\cos ax=f(-a^2)\cos ax$

양변을 $f(-a^2)\neq 0$으로 나누면

$$f(D^2)\frac{1}{f(-a^2)}\cos ax=\cos ax$$

$$\therefore\quad \frac{1}{f(D^2)}\cos ax=\frac{1}{f(-a^2)}\cos ax$$

일반적으로 $f(D^2)y=\sin(ax+c),\quad f(D^2)y=\cos(bx+d)$

이고, $f(-a^2)\neq 0$이면, 특수적분들은 다음과 같다.

$$\frac{1}{f(D^2)}\sin(ax+c)=\frac{1}{f(-a^2)}\sin(ax+c)$$

$$\frac{1}{f(D^2)}\cos(bx+d)=\frac{1}{f(-a^2)}\cos(bx+d)$$

예제 10 (1) $(D^4-5D^2+6)y=\sin 2x$의 특수적분을 구하라.

(2) $(D^4+3D^2-2)y=\cos 3x$의 특수적분을 구하라.

(풀이) (1) $y_p=\dfrac{1}{D^4-5D^2+6}\sin 2x=\dfrac{1}{(-4)^2-5(-4)+6}\sin 2x=\dfrac{1}{42}\sin 2x$

(2) $y_p=\dfrac{1}{D^4+3D^2-2}\cos 3x=\dfrac{1}{(-9)^2+3(-9)-2}\cos 3x=\dfrac{1}{52}\cos 3x$

예제 11 다음 미분방정식의 특수적분을 구하라.

(1) $(D^2-2D)y=\cos 3x$　　　　(2) $(D^2+9)y=\sin 3x$

(풀이) (1) $y=\dfrac{1}{D^2-2D}\cos 3x=\dfrac{D^2+2D}{(D^2-2D)(D^2+2D)}\cos 3x$

$$=(D^2+2D)\frac{1}{D^4-4D^2}\cos 3x=(D^2+2D)\frac{1}{(-9)^2-4(-9)}\cos 3x$$

$$=\frac{1}{117}(D^2+2D)\cos 3x=\frac{1}{117}(-9\cos 3x-6\sin 3x)$$

$$=-\frac{1}{37}(3\cos 3x+2\sin 3x)$$

(2) $y_1=\dfrac{1}{D^2+9}\cos 3x,\quad y_2=\dfrac{1}{D^2+9}\sin 3x$

$$y_1+y_2 i=\frac{1}{D^2+9}(\cos 3x+i\sin 3x)=\frac{1}{D^2+9}e^{3ix}$$

$$=e^{3ix}\frac{1}{(D+3i)^2+9}=e^{3ix}\frac{1}{D(D+6i)}(1)=\frac{e^{3ix}}{6i}\frac{1}{D}\frac{1}{1+D/6i}(1)$$

$$=\frac{e^{3ix}}{6i}\frac{1}{D}\left(1-\frac{D}{6i}\right)(1)=\frac{1}{6i}(\cos 3x+i\sin 3x)x$$

$$\therefore\ y_2=\frac{1}{D^2+9}\sin 3x=-\frac{x}{6}\cos 3x,\quad y_1=\frac{1}{D^2+9}\cos 3x=\frac{x}{6}\sin 3x$$

(미정계수법)

$+9$	$y_p=Ax\sin 3x+Bx\cos 3x$	
$+0$	$y_p'=3Ax\cos 3x-3Bx\sin 3x$	$+A\sin 3x+B\cos 3x$
$+1$	$y_p''=-9Bx\cos 3x-9Ax\sin 3x$	$-6B\sin 3x+6A\cos 3x$

$y_p''+9y_p=-6B\sin 3x+6A\cos 3x=\sin 3x$　　$\therefore B=-\dfrac{1}{6},\ A=0$　$\therefore y_p=-\dfrac{1}{6}x\cos 3x$

참고

$f(D)y=(D^2+aD+b)y=\cos wx$ 이면 $f(D)\cos wx=(-w^2+aD+b)\cos wx$ 이므로

$y_p=\dfrac{1}{f(D)}\cos wx=\dfrac{1}{aD-w^2+b}\cos wx$

$f(D)y=\sin wx$ 이면 $f_p=\dfrac{1}{aD-w^2+b}\sin wx$

[5] $f(D)y_1 = e^{ax}\cos bx$, $f(D)y_2 = e^{ax}\sin bx$의 **특수적분**

다음 Euler의 관계식이 이용된다.

$$e^{(a+bi)x} = e^{ax}(\cos bx + i\sin bx)$$

$$f(D)w = e^{(a+bi)x}, \quad w = y_1 + iy_2$$

이면

$$w = \frac{1}{f(D)} e^{(a+bi)x} = \frac{1}{f(a+bi)} e^{(a+bi)x} = y_1 + y_2 i$$

양변을 비교하여 y_1, y_2를 구한다.

예제 12 $(D^2+2D+2)y = e^x\cos x$의 특수적분을 구하여라.

(풀이) $y_p = \dfrac{1}{D^2+2D+2} e^x\cos x = e^x \dfrac{1}{(D+1)^2+2(D+1)+2}\cos x$

$$= e^x \frac{1}{D^2+4D+5}\cos x = e^x \frac{1}{-1+4D+5}\cos x$$

$$= e^x(4D-4)\frac{1}{(4D+4)(4D-4)}\cos x$$

$$= 4e^x(D-1)\frac{1}{16(D^2-1)}\cos x = \frac{1}{4}e^x(D-1)\frac{1}{-1-1}\cos x$$

$$= -\frac{1}{8}e^x(D-1)\cos x = \frac{1}{8}e^x(\sin x + \cos x)$$

(별해) $(D^2+2D+2)(y_1+y_2 i) = e^x(\cos x + i\sin x)$

$$= e^{(1+i)x}$$

$y_1 + y_2 i = z$이라면

$$z = \frac{1}{D^2+2D+2} e^{(1+i)x} = e^{(1+i)x}\frac{1}{(D+1+i)^2+2(D+1+i)+2}(1)$$

$$= e^{(1+i)x}\frac{1}{D^2+2(2+i)D+4+4i}(1) = \frac{1}{4+4i}e^{(1+i)x}$$

$$= \frac{4-4i}{32}e^x(\cos x + i\sin x) = \frac{e^x}{32}[4\cos x + 4\sin x) - i(4\cos x + 4\sin x)]$$

따라서 구하는 해 y_1은 우변의 실성분이므로

$$y_1 = \frac{1}{D^2+2D+2}e^x\cos x = \frac{e^x}{32}(4\cos x + 4\sin x) = \frac{e^x}{8}(\cos x + \sin x)$$

연습문제 2.4

1. $f(D)y=R(x)$의 해법에서 $R(x)$는 x에 관한 n차의 다항식이고, $f(t)$를 t에 관한 l차인 다항식이라 할 때, $\frac{1}{f(t)}=\frac{1}{t^l}(a_0+a_1t+a_2t^2+\cdots+a_nt^n+\cdots)$으로 전개 할 때, 해 y를 구하는데 다음 공식

$$y=\frac{1}{f(D)}R(x)=\frac{1}{D^l}(a_0+a_1D+\cdots+a_nD^n)R(x)$$

이 쓰여진다. 다음 미분방정식을 이 해법으로 풀어라.

(1) $(D^2-2D+1)y=x^2$　　(2) $(D^3-6D^2+11D-6)y=x$

2. 미정계수법으로 문제 1에서 특수적분 y_p를 구하라.

3. 특수적분 $\frac{1}{f(D)}R(x)$에서 $\frac{1}{f(D)}$을 부분분수로 분해해서 $R(x)$에 작용하는 방법으로 다음 미분방정식을 풀어라.

(1) $(D^2-7D+6)y=e^{2x}$　　(2) $(D-2)(D+4)y=x^2$

4. 다음 미분방정식에서 특수적분 y_p를 구하라.

(1) $(D^2+1)y=\cos x$　　(2) $(D^2+4)y=x\sin x$

(3) $(D^2-4D+3)y=e^x\cos 2x$　　(4) $(D^2-4)y=2e^{3x}+\sin x$

해답

1. (1) $(D^2-2D+1)y=x^2$에서

$$y_p=\frac{1}{(D-1)^2}x^2=(1+D+D^2+\cdots)^2x^2$$
$$=(1+2D+3D^2+2D^3+\cdots)x^2=x^2+4x+6$$

$(D^2-2D+1)y=0$에서 $y_h=(c_1+c_2x)e^x$　$\therefore y=(c_1+c_2x)e^x+x^2+4x+6$

(2) $D^3-6D^2+11D-6=(D-1)(D-2)(D-3)=-(1-D)\left\{-2\left(1-\frac{D}{2}\right)\right\}\left\{-3\left(1-\frac{D}{3}\right)\right\}$

$=-6(1-D)\left(1-\frac{D}{2}\right)\left(1-\frac{D}{3}\right)$이므로

$$y_p=\frac{1}{D^3-6D^2+11D-6}x^2=-\frac{1}{6}\left(\frac{1}{1-D}\right)\left(\frac{1}{1-D/2}\right)\left(\frac{1}{1-D/3}\right)x$$

$$=-\frac{1}{6}(1+D+\cdots)\left(1+\frac{D}{2}+\cdots\right)\left(1+\frac{D}{3}+\cdots\right)x$$

$$=-\frac{1}{6}\left(1+\frac{11}{6}D+\cdots\right)x=-\frac{1}{6}\left(x+\frac{11}{6}\right)$$

$$\therefore y=y_h+y_p=c_1e^x+c_2e^{2x}+c_3e^{3x}-\frac{1}{6}\left(x+\frac{11}{6}\right)$$

2. (1) 특수해 $y_p=ax^2+bx+c$이라면

$$(D^2-2D+1)(ax^2+bx+c)=(ax^2+bx+c)-2(2ax+b)+2a=x^2$$

에서 $a=1$, $b-4a=0$, $b=4$, $c-2b+2a=0$, $c=2b-2a=8-2=6$

$$\therefore y_p=x^2+4x+6$$

(2) 특수해 $y_p=ax+b$이라면

$$(D^3-6D^2+11D-6)(ax+b)=-6(ax+b)+11a=x$$

에서 $-6a=1$, $-6b+11a=0$에서 $a=-\frac{1}{6}$, $b=-\frac{11}{36}$, $\therefore y_p=-\frac{1}{6}x-\frac{11}{36}$

3. (1) $\frac{1}{D^2-7D+6}=\frac{1}{(D-1)(D-6)}=\frac{1}{5}\left(\frac{1}{D-6}-\frac{1}{D-1}\right)$이므로

$$y_p=\frac{1}{5}\left(\frac{1}{D-6}-\frac{1}{D-1}\right)e^{2x}=\frac{1}{5}\left(\frac{1}{2-6}-\frac{1}{2-1}\right)e^{2x}=-\frac{1}{4}e^{2x}$$

또는 $y_p=\frac{1}{D^2-7D+6}e^{2x}=\frac{1}{4-14+6}e^{2x}=-\frac{1}{4}e^{2x}$

(2) $\frac{1}{(D-2)(D+4)})=\frac{1}{6}\left(\frac{1}{D-2}-\frac{1}{D+4}\right)$이므로.

$$y_p=\frac{1}{6}\left(\frac{1}{D-2}-\frac{1}{D-4}\right)x^2$$

$$=\frac{1}{6}\left[e^{2x}\int x^2e^{-2x}dx-e^{4x}\int x^2e^{-4x}dx\right]=\frac{1}{6}\left[-\frac{1}{2}\left(x^2+x+\frac{1}{2}\right)-\frac{1}{4}\left(x^2+\frac{1}{2}x+\frac{1}{8}\right)\right]$$

$$=-\frac{1}{6}\left(\frac{3}{4}x^2+\frac{5}{8}x+\frac{9}{32}\right)$$

4. (1) $\cos x + i\sin x = e^{ix}$이므로, $(D^2+1)(y_1+iy_2)=e^{ix}$에서 y_1이 구하는 해이다.

$$y_1+iy_2=\frac{1}{D^2+1}e^{ix}=e^{ix}\frac{1}{(D+i)^2+1}(1)=e^{ix}\frac{1}{D^2+2iD}(1)=e^{ix}\frac{1}{D(D+2i)}(1)$$

$$=e^{ix}\frac{1}{D}\frac{1}{2i\left(1+\frac{D}{2i}\right)}(1)=e^{ix}\frac{1}{D}\cdot\frac{1}{2i}\left(1-\frac{D}{2i}+\cdots\right)(1)=e^{ix}\frac{x}{2i}$$

$$=(\cos x+i\sin x)\frac{-ix}{2}=\frac{x}{2}(\sin x-i\cos x)\quad\therefore y_1=\frac{x}{2}\sin x$$

(2) $(D^2+4)(y_1+iy_2)=x(\cos x+i\sin x)$이라면 $(D^2+4)y_2=x\sin x$

$$y_1+iy_2=\frac{1}{D^2+4}xe^{ix}=e^{ix}\frac{1}{(D+i)^2+4}x=e^{ix}\frac{1}{D^2+2iD+3}x$$

$$=e^{ix}\frac{1}{(D+3i)(D-i)}x=\frac{e^{ix}}{3i}\frac{1}{\left(1+\frac{D}{3i}\right)(-i)\left(1-\frac{D}{i}\right)}x$$

$$=\frac{e^{ix}}{3}\left(1-\frac{D}{3i}+\cdots\right)\left(1+\frac{D}{i}+\cdots\right)x$$

$$=\frac{e^{ix}}{3}\left(1+\frac{2D}{3i}+\cdots\right)x=\frac{e^{ix}}{3}\left(x+\frac{2}{3i}\right)=\frac{1}{3}(\cos x+i\sin x)\left(x-\frac{2i}{3}\right)$$

$$=\frac{1}{3}\left[\left(x\cos x+\frac{2}{3}\sin x\right)+i\left(x\sin x-\frac{2}{3}\cos x\right)\right]$$

구하는 해는 y_2이므로, $y_2=\frac{1}{3}\left(x\sin x-\frac{2}{3}\cos x\right)$

(3) $$y_p=\frac{1}{(D-2)(D-3)}e^x\cos 2x=e^x\frac{1}{D(D-2)}\cos 2x=e^2D(D+2)\frac{1}{D^2(D^2-4)}\cos 2x$$

$$=e^xD(D+2)\frac{1}{-4(-4-4)}\cos 2x=\frac{e^x}{32}(D^2+2D)\cos 2x$$

$$=\frac{e^x}{32}(-4+2D)\cos 2x=\frac{e^x}{32}(-4\cos 2x-4\sin 2x)=-\frac{e^x}{8}(\cos 2x+\sin 2x)$$

(4) $$y_p=\frac{1}{D^2-4}(2e^{3x}+\sin x)=\frac{1}{D^2-4}(2e^{3x})+\frac{1}{D^2-4}\sin x$$

$$=\frac{2}{9-4}e^{3x}+\frac{1}{-1-4}\sin x=\frac{2}{5}e^{3x}-\frac{1}{5}\sin x$$

Chapter 3 연립미분방정식과 수치해법

3.1 제차연립미분방정식

1 연립미분방정식의 해법

[1] 연립미분방정식의 해법원리

미지함수 2개 $y_1(t)$, $y_2(t)$를 가지는 재차 연립미분방정식

$$\begin{cases} y_1' = a_{11}y_1 + a_{12}y_2 \\ y_2' = a_{21}y_1 + a_{22}y_2 \end{cases} \tag{1}$$

꼴의 해법을 알아보자.

일반적으로 n개의 미지함수 $y_1(t)$, $y_2(t)$, $\cdots$, $y_n(t)$를 가지는 제차연립미분방정식은

$$\begin{aligned} y_1' &= a_{11}y_1 + a_{12}y_2 + \cdots + a_{1n}y_n \\ y_2' &= a_{21}y_1 + a_{22}y_2 + \cdots + a_{2n}y_n \\ &\cdots\cdots\cdots\cdots\cdots\cdots \\ y_n' &= a_{n1}y_1 + a_{n2}y_2 + \cdots + a_{nn}y_n \end{aligned} \tag{2}$$

꼴을 갖는다. 방정식(2)의 해법은 방정식 (1)의 해법에 따른다.

(1)식이 적당한 변환으로

$$\frac{d}{dt}\begin{bmatrix} y_1 \\ y_2 \end{bmatrix} = \begin{bmatrix} \lambda_1 & 0 \\ 0 & \lambda_2 \end{bmatrix}\begin{bmatrix} y_1 \\ y_2 \end{bmatrix} \text{ 즉 } \begin{cases} y_1' = \lambda_1 y_1 \\ y_2' = \lambda_2 y_2 \end{cases}$$

꼴로 변환되면 쉽게 해가 구해진다.

쉽게 풀 수 있는 방법은 종속변수가 한 개인 미분방정식을 만들어서 푸는것이다. 연립미분방정식 (1)에 대하여 이 방법을 적용해 보자.

(1) 종속변수를 하나씩 소거하여 종속변수가 하나인 방정식을 유도하여 그 방정식을 푼다.

(2) (1)에서 구한 해를 이용하여 대입에 의하여 다른 종속변수를 구한다.

보기 1

다음 연립방정식을 풀어보자.

$$\begin{cases} \dfrac{dy_1}{dx} = y_1 & \cdots\cdots ① \\ \dfrac{dy_2}{dx} = y_1 - y_2 & \cdots\cdots ② \end{cases}$$

①식은 종속변수가 1개이므로 ①을 $\dfrac{dy_1}{y_1} = dx$이고, 적분하면

$$\log y_1 = x + \log c_1 \quad \therefore y_1 = c_1 e^x \cdots\cdots ③$$

③을 ②에 대입하여

$$\frac{dy_2}{dx} + y_2 = c_1 e^x \cdots\cdots ④$$

$$\frac{dy_2}{dx} + y_2 = 0\text{에서} \quad y_2 = c_2 e^{-x}$$

④의 특수적분을 구하면

$$(D+1)y_2 = c_1 e^x\text{에서} \quad y_2 = \frac{1}{D+1} c_1 e^x = c_1 e^x \frac{1}{1+1} = \frac{c_1}{2} e^x$$

구하는 해는

$$y_1 = c_1 e^x, \quad y_2 = c_2 e^{-x} + \frac{c_1}{2} e^x$$

[2] 종속변수 소거법에 의한 해법

종속변수를 소거하여 종속변수가 하나인 방정식으로 나타내서 푸는 방법(소거법)이 간단하다.

보기 2

다음 연립미분방정식에서 종속변수 y_2를 소거하여 풀어보자.

$$\frac{dy_1}{dt} = -y_1 + 2y_2 \quad \cdots\cdots\cdots\cdots ①$$

$$\frac{dy_2}{dt} = -2y_1 - y_2 \quad \cdots\cdots\cdots\cdots ②$$

①식에서

$$y_2 = \frac{1}{2}\left(\frac{dy_1}{dt} + y_1\right) \quad \cdots\cdots\cdots\cdots ③$$

이 식을 ②식에 대입한다.

$$\frac{dy_2}{dt} = \frac{1}{2}\left(\frac{d^2y_1}{dt^2} + \frac{dy_1}{dt}\right) \cdots\cdots\cdots ④$$

이들 ③, ④식을 ②식에 대입하여

$$\frac{1}{2}\left(\frac{d^2y_1}{dt^2} + \frac{dy_1}{dt}\right) = -2y_1 - \frac{1}{2}\left(\frac{dy_1}{dt} + y_1\right)$$

정리하면

$$\frac{d^2y_1}{dt^2} + 2\frac{dy_1}{dt} + 5y_1 = 0 \cdots\cdots\cdots ⑤$$

⑤식의 보조방정식 $\lambda^2+2\lambda+5=(\lambda+1)^2+4=0$에서 $\lambda=-1\pm 2i$ 이므로,
⑤식의 일반해는

$$y_1 = e^{-t}(c_1\cos 2t + c_2\sin 2t) \cdots\cdots\cdots ⑥$$

⑥식을 미분하여

$$\frac{dy_1}{dt} = -e^{-t}(c_1\cos 2t + c_2\sin 2t) + e^{-t}(-2c_1\sin 2t + 2c_2\cos 2t)$$

이들 식을 ③식에 대입하여

$$y_2 = \frac{1}{2}\{(-c_1 + 2c_2)\cos 2t + (-c_2 - 2c_1)\sin 2t)\}e^{-t}$$

이상에서 $Y = \begin{bmatrix} y_1 \\ y_2 \end{bmatrix}$이라면

$$Y = \left(\begin{bmatrix} c_1 \\ 2c_2 - c_1 \end{bmatrix}\cos 2t + \begin{bmatrix} c_2 \\ -c_2 - 2c_1 \end{bmatrix}\sin 2t\right)e^{-t}$$

| 참 고 |

⑥식으로 y_1을 구하듯이, ①, ②식에서 y_1을 소거한 식에서 y_2를 구하면 임의 상수가 증가된다. 이 경우는 ① 또는 ②식에 의하여 임의 상수를 조절해야 한다.

연립 미분방정식의 일반해에 주어지는 임의 상수의 수를 정해보자.

연립방정식

$$\begin{cases} f_1(D)y_1 + g_1(D)y_2 = h_1(t) \\ f_2(D)y_1 + g_2(D)y_2 = h_2(t) \end{cases}$$

을 연산자를 써서 나타내면

$$\begin{bmatrix} f_1(D) & g_1(D) \\ f_2(D) & g_2(D) \end{bmatrix} \begin{bmatrix} y_1 \\ y_2 \end{bmatrix} = \begin{bmatrix} h_1(t) \\ h_2(t) \end{bmatrix} \tag{3}$$

$\varDelta = \begin{bmatrix} f_1(D) & g_1(D) \\ f_2(D) & g_2(D) \end{bmatrix}$의 D에 관한 차수가 일반해에 포함될 임의 상수의 수효이다.

예제 1 다음 연립방정식을 풀어라.

$$\begin{cases} (D-1)y_1 + y_2 = 0 & \cdots\cdots ① \\ 2y_1 + Dy_2 = 0 & \cdots\cdots ② \end{cases}$$

(풀이) $D \times ① - ②$에서 y_2를 소거한다. 행렬식을 써서

$$\begin{vmatrix} D-1 & 1 \\ 2 & D \end{vmatrix} y_1 = 0$$

전개하여

$$\{(D-1)D-2\}y_1 = (D^2 - D - 2)y_1 = 0$$

보조방정식 $\lambda^2 - \lambda - 2 = (\lambda+1)(\lambda-2) = 0$에서 $\lambda = -1, 2$

구하는 y_1은

$$y_1 = c_1 e^{-t} + c_2 e^{2t} \cdots\cdots\cdots ③$$

(i) 이렇게 구한 y_1을 ①식에 대입하여

$$\begin{aligned} y_2 &= -(D-1)y_1 = -Dy_1 + y_1 \\ &= -(-c_1 e^{-t} + 2c_2 e^{2t}) + (c_1 e^{-t} + c_2 e^{2t}) \end{aligned}$$

$$=2c_1e^{-t}-c_2e^{2t} \quad \cdots\cdots\cdots ④$$

③, ④식이 구하는 해이다.

(ii) ①, ②식에서

$$\begin{vmatrix} D-1 & 1 \\ 2 & D \end{vmatrix} y_2=0, \quad (D^2-D-2)y_2=0$$

여기서 y_2는

$$y_2=c_3e^{-t}+c_4e^{2t} \quad \cdots\cdots\cdots ⑤$$

이나, y_1, y_2는 주어진 방정식을 만족해야 하므로 ③식과 ⑤식을 ②식에 대입하여

$$2y_1+Dy_2=2(c_1e^{-t}+c_2e^{2t})+(-c_3e^{-t}+2c_4e^{2t})$$
$$=[(2c_1-c_3)e^{-t}]+(2c_2+2c_4)e^{2t}=0$$

에서 $2c_1-c_3=0$, $2c_2+2c_4=0$ $\therefore c_3=2c_1$, $c_4=-c_2$

③에서 $y_2=2c_1e^{-t}-c_2e^{2t}$ (④식과 같다)

예제 ② 다음 연립미분방정식을 풀어라.

$$\begin{cases} \dfrac{dy_1}{dt}=y_1-y_2 \cdots\cdots\cdots ① \\ \dfrac{dy_2}{dt}=y_1+3y_2 \cdots\cdots\cdots ② \end{cases} \quad \text{또는} \quad \begin{cases} (D-1)y_1+y_2=0 \quad \cdots\cdots\cdots ① \\ y_1-(D-3)y_2=0 \quad \cdots\cdots\cdots ② \end{cases}$$

(풀이) ①, ②에서 y_2를 소거한다. $(D-3)$①+②에서

$[(D-1)(D-3)+1]y_1=0$, $(D^2-4D+4)y_1=0$

보조방정식 $\lambda^2-4\lambda+4=(\lambda-2)^2=0$에서 $\lambda=2$(2중근) 이므로

$$y_1=(c_1+c_2t)e^{2t} \quad \cdots\cdots ③$$

③식을 ①식에 대입하여

$$y_2=-Dy_1+y_1=-[c_2e^{2t}+2(c_1+c_2t)e^{2t}]+(c_1+c_2t)e^{2t}$$
$$=-[(c_1+c_2)+c_2t]$$

구하는 일반해는

$$\begin{cases} y_1=(c_1+c_2t)e^{2t} \\ y_2=-(c_1+c_2+c_2t)e^{2t} \end{cases}$$

예제 3 $Y' = \begin{bmatrix} 4 & 1 \\ -1 & 2 \end{bmatrix} Y$를 풀어라.

(풀이) $\begin{cases} y_1' = 4y_1 + y_2 \\ y_2' = -y_1 + 2y_2 \end{cases}$ 에서 $\begin{cases} (D-4)y_1 - y_2 = 0 & \cdots\cdots\cdots ① \\ y_1 + (D-2)y_2 = 0 & \cdots\cdots\cdots ② \end{cases}$

$$\begin{vmatrix} D-4 & -1 \\ 1 & D-2 \end{vmatrix} y_1 = 0, \quad (D^2 - 6D + 9)y_1 = 0, \quad \therefore y_1 = (c_1 + c_2 x)e^{3x} \quad \cdots\cdots\cdots ③$$

①식에서

$$\begin{aligned} y_2 &= (D-4)y_1 = (D-4)\{(c_1 + c_2 x)e^{3x}\} \\ &= \{(c_2 + 3c_1 + 3c_2 x) - 4(c_1 + c_2 x)\}e^{3x} \\ &= \{-c_1 + c_2(1-x)\}e^{3x} \end{aligned}$$

② 비제차연립미분방정식

비제차연립미분방정식에서도 종속변수를 하나씩 소거해나가서 하나의 종속변수만을 가진 미분방정식이 얻어지면 그 해를 구해서 다른 방정식에 대입하여 남은 종속변수를 구할 수 있다. 또는 다른 종속변수도 소거 방법으로 풀 수 있으나, 이 경우는 임의상수의 결정에 유의해야 하므로, 이미 구한 종속변수를 써서 대입에 의하여 다른 종속변수를 구해나가는 것이 편리하다.

보기 1

다음 연립방정식을 종속변수의 소거법으로 풀어보자.

$$\begin{cases} y_1' = -3y_1 + y_2 - 6e^{-2t} \\ y_2' = y_1 - 3y_2 + 2e^{-2t} \end{cases}$$

(방법 1) 연산자를 써서 나타내면 종속변수 소거가 편리하다.

$$\begin{cases} (D+3)y_1 - y_2 = -6e^{-2t} & \cdots\cdots\cdots ① \\ y_1 - (D+3)y_2 = -2e^{-2t} & \cdots\cdots\cdots ② \end{cases}$$

②에서 $y_1 = (D+3)y_2 - 2e^{-2t} \quad \cdots\cdots\cdots ③$

③을 ①에 대입하여

$$(D+3)^2 y_2 - (D+3)(2e^{-2t}) - y_2 = -6e^{-2t}$$

$$(D^2+6D+8)y_2=-4e^{-2t},\quad (D+2)(D+4)y_2=-4e^{-2t}$$

$$y_2{}^{(h)}=c_1e^{-2t}+c_2e^{-4t},\quad (D+2)y_2{}^{(p)}=\frac{1}{D+4}(-4e^{-2t})=-2e^{-2t}$$

$$\therefore\ y_2{}^{(p)}=-2e^{-2t}\frac{1}{D-2+2}(1)=-2te^{-2t}\ \cdots\cdots\cdots ④$$

$$y_2=y_2{}^{(h)}+y_2{}^{(p)}=c_1e^{-2t}+c_2e^{-4t}-2te^{-2t}$$

②에서

$$y_1=(D+3)[c_1e^{-2t}+c_2e^{-4t}-2te^{-2t}]-2e^{-2t}$$
$$=c_1e^{-2t}-c_2e^{-4t}-2te^{-2t}-4e^{-2t}$$

구하는 해는

$$Y=\begin{bmatrix} y_1 \\ y_2 \end{bmatrix}=c_1\begin{bmatrix} 1 \\ 1 \end{bmatrix}e^{-2t}+c_2\begin{bmatrix} -1 \\ 1 \end{bmatrix}e^{-4t}-2\begin{bmatrix} 1 \\ 1 \end{bmatrix}te^{-2t}+\begin{bmatrix} -4 \\ 0 \end{bmatrix}e^{-2t}\ \cdots\cdots\cdots Ⓐ$$

(방법 2) y_2를 소거하여 y_1을 먼저 구한다.

①에서 $$y_2=(D+3)y_1+6e^{-2t}\ \cdots\cdots\cdots ⑤$$

⑤을 ③식에 대입하면

$$y_1=(D+3)\ [\ (D+3)y_1+6e^{-2t}]-2e^{-2t}$$

정리하면

$$[\ (D+3)^2-1]y_1=-4e^{-2t}$$

또는 $(D^2+6D+8)y_1=(D+2)(D+4)y_1=-4e^{-2t}$를 풀면

$$y_1=c_1e^{-2t}+c_2e^{-2t}+\frac{1}{(D+2)(D+4)}(-4e^{-2t})$$

$$y_1{}^{(p)}=\frac{1}{(D+2)}\left[\frac{1}{D+4}(-4e^{-2t})\right]=\frac{1}{D+2}\left(\frac{-4}{-2+4}e^{-2t}\right)$$

$$=\frac{1}{D+2}(-2e^{-2t})=-2e^{-2t}\frac{1}{D-2+2}(1)=-2te^{-2t}$$

$$\therefore\ y_1=c_1e^{-2t}+c_2e^{-4t}-2te^{-2t}\ \cdots\cdots\cdots ⑥$$

⑥식을 ③식에 대입하여

$$y_2=(c_1e^{-2t}+c_2e^{-4t}-2te^{-2t})'+3(c_1e^{-2t}+c_2e^{-4t}-2te^{-2t})-6e^{-2t}$$

$$=(-2c_1+3c_1)e^{-2t}+(-4c_2+3c_2)e^{-4t}+(4-6)te^{-2t}-(2-6)e^{-2t}$$
$$=c_1e^{-2t}-c_2e^{-4t}-2te^{-2t}+4e^{-2t}$$

y_1을 먼저 구하고, 대입에 의하여 y_2를 구한 해는

$$\begin{cases} y_1=c_1e^{-2t}+c_2e^{-4t}-2te^{-2t} \\ y_2=c_1e^{-2t}-c_2e^{-4t}-2te^{-2t}+4e^{-2t} \end{cases}$$

(방법 3) 연산자를 써서 나타낸 식에 Cramer 공식을 써서 푼다.

$$\begin{cases} Dy_1=-3y_1+y_2-6e^{-2t} \\ Dy_2=y_1-3y_2+2e^{-2t} \end{cases} \quad \text{또는} \quad \begin{cases} (D+3)y_1-y_2=-6e^{-2t} & \cdots\cdots\cdots ① \\ y_1-(D+3)y_2=-2e^{-2t} & \cdots\cdots\cdots ② \end{cases}$$

①, ②을 행렬식을 써서 나타내면 다음과 같다.

$$\begin{vmatrix} D+3 & -1 \\ 1 & -(D+3) \end{vmatrix} y_1 = \begin{vmatrix} -6e^{-2t} & -1 \\ -2e^{-2t} & -(D+3) \end{vmatrix}$$

행렬식을 전개할 때, 연산자를 수식의 앞에 써서 작용한다.

$$\{(D+3)^2-1\}y_1=-(D+3)(6e^{-2t})+2e^{-2t}$$

또는 $(D^2+6D+8)y_1=-4e^{-2t}$, $(D+2)(D+4)y_1=-4e^{-2t}$

$$(D+2)\,y_1^{(p)}=\frac{-1}{D+4}4e^{-2t}=4\left(\frac{-1}{-2+4}\right)e^{-2t}=-2e^{-2t}$$
$$\therefore y_1^{(p)}=\frac{1}{D+2}(-2e^{-2t})=-2e^{-2t}\frac{1}{D-2+2}(1)=-2te^{-2t}$$
$$\therefore y_1=C_12e^{-2t}+C_2e^{-4t}-2te^{-2t} \qquad \cdots\cdots\cdots ③$$

③식을 ①에 대입하여

$$y_2=(D+3)y_1+6e^{-2t}=c_1(-2+3)e^{-2t}+c_2(-4+3)e^{-4t}-2te^{-2t}+4e^{-2t}$$
$$=c_1e^{-2t}-c_2e^{-4t}-2te^{-2t}+4e^{-2t}$$

구하는 해는

$$\begin{cases} y_1=c_1e^{-2t}+c_2e^{-4t}-2te^{-2t} \\ y_2=c_1e^{-2t}-c_2e^{-4t}-2te^{-2t}+4e^{-2t} \end{cases}$$

연습문제 3.1

1. 다음 연립미분방정식을 풀어라.

(1) $\begin{cases} (D-3)y+z=0 & \cdots ① \\ y-(D-1)z=0 & \cdots ② \end{cases}$

(2) $\begin{cases} (D+1)y-Dz=x & \cdots ① \\ (D-1)y+z=x^2 & \cdots ② \end{cases}$

(3) $\begin{cases} Dy-(3D-2)z=0 & \cdots ① \\ (D+4)y-5Dz=0 & \cdots ② \end{cases}$

(4) $\begin{cases} (D^2+4)y-3Dz=1 & \cdots ① \\ 3Dy+(D^2+4)z=x & \cdots ② \end{cases}$

해답

1. (1) ②식에서 $y=(D-1)z$ …③을 ①식에 대입하여

$(D-3)[(D-1)z]+z=0$, $[(D-3)(D-1)+1]z=0$, $(D^2-4D+4)z$

$=(D-2)^2z=0$, $\therefore z=(c_1+c_2x)e^{2x}$ ……④

④를 ②에 대입하여 $y=(D-1)z=(D-1)[(c_1+c_2x)e^{2x}]=D[(c_1+c_2x)e^{2x}]$

$-(c_1+c_2x)e^{2x}=e^{2x}(c_2+2c_1+2c_2x-c_1-c_2x)=[c_1+c_2(1+x)]e^{2x}$

(2) ①+D(②) $[(D+1)+D(D-1)]y=x+2x$, $(D^2+1)y=3x$

$\therefore y=c_1\cos x+c_2\sin x+\dfrac{1}{1+D^2}(3x)=c_1\cos x+c_2\sin x+3x$ …… ③

③을 ②에 대입하여

$z=x^2-(D-1)y=x^2-(D-1)(c_1\cos x+c_2\sin x+3x)$

$=x^2-(-c_1\sin x+c_2\cos x+3)+(c_1\cos x+c_2\sin x+3x)$

$=c_1(\sin x+\cos x)+c_2(\sin x-\cos x)+x^2-3(1-x)$

(3) $(D+4)①-D②$: $[-(D+4)(3D-2)+5D^2]z=0$, $2(D^2-5D+4)z=0$에서

$(D-1)(D-4)z=0$ $\therefore z=c_1e^x+c_2e^{4x}$ …③, ③을 ①에 대입하여

$Dy=(3D-2)(c_1e^x+c_2e^{4x})=3(c_1e^x+4c_2e^{4x})-2(c_1e^x+c_2e^{4x})$

$=c_1e^x+10c_2e^{4x}$ $\therefore y=c_1e^x+40c_2e^{4x}+c_3]$

(4) $3D① - (D^2+4)②$: $[-9D^2-(D^2+4)^2]z=0$,

$(D^4+17D^2+16)z=(D^2+1)(D^2+16)z=0$

$\therefore z=c_2\cos x+c_2\sin x+c_3\cos 4x+c_4\sin 4x$ …… ③

②에서

$3Dy=-(D^2+4)(c_1\cos x+c_2\sin x+c_3\cos 4x+c_4\sin 4x)+x$

$=-c_1(-1+4)\cos x-c_2(-1+4)\sin x-c_3(-16+4)\cos 4x-c_4(-16+4)\sin 4x+x$

$=-3c_1\cos x-3c_2\sin x+12c_3\cos 4x+12c_4\sin 4x+x$

$\therefore y=\frac{1}{3}\left(-3c_1\sin x+3c_2\cos x+3c_3\sin 4x-3c_4\cos 4x+\frac{1}{2}x^2\right)$

3.2 계수행렬의 대각화에 의한 해법

1계연립미분방정식

$$Y'(t)=AY(t) \tag{1}$$

는 적당한 변환으로

$$\frac{d}{dt}\begin{bmatrix} y_1 \\ \vdots \\ y_n \end{bmatrix}=\begin{bmatrix} \lambda_1 & & 0 \\ & \ddots & \\ 0 & & \lambda_n \end{bmatrix}\begin{bmatrix} y_1 \\ \vdots \\ y_n \end{bmatrix} \text{ 즉 } \begin{cases} y_1'=\lambda_1 y_1 \\ y_2'=\lambda_2 y_2 \\ \cdots\cdots\cdots\cdots \\ y_n'=\lambda_n y_n \end{cases} \tag{2}$$

꼴로 변형되면 쉽게 풀 수 있다.

(1)식을 (2)식으로 변환하는 변수변환을

$$Y=PZ$$

이라면

$$Y'=PZ'=APZ(=AY) \tag{3}$$

이므로

$$Z'=P^{-1}APZ(=DZ)$$

여기서 $P^{-1}AP=D$(대각행렬)되게 P를 선정하면 (1)은 (2)의 꼴로 변환되어 쉽게 해를 구할 수 있다.

이러한 변환은 A의 고유값이 서로 다른 경우 가능하다.

A의 서로 다른 n개의 고유값을 λ_1, λ_2, …, λ_n이라 하고, 이들에 대응하는 고유벡터를 X_1, X_2, …, X_n이라면

$$AX_i=\lambda_i X_i \ (i=1, 2, \cdots, n) \tag{4}$$

행렬 P를 고유벡터 X_1, X_2, …, X_n을 차례로 그의 열벡터로 하는 행렬이라면, P는 A를 대각화할 수 있다.

가령, $n=2$, $i=1$, 2이라면

$$AX_1=\lambda_1 X_1, \quad AX_2=\lambda_2 X_2$$

$$A=\begin{bmatrix} a_{11} & a_{12} \\ a_{21} & a_{22} \end{bmatrix},\ X_1=\begin{bmatrix} x_1^{(1)} \\ x_2^{(1)} \end{bmatrix},\ X_2=\begin{bmatrix} x_1^{(2)} \\ x_2^{(2)} \end{bmatrix},\ P=\begin{bmatrix} x_1^{(1)} & x_1^{(2)} \\ x_2^{(1)} & x_2^{(2)} \end{bmatrix}$$

이므로

$$AP=\begin{bmatrix} a_{11} & a_{12} \\ a_{21} & a_{22} \end{bmatrix}\begin{bmatrix} x_1^{(1)} & x_1^{(2)} \\ x_2^{(1)} & x_2^{(2)} \end{bmatrix}=\begin{bmatrix} a_{11}x_1^{(1)}+a_{12}x_2^{(1)} & a_{11}x_1^{(2)}+a_{12}x_2^{(2)} \\ a_{21}x_1^{(1)}+a_{22}x_2^{(1)} & a_{21}x_1^{(2)}+a_{22}x_2^{(2)} \end{bmatrix}$$

$$=\begin{bmatrix} \lambda_1 x_1^{(1)} & \lambda_2 x_1^{(2)} \\ \lambda_1 x_2^{(1)} & \lambda_2 x_2^{(2)} \end{bmatrix}=\begin{bmatrix} x_1^{(1)} & x_1^{(2)} \\ x_2^{(1)} & x_2^{(2)} \end{bmatrix}\begin{bmatrix} \lambda_1 & 0 \\ 0 & \lambda_2 \end{bmatrix}=PD \tag{5}$$

P가 정칙이므로, P^{-1}가 존재하여 $(\lambda_1 \neq \lambda_2)$

$$D=P^{-1}AP=\begin{bmatrix} \lambda_1 & 0 \\ 0 & \lambda_2 \end{bmatrix}$$

이다. (3)식에서

$$\frac{dZ}{dt}=DZ \text{ 즉 } \begin{bmatrix} \dfrac{dz_1}{dt} \\ \dfrac{dz_2}{dt} \end{bmatrix}=\begin{bmatrix} \lambda_1 & 0 \\ 0 & \lambda_2 \end{bmatrix}\begin{bmatrix} z_1 \\ z_2 \end{bmatrix}=\begin{bmatrix} \lambda_1 z_1 \\ \lambda_2 z_2 \end{bmatrix}$$

z_1, z_2를 구하면 다음과 같다.

$$\frac{dz}{dt}=\lambda_1 z_1 \text{에서 } z_1=c_1 e^{\lambda_1 t},\ \frac{dz_2}{dt}=\lambda_2 z_2 \text{에서 } z_2=c_2 e^{\lambda_2 t}$$

$Y=PZ$이므로 일반해 Y는

$$\begin{bmatrix} y_1 \\ y_2 \end{bmatrix}=\begin{bmatrix} x_1^{(1)} & x_1^{(2)} \\ x_2^{(1)} & x_2^{(2)} \end{bmatrix}\begin{bmatrix} c_1 e^{\lambda_1 t} \\ c_2 e^{\lambda_2 t} \end{bmatrix}=\begin{bmatrix} c_1 x_1^{(1)} e^{\lambda_1 t}+c_2 x_1^{(2)} e^{\lambda_2 t} \\ c_1 x_2^{(1)} e^{\lambda_1 t}+c_2 x_2^{(2)} e^{\lambda_2 t} \end{bmatrix}$$

또는 $Y=C_1\begin{bmatrix} x_1^{(1)} \\ x_2^{(1)} \end{bmatrix}e^{\lambda_1 t}+C_2\begin{bmatrix} x_1^{(2)} \\ x_2^{(2)} \end{bmatrix}e^{\lambda_2 t}=C_1X_1e^{\lambda_1 t}+C_2X_2e^{\lambda_2 t}$

$=C_1Y_1+C_2Y_2\,(Y_1=X_1e^{\lambda_1 t},\ Y_2=X_2e^{\lambda_2 t})$

예제 1 $\dfrac{dY}{dt}=AY$의 해를 구하여라.

단, $A=\begin{bmatrix} 4 & 1 \\ 3 & 2 \end{bmatrix}$, $Y(0)=\begin{bmatrix} y_1(0) \\ y_2(0) \end{bmatrix}=\begin{bmatrix} -1 \\ 7 \end{bmatrix}$

(풀이) A의 고유값은 $\begin{bmatrix} 4-\lambda & 1 \\ 3 & 2-\lambda \end{bmatrix} = \lambda^2 - 6\lambda + 5 = (\lambda-1)(\lambda-5) = 0$에서

$\lambda_1 = 1$, $\lambda_2 = 5$ 대응하는 고유벡터는 $AX = \lambda X$에 의하여 구한다.

$$X_1 = \begin{bmatrix} 1 \\ -3 \end{bmatrix},\quad X_2 = \begin{bmatrix} 1 \\ 1 \end{bmatrix} \text{이므로, } P = \begin{bmatrix} 1 & 1 \\ -3 & 1 \end{bmatrix}$$

$$P^{-1} = \frac{1}{4}\begin{bmatrix} 1 & -1 \\ 3 & 1 \end{bmatrix},\quad D = P^{-1}AP = \frac{1}{4}\begin{bmatrix} 1 & -1 \\ 3 & 1 \end{bmatrix}\begin{bmatrix} 4 & 1 \\ 3 & 2 \end{bmatrix}\begin{bmatrix} 1 & 1 \\ -3 & 1 \end{bmatrix} = \begin{bmatrix} 1 & 0 \\ 0 & 5 \end{bmatrix}$$

$\dfrac{dZ}{dt} = DZ$ 이므로, $\dfrac{dz_1}{dt_1} = z_1$, $\dfrac{dz_2}{dt} = 5z_2$을 풀면 $Z\begin{bmatrix} Z_1 \\ Z_2 \end{bmatrix} = \begin{bmatrix} c_1 e^t \\ c_2 e^{5t} \end{bmatrix}$

$$\therefore\ Y = PZ = \begin{bmatrix} 1 & 1 \\ -3 & 1 \end{bmatrix}\begin{bmatrix} c_1 e^t \\ c_2 e^{5t} \end{bmatrix} = \begin{bmatrix} c_1 e^t + c_2 e^{5t} \\ -3c_1 e^t + c_2 e^{5t} \end{bmatrix}$$

$$Y(0) = \begin{bmatrix} c_1 + c_2 \\ -3c_1 + c_2 \end{bmatrix} = \begin{bmatrix} -1 \\ 7 \end{bmatrix} \text{에서 } \begin{bmatrix} c_1 \\ c_2 \end{bmatrix} = \begin{bmatrix} -2 \\ 1 \end{bmatrix}$$

$$\therefore \begin{bmatrix} y_1 \\ y_2 \end{bmatrix} = \begin{bmatrix} -2e^t + e^{5t} \\ 6e^t + e^{5t} \end{bmatrix}$$

예제 2 $\dfrac{dY}{dt} = AY$, $A = \begin{bmatrix} 2 & -2 & 0 \\ -1 & 2 & -1 \\ 0 & -2 & 2 \end{bmatrix}$, $Y(0) = \begin{bmatrix} 1 \\ -2 \\ -1 \end{bmatrix}$을 풀어라.

(풀이) A의 고유값은 $|A - \lambda I| = 0$에서 $\lambda_1 = 4$, $\lambda_2 = 2$, $\lambda_3 = 0$이고, 이들 고유값에 대응하는 고유벡터는

$$X_1 = \begin{bmatrix} 1 \\ -1 \\ 1 \end{bmatrix},\quad X_2 = \begin{bmatrix} 1 \\ 0 \\ -1 \end{bmatrix},\quad X_3 = \begin{bmatrix} 1 \\ 1 \\ 1 \end{bmatrix} \text{이므로 } P = \begin{bmatrix} 1 & 1 & 1 \\ -1 & 0 & 1 \\ 1 & -1 & 1 \end{bmatrix}$$

$AP = PD$에서 $D = P^{-1}AP$이므로,

$$D = \begin{bmatrix} \lambda_1 & 0 & 0 \\ 0 & \lambda_2 & 0 \\ 0 & 0 & \lambda_3 \end{bmatrix} = \begin{bmatrix} 4 & 0 & 0 \\ 0 & 2 & 0 \\ 0 & 0 & 0 \end{bmatrix}$$

$$Z' - DZ = 0\text{에서 } \begin{cases} z_1' - 4z_1 = 0 \\ z_2' - 2z_2 = 0 \\ z_3' \qquad = 0 \end{cases} \quad \therefore \begin{cases} z_1 = c_1 e^{4t} \\ z_2 = c_2 e^{2t} \\ z_3 = c_3 \end{cases} \qquad \cdots ①$$

$Y = PZ$이므로

$$\begin{bmatrix} y_1 \\ y_2 \\ y_3 \end{bmatrix} = \begin{bmatrix} 1 & 1 & 1 \\ -1 & 0 & 1 \\ 1 & -1 & 1 \end{bmatrix}\begin{bmatrix} z_1 \\ z_2 \\ z_3 \end{bmatrix} = \begin{bmatrix} z_1 + z_2 + z_3 \\ -z_1 \qquad + z_3 \\ z_1 - z_2 + z_3 \end{bmatrix} = \begin{bmatrix} c_1 e^{4t} + c_2 e^{2t} + c_3 \\ -c_1 e^{4t} \qquad + c_3 \\ c_1 e^{4t} - c_2 e^{2t} + c_3 \end{bmatrix} \cdots ②$$

초기조건 $Y(0) = (1,\ -2,\ -1)'$ 에서

$$PZ(0)=\begin{bmatrix} 1 & 1 & 1 \\ -1 & 0 & 1 \\ 1 & -1 & 1 \end{bmatrix}\begin{bmatrix} z_1(0) \\ z_2(0) \\ z_3(0) \end{bmatrix}=\begin{bmatrix} 1 \\ -2 \\ -1 \end{bmatrix}$$

이므로 $z_1(0)=1$, $z_2(0)=1$, $z_3(0)=-1$이고, ①식에서

$$z_1(0)=c_1=1,\ z_2(0)=c_2=1,\ z_3(0)=c_3=-1$$

따라서 구하는 Y는 ②식에서

$$\begin{cases} y_1=e^{4t}+e^{2t}-1 \\ y_2=-e^{4t}-1 \\ y_3=e^{4t}-e^{2t}-1 \end{cases}$$

예제 3 다음 연립미분방정식의 일반해를 A의 대각화법으로 풀어라.

$$Y'=AY+g=\begin{bmatrix} -3 & 1 \\ 1 & -3 \end{bmatrix}\begin{bmatrix} y_1 \\ y_2 \end{bmatrix}+\begin{bmatrix} -6 \\ 2 \end{bmatrix}e^{-2t}$$

(풀이) A의 고유값과 고유벡터를 구한다.

$$\begin{vmatrix} -3-\lambda & 1 \\ 1 & -3-\lambda \end{vmatrix}=(\lambda+3)^2-1=\lambda^2+6\lambda+8=(\lambda+2)(\lambda+4)=0$$

에서 $\lambda=-2,\ -4$

$\lambda=-2$에 대한 고유벡터는 $AX=\lambda X$ 또는 $[A-\lambda I]X=0$에서

$$\begin{bmatrix} -1 & 1 \\ 1 & -1 \end{bmatrix}\begin{bmatrix} x_1 \\ x_2 \end{bmatrix}=\begin{bmatrix} 0 \\ 0 \end{bmatrix},\quad -x_1+x_2=0 \quad \therefore X_1=\begin{bmatrix} 1 \\ 1 \end{bmatrix}$$

$\lambda=-4$에 대한 고유벡터는

$$\begin{bmatrix} 1 & 1 \\ 1 & 1 \end{bmatrix}\begin{bmatrix} x_1 \\ x_2 \end{bmatrix}=\begin{bmatrix} 0 \\ 0 \end{bmatrix}\text{에서 } x_1+x_2=0 \quad \therefore X_2=\begin{bmatrix} 1 \\ -1 \end{bmatrix}$$

$$\therefore P=\begin{bmatrix} 1 & 1 \\ 1 & -1 \end{bmatrix},\quad P^{-1}=\frac{1}{-2}\begin{bmatrix} -1 & -1 \\ -1 & 1 \end{bmatrix}$$

대각화 행렬 D는

$$D=P^{-1}AP=-\frac{1}{2}\begin{bmatrix} -1 & -1 \\ -1 & 1 \end{bmatrix}\begin{bmatrix} -3 & 1 \\ 1 & -3 \end{bmatrix}\begin{bmatrix} 1 & 1 \\ 1 & -1 \end{bmatrix}=\begin{bmatrix} -2 & 0 \\ 0 & -4 \end{bmatrix}$$

$Y=PZ$에서 $Y'=PZ'$이므로

$Y'=AY+g$는 $PZ'=APZ+g$, $Z'=P^{-1}APZ+P^{-1}g$

$$\begin{bmatrix} z_1' \\ z_2' \end{bmatrix} = \begin{bmatrix} -2 & 0 \\ 0 & -4 \end{bmatrix} \begin{bmatrix} z_1 \\ z_2 \end{bmatrix} - \frac{1}{2} \begin{bmatrix} -1 & -1 \\ -1 & 1 \end{bmatrix} \begin{bmatrix} -6 \\ 2 \end{bmatrix} e^{-2t}$$

에서 $\begin{cases} Z_1' = -2z_1 - 2e^{-2t} \\ Z_2' = -4z_2 - 4e^{-2t} \end{cases}$

$(D+2)z_1 = -2e^{-2t}$ 에서

$$Z_1^{(p)} = \frac{1}{D+2}(-2e^{-2t}) = e^{-2t}\frac{1}{D-2+2}(-2) = -2te^{-2t}$$

$$\therefore z_1 = c_1 e^{-2t} - 2te^{-2t}$$

마찬가지로 $z_2 = c_2 e^{-4t} - 2e^{-2t}$

따라서 구하는 해 Y는

$$Y = PZ = \begin{bmatrix} 1 & -1 \\ 1 & -1 \end{bmatrix} \begin{bmatrix} c_1 e^{-2t} - 2te^{-2t} \\ c_2 e^{-4t} - 2e^{-2t} \end{bmatrix} = \begin{bmatrix} c_1 e^{-2t} + c_2 e^{-4t} - 2te^{-2t} - 2e^{-2t} \\ c_1 e^{-2t} - c_2 e^{-4t} - 2te^{-2t} + 2e^{-2t} \end{bmatrix}$$

참 고

$Y' = AX$의 해의 표기법에 유의하자.

(1) A의 고유값을 $\lambda_1 \lambda_2 (\lambda_1 \neq \lambda_2)$; 고유벡터를 $X_1 = \begin{bmatrix} x_1^{(1)} \\ x_2^{(1)} \end{bmatrix}$ $X_2 = \begin{bmatrix} x_1^{(2)} \\ x_2^{(2)} \end{bmatrix}$

라 할 때, 해 $Y = \begin{bmatrix} y_1 \\ y_2 \end{bmatrix}$는

$$\begin{bmatrix} y_1 \\ y_2 \end{bmatrix} = \begin{bmatrix} x_1^{(1)} & x_1^{(2)} \\ x_2^{(2)} & x_2^{(2)} \end{bmatrix} \begin{bmatrix} c_1 e^{\lambda_1 t} \\ c_2 e^{\lambda_2 t} \end{bmatrix} = \begin{bmatrix} c_1 x_1^{(1)} e^{\lambda_1 t} + c_2 x_1^{(2)} e^{\lambda_2 t} \\ c_1 x_2^{(1)} e^{\lambda_1 t} + c_2 x_2^{(2)} e^{\lambda_2 t} \end{bmatrix}$$

(2) $Y = c_1 Y_1 + c_2 Y_2$라면

$$Y = c_1 \begin{bmatrix} x_1^{(1)} e^{\lambda_1 t} \\ x_2^{(1)} e^{\lambda_1 t} \end{bmatrix} + c_2 \begin{bmatrix} x_1^{(2)} e^{\lambda_2 t} \\ x_2^{(2)} e^{\lambda_2 t} \end{bmatrix} = c_1 X_1 e^{\lambda_2 t} + c_2 X_2 e^{\lambda_2 t}$$

연습문제 3.2

1. 다음 연립방정식을 풀어라.

(1) $\begin{cases} y_1' + y_2 = 0 & \cdots① \\ y_1' - y_2' = 0 & \cdots② \end{cases}$ (2) $\begin{cases} (D^2+D+1)y_1 + (D^2+1)y_2 = e^t & \cdots① \\ (D^2+D)y_1 + D^2 y_2 = e^{-t} & \cdots② \end{cases}$

2. 계수행렬의 대각화에 의한 해법으로 다음 연립미분방정식을 풀어라.

$$\begin{cases} Dy = y + 2z & \cdots① \\ Dz = 3y + 2z & \cdots② \end{cases} \quad 즉 \quad \frac{dY}{dx} = AY \text{ 단 } Y = \begin{bmatrix} y \\ z \end{bmatrix}, \quad A = \begin{bmatrix} 1 & 2 \\ 3 & 2 \end{bmatrix}$$

3. 다음 연립미분방정식의 계수행렬의 고유값은 $\lambda=1$을 중근으로 갖는다. 이 경우의 해를 구하라.

$$\begin{cases} Dy = y + 2z \\ Dz = z \end{cases} \quad 즉 \quad \frac{dY}{dx} = AY \text{ 단, } Y = \begin{bmatrix} y \\ z \end{bmatrix}, \quad A = \begin{bmatrix} 1 & 2 \\ 0 & 1 \end{bmatrix}$$

4. 다음 연립미분방정식을 풀어라.

(1) $\begin{cases} y_1' = y_2 & \cdots① \\ y_2' = y_1 & \cdots② \end{cases}$ (2) $\begin{cases} y_1' = y_1 & \cdots① \\ y_2' = 2y_2 & \cdots② \end{cases}$

해답

1. (1) $y_1 = c_1 \cos x + c_2 \sin x$, $y_2 = c_1 \sin x - c_2 \cos x$

(2) $y_1 = -e^t - 2e^{-t} - c_1$, $y_2 = 2e^t + e^{-t} + c_1$

2. 고유값 λ는 $\begin{bmatrix} 1-\lambda & 2 \\ 3 & 2-\lambda \end{bmatrix} = \lambda^2 - 3\lambda - 4 = (\lambda-4)(\lambda+1) = 0 \quad \therefore \lambda = 4, -1$

$\lambda=4$일 때, 고유벡터 $\begin{bmatrix} x_1 \\ x_2 \end{bmatrix}$를 구한다.

$\begin{cases} -3x_1 + 2x_2 = 0 \\ 3x_1 - 2x_2 = 0 \end{cases}$ 에서 $x_1 : x_2 = 2 : 3$이므로 $x_1 = 2k$, $x_2 = 3k$ (k는 임의 상수)

$k=1$로 하면 $\begin{bmatrix} x_1 \\ x_2 \end{bmatrix} = \begin{bmatrix} 2 \\ 3 \end{bmatrix}$

$\lambda=-1$일 때, 고유벡터 $\begin{bmatrix} x_1 \\ x_2 \end{bmatrix}$는 $\begin{bmatrix} 2 & 2 \\ 3 & 3 \end{bmatrix}\begin{bmatrix} x_1 \\ x_2 \end{bmatrix}=\begin{bmatrix} 0 \\ 0 \end{bmatrix}$에서 $\begin{bmatrix} x_1 \\ x_2 \end{bmatrix}\begin{bmatrix} 1 \\ -1 \end{bmatrix}$

이상에서 각 고유벡터를 열의 요소로 하는 행렬 P는

$$P=\begin{bmatrix} 2 & 1 \\ 3 & -1 \end{bmatrix},\quad P^{-1}=\frac{1}{-5}\begin{bmatrix} -1 & -1 \\ -3 & 2 \end{bmatrix}$$

$$\therefore D=P^{-1}AP=-\frac{1}{5}\begin{bmatrix} -1 & -1 \\ -3 & 2 \end{bmatrix}\begin{bmatrix} 1 & 2 \\ 3 & 2 \end{bmatrix}\begin{bmatrix} 2 & 1 \\ 3 & -1 \end{bmatrix}=\begin{bmatrix} 4 & 0 \\ 0 & -1 \end{bmatrix}$$

$$z'=Dz=\begin{bmatrix} 4 & 0 \\ 0 & -1 \end{bmatrix}\begin{bmatrix} z_1 \\ z_2 \end{bmatrix}=\begin{bmatrix} 4z_1 \\ -z_2 \end{bmatrix},\quad \begin{matrix} z_1=c_1e^{4t} \\ z_2=c_2e^{-t} \end{matrix}$$

$$Y=\begin{bmatrix} y \\ z \end{bmatrix}=PZ=\begin{bmatrix} 2 & 1 \\ 3 & -1 \end{bmatrix}\begin{bmatrix} c_1e^{4t} \\ c_2e^{-t} \end{bmatrix}=\begin{bmatrix} 2c_1e^{4t}+c_2e^{-t} \\ 3c_1e^{4t}-c_2e^{-t} \end{bmatrix}$$

3. $\lambda=1$에 대한 고유벡터는 $\begin{bmatrix} 0 & 2 \\ 0 & 0 \end{bmatrix}\begin{bmatrix} x_1 \\ x_2 \end{bmatrix}=\begin{bmatrix} 0 \\ 0 \end{bmatrix}$에서 $x_1=x_2=0$ 뿐이다.

그래서 고유벡터를 이용하는 방법으로는 쉽게 풀 수 없다. 준 방정식은

$$\begin{cases} (D-)y-2z=0 & \cdots ① \\ \quad (D-1)z=0 & \cdots ② \end{cases}$$ 로 변형된다.

②에서 $z=c_1e^x$이고, 이것은 ①에 대입하여 $(D-1)y=2c_1e^x$

$$y_p=\frac{1}{D-1}2c_1e^x=2c_1e^x\frac{1}{D+1-1}(1)=2c_1xe^x$$

$$\therefore y=y_h+y_p=c_1e^x+c_1xe^x=e^x(c_1+c_1x),\quad z=c_1e^x$$

4. (1) ①, ②에서 y_2를 소거하면

$y_2'=(y_1')'=y_1$에서 $y_1''-y_1=0\quad \therefore y_1=c_1e^x+c_2e^{-x}\quad \cdots ③$

①에서 $y_2=y_1'=c_1e^x-c_2e^{-x}$

(주의) ③을 ②에 대입하면 $y_2'=y_1=c_1e^x+c_2e^{-x}$이므로, $y_2=c_1e^x-c_2e^{-x}+c_3$로 하면 임의 상수의 수가 증가된다.

$\Delta=\begin{vmatrix} D & -1 \\ 1 & -D \end{vmatrix}=(-D^2+1)$이 2차이니, 임의 상수의 수는 둘이므로 $c_3=0$이다.

(2) ①에서 $y_1=c_1e^x$, ②에서 $y_2=c_2e^{2x}$

임의 상수의 개수는 $\begin{vmatrix} D-1 & 0 \\ 0 & D-2 \end{vmatrix}=(D-1)(D-2)$가 D에 관하여 2차식이므로,

임의 상수는 둘뿐이므로, 해는 $y_1=c_1e^x$, $y_2=c_2e^{2x}$이다.

3.3 계수행렬의 벡터를 이용한 해법(1)

❶ 계수행렬의 고유값이 서로 다른 경우

계수행렬의 고유값이 서로 다른 경우는 앞 절에서 설명되었다.

보기 1

다음 연립방정식을 풀어보자.

$$\frac{dy_1}{dt}=y_1-y_2$$

$$\frac{dy_2}{dt}=-2y_1$$

$$A=\begin{bmatrix} 1 & -1 \\ -2 & 0 \end{bmatrix},\quad Y=\begin{bmatrix} y_1 \\ y_2 \end{bmatrix},\ Y'=\begin{bmatrix} y_1' \\ y_2' \end{bmatrix}$$

보기의 연립미분방정식은 다음과 같이 나타내진다.

$$Y'=AY \tag{1}$$

우선 계수행렬 A의 고유값 λ와 고유벡터 $X=\begin{bmatrix} x_1 \\ x_2 \end{bmatrix}$를 구한다.

$$\begin{bmatrix} 1 & -1 \\ -2 & 0 \end{bmatrix}\begin{bmatrix} x_1 \\ x_2 \end{bmatrix}=\lambda\begin{bmatrix} x_1 \\ x_2 \end{bmatrix} \text{ 즉 } AX=\lambda X \qquad \cdots③$$

에서, 고유값 λ는 고유방정식 에서 구한다.

$$\begin{vmatrix} 1-\lambda & -1 \\ -2 & -\lambda \end{vmatrix}=(1-\lambda)(-\lambda)-(-2)(-1)=\lambda^2-\lambda-2=(\lambda+1)(\lambda-2)=0$$

$$\therefore \lambda=2,\ -1$$

고유값이 서로 다르므로 앞 절의 방법으로 해를 구한다.

$\lambda=2$일 때, 고유벡터 $X=\begin{bmatrix} x_1 \\ x_2 \end{bmatrix}$를 구하면

$$\begin{bmatrix} -1 & -1 \\ -2 & -2 \end{bmatrix}\begin{bmatrix} x_1 \\ x_2 \end{bmatrix}=\begin{bmatrix} 0 \\ 0 \end{bmatrix}\text{에서 } \begin{bmatrix} x_1 \\ x_2 \end{bmatrix}=c\begin{bmatrix} 1 \\ -1 \end{bmatrix} \quad \therefore X_1=\begin{bmatrix} 1 \\ -1 \end{bmatrix}$$

$\lambda=-1$일 때, 고유벡터를 구하면

$$\begin{bmatrix} 2 & -1 \\ -2 & 1 \end{bmatrix}\begin{bmatrix} x_1 \\ x_2 \end{bmatrix}=\begin{bmatrix} 0 \\ 0 \end{bmatrix} \text{에서 } \begin{bmatrix} x_1 \\ x_2 \end{bmatrix}=c\begin{bmatrix} 1 \\ 2 \end{bmatrix} \quad \therefore X_2=\begin{bmatrix} 1 \\ 2 \end{bmatrix}$$

이상에서 $Y=\begin{bmatrix} y_1 \\ y_2 \end{bmatrix}$를 구한다. $Y=\begin{bmatrix} x_1 \\ x_2 \end{bmatrix}e^{\lambda t}$이므로

$\lambda_1=2$일 때, $\quad Y_1=X_1e^{\lambda_1 t}=\begin{bmatrix} x_1^{(1)} \\ x_2^{(1)} \end{bmatrix}e^{\lambda_1 t}=\begin{bmatrix} 1 \\ -1 \end{bmatrix}e^{2t}$

$\lambda_2=-1$일 때, $\quad Y_2=X_2e^{\lambda_2 t}=\begin{bmatrix} x_1^{(2)} \\ x_2^{(2)} \end{bmatrix}e^{\lambda_2 t}=\begin{bmatrix} 1 \\ 2 \end{bmatrix}e^{-t}$

구하는 해는 Y_1과 Y_2의 1차 결합으로

$$\cdot\ Y=c_1Y_1+c_2Y_2=c_1\begin{bmatrix} 1 \\ -1 \end{bmatrix}e^{2t}+c_2\begin{bmatrix} 1 \\ 2 \end{bmatrix}e^{-t}$$

또는, 다음과 같이 표시된다.

$$Y=\begin{bmatrix} y_1 \\ y_2 \end{bmatrix}=\begin{bmatrix} c_1e^{2t}+c_2e^{-t} \\ -c_1e^{2t}+2c_2e^{-t} \end{bmatrix}$$

보기 2

행렬을 써서 다음 연립미분방정식을 풀어보자.

$$\begin{bmatrix} y_1' \\ y_2' \end{bmatrix}=\begin{bmatrix} -2 & 2 \\ 2 & -2 \end{bmatrix}\begin{bmatrix} y_1 \\ y_2 \end{bmatrix}, \quad \begin{matrix} y_1(0)=0 \\ y_2(0)=10 \end{matrix}$$

$$Y=\begin{bmatrix} y_1 \\ y_2 \end{bmatrix},\ A=\begin{bmatrix} -2 & 2 \\ 2 & -2 \end{bmatrix}$$

A의 고유값은

$$|A-\lambda I|=\begin{vmatrix} -2-\lambda & 2 \\ 2 & -2-\lambda \end{vmatrix}=(-2-\lambda)^2-2^2=0$$

에서 λ는 $\lambda_1=0,\ \lambda_2=-4$

(i) $\lambda_1=0$일 때 : 고유벡터 $X=\begin{bmatrix} x_1 \\ x_2 \end{bmatrix}$는 $\begin{cases} -2x_1+2x_2=0 \\ 2x_1-2x_2=0 \end{cases}$ 에서 구한다.

$x_1=1$ 이면 $x_2=1$이므로 $\quad X_1=\begin{bmatrix} 1 \\ 1 \end{bmatrix}$

(ii) $\lambda_2=-4$일 때 : 고유벡터는 $X_2=\begin{bmatrix} 1 \\ -1 \end{bmatrix}$이므로, 구하는 해는

$$Y=c_1X_1e^{\lambda_1 t}+c_2X_2e^{\lambda_2 t}=c_1\begin{bmatrix} 1 \\ 1 \end{bmatrix}+c_2\begin{bmatrix} 1 \\ -1 \end{bmatrix}e^{-4t}$$

$Y(0)$는 $y_1(0)=0$, $y_2(0)=5$에서 $c_1\begin{bmatrix} 1 \\ 1 \end{bmatrix}+c_2\begin{bmatrix} 1 \\ -1 \end{bmatrix}=\begin{bmatrix} 0 \\ 10 \end{bmatrix}$

$c_1+c_2=0$, $c_1-c_2=10$에서 $\therefore c_1=5,\ c_2=-5$

$$\therefore Y=5\begin{bmatrix} 1 \\ 1 \end{bmatrix}-5\begin{bmatrix} 1 \\ -1 \end{bmatrix}e^{-4t}=\begin{bmatrix} 5(1-e^{-4t}) \\ 5(1+e^{-4t}) \end{bmatrix}$$

상수계수의 연립미분방정식 (1)의 계수 행렬의 고유값이 실수이고, 서로 다른 경우는 해를 $Y=Xe^{\lambda t}$의 꼴로 하여 X와 λ를 구하여 해를 구한다.
여기서 λ는 행렬 A의 고유값이므로 고유방정식 $|A-\lambda I|=0$에서 구하고, X는 고유값 λ에 대한 고유벡터이다.

예제 1 $Y'=\begin{bmatrix} -3 & 1 \\ 1 & -3 \end{bmatrix}Y+\begin{bmatrix} -6 \\ 2 \end{bmatrix}e^{-2t}$의 일반해를 구하여라.

(풀이) $Y'=\begin{bmatrix} -3 & 1 \\ 1 & -3 \end{bmatrix}Y$의 해 Y_h를 〔보기 2〕의 해법에 따라 풀면

$$Y_h=c_1\begin{bmatrix} 1 \\ 1 \end{bmatrix}e^{-2t}+c_2\begin{bmatrix} 1 \\ -1 \end{bmatrix}e^{-4t}$$

주어진 방정식의 우변 항에 e^{-2t} 항이 들어 있고, -2가 A의 고유값이므로 특수해 Y_p의 시험꼴을 다음과 같이 시도한다.

$$Y_p=Ute^{-2t}+Ve^{-2t}$$

이 식을 주어진 방정식 $Y'=AY+\begin{bmatrix} -6 \\ 2 \end{bmatrix}e^{-2t}$에 대입하여 해를 구한다.

$$Y_p'=Ue^{-2t}-2Ute^{-2t}-2Ve^{-2t}=AUte^{-2t}+AVe^{-2t}+\begin{bmatrix} -6 \\ 2 \end{bmatrix}e^{-2t}$$

양변을 비교하여 미정계수 벡터 U, V를 구한다.

$$\begin{cases} -2U=AU\text{에서 } U\text{는 }A\text{의 고유값 } \lambda=-2\text{에 대한 고유벡터 } U=a\begin{bmatrix} 1 \\ 1 \end{bmatrix}\text{이고} \\ U-2V=AV+\begin{bmatrix} -6 \\ 2 \end{bmatrix}\text{에서 }(A+2I)V=U-\begin{bmatrix} -6 \\ 2 \end{bmatrix}=a\begin{bmatrix} 1 \\ 1 \end{bmatrix}-\begin{bmatrix} -6 \\ 2 \end{bmatrix} \end{cases}$$

---

* 연립방정식에서는 Ve^{-2t} 항을 누락 하면 계수벡터 U가 결정 안된다.

$A+2I=\begin{bmatrix} -3+2 & 1 \\ 1 & -3+2 \end{bmatrix}=\begin{bmatrix} -1 & 1 \\ 1 & -1 \end{bmatrix}$이므로

$\begin{bmatrix} -1 & 1 \\ 1 & -1 \end{bmatrix}\begin{bmatrix} v_1 \\ v_2 \end{bmatrix}=\begin{bmatrix} a+6 \\ a-2 \end{bmatrix}$이고, $\begin{vmatrix} -1 & 1 \\ 1 & -1 \end{vmatrix}=0$이므로 v_1이 해를 가지려면

$\begin{vmatrix} a+6 & 1 \\ a-2 & -1 \end{vmatrix}=-(a+6)-(a-2)=-2a-4=0$에서 $a=-2$

$$\begin{cases} -v_1+v_2=-2+6=4 \\ v_1-v_2=-2-2=-4 \end{cases} \qquad v_1=k\text{이라면 } v_2=k+4$$

$$\therefore\ V=\begin{bmatrix} v_1 \\ v_2 \end{bmatrix}=k\begin{bmatrix} 1 \\ 1 \end{bmatrix}+\begin{bmatrix} 0 \\ 4 \end{bmatrix},\quad k=0\text{이면 } V=\begin{bmatrix} 0 \\ 4 \end{bmatrix}$$

이상에서 구하는 일반해는

$$Y=Y_h+Y_p=c_1\begin{bmatrix} 1 \\ 1 \end{bmatrix}e^{-2t}+c_2\begin{bmatrix} 1 \\ -1 \end{bmatrix}e^{-4t}-2\begin{bmatrix} 1 \\ 1 \end{bmatrix}te^{-2t}+\begin{bmatrix} 0 \\ 4 \end{bmatrix}e^{-2t}$$

② 계수행렬의 고유값이 중근인 경우

계수행렬 A의 고유값이 중근 μ를 갖는 경우에도, 분명히 $Y=Xe^{\mu t}$은 한 해이다. 단일 미분방정식 $(D-\mu)^2y=0$의 일반해는

$$y=(c_1+c_2t)e^{\mu t}$$

이다. $y=c_1y_1+c_2y_2$이라면, $y_1=e^{\mu t}$, $y_2=te^{\mu t}$이다.

연립미분방정식 $Y'=AY$에서 A의 고유값이 중근을 갖는 경우, 단일 미분방정식 $(D-\mu)^2y=0$에서 $y_2=te^{\mu t}$에 해당되는 해는 다음과 같이 취해진다.

$$Y_2=Xte^{\mu t}\ (\mu\text{는 } A\text{의 고유값, } X\text{는 } A\text{의 고유벡터})$$

일반해 Y의 꼴은 $Y=c_1Y^{(1)}+c_2Y^{(2)}$이고, $Y^{(1)\prime}=AY^{(1)}$, $Y^{(2)\prime}=AY^{(2)}$이다.

$$Y^{(1)}=Xe^{\mu t},\ Y^{(2)}=Xt\,e^{\mu t}+Ue^{\mu t}=(Xt+U)e^{\mu t} \tag{3}$$

로 취한다. $Y^{(2)\prime}=AY^{(2)}$에 대입하면 (X, U는 미정계수 벡터)

$$Y^{(2)\prime}=Xe^{\mu t}+\mu Xte^{\mu t}+\mu Ue^{\mu t}=AY^{(2)}=AXte^{\mu t}+AUe^{\mu t} \tag{4}$$

여기서 X는 A의 고유벡터, μ는 고유값이므로

$$AX=\mu X \text{에서} \quad AXte^{\mu t}=\mu Xte^{\mu t}$$

(4)식의 남은 관계식을 $e^{\mu t}$로 나누어서

$$X+\mu U=AU \text{ 즉 } AU-\mu U=X$$

$$\therefore (A-\mu I)U=X \qquad (5)$$

A의 고유벡터 X를 써서 (5)식에 의하여 U를 구하고, X와 U의 값을 (3)식에 대입하면 해가 구해진다.

예제 2 $\begin{cases} y_1'=4y_1+y_2 \\ y_2'=-y_1+2y_2 \end{cases}$ 를 풀어라.

(풀이) $\begin{bmatrix} y_1' \\ y_2' \end{bmatrix}=\begin{bmatrix} 4 & 1 \\ -1 & 2 \end{bmatrix}\begin{bmatrix} y_1 \\ y_2 \end{bmatrix}$, $A=\begin{bmatrix} 4 & 1 \\ -1 & 2 \end{bmatrix}$

행렬 A의 고유값, 고유벡터를 구한다.

$$|A-\lambda I|=\begin{bmatrix} 4-\lambda & 1 \\ -1 & 2-\lambda \end{bmatrix}=\lambda^2-6\lambda+9=(\lambda-3)^2=0$$

$\therefore \lambda=3$(2중근) $(\mu=3)$

대응하는 고유벡터 X는

$$\begin{bmatrix} 4-3 & 1 \\ -1 & 2-3 \end{bmatrix}\begin{bmatrix} x_1 \\ x_2 \end{bmatrix}=\begin{bmatrix} 0 \\ 0 \end{bmatrix}$$

에서 $x_1+x_2=0$ $\therefore X=(1,\ -1)'$

$$\therefore Y^{(1)}=Xe^{\mu t}=\begin{bmatrix} 1 \\ -1 \end{bmatrix}e^{3t}$$

다음은 U를 (5)식으로 구한다.

$$(A-\mu I)U=\begin{bmatrix} 4-3 & 1 \\ -1 & 2-3 \end{bmatrix}\begin{bmatrix} u_1 \\ u_2 \end{bmatrix}=\begin{bmatrix} 1 \\ -1 \end{bmatrix}(=X)$$

에서 u_1, u_2를 구한다. 부정방정식

$\left.\begin{matrix} u_1+u_2=1 \\ -u_1-u_2=-1 \end{matrix}\right\}$에서 $u_1=0$이면 $u_2=1$ 이므로 구하는 해는

$$Y=c_1Y^{(1)}+c_2Y^{(2)}=c_1Xe^{\mu t}+c_2(U+Xt)e^{\mu t}=c_1\begin{bmatrix} 1 \\ -1 \end{bmatrix}e^{3t}+c_2\left(\begin{bmatrix} 0 \\ 1 \end{bmatrix}+\begin{bmatrix} 1 \\ -1 \end{bmatrix}t\right)e^{3t}$$

또는 $\begin{cases} y_1=c_1e^{3t}+c_2te^{3t} \\ y_2=-c_1e^{3x}+c_2(1-t)e^{3t} \end{cases}$

다음은 연립1계미분방정식 $Y'=AY$에서 A의 고유값이 3중근을 갖는 경우를 살펴보자.

선형미분방정식 $(D-3)^2y=e^{2x}$에서

$$y_h=\frac{1}{(D-3)^2}e^{2x}=e^{2x}\frac{1}{(D+3-3)^2}(1)$$

$$=e^{3x}\frac{1}{D^2}(1)=e^{2x}\frac{1}{D}x=\frac{1}{2}x^2e^{2x}$$

행렬 A의 고유값이 3중근인 경우, 일반해는 $Y=c_1Y^{(1)}+c_2Y^{(2)}+c_3Y^{(3)}$이고, $Y^{(3)}=\frac{1}{2}Xt^2e^{\mu t}+Ue^{\mu t}+Ve^{\mu t}$인 것은 선형미분방정식에서와 유사하다.

유사한 해법이 고유값 μ가 3중근인 경우에도 적용된다.

이 고유값 μ가 3중근일 때, 해는

$$Y^{(3)}=\frac{1}{2}Xt^2e^{\mu t}+Ute^{\mu t}+Ve^{\mu t}$$

로 하고, V와 U는 다음 방정식

$$(A-\mu I)V=U$$

$$(A-\mu I)U=X$$

에서 구한다. 단, X는 A의 고유값 μ에 3중근에 대한 고유벡터이다.

예제 3 다음 연립미분방정식을 풀어라.

$$y_1'=-y_1-4y_2+2y_3$$

$$y_2'=2y_1+5y_2-y_3$$

$$y_3'=2y_1+2y_2+2y_3$$

(풀이)

$$|A-\lambda I|=\begin{bmatrix}-1-\lambda & -4 & 2\\ 2 & 5-\lambda & -1\\ 2 & 2 & 2-\lambda\end{bmatrix}=-\lambda(\lambda-3)^2=0$$

(i) $\lambda=0$일 때, 고유벡터 $X_1=(x_1,\ x_2,\ x_3)'$을 구한다.

$$\begin{cases}-x_1-4x_2+2x_3=0 & \cdots①\\ 2x_1+5x_2-x_3=0 & \cdots②\\ 2x_1+2x_2+2x_3=0 & \cdots③\end{cases}$$

①+②×2 : $\left.\begin{array}{l}①+②\times2\ ;\ 3x_1+6x_2=0\\ ①-③\ ;\ -3x_1-6x_2=0\end{array}\right\}$에서 $x_2=k$이면, $x_1=-2k\cdots④$

②에서 $x_3=2x_1+5x_2=-4k+5k=k$에서 $X_1=(-2, 1, 1)'$이므로 대응하는 해는

$$Y^{(1)}=X_1e^{\lambda_1 t}=\begin{bmatrix}-2\\1\\1\end{bmatrix}e^0=\begin{bmatrix}-2\\1\\1\end{bmatrix}$$

(ii) $\lambda=3$(2중근)에 대한 해를 구한다.

고유벡터 X_2는 $(A-\lambda I)X_2=0$에서 구한다.

$$\begin{cases}-4x_1-4x_2+2x_3=0 & \cdots④\\ 2x_1+2x_2-x_3=0 & \cdots⑤\\ 2x_1+2x_2-x_3=0\end{cases}$$

⑤에서 $x_3=0$이면 $x_1=-x_2$ $\therefore X_2'=(x_1, x_2, x_3)=(-1, 1, 0)$

대응하는 해 Y_2는

$$Y^{(2)}=X_2te^{\lambda_2 t}+Ue^{\lambda_2 t}$$

U는 방정식 $(A-\lambda_2 I)U=X_2$에서 구한다.

$$\begin{cases}-4u_1-4u_2+2u_3=-1 & \cdots⑥\\ 2u_1+5u_2-u_3=1 & \cdots⑦\\ 2u_1+2u_2+2u_3=0 & \cdots⑧\end{cases}$$

$$\left.\begin{array}{l}⑥+⑦\times 2\,;\ 6u_2=1 \quad \therefore u_2=\frac{1}{6}\\ ⑥+⑧\times 2\,;\ 6u_3=-1 \quad \therefore u_3=-\frac{1}{6}\\ ⑧\text{에서 } 2u_1=-2u_2-2u_3=-\frac{1}{3}+\frac{1}{3}=0\end{array}\right\}\ U=\begin{bmatrix}0\\1/6\\-1/6\end{bmatrix}$$

구하는 $Y^{(2)}$는

$$Y^{(2)}=\begin{bmatrix}-1\\1\\0\end{bmatrix}te^{3t}+\begin{bmatrix}0\\1/6\\-1/6\end{bmatrix}e^{3t}$$

구하는 일반해 Y는

$$Y=c_1Y_1^{(1)}+c_2Y^{(2)}=c_1\begin{bmatrix}-2\\1\\1\end{bmatrix}+c_2\left(\begin{bmatrix}-1\\1\\0\end{bmatrix}t+\begin{bmatrix}0\\1/6\\-1/6\end{bmatrix}\right)e^{3t}$$

③ 고계미분방정식의 1계연립미분방정식으로의 변환

n 계미분방정식

$$y^{(n)}=F(t, y, y', \cdots, y^{(n-1)}) \tag{1}$$

을 다음과 같이 변환한다.

$$\begin{cases} y' = y_1 \\ y'_1 = y_2' \\ \cdots \\ y'_{n-1} = F \end{cases} \qquad (2)$$

그러면, 준 n계미분방정식은 연립1계미분방정식으로 변환되어 쉽게 풀 수 있다.

예제 4 $y''-y=0$의 일반해를 연립1계미분방정식으로 변환하여 풀어라.

(풀이) $\begin{cases} y' = y_1 \\ y_1' = y''(=y) \end{cases}$

이므로, 준 2계미분방정식은 연립1계미분방정식

$$\begin{cases} y' = y_1 \\ y_1' = y \end{cases} \quad \text{또는} \quad \begin{bmatrix} y' \\ y_1' \end{bmatrix} = \begin{bmatrix} 0 & 1 \\ 1 & 0 \end{bmatrix} \begin{bmatrix} y \\ y_1 \end{bmatrix}$$

가 된다. $Y = \begin{bmatrix} y \\ y_1 \end{bmatrix}$이라면 $Y' = \begin{bmatrix} y' \\ y_1' \end{bmatrix}$이므로, 준 미분방정식은 다음 연립 미분방정식

$$Y' = \begin{bmatrix} 0 & 1 \\ 1 & 0 \end{bmatrix} Y$$

이 된다. $A = \begin{bmatrix} 0 & 1 \\ 1 & 0 \end{bmatrix}$의 고유값 λ와 고유벡터 X를 구한다.

$$|A-\lambda I| = \begin{bmatrix} -\lambda & 1 \\ 1 & -\lambda \end{bmatrix} = \lambda^2 - 1 = 0 \text{에서 } \lambda_1 = 1,\ \lambda_2 = -1$$

$$\left.\begin{aligned} &\lambda=1\text{일때} \quad \begin{bmatrix} -1 & 1 \\ 1 & -1 \end{bmatrix}\begin{bmatrix} x_1 \\ x_2 \end{bmatrix} = \begin{bmatrix} 0 \\ 0 \end{bmatrix}\text{에서 } \begin{bmatrix} x_1 \\ x_2 \end{bmatrix} = \begin{bmatrix} 1 \\ 1 \end{bmatrix} \\ &\lambda=-1\text{일때} \quad \begin{bmatrix} 1 & 1 \\ 1 & 1 \end{bmatrix}\begin{bmatrix} x_1 \\ x_2 \end{bmatrix} = \begin{bmatrix} 0 \\ 0 \end{bmatrix}\text{에서 } \begin{bmatrix} x_1 \\ x_2 \end{bmatrix} = \begin{bmatrix} 1 \\ -1 \end{bmatrix} \end{aligned}\right\} \quad \therefore P = \begin{bmatrix} 1 & 1 \\ 1 & -1 \end{bmatrix}$$

$$D = P^{-1}AP = \frac{1}{-2}\begin{bmatrix} -1 & -1 \\ -1 & 1 \end{bmatrix}\begin{bmatrix} 0 & 1 \\ 1 & 0 \end{bmatrix}\begin{bmatrix} 1 & 1 \\ 1 & -1 \end{bmatrix} = \begin{bmatrix} 1 & 0 \\ 0 & -1 \end{bmatrix}$$

$$Z' = DZ = \begin{bmatrix} 1 & 0 \\ 0 & -1 \end{bmatrix}\begin{bmatrix} z_1 \\ z_2 \end{bmatrix}, \quad \begin{aligned} z_1' &= z_1, \quad z_1 = c_1 e^t \\ z_2' &= -z_2, \quad z_2 = c_2 e^{-t} \end{aligned}$$

$$\therefore Y = \begin{bmatrix} y \\ y_1 \end{bmatrix} = PZ = \begin{bmatrix} 1 & 1 \\ 1 & -1 \end{bmatrix}\begin{bmatrix} c_1 e^t \\ c_2 e^{-t} \end{bmatrix} = \begin{bmatrix} c_1 e^t + c_2 e^{-t} \\ c_1 e^t - c_2 e^{-t} \end{bmatrix}$$

$$\therefore y = ce^t + c_2 e^{-t}$$

연습문제 3.3

1. 다음 연립미분방정식을 계수행렬의 고유값과 고유벡터를 써서 풀어라.

$$\begin{bmatrix} y_1' \\ y_2' \end{bmatrix} = \begin{bmatrix} 3 & -1 \\ 1 & 1 \end{bmatrix} \begin{bmatrix} y_1 \\ y_2 \end{bmatrix}$$

2. 미분방정식 $y''+y'+y=0$을 연립1계미분방정식으로 변형하고, 그것의 계수행렬의 고유값, 고유벡터를 써서 풀어라.

해답

1. 계수행렬 $A=\begin{bmatrix} 3 & -1 \\ 1 & 1 \end{bmatrix}$의 고유값은

$$\begin{vmatrix} 3-\lambda & -1 \\ 1 & 1-\lambda \end{vmatrix} = \lambda^2-4\lambda+4=(\lambda-2)^2=0, \ \lambda=2(\text{중근})$$

$\lambda=2$의 고유벡터는 $\begin{bmatrix} 1 & -1 \\ 1 & -1 \end{bmatrix}\begin{bmatrix} x_1 \\ x_2 \end{bmatrix}=\begin{bmatrix} 0 \\ 0 \end{bmatrix}$에서 $\begin{cases} x_1-x_2=0 \\ x_1-x_2=0 \end{cases}$이므로

고유벡터 $X=k\begin{bmatrix} 1 \\ 1 \end{bmatrix}$, $k\neq 1$이면, $X=\begin{bmatrix} x_1 \\ x_2 \end{bmatrix}=\begin{bmatrix} 1 \\ 1 \end{bmatrix}$이므로 해 $Y^{(1)}$, $Y^{(2)}$는

$$Y^{(1)}=Xe^{\lambda t}, \ Y^{(2)}=Xte^{\lambda t}+Ue^{\lambda t}$$

이고, U는

$$(A-\lambda I)U=X\text{에서 } \begin{bmatrix} 3-2 & -1 \\ 1 & 1-2 \end{bmatrix}\begin{bmatrix} u_1 \\ u_2 \end{bmatrix}=\begin{bmatrix} 1 \\ 1 \end{bmatrix}$$

이므로,

$$\begin{cases} u_1-u_2=1 \\ u_1-u_2=1 \end{cases} \quad \therefore \begin{cases} u_1=\dfrac{1}{2} \\ u_2=-\dfrac{1}{2} \end{cases}$$

구하는 해는

$$\begin{aligned} Y&=c_1Y^{(1)}+c_2Y^{(2)}=c_1Xe^{\lambda t}+c_2(Xte^{\lambda T}+Ue^t) \\ &=c_1\begin{bmatrix} 1 \\ 1 \end{bmatrix}e^{2t}+c_2\left(\begin{bmatrix} 1 \\ 1 \end{bmatrix}t+\begin{bmatrix} 1/2 \\ -1/2 \end{bmatrix}\right)e^{2t} \end{aligned}$$

또는 $\begin{cases} y_1 = c_1e^{2t} + c_2\left(t+\frac{1}{2}\right)e^{2t} = \left(c_1 + \frac{1}{2}c_2\right)e^{2t} + c_2te^{2t} \\ y_2 = c_1e^{2t} + c_2\left(t-\frac{1}{2}\right)e^{2t} = \left(c_1 - \frac{1}{2}c_2\right)e^{2t} + c_2te^{2t} \end{cases}$

(참고) 연산자를 써서 나타내면 $(D-3)y_1 + y_2 = 0 \cdots ①$, $y_1-(D-1)y_2=0 \cdots ②$

(i) $\begin{vmatrix} D-3 & 1 \\ 1 & -(D-1) \end{vmatrix} y_1 = 0$, $\{(D-3)(D-1)+1\}y_1 = (D^2-4D+4)y_1 = (D-2)^2y_1 = 0$

$\therefore y_1 = (c_1+c_2t)e^{2t}$, ①에서 $y_2 = -(D-3)y_1 = (3-D)\{(c_1+c_2t)e^{2t}]$

$= 3(c_1+c_2t)e^{2t} - \{c_2e^{2t} + 2(c_1+c_2t)e^{2t}] = (c_1-c_2)e^{2t} + c_2te^{2t}$

(ii) $\begin{vmatrix} D-3 & 1 \\ 1 & -(D-1) \end{vmatrix} y_2 = 0$에서 $y_2 = (a_1+a_2t)e^{2t}$, ②에서 $y_1 = (D-1)y_2$

$= (D-1)\{(a_1+a_2t)e^{2t}\} = a_2e^{2t} - (a_1+a_2t)e^{2t} = (a_2-a_1)e^{2t} - a_2te^{2t}$

참 고

벡터를 이용한 해는 $y_1 = \left(c_1 + \frac{1}{2}\right)e^{2t} + c_2te^{2t}$, $y_2 = \left(c_1 - \frac{1}{2}\right)e^{2t} + c_2te^{2t}$이고, (참고) (i)에서 해는 $y_1 = c_1e^{2t} + c_2te^{2t}$, $y_2 = (c_1-c_2)e^{2t} + c_2te^{2t}$이고, (ii)의 해는 $y_2 = a_1e^{2t} + a_2te^{2t}$, $y_1 = (a_2-a_1)e^{2t} - a_2te^{2t}$로 나타내었으나, 이들 해는 일반해로서는 모두 같다.

2. $y' = y_1$, $y'' = y_1'$이라면 준 미분방정식은 $y_1' = -y_1 - y$이므로 다음 연립방정식을 얻는다.

$\begin{cases} y' = y_1 \\ y_1' = -y - y_1 \end{cases}$ 즉 $\begin{bmatrix} y' \\ y_1' \end{bmatrix} = \begin{bmatrix} 0 & 1 \\ -1 & -1 \end{bmatrix}\begin{bmatrix} y \\ y_1 \end{bmatrix}$

$A = \begin{bmatrix} 0 & 1 \\ -1 & -1 \end{bmatrix}$의 고유값은 $\begin{vmatrix} 0-\lambda & 1 \\ -1 & -1-\lambda \end{vmatrix} = \lambda^2+\lambda+1 = 0$에서 $\lambda = \frac{-1\pm\sqrt{3}i}{2}$이고,

고유값 λ에 대한 고유벡터는

$\begin{bmatrix} -\lambda & 1 \\ -1 & -1-\lambda \end{bmatrix}\begin{bmatrix} x_1 \\ x_2 \end{bmatrix} = \begin{bmatrix} 0 \\ 0 \end{bmatrix}$에서 $\begin{cases} -\lambda x_1 + x_2 = 0 \\ -x_1 - (1+\lambda)x_2 = 0 \end{cases}$을 풀면

$-x_1-(1+\lambda)(\lambda x_1) = -(\lambda^2+\lambda+1)x_1 = 0$에서 $\lambda^2+\lambda+1=0$이므로, $x_1 = k_1$, $x_2 = k_2$(k_1, k_2는 임의 값). 따라서 구하는 해는

$$Y = c_1'Y_1 + c_2'Y_2 = c_1'\begin{bmatrix} k_1 \\ k_2 \end{bmatrix}e^{\lambda_1 t} + c_2'\begin{bmatrix} k_1 \\ k_2 \end{bmatrix}e^{\lambda_2 t}$$

$$= c_1'\begin{bmatrix} k_1 \\ k_2 \end{bmatrix}e^{\frac{-1+\sqrt{3}i}{2}t} + c_2'\begin{bmatrix} k_1 \\ k_1 \end{bmatrix}e^{\frac{-1-\sqrt{3}i}{2}t} = \begin{bmatrix} k_1 \\ k_2 \end{bmatrix}e^{-\frac{t}{2}}(c_1''\cos\sqrt{3}t + c_2''\sin\sqrt{3}t)$$

또는 $y_1 = e^{-\frac{t}{2}}(c_1\cos\sqrt{3}t + c_2\sin\sqrt{3}t)$

3.4 미분방정식의 수치해법

1 1계미분방정식의 수치해법

[1] Euler 방법

1계미분방정식 $$y' = f(x, y), \quad y(x_0) = y_0 \tag{1}$$

에서 $x_1 = x_0 + h$, $y(x_1) = y_1$이라면

$$y_1 = y_0 + \Delta y, \quad \frac{\Delta y}{\Delta x} = \frac{y_1 - y_0}{x_1 - x_0} \approx f(x_0, y_0)$$

에서 $\Delta y \approx f'(x_0, y_0)h$ $(h = x_1 - x_0 = \Delta y)$ 이므로

$$\therefore y_1 = y(x_1) \approx y_0 + hf(x_0, y_0) \tag{2}$$

Taylor 정리에 의하면

$$y_1 = y_0 + (x_1 - x_0)y'(x_0) + \frac{1}{2}(x_1 - x_0)^2 y''(\xi) \quad (x_0 < \xi_0 < x_1)$$

따라서 y_1의 근사값은

$$y_1 = y_0 + (x_1 - x_0)y'(x_0)$$
$$= y_0 + hf(x_0, y_0)$$
$$\text{오차} = \frac{1}{2}(x_1 - x_0)^2 y''(\xi) = \frac{1}{2}h^2 y''(\xi)$$

Euler 공식 (2)의 기하학적 의미를 오른쪽 그림에서 볼 수 있다.
그림에서 점 B′의 y좌표 Y_1이 점 $B(x_1, y_1)$의 y좌표 y_1의 근사값이다.

$y(x_0) = y_0$, $y(x_1) = y_1$이라 하고, $x_1 - x_0 = h$이라 할 때, 오른쪽 그림에서

$$\frac{y_1 - y_0}{h} \fallingdotseq y_0' \text{이므로} \quad y_1 = y_0 + hy_0'$$

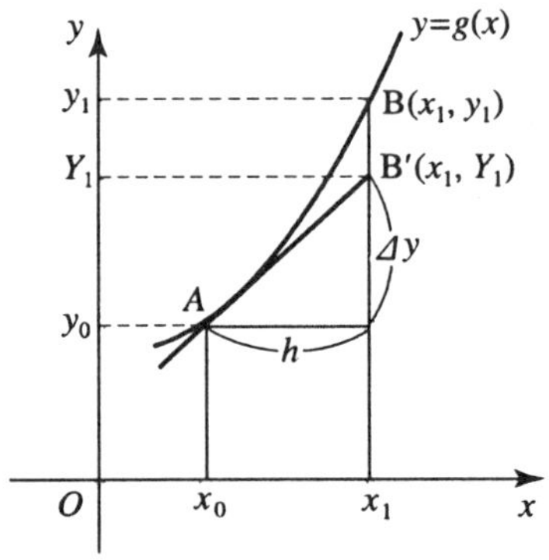

Euler의 공식

$x = b$ 에서의 (1)의 해를 구할 때, b가 x_0에서 가까

운 점이 아니고, 좀 떨어져 있을 때, $y(b)$를 구하려면 구간(x_0, b)를 적당히 N등분하여, 분점을 차례로 $x_0, x_1, \cdots, x_N$이라 할 때, 다음 공식을 반복이용하여 $y(x_N)$의 근사값을 구한다.

> **■ Euler 공식**
>
> $$y_n = y_{n-1} + hf(x_{n-1}, y_{n-1}), \quad n = 1, 2, \cdots, N$$

단, $h = \dfrac{x_N - x_0}{N}$, $y_1, \cdots, y_{N-1}$은 $x_1, \cdots, x_{N-1}$에서 Euler 공식에 의한 y의 근사값이다.

예제 1 미분방정식

$$y' = 1 - 2xy, \; y(0) = 1$$

에서 $y(0.01), y(0.02)$의 값을 구하라.

(풀이) $h = 0.01$일 때, $f(x_0, y_0) = 1 - 2(0)(1) = 1$이므로

$$y_1 = y_0 + hf(x_0, y_0) = 1 + 0.01(1) = 1.01$$

$x_1 = 0.01$일 때, $f(x_1, y_1) = 1 - 2(0.01)(1.01) \equiv 0.9798$이므로

$$y_2 = y_1 + hf(x_1, y_1) = 1.01 + 0.01(0.9798) = 1.019798$$

1계미분방정식 $y' = f(x, y), y(x_0) = y_0$에서 $y(x_1), y(x_2), \cdots, y(x_n)$의 값을 Euler의 방법으로 구하는 알고리즘은 다음과 같다.

> **■ Algorithm Euler Method**
>
> 1. Input $\{x_0, y_0, N\}$
> 2. For $i = 1$ to N do
>   - 2.1 $y_1 = y_0 + hf(x_0, y_0)$
>   - 2.2 $x_0 = x_0 + h$
>   - 2.3 $y_0 = y_1$
> 3. End

「2」 수정 Euler법

미분방정식 $y' = f(x, y),\ y(x_0) = y_0$

에서 $y(x_0) = y_0$, $y(x_1) = y_1$, $x_1 = x_0 + h$이라면

$$\int_{y_0}^{y_1} dy = \int_{x_0}^{x_1} f(x, y)dx \tag{1}$$

$$= \int_{x_0}^{x_1} f(x, y(x))dx \simeq \int_{x_0}^{x_1} f(x_0, y(x_0))dx$$

$$= \int_{x_0}^{x_1} f(x_0, y_0)dx \simeq f_0[x]_{x_0}^{x_1} = hf_0$$

좌변 $= \int_{y_0}^{y_1} dy = y_1 - y_0$

이므로

$$y_1 - y_0 \simeq hf_0 \quad \therefore y_1 \simeq y_0 + hf_0$$

이것은 Euler의 공식이다.

(1) 식의 우변을 사다리꼴 공식에 의하여 계산하면

$$y_1 - y_0 = \int_{x_0}^{x_1} f(x, y(x))\,dx$$

$$\simeq \frac{h}{2}[f(x_0, y_0) + f(x_1, y_1)] = \frac{h}{2}(f_0 + f_1)]$$

$$\therefore y_1 = y_0 + \frac{h}{2}[f(x_0, y_0) + f(x_1, y_1)] \tag{2}$$

그런데 공식 (2)에서 우변에 y_1을 포함하므로, 이 공식으로 y_1을 구할 수는 없다.

그래서 (2)식의 우변의 y_1을 Euler 공식에 의하여 구한값 $\hat{y}_1$로 바꾸어서 다음 공식으로 y_1을 구한다.

$$y_1 = y_0 + \frac{h}{2}[f(x_0, y_0) + f(x_1, \hat{y}_1)]$$
$$\text{단, } \hat{y}_1 = y_0 + hf(x_0, y_0)$$

이런 방법을 수정 **Euler법**이라 한다. 이 방법은 Euler법으로 예측하고, 사다리꼴 공식으로 예측치를 수정한다하여 **예측-수정법**이라고도 한다.

예제 2 $y' = x + y$, $y(0) = 1$을 $h = 0.1$로 하여 예측-수정법으로 $y(0.2)$의 값을 구하라.

(풀이) $x_0 = 0$, $x_1 = 0.1$, $x_2 = 0.2$

1단계 $\hat{y}_1 = y_0 + hf(x_0, y_0) = 1 + 0.1(0+1) = 1.1$

$$\therefore y(0.1) = y_1 = y_0 + \frac{h}{2}[f(x_0, y_0) + f(x_1, \hat{y}_1)]$$
$$= y_0 + \frac{h}{2}[(x_0 + y_0) + (x_1 + \hat{y}_1)]$$
$$= 1 + 0.05[(0+1) + (0.1+1.1)] = 1.11$$

2단계 $\hat{y}_2 = y_1 + hf(x_1, y_1) = y_1 + h(x_1 + y_1)$

$$= 1.11 + 0.1(0.1 + 1.11) = 1.231$$

$$\therefore y_2 = y_1 + \frac{h}{2}[f(x_1, y_1) + f(x_2, \hat{y}_2)]$$
$$= y_1 + \frac{h}{2}[(x_1 + y_1) + (x_2 + \hat{y}_2)]$$
$$= 1.11 + 0.05[(0.1 + 1.11) + (0.2 + 1.231)]$$
$$= 1.11 + 0.05(2.641) = 1.24205$$

(참값은 $y(0.1) = 1.1103$, $y(0.2) = 1.2432$)

수정을 여러 번 할 수도 있는데, 수정을 두 번 하는 경우의 수정공식은 다음과 같다.

$$1\text{회 수정} : \ y_{i+1}^* = y_i + \frac{h}{2}[f(x_i, y_i) + f(x_{i+1}, \hat{y}_{i+1})]$$
$$2\text{회 수정} : \ y_{i+1}^{**} = y_i + \frac{h}{2}[f(x_i, y_i) + f(x_{i+1}, y_{i+1}^*)]$$

예제 3 $y' = x + y$, $y(0) = 1$에서 $h = 0.1$로 하고, 각 단계에서 2회 수정할 때, $y(0.2) = y_1^{**}$를 구하여라.

(풀이) $\hat{y}_1 = y_0 + h(x_0 + y_0) = 1 + 0.1(0+1) = 1.1$

1단계 $y_1^* = y_0 + \frac{h}{2}[(x_0 + y_0) + (x_1 + \hat{y}_1)] = 1.11$

$$y_1^{**} = y_0 + \frac{h}{2}[(x_0 + y_0) + (x_1 + y_1^*)]$$
$$= 1 + 0.05[(0+1) + (0.1 + 1.11)] = 1.1105$$

2단계 $\hat{y}_2 = y_1 + h(x_1, y_1) = 1.1105 + 0.1(0.1 + 1.1105) = 1.23155$

$$y_2^* = y_1 + \frac{h}{2}[(x_1, y_1) + (x_2 + \hat{y}_2)]$$
$$= 1.1105 + 0.05[(0.1 + 1.1105) + (0.2 + 1.23155)] = 1.2326025$$
$$y_2^{**} = y_1 + \frac{h}{2}[(x_1, y_1) + (x_2 + y_2^*)]$$
$$= 1.1105 + 0.05[(0.1 + 1.1105) + (0.2 + 1.2426025)]$$
$$= 1.243155125 \simeq 1.2432$$

「3」 4차의 Runge-Kutta법

4차의 Runge-Kutta법에 의한 1계미분방정식 $y'=f(x, y)$, $y(x_0)=y_0$, $x_1=x_0+h$에서 $y_1=y(x_1)$의 근사값을 구하는 계산공식은 다음과 같다.

$$y_1=y_0+\frac{1}{6}(k_1+2k_2+2k_3+k_4)$$
$$k_1=hf(x_0,\ y_0)$$
$$k_2=hf\left(x_0+\frac{h}{2},\ y_0+\frac{k_1}{2}\right)$$
$$k_3=hf\left(x_0+\frac{h}{2},\ y_0+\frac{k_2}{2}\right)$$
$$k_4=hf(x_0+h,\ y_0+k_3)$$

예제 4 $y'=x+y$, $0\le x\le 1$, $y(0)=2$에 $h=0.5(n=2)$로 하여 4차의 Runge-Kutta법을 써서 $y(1)$의 값을 구하라.

(풀이) (i) $y_1=y(0.5)$의 값을 구한다.

$$k_1=hf(x_0,\ y_0)=0.5(x_0+y_0)=0.5(0+2)=1.0$$
$$k_2=hf\left(x_0+\frac{h}{2},\ y_0+\frac{k_1}{2}\right)=0.5\left(0+0.25+2+\frac{1.0}{2}\right)=1.375$$
$$k_3=hf\left(x_0+\frac{h}{2},\ y_0+\frac{k_2}{2}\right)=0.5\left(0+\frac{0.5}{2}+2+\frac{1.375}{2}\right)=1.46875\simeq 1.4688$$
$$k_4=hf(x_0+h,\ y_0+k_3)=0.5[(0+0.05)+(2+1.4688)]\simeq 1.9844$$
$$\therefore y_1=y_0+\frac{1}{6}(k_1+2k_2+2k_3+k_4)$$
$$=2+\frac{1}{6}[1.0+2(1.375)+2(1.4688)+1.9844]\simeq 3.445$$

(ii) $y_2=y(1)$의 값을 구한다.

$$k_1=hf(x_1,\ y_1)=0.5(0.5+3.445)=1.9725$$
$$k_2=hf\left(x_1+\frac{h}{2},\ y_1+\frac{k_1}{2}\right)=0.5\left[\left(0.5+\frac{0.5}{2}\right)+\left(3.445+\frac{1.9725}{2}\right)\right]\simeq 2.5906$$
$$k_3=hf\left(x_1+\frac{h}{2},\ y_1+\frac{k_2}{2}\right)=0.5\left[\left(0.5+\frac{0.5}{2}\right)+\left(3.445+\frac{2.5906}{2}\right)\right]\simeq 2.7452$$
$$k_4=hf(x_1+h,\ y_1+k_3)=0.5\left[\left(0.5+\frac{0.5}{2}\right)+\left(3.445+\frac{2.7452}{2}\right)\right]\simeq 2.7838$$
$$\therefore y_2=y_1+\frac{1}{6}(k_1+2k_2+2k_3+k_4)$$
$$=3.445+\frac{1}{6}[1.925+2(2.5906)+2(2.7452)+2.7838]\simeq 6.008$$

이 문제를 해석적으로 풀면 $y'-y=x$의 일반해는 $y=ce^x-x-1$ $y(0)=2$이므로 $y(0)=c-1=2$에서 $c=3$ $\therefore y=3e^x-x-1$ $y(1)=3e-1-1=6.154845$이므로 2차=0.155 정도 있으나, 구간 〔0, 1〕을 더 여러 등분해서 Runge Kutta법을 쓰면 더 좋은 근사값을 구할 수 있다.

| 참 고 |

Euler법은 h^2정도의 오차가 있고, 2차의 Runge-Kutta법은 h^3정도의 오차가 있으며, 4차의 Runge-Kutta법은 h^5정도의 오차가 있다.

② 연립1계 미분방정식의 수치해법

[1] Euler의 방법에 의한 해법

연립1계 미분방정식

$$\frac{dx}{dt}=f(t,\ x,\ y)$$

$$\frac{dy}{dt}=g(t,\ x,\ y)$$

단, $\begin{cases} x(t_0)=x_0 \\ y(t_0)=y_0 \end{cases}$

의 Euler의 해법은 다음과 같다.

■ 연립미분방정식의 Euler의 방법(1)

$$\begin{cases} x_{i+1}=x_i+hf(t_i,\ x_i,\ y_i) \\ y_{i+1}=y_i+hg(t_i,\ x_i,\ y_i) \end{cases}$$

단, $h=t_{i+1}-t_i$

예제 5 다음 연립방정식의 수치해를 구간 [0, 0.1]에서 $h=0.02$로 하여 Euler의 방법으로 $t=0.02$에서의 x_1, y_1 및 $t=0.04$에서의 x_2, y_2를 구하라.

$$\frac{dx}{dt}=x+2y$$

$$\frac{dy}{dt}=3x+3y$$

단, $\begin{cases} x(0)=6 \\ y(0)=4 \end{cases}$

(풀이) $t_0=0$, $x_0=6$, $y_0=4$; $f(t,\ x,\ y)=x+2y$, $g(t,\ x,\ y)=3x+2y$

$f_0=f(0,\ 6,\ 4)=6+2(4)=14$, $g_0=g(0,\ 6,\ 4)=3(6)+2(4)=26$

$$x_1=x_0+hf_0=6+0.02(14)=6.28$$

$$y_1 = y_0 + hg_0 = 4 + 0.02(26) = 4.52$$

$$f_1 = f(0.02,\ 6.28,\ 4.52) = 6.28 + 2(4.52) = 15.32$$

$$g_1 = f(0.02,\ 6.28,\ 4.52) = 3(6.28) + 2(4.52) = 27.88$$

$$x_2 = x_1 + hf_1 = 6.28 + 0.02(15.32) = 6.5864$$

$$y_2 = y_1 + hg_1 = 4.52 + 0.02(27.88) = 5.0776$$

[2] 4차의 Runge-Kutta의 방법

연립1계 미분방정식 (1)에 대한 Runge-Kutta법의 계산공식은 다음과 같다.

■ 연립미분방정식의 4차의 Runge-Kutta법(2)

$$\begin{cases} x_{i+1} = x_i + \frac{1}{6}(k_1 + 2k_2 + 2k_3 + k_4) \\ y_{i+1} = y_i + \frac{1}{6}(l_1 + 2l_2 + 2l_3 + l_4) \end{cases}$$

단, $k_1 = hf(t_i,\ x_i,\ y_i)$, $\quad l_1 = hg(t_i,\ x_i,\ y_i)$이고, $h = t_{i+1} - t_i$

$$k_2 = hf\left(t_i + \frac{h}{2},\ x_i + \frac{k_1}{2},\ y_i + \frac{l_1}{2}\right),\quad l_2 = hg\left(t_i + \frac{h}{2},\ x_i + \frac{k_1}{2},\ y_i + \frac{l_1}{2}\right)$$

$$k_3 = hf\left(t_i + \frac{h}{2},\ x_i + \frac{k_2}{2},\ y_i + \frac{l_2}{2}\right),\quad l_3 = hg\left(t_i + \frac{h}{2},\ x_i + \frac{k_2}{2},\ y_i + \frac{l_2}{2}\right)$$

$$k_4 = hf(t_i + h,\ x_i + k_3,\ y_i + l_3),\quad l_4 = hg(t_i + h,\ x_i + k_3,\ y_i + l_3)$$

예제 6 다음 연립미분방정식의 수치해를 구간 $[0,\ 0.02]$에서 $h = 0.02$로 하여 $x(0.01)$와 $y(0.01)$의 값을 4차의 Runge-Kutta법으로 구하여라.

$$\frac{dx}{dt} = f(t,\ x,\ y) = x + 2y,\quad x(0) = 6$$

$$\frac{dy}{dt} = g(t,\ x,\ y) = 3x + 2y,\quad y(0) = 4$$

(풀이) $k_1 = 0.02f(0,\ 6,\ 4) = 0.02(6 + 2\times4) = 0.28$, $l_1 = 0.02g(0,\ 6,\ 4) = 0.02(3\times6 + 2\times4) = 0.52$

$$x_0 + \frac{k_1}{2} = 6 + \frac{0.28}{2} = 6.14,\quad y_0 + \frac{l_1}{2} = 4 + \frac{0.52}{2} = 4.26$$

$k_2 = 0.02f(0.01,\ 6.14,\ 4.26) = 0.2932$

$l_2 = 0.02f(0.01,\ 6.14,\ 4.26) = 0.5388$

$$x_0+\frac{k_2}{2}=6.1466,\ y_0+\frac{l_2}{2}=4.2694$$

$k_3=0.02f(0.01,\ 6.1466,\ 4.2694)=0.2937$

$l_3=0.02f(0.01,\ 6.1466,\ 4.2694)=0.5396$

$$x_0+k_2=6.2937,\ y_0+l_3=4.5396$$

$k_4=0.02f(0.02,\ 6.2937,\ 4.5396)=0.30746$

$l_4=0.02f(0.02,\ 6.2937,\ 4.5396)=0.5592$

$$x_1=6+\frac{1}{6}(0.28+2\times0.2932+2\times0.2937+0.30746)=6.2935$$

$$y_1=6+\frac{1}{6}(0.52+2\times0.5388+2\times0.5396+0.5592)=4.539$$

③ 고계 미분방정식의 수치해법

[1] Euler법에 의한 해법

2계미분방정식

$$y''=f(x,\ y,\ y'),\ y(x_0)=y_0,\ y'(x_0)=y_0' \tag{1}$$

은 $y'=z,\ y''=z'$으로 바꾸어 놓으면 계수가 하나 낮은 미분방정식

$$\begin{cases} y'=z,\ y(x_0)=y_0 \\ z'=f(x,\ y,\ z),\ z(x_0)=y_0' \end{cases} \tag{2}$$

과 같은 연립1계 미분방정식으로 나타내진다.

연립미분방정식 (2)에 관한 Euler의 방법에 의한 공식은 다음과 같다.

■ **Euler법에 의한 2계미분방정식의 해법**

$y''=f(x,\ y,\ y'),\ y(x_0)=y_0,\ y'(x_0)$은 $y'=z$인 차환으로 연립미분방정식

$$y'=z,\ y(x_0)=y_0,\ z'=f(x,\ y,\ z),\ z(x_0)=z_0$$

으로 변형되고, Euler법으로 해

$$y_1=y_0+hz_0,\ z_1=z_0+hf(x_0,\ y_0,\ z_0)$$

가 구해진다. 일반적으로

$$\begin{cases} y_{i+1} = y_i + hz_i \\ z_{i+1} = z_i + hf(x_i,\ y_i,\ z_i) \end{cases} \quad (i = 0,\ 1,\ 2,\ \cdots)$$

에 의하여 해가 구해진다.

예제 7 $y'' = y$, $y(0) = 1$, $y'(0) = 2$일 때, $h = 0.1$로 하여 $y(0.2)$ 및 $y'(0.2)$의 값을 구하라.

(풀이) Euler 공식에 의하면

$$\begin{cases} y' = z,\ y(0) = 1 \quad y_1 = y_0 + hz_0 = 1 + 0.1(2) = 1.2 \\ z' = y,\ z(0) = 2 \quad z_1 = z_0 + hy_0 = 2 + 0.1(1) = 2.1 \end{cases}$$

마찬가지로

$$y_2 = y_1 + hz_1 = 1.2 + 0.1(2.1) = 1.41$$
$$z_2 = z_1 + hy_1 = 2.1 + 0.1(1.2) = 2.22$$
$$\therefore y(0.2) = 1.41,\ y'(0.2) = 2.22$$

[2] 수정 Euler법에 의한 해법

2계미분방정식

$$y'' = f(x,\ y,\ y'),\quad y(x_0) = y_0,\quad y'(x_0) = y_0'$$

은

$$y' = z,\ y'' = z'$$

로 바꾸어서 다음 1계연립미분방정식을 얻는다.

$$y' = z,\ z' = f(x,\ y,\ z),\ y(x_0) = y_0,\ z(x_0) = z_0$$

예측값 $\hat{y}_{i+1}$은 Euler 공식으로, 수정값 y_{i+1}은 사다리꼴 공식으로 구한다.

■ 수정 Euler 방법

(1) $\hat{y}_{i+1} = y_i + hz_i,\ \hat{z}_{i+1} + hf(x_i,\ y_i,\ z_i)$

에 의하여 Euler 공식으로 y_{i+1}, z_{i+1}을 예측하고

(2) $y_{i+1} = y_i + \dfrac{h}{2}(z_i + \hat{z}_{i+1})$

$z_{i+1} = z_i + \dfrac{h}{2}[f(x_i,\ y_i,\ z_i) + f(x_{i+1},\ \hat{y}_{i+1},\ \hat{z}_{i+1})]$

로 수정한다(사다리꼴 공식)

예제 8 $y''=x+y$, $y(0)=1$, $y'(0)=-1$일 때, $y(0.1)$ 및 $y'(0.1)$의 값을 수정 Euler법 (Euler-Gauss법)으로 구하라. 단, 수정은 1회만 하고, $h=0.1$로 한다.

(풀이) $y'=z$이라면 주어진 미분방정식은

$$\begin{cases} y'=z, & y(0)=1 \\ z'=x+y, & z(0)=-1 \end{cases}$$

우선 $y_1=y(0.1)$, $z_1=z(0.1)$을 Euler법으로 예측한다.

$$\hat{y}_1=y_0+hz_0=1+0.1(-1)=0.9$$
$$\hat{z}_1=z_0(x_0+y_0)=-1+0.1(0+1)=-0.9$$

다음은 사다리꼴 공식에 의하여 이들 값을 수정하면

$$y_1=y_0+\frac{h}{2}(z_0+\hat{z}_1)=1+\frac{0.1}{2}(-1-0.9)=0.905$$
$$z_1=z_0+\frac{h}{2}[(x_0+y_0)+(x_1+\hat{y}_1)]$$
$$=-1+\frac{0.1}{2}[(0+1)-(0.1+0.9)]=-0.9$$

[3] Runge-Kutta법에 의한 해법

2계미분방정식 $y''=f(x, y, y')$, $y(x_0)=y_0$, $y'(x_0)=y_0'$은 치환 $y'=z$에 의하여 다음과 같은 1계연립미분방정식이 된다.

$$\begin{cases} y'=z, & y(x_0)=y_0 \\ z'=f(x, y, z), & z(x_0)=z_0 \end{cases}$$

해는 다음의 4차의 Runge-Kutta법 공식에 의하여 구할 수 있다.

■ 4차의 Runge-Kutta법

$$y_1=y_0+\frac{1}{6}(k_1+2k_2+2k_3+k_4)$$
$$z_1=z_0+\frac{1}{6}(l_1+2l_2+2l_3+l_4)$$

단, $k_1=hz_0$, $\quad l_1=hf(x_0, y_0, z_0)$

$$k_2=h\left(z_0+\frac{l_1}{2}\right), \quad l_2=hf\left(x_0+\frac{h}{2}, y_0+\frac{k_1}{2}, z_0+\frac{l_1}{2}\right)$$
$$k_3=h\left(z_0+\frac{l_2}{2}\right), \quad l_3=hf\left(x_0+\frac{h}{2}, y_0+\frac{k_2}{2}, z_0+\frac{l_2}{2}\right)$$
$$k_4=h(z_0+l_3), \quad l_4=hf(x_0+h, y_0+k_3, z_0+l_3)$$

예제 9 $y''=x+2y$, $y(0)=1$, $y'(0)=2$일 때 $y(0.1)$과 $y'(0.1)$의 값을 4차의 Runge-Kutta 법으로 구하여라. 단, $h=0.1$로 한다.

(풀이) y의 각 단계의 증분을 k_1, k_2, k_3, k_4로, z의 각 단계의 증분을 l_1, l_2, l_3, l_4로 한다.

$$y_1=y_0+\frac{1}{6}(k_1+2k_2+2k_3+k_4)$$

$$z_1=z_0+\frac{1}{6}(l_1+2l_2+2l_3+l_4),\ y'=z,\ y_0=1,\ z_0=2 \text{이다.}$$

$$k_1=hz_0=0.1(2)=0.2$$

$$l_1=h(x_0+2y_0)=0.1(0+2\times 1)=0.2$$

$$k_2=h\left(z_0+\frac{l_1}{2}\right)=0.1\left(2+\frac{0.2}{2}\right)=0.21$$

$$l_2=h\left\{x_0+\frac{h}{2}+2\left(y_0+\frac{l_1}{2}\right)\right\}=0.1\left\{\left(0+\frac{0.1}{2}\right)\right\}+2\left(1+\frac{0.2}{2}\right)\Big\}=0.225$$

$$k_3=h\left(z_0+\frac{l_2}{2}\right)=0.1\left(2+\frac{0.225}{2}\right)=0.21125$$

$$l_3=h\left\{x_0+\frac{h}{2}+2\left(y_0+\frac{k_2}{2}\right)\right\}=0.1\left\{\left(0+\frac{0.1}{2}\right)\right\}+2\left(1+\frac{0.21}{2}\right)\Big\}=0.226$$

$$k_4=h(z_0+l_3)=0.1(2+0.226)=0.2226$$

$$l_4=h\{(x_0+h)+2(y_0+k_3)\}=0.1\{(0+0.1)+2(1+0.21125)\}=0.25225$$

따라서 $y_1=y(0.1)$, $z_1=y'(0.1)$의 값은

$$y_1=1+\frac{1}{6}(0.2+2\times 0.21+2\times 0.21125+0.2226)=1.21142$$

$$z_1=2+\frac{1}{6}(0.2+2\times 0.225+2\times 0.226+0.25225)=2.22571$$

연습문제 3.4

1. 미분방정식 $y'=(1+x)y$, $y(0)=1$을 다음 방법으로 $y(0.1)$의 값을 구하여라. 단, $h=0.1$로 한다.

   (1) Euler법으로 (2) 2차의 Runge-Kutta법으로(공식은 풀이 참조)

   단, 2차의 Runge-Kutta 법의 공식은 $y_1=y_0+k_2$, $k_1=hf(x_0, y_0)$,

   $k_2=hf\left(x_0+\frac{h}{2},\ y_0+\frac{k_1}{2}\right)$이다.

2. 문제 1을 Euler-Gauss법으로 풀어라.

3. $y''+y=0$, $y(0)=1$, $y'(0)=2$일 때, $y_1=y(0.1)$, $y_2=y(0.2)$의 값을 연립미분방정식으로 변형하여 Euler법으로 구하라.

4. $\int_1^2 \frac{1}{x}\,dx$의 값을 사다리꼴 공식에 의하여 구하라. 단, 적분구간 [1, 2]을 4등분하여, $h=0.25$로 한다.

5. $y''=y$, $y(0)=1$, $y'(0)=2$일 때, $y(0.2)$의 값을 Euler의 방법으로 구하여라. 단, $h=0.1$로 한다.

6. $y''-2y'+y=x$, $y(0)=1$, $y'(0)=2$일 때, $y(x_0+2h)=y(0.2)$를 구하여라. 다음 두 방법으로 구하여라. 단, $h=0.1$이다.

   (1) Euler의 방법

   (2) 수정 Euler법으로

해답

1. (1) $y_1=y_0+hf_0=1+0.1[(1+0)]=1.1$

   (2) $k_1=hf_0=0.1[(1+0)1]=0.1$,

   $k_2=hf\left(x_0+\frac{h}{2},\ y_0+\frac{k_1}{2}\right)=0.1\left[(1+0.05)\left(1+\frac{0.1}{2}\right)\right]=0.1(10.5^2)=0.11025$

   $\therefore y_1=y_0+k_2=1+0.11025=1.11025$ (참값$=1.11071$)

Chapter 4 Laplace 변환

4.1 Laplace 변환

❶ Laplace 변환의 정리

$f(t)$가 $t \geq 0$에서 정의된 함수라 하고, s를 임의의 실수라 할 때

$$F(s) = \int_0^{\infty} e^{-st} f(t)dt \tag{1}$$

를 $f(t)$의 **Laplace 변환**이라 하고, $F(s)$ 또는 $\mathcal{L}(f)$로 나타낸다.

Laplace 변환 (1)에서 $f(t)$를 $F(s)$의 **역변환**이라 하고

$$f(t) = \mathcal{L}^{-1}(F)$$

로 나타낸다.

흔히 함수를 소문자로, 그 Laplace 변환을 그 문자의 대문자로 나타낸다.

s의 모든 값에 대하여 적분 (1)은 다음 극한을 의미하며, 이 적분은 수렴 한다.

$$\int_0^{\infty} e^{-st} f(t) = \lim_{T\to\infty} \int_0^T e^{-st} f(t)dt$$

예제 1 $f(t)=1$의 Laplace 변환을 구하라.

(풀이) $\mathcal{L}(1) = \int_0^{\infty} e^{-st} \cdot 1dt = \lim_{T\to\infty} \int_0^T e^{-st}dt \quad (s>0)$

$= \lim_{T\to\infty} \left[-\frac{1}{s} e^{-st}\right]_0^T = \lim_{T\to\infty} \left(-\frac{1}{s} e^{-sT} + \frac{1}{s} e^0\right) = \frac{1}{s}$

예제 2 $t \geq 0$에서 $f(t)=e^{at}$의 Laplace 변환을 구하라. 단, a는 상수이다.

(풀이) $\mathcal{L}(e^{at}) = \int_0^\infty e^{-st}e^{at}dt = \int_0^\infty e^{-(s-a)t}dt \quad (s>a)$

$$= -\frac{1}{s-a}\left[e^{-(s-a)t}\right]_0^\infty = -\frac{1}{s-a}(0-e^0) = \frac{1}{s-a}$$

2 Laplace 변환의 존재정리와 유일성

정리 1

$f(t)$가 $t \geq 0$ 상의 모든 유한구간에서 구분적으로 연속인 함수이고, 어떤 k와 M에 대하여

$$|f(t)| \leq Me^{kt} \quad (t \geq 0) \tag{3}$$

이면 모든 $s>k$에 대하여 $\mathcal{L}(f)$가 존재한다.

(증명) $|\mathcal{L}(f)| = \left|\int_0^\infty e^{-st}f(t)dt\right| \leq \int_0^\infty |f(t)|e^{-st}dt$

$$\leq \int_0^\infty Me^{kt}e^{-st}dt = \int_0^\infty Me^{-(s-k)t}dt = \left[M\left(-\frac{1}{s-k}e^{-(s-k)t}\right)\right]_0^\infty = \frac{M}{s-k}$$

이러한 함수 $f(t)$를 **지수위의 함수**이라 한다.

보기 1

(i) $\cosh t = (e^t + e^{-t})/2 < e^t < Me^{kt} \quad (M \geq 1,\ k>1)$

(ii) $e^t = 1 + t + \cdots + \frac{t^n}{n!} + \cdots$이므로, $t^n < n!e^t \ (n=0, 1, \cdots)$

따라서 이들 함수는 (3)의 조건을 만족하므로 이들 함수 e^t, t^n의 Laplace 변환이 존재한다. 그러나

$$e^{t^2} > Me^{kt} \quad (\text{모든 } t>t_0\text{에서})$$

되기 때문에, e^{t^2}의 Laplace 변환은 존재하지 않는다.

그러나 위 조건 (3)은 $\mathcal{L}\{f(t)\}$가 존재할 충분조건이지, 필요조건이 아니므로, (3)의 조건이 성립 안 되어도 Laplace 변환이 존재하는 함수가 있다. 예를 들면

$$\mathcal{L}\left(E^{-\frac{1}{2}}\right) = \int_0^\infty e^{-st}t^{-\frac{1}{2}}dt$$

에서 $st=x$라면 $t=\frac{x}{s}$, $dt=\frac{1}{s}dx$이므로

$$\mathcal{L}\left(t^{-\frac{1}{2}}\right)=\int_0^\infty e^{-x}\left(\frac{x}{s}\right)^{-\frac{1}{2}}\frac{1}{s}dx=\int_0^\infty e^{-x}x^{-\frac{1}{2}}\cdot\frac{1}{\sqrt{s}}dx$$

$$=\frac{1}{\sqrt{s}}\Gamma\left(\frac{1}{2}\right)=\frac{1}{\sqrt{s}}\sqrt{\pi}=\sqrt{\frac{\pi}{s}}$$

$t^{-\frac{1}{2}}$은 $t=0$에서 무한대가 되어 (3)의 조건이 만족 안 되나, Laplace 변환은 존재한다. ($\Gamma\left(\frac{1}{2}\right)$은 5장 5.4 의 Gamma 함수 참조할 것)

Laplace 변환이 존재하면, 그것은 유일하고, Laplace 변환이 같은 함수는 고립된 점을 제외하고 동일한 값을 갖고, 두 개의 연속함수의 Laplace 변환이 같은 원함수는 동일하다.

③ Laplace 변환의 성질

Laplace 변환은 선형연산이다. a, b를 상수라면

$$\mathcal{L}\{af(t)+bg(t)\}=\int_0^\infty e^{-st}\{af(t)+bg(t)\}dt$$

$$=\int_0^\infty e^{-st}af(t)dt+\int_0^\infty e^{-st}bg(t)dt$$

$$=a\int_0^\infty e^{-st}f(t)dt+b\int_0^\infty e^{-st}g(t)dt$$

$$\therefore \mathcal{L}\{af(t)+bg(t)\}=a\mathcal{L}\{f(t)\}+b\mathcal{L}\{g(t)\}$$

예제 ③ $f(t)=\cosh at=\frac{1}{2}(e^{at}+e^{-at})$일 때, $\mathcal{L}(f)$를 구하라.

(풀이) $\mathcal{L}(f)=\frac{1}{2}\mathcal{L}(e^{at})+\frac{1}{2}\mathcal{L}(e^{-at})=\frac{1}{2}\left(\frac{1}{s-a}+\frac{1}{s+a}\right)$

$$=\frac{s}{s^2-a^2}\quad(s>a)$$

$$\mathcal{L}\{\cosh at\}=\frac{s}{s^2-a^2}$$

마찬가지로 쌍곡정현(hyperbolic sine)의 Laplace 변환은 다음과 같다.

$\sinh at = \frac{1}{2}(e^{at} - e^{-at})$이므로

$$\mathcal{L}(\sinh at) = \frac{1}{2}\mathcal{L}(e^{at}) - \frac{1}{2}\mathcal{L}(e^{-at}) = \frac{1}{2}\left(\frac{1}{s-a} - \frac{1}{s+a}\right) = \frac{a}{s^2-a^2}$$

$$\mathcal{L}\{\sinh at\} = \frac{a}{s^2-a^2}$$

복소함수 $e^{iat} = \cos at + i\sin at$를 써서 $\mathcal{L}(\cos at)$, $\mathcal{L}(\sin at)$를 다음과 같이 동시에 구할 수 있다.

$$\mathcal{L}(e^{iat}) = \mathcal{L}(\cos at) + i\mathcal{L}(\sin at)$$

$$\mathcal{L}(e^{iat}) = \frac{1}{s-ia} = \frac{s+ia}{s^2+a^2} = \frac{s}{s^2+a^2} + i\frac{a}{s^2+a^2}$$

이므로, 양변에서 실부는 실부끼리, 허부는 허부끼리 같아야하므로

$$\mathcal{L}(\cos at)1 = \frac{s}{s^2+a^2}, \quad \mathcal{L}(\sin at) = \frac{a}{s^2+a^2}$$

정리 2

$$\mathcal{L}\{f(at)\} = \frac{1}{a}F\left(\frac{s}{a}\right)$$

(증명) $\mathcal{L}\{f(at)\} = \int_0^\infty e^{-st}f(at)dt = \int_0^\infty e^{-\frac{s}{a}x}f(x)\frac{1}{a}dx \quad (at = x)$

$$\left(at = x\text{라면},\ t = \frac{x}{a},\ dt = \frac{1}{a}dx\right)$$

$$= \frac{1}{a}\int_0^\infty e^{-\frac{s}{a}x}f(x)dx = \frac{1}{a}F\left(\frac{s}{a}\right)$$

예제 4 $\mathcal{L}(\sinh at) = \frac{a}{s^2-a^2}$ 임을 밝혀라.

(풀이) $\mathcal{L}(\sinh t) = \mathcal{L}\left(\frac{e^t - e^{-t}}{2}\right) = \frac{1}{2}\{\mathcal{L}(e^t) - \mathcal{L}(e^{-t})\}$

$$= \frac{1}{2}\left(\frac{1}{s-1} - \frac{1}{s+1}\right) = \frac{1}{s^2-1}$$

이므로

$$\mathcal{L}(\sinh at) = \frac{1}{a}\frac{1}{\left(\frac{s}{a}\right)^2 - 1} = \frac{a}{s^2-a^2}$$

정리 3

$f(t)$에 e^{at}를 곱한 $e^{at}f(t)$의 Laplace 변환은 다음과 같다.

$$\mathcal{L}(e^{at}f(t)) = F(s-a) \tag{2}$$

(증명) $F(s-a) = \int_0^\infty e^{-(s-a)t}f(t)dt = \int_0^\infty e^{-st}(e^{at}f(t))dt \ = \mathcal{L}(e^{at}f(t))$

$\mathcal{L}(e^{at}f(t)) = \int_0^\infty e^{-st} - e^{at}f(t)dt = \int_0^\infty e^{-(s-a)t}f(t)dt = F(s-a)$

이 정리를 쓰면 다음 공식들이 얻어진다.

$$\mathcal{L}(e^{at}\cos\omega t) = \frac{s-a}{(s-a)^2+\omega^2}$$

$$\mathcal{L}(e^{at}\sin\omega t) = \frac{\omega}{(s-a)^2+\omega^2}$$

함수 $f(t)$의 Laplace 변환을 알고, $e^{at}f(t)$의 Laplace 변환을 구하는데 이 정리가 쓰인다.

정리 4

$$\mathcal{L}\{t^n\} = \frac{n!}{s^{n+1}}$$

(증명) $\mathcal{L}(t) = \int_0^\infty e^{-st}tdt = -\frac{1}{s}\left[\left(t+\frac{1}{s}\right)e^{-st}\right]_0^\infty = 0 + \frac{1}{s^2} = \frac{1}{s^2}$,

$\mathcal{L}(t^2) = \frac{2!}{s^3}$, $\mathcal{L}(t^3) = \frac{3!}{s^4}$, …

귀납법으로 t^n의 Lapalce 변환을 구하면(n은 음이 아닌 정수)

$$\mathcal{L}(t^n) = \int_0^\infty e^{-st}t^n dt = \left[-\frac{1}{s}e^{-st}t^n\right]_0^\infty + \frac{n}{s}\int_0^\infty e^{-st}t^{n-1}dt = \frac{n}{s}\mathcal{L}(t^{n-1})$$

$$= \frac{n}{s}\frac{n-1}{s}\mathcal{L}(t^{n-2}) = \cdots = \frac{n}{s}\frac{n-1}{s}\cdots\frac{1}{s}\mathcal{L}(1)\cdots = \frac{n!}{s^{n+1}}$$

일반적으로 a가 임의 상수일 때, $st=x$이라면

$$\mathcal{L}(t^a) = \int_0^\infty e^{-st}t^a dt = \int_0^\infty e^{-x}\left(\frac{x}{s}\right)^a\frac{dx}{s} = \frac{1}{s^{a+1}}\int_0^\infty e^{-x}x^a dx = \frac{1}{s^{a+1}}\Gamma(a+1)$$

$a=n$(음이 아닌 정수)이면, $\Gamma(n+1)=n!$이므로 (5장 Gamma 함수참조)

$$\mathcal{L}(t^n) = \frac{1}{s^{n+1}}\Gamma(n+1) = \frac{n!}{s^{n+1}}$$

정리 5

$$\mathcal{L}\{tf(t)\} = -\frac{d}{ds}F(s)$$

(증명) $-\frac{d}{ds}F(s) = -\frac{d}{ds}\int_0^\infty e^{-st}f(t)dt = -\int_0^\infty \frac{d}{ds}[e^{-st}f(t)]dt$

$$= \int_0^\infty te^{-st}f(t)dt = \int_0^\infty e^{-st}\{tf(t)\}dt = \mathcal{L}\{tf(t)\}$$

$g(t) = tf(t)$이라면, $\mathcal{L}\{t^2f(t)\}$는 다음과 같다.

$\mathcal{L}\{t^2f(t)\} = \mathcal{L}\{tg(t)\} = -\frac{d}{ds}G(s) = -\frac{d}{ds}\left[-\frac{d}{ds}F(s)\right] = (-1)^2\frac{d^2}{ds^2}F(s)$

일반적으로 다음이 성립한다.

$$\mathcal{L}\{t^nf(t)\} = (-1)^n\frac{d^n}{ds^n}F(s)$$

예제 5 $\mathcal{L}\{t\sin at\} = \frac{2as}{(s^2+a^2)^2}$임을 밝혀라.

(풀이) $\mathcal{L}\{t\sin at\} = -\frac{d}{ds}\mathcal{L}(\sin at) = -\frac{d}{ds}\left(\frac{a}{s^2+a^2}\right) = \frac{2as}{(s^2+a^2)^2}$

정리 6

$$\mathcal{L}\left\{\frac{f(t)}{t}\right\} = \int_s^\infty F(s)ds\text{이다.}$$

(증명) $\int_s^\infty F(s)ds = \int_s^\infty\left[\int_0^\infty e^{-st}f(t)dt\right]ds = \int_0^\infty\int_s^\infty e^{-st}f(t)ds\,dt$

$$= \int_0^\infty\left[-\frac{1}{t}e^{-st}f(t)\right]_{s=s}^\infty dt = \int_0^\infty e^{-st}\left[\frac{1}{t}f(t)\right]dt = \mathcal{L}\left\{\frac{f(t)}{t}\right\}$$

마찬가지로 다음이 성립한다.

$$\mathcal{L}\left\{\frac{f(t)}{t^2}\right\} = \int_s^\infty\int_s^\infty F(s)ds^2$$

$$\frac{f(t)}{t} = g(t)\text{이라면,}\quad G(s) = \mathcal{L}\{g(t)\} = \mathcal{L}\left\{\frac{f(t)}{t}\right\} = \int_s^\infty F(s)ds$$

$$\therefore \mathcal{L}\left\{\frac{f(t)}{t^2}\right\} = \mathcal{L}\left\{\frac{g(t)}{t}\right\} = \int_s^\infty G(s)ds = \int_s^\infty \int_s^\infty F(s)ds^2$$

일반적으로 다음 공식이 성립된다.

$$\mathcal{L}\left\{\frac{f(t)}{t^n}\right\} = \int_s^\infty \cdots \int_s^\infty F(s)ds^n$$

예제 6 다음을 밝혀라.

$$\mathcal{L}\left\{\frac{\sin t}{t}\right\} = \frac{\pi}{2} - \tan^{-1}\frac{1}{s}$$

(풀이) $\mathcal{L}\left\{\frac{\sin t}{t}\right\} = \int_s^\infty \frac{1}{s^2+1}ds = [\tan^{-1}s]_s^\infty = \frac{\pi}{2} - \tan^{-1}s$

참 고

$\tan^{-1}s = \theta$이라면

$$\tan\left(\frac{\pi}{2} - \theta\right) = \cot\theta = \frac{1}{\tan\theta}\text{에서}\quad \frac{\pi}{2} - \theta = \tan^{-1}\left(\frac{1}{\tan\theta}\right)$$

$\tan\theta = s$에서 $\frac{1}{\tan\theta} = \frac{1}{s}$ 이므로

$$\therefore \mathcal{L}\left\{\frac{\sin t}{t}\right\} = \frac{\pi}{2} - \theta = \tan^{-1}\left(\frac{1}{\tan\theta}\right) = \tan^{-1}\frac{1}{s}$$

이상의 Laplace 변환과 역변환의 성질을 정리해둔다.

$\mathcal{L}\{f(t)\} = F(s)$일 때, $f(t)$를 $F(s)$의 역변환(inverse laplace transform)이라 하고

$$f(t) = \mathcal{L}^{-1}\{f(s)\}$$

로 나타낸다. 아래 우측은 역변환 공식이다.

(1) $\mathcal{L}\{f(at)\} = \frac{1}{a}F\left(\frac{s}{a}\right)$	(1′) $\mathcal{L}^{-1}\left\{F\left(\frac{s}{a}\right)\right\} = af(at)$
(2) $\mathcal{L}\{e^{at}f(at)\} = F(s-a)$	(2′) $\mathcal{L}^{-1}\{F(s-a)\} = e^{st}f(at)$
(3) $\mathcal{L}\{t^n\} = \frac{n!}{s^{n+1}}$	(3′) $\mathcal{L}^{-1}\left\{\frac{n!}{s^{n+1}}\right\} = t^n$

(4) $\mathcal{L}\{t^n f(t)\} = (-1)^n \dfrac{d^n}{ds^n} F(s)$	(4′) $\mathcal{L}^{-1}\left\{\dfrac{d^n}{ds^n} F(s)\right\} = (-1)^n t^n f(t)$
(5) $\mathcal{L}\left\{\dfrac{f(t)}{t^n}\right\} = \int_a^\infty \cdots \int_s^\infty F(s) ds^n$	(5′) $\mathcal{L}^{-1}\left\{\int_s^\infty \cdots \int_s^\infty F(s) ds^n\right\} = \dfrac{f(t)}{t^n}$

4 적분의 Laplace 변환

정리 7

$\int_0^t f(u)du$의 Laplace 변환은 다음과 같다.

$$\mathcal{L}\left\{\int_0^t f(u)du\right\} = \frac{1}{s} F(s) \quad (s > 0,\ s > k) \tag{7}$$

역변환을 취하면

$$\int_0^t f(u)du = \mathcal{L}^{-1}\left\{\frac{1}{s} F(s)\right\} \tag{8}$$

(증명) $\mathcal{L}\left\{\int_0^t f(t)dt\right\} = \int_0^\infty e^{-st} \int_0^t f(u)du\, dt$

$$= -\left[\frac{1}{s} e^{-st} \int_0^t f(u)du\right]_0^\infty + \frac{1}{s} \int_0^\infty e^{-st} f(t)dt$$

$$= \frac{1}{s} F(s) \left(\left[e^{-st} \int_0^t f(u)du\right]_0^\infty = 0\right) \tag{9}$$

이 공식은 $f(t)$의 Laplace 변환을 써서, $\int_0^t f(u)du$의 Laplace 변환을 구하는 경우에 쓰인다.

예제 7 $\mathcal{L}(\cos \omega t) = \dfrac{s}{s^2+\omega^2}$ 이다. $\mathcal{L}(\sin \omega t)$를 구하여라.

(풀이) $f(t) = \cos \omega t$이면 $\int_0^t f(u)du = \int_0^t \cos \omega u\, du = \dfrac{1}{\omega} \sin \omega t$

$$\therefore \frac{1}{\omega} \mathcal{L}(\sin \omega t) = \mathcal{L}\left(\int_0^t \cos \omega u\, du\right) = \frac{1}{s} \mathcal{L}(\cos \omega t) = \frac{1}{s} \frac{s}{s^2+\omega^2}$$

$$\therefore \mathcal{L}(\sin \omega t) = \frac{\omega}{s^2+\omega^2}$$

공식 (9)의 역변환 공식은 다음과 같다.

$$\mathcal{L}^{-1}\left(\frac{1}{s}F(s)\right) = \int_0^t f(u)du \tag{10}$$

예제 8 $\mathcal{L}(f) = \dfrac{1}{s(s^2+\omega^2)}$ 일 때, $f(t)$를 구하라.

(풀이) $\mathcal{L}^{-1}\left(\dfrac{1}{s^2+\omega^2}\right) = \dfrac{1}{\omega}\sin\omega t$ 이므로

$$\mathcal{L}^{-1}\left(\frac{1}{s}\frac{1}{s^2+\omega^2}\right) = \int_0^t \frac{1}{\omega}\sin\omega u\, du = \frac{-1}{\omega^2}[\cos\omega u]_0^t = \frac{1}{\omega^2}(1-\cos\omega t)$$

정리 8

다중적분의 Laplace 변환은 다음과 같다.

$$\mathcal{L}\left\{\int_0^t \cdots \int_0^t f(u)\,du^n\right\} = \frac{1}{s^n}\mathcal{L}(f)$$

(증명) $\mathcal{L}\left\{\int_0^t\int_0^t f(u)dt^2\right\} = \mathcal{L}\left\{\int_0^t\int_0^t f(t)dt^2\right\}$에서 $\int_0^t f(t)dt = g(t)$이라면

$$\mathcal{L}\left\{\int_0^t\int_0^t f(t)dt^2\right\} = \mathcal{L}\left\{\int_0^t g(t)dt\right\} = \frac{1}{s}\mathcal{L}(g) = \frac{1}{s}\cdot\frac{1}{s}\mathcal{L}(f) = \frac{1}{s^2}\mathcal{L}f(f)$$

수학적 귀납법으로 다음 사실이 증명된다.

$$\mathcal{L}\left\{\int_0^t \cdots \int_0^t f(t)dt^n\right\} = \frac{1}{s^n}\mathcal{L}(f)$$

예제 9 $\mathcal{L}(f) = \dfrac{1}{s^2(s^2+\omega^2)}$ 일 때, $f(t)$를 구하라.

(풀이) $\mathcal{L}(\sin\omega t) = \dfrac{\omega}{s^2+\omega^2}$ 에서 $\mathcal{L}\left\{\dfrac{1}{\omega}\sin\omega t\right\} = \dfrac{1}{s^2+\omega^2}$

$$\therefore \mathcal{L}^{-1}\left(\frac{1}{s^2}\frac{1}{s^2+\omega^2}\right) = \int_0^t\int_0^t\left(\frac{1}{\omega}\sin\omega t\right)dt^2 = \frac{1}{\omega}\int_0^t\left[\int_0^t \sin\omega t\, dt\right]dt$$

$$= \frac{1}{\omega}\int_0^t\left[-\frac{1}{\omega}\cos\omega t\right]_0^t dt = \frac{1}{\omega^2}\int_0^t[1-\cos\omega t]dt = \frac{1}{\omega^2}\left[t-\frac{1}{\omega}\sin\omega t\right]_0^t$$

$$= \frac{1}{\omega^2}\left(t-\frac{1}{\omega}\sin\omega t\right)$$

연습문제 4.1

1. $\mathcal{L}\{t\} = \frac{1}{s^2}$ 이다. $\mathcal{L}\{t^n\} = \frac{n!}{s^{n+1}}$ 임을 수학적 귀납법으로 밝혀라.

2. 다음 Laplace 변환을 구하라.

(1) $\mathcal{L}\{te^{3t}\}$ (2) $\mathcal{L}\{t^n e^{-4t}\}$

(3) $\mathcal{L}\{e^{at}\sin\omega t\}$ (4) $\mathcal{L}\{e^{at}\cos\omega t\}$

(5) $\mathcal{L}\{t\sin\omega t)$ (6) $\mathcal{L}\{te^{at}\}$

(7) $\mathcal{L}\{1-(1+at)e^{-at}\}$ (8) $\mathcal{L}\left\{\frac{\sin\omega t}{t}\right\}$

해답

1. $n=1$일 때 $\mathcal{L}\{t\} = \frac{1!}{s^2} = \frac{1}{s^2}$ 이므로 성립된다.

$n=k$일 때 $\mathcal{L}\{t^k\} = \frac{k!}{s^{k+1}}$ 이라면 $\mathcal{L}\{t^{k+1}\} = \int_0^\infty e^{-st}t^{k+1}dt = \left[-\frac{1}{s}e^{-st}t^{k+1}\right]_0^\infty$

$+\frac{k+1}{s}\int_0^\infty e^{-st}t^k dt = -\frac{1}{s}(0-0) + \frac{k+1}{s}\mathcal{L}\{t^k\} = \frac{k+1}{s}\frac{k!}{s^{k+1}} = \frac{(k+1)!}{s^{k+2}}$,

따라서 $n=k+1$일때도 성립하므로 모든 자연수 n에 대하여 $\mathcal{L}\{t^n\} = \frac{n!}{s^{n+1}}$ 이다.

2. Laplace 변환 공식에 직접 대입한다.

(1) $\mathcal{L}\{te^{3t}\} = \frac{1}{(s-3)^2}$ (2) $\mathcal{L}\{t^n e^{-4t}\} = \frac{n!}{(s+4)^{n+1}}$

(3) $\mathcal{L}\{e^{at}\sin\omega t\} = \frac{\omega}{(s-a)^2+\omega^2}$ (4) $\mathcal{L}\{e^{at}\cos\omega t\} = \frac{s-a}{(s-a)^2+\omega^2}$

(5) $\mathcal{L}\{t\sin\omega t\} = -\frac{d}{ds}\left(\frac{\omega}{s^2+\omega^2}\right) = \frac{2\omega s}{(s^2+\omega^2)^2}$

(6) $\mathcal{L}\{te^{at}\} = -\frac{d}{ds}\left(\frac{1}{s-a}\right) = \frac{1}{(s-a)^2}$

(7) $\mathcal{L}\{1-(1+at)e^{-at}\} = \mathcal{L}\{1\} - \mathcal{L}\{e^{-at}\} - a\mathcal{L}\{te^{-at}\} = \frac{1}{s} - \frac{1}{s+a} - a\frac{1}{(s+a)^2}$

$= \frac{(s+a)^2 - s(s+a) - as}{s(s+a)^2} = \frac{a^2}{s(s+a)^2}$

(8) $\mathcal{L}\left\{\frac{\sin\omega t}{t}\right\} = \int_s^\infty \frac{\omega ds}{s^2+\omega^2} = \omega\tan^{-1}\frac{s}{\omega}\Big|_s^\infty = \omega\left(\frac{\pi}{2} - \tan^{-1}\frac{s}{\omega}\right)$

4.2 미분방정식의 해법

1 도함수의 Laplace 변환

Laplace 변환은 **미분방정식**을 푸는데 간편한 기법이다.

정리 1

Laplace 변환을 갖는 함수 $f(t), t \ge 0$의 도함수 $f'(t)$가 존재할 때, 도함수 $f'(t)$의 Laplace 변환은

$$\mathcal{L}(f') = s\mathcal{L}(f) - f(0) \tag{1}$$

이다.

(증명) $\mathcal{L}(f') = \int_0^\infty e^{-st} f'(t)dt = [e^{-st} f(t)]_0^\infty + s\int_0^\infty e^{-st} f(t)dt$

$|f(t)| < Me^{kt}$되는 k와 M이 존재하므로

$$\lim_{t\to\infty} |e^{-st} f(t)| < \lim_{t\to\infty} |e^{-st} Me^{kt}| = \lim_{t\to\infty} |Me^{-(s-a)t}| = 0 \quad (s > a)$$

이므로

$$\mathcal{L}(f'(t)) = 0 - f(0) + s\mathcal{L}(f) = s\mathcal{L}(f) - f(0)$$

마찬가지로 $f''(t)$의 Laplace 변환을 구하면

$$\begin{aligned}\mathcal{L}(f'') &= \int_0^\infty e^{-st} f''(t)dt = [e^{-st} f'(t)]_0^\infty + s\int_0^\infty e^{-st} f'(t)dt \\ &= 0 - e^0 f'(0) + s\mathcal{L}(f') = s\{s\mathcal{L}(f) - f(0)\} - f'(0) \\ &= s^2\mathcal{L}(f) - sf(0) - f'(0)\end{aligned} \tag{2}$$

마찬가지로 $f'''(t)$의 Laplace 변환을 구하면

$$\mathcal{L}(f''') = s^3\mathcal{L}(f) - s^2(f) - sf'(0) - f''(0) \tag{3}$$

일반적으로 다음 공식이 성립한다.

$$\mathcal{L}(f^{(n)}) = s^n\mathcal{L}(f) - s^{n-1}f(0) - s^{n-2}f'(0) - \cdots - sf^{(n-2)}(0) - f^{(n-1)}(0) \tag{4}$$

예제 ① $f(t)=t^2$일 때, $f'(t)=2t, f''(t)=2$이고, $\mathcal{L}(2)=\mathcal{L}(f'')=\dfrac{2}{s}$이다. $\mathcal{L}(t^2)$을 구하라.

(풀이) 공식 $\mathcal{L}(f'')=s^2\mathcal{L}(f)-sf(0)-f'(0)$를 이용하면

$$\mathcal{L}(2)=s^2\mathcal{L}(t^2)-s(0)-0,\ \mathcal{L}(2)=\frac{2}{s} \text{ 이므로}$$

$$\frac{2}{s}=s^2\mathcal{L}(t^2) \quad \therefore \mathcal{L}(t^2)=\frac{2}{s^3}$$

② 미분방정식의 초기값 문제

2계미분방정식 $y''+ay'+by=r(x),\ y(0)=y,\ y'(0)=y_0,\ y'(0)=y_0'$ (5)

을 Laplace 변환을 써서 구해보자.

방정식 (5)의 양변에 Laplace 변환을 취하면

$$[s^2Y-sy(0)-y'(0)]+a[aY-y(0)]+bY=R(s)$$

이 관계식을 **부차방정식**이라 한다. 정리하면

$$(s^2+as+b)Y=(s+a)y(0)+y'(0)+R(s)$$

$$\therefore Y=\frac{(s+a)y_0+y_0'+R(s)}{s^2+as+b} \tag{6}$$

구하는 $y(t)$는 $Y(s)$의 역변을 취하여

$$y(t)=\mathcal{L}^{-1}\left(\frac{(s+a)y_0+y_0'}{s^2+as+b}\right)+\mathcal{L}^{-1}\left(\frac{R(s)}{s^2+as+b}\right)$$

예제 ② $y''-y=t,\ y(0)=1,\ y'(0)=1$을 풀어라.

(풀이) 초기조건을 고려하여 준 방정식의 Laplace 변환을 취하면

$$(s^2Y-sy_0-y_0')-Y=\frac{1}{s^2} \text{ 에서 } Y(s^2-1)=s+1+\frac{1}{s^2}$$

$$\therefore Y=\frac{s+1}{s^2-1}+\frac{1}{s^2(s^2-1)}=\frac{1}{s-1}+\left(\frac{1}{s^2-1}-\frac{1}{s^2}\right)$$

역변환을 취하면

$$y(t)=\mathcal{L}^{-1}\left(\frac{1}{s-1}\right)+\mathcal{L}^{-1}\left(\frac{1}{s^2-1}\right)-\mathcal{L}^{-1}\left(\frac{1}{s^2}\right)=e^t+\sinh t-t$$

■ **미분방정식의 Laplace 변환에 의한 해법**

1단계 : 준 미분방정식에 Laplace변환을 취한다.

2단계 : $Y=\mathcal{L}\{y\}$를 구한다.

3단계 : 역변환 $y=\mathcal{L}^{-1}(Y)$를 구한다.

예제 3 $y''+y=2\left(t-\frac{\pi}{4}\right)$, $y\left(\frac{\pi}{4}\right)=2$, $y'\left(\frac{\pi}{4}\right)=0$의 해를 구하라.

(풀이) $t-\frac{\pi}{4}=\bar{t}$, $y\left(t-\frac{\pi}{4}\right)=\bar{y}(\bar{t})$이라면 $t=\frac{\pi}{4}$때 $\bar{t}=0$이므로

$$\bar{y}'(0)=y\left(\frac{\pi}{4}\right)=2,\ \bar{y}'(0)=y'\left(\frac{\pi}{4}\right)=0$$

$$y'(t)=\bar{y}'(\bar{t})\frac{d\bar{t}}{dt}=\bar{y}'(\bar{t}),\quad \bar{y}''=\bar{y}''(\bar{t})$$

이므로, 준 미분방정식은

$$\bar{y}''(\bar{t})'+\bar{y}(\bar{t})=2\bar{t},\ \bar{y}(0)=2,\ \bar{y}'(0)=2$$

이 미분방정식의 양변에 Laplace 변환을 취하여 해를 구한다.

1단계 : $s^2\bar{Y}-s\bar{y}(0)-\bar{y}'(0)+\bar{Y}=\frac{2}{s^2}$, $\bar{y}'(0)=0$, $\bar{y}(0)=2$

2단계 : $\bar{Y}(s^2+1)=2s+\frac{2}{s^2}$

$$\therefore\ \bar{Y}=\frac{2}{s^2(s^2+1)}+\frac{2}{s(s^2+1)}$$

$$=2\left(\frac{1}{s^2}-\frac{1}{s^2+1}\right)+2\left(\frac{1}{s}-\frac{s}{s^2+1}\right)$$

3단계 : 역변환을 취하면

$$\bar{y}=2(\bar{t}-\sin\bar{t})+2(1-\cos\bar{t})$$

$\bar{t}=t-\frac{\pi}{4}$ 이고, $y(t)=y\left(\bar{t}+\frac{\pi}{4}\right)=\bar{y}(\bar{t})$이므로

$$\bar{y}(\bar{t})=y=2\left[\left(t-\frac{\pi}{4}\right)-\sin\left(t-\frac{\pi}{4}\right)\right]+2\left[1-\cos\left(t-\frac{\pi}{4}\right)\right]$$

$$=2t-\frac{\pi}{2}+2-2\sqrt{2}\sin t$$

예제 4 다음 미분방정식을 풀어라.

$$y''+2y'-3y=e^t,\ y(0)=0,\ y'(0)=1$$

(풀이) 준 방정식에 Laplace 변환을 취하면

1단계 : $(s^2Y-1)+2(sY-0)-3Y=\frac{1}{s-1}$

2단계 : $Y(s^2+2s-3)=\frac{1}{s-1}+1=\frac{s}{s-1}$

$$\therefore Y=\frac{s}{s^2+2s-3)(s-1)}=\frac{s}{(s-1)^2(s+3)}$$

$$=\frac{1}{4}\frac{1}{(s-1)^2}+\frac{3}{16}\frac{1}{s-1}-\frac{3}{16}\frac{1}{s+3}$$

3단계 : 역변환은 취한다. $\mathcal{L}(t)=\frac{1}{s^2}$, $\mathcal{L}(e^{at})=\frac{1}{s-a}$, $\mathcal{L}(te^{at})=\frac{1}{(s-a)^2}$ 이므로

$$y=\mathcal{L}^{-1}(Y)=\frac{1}{4}te^t+\frac{3}{16}e^t-\frac{3}{16}e^{-3t}$$

주어진 미분방정식을 Laplace 변환으로 풀 때

$$Y(s)=\frac{F(s)}{G(s)}$$

꼴로 나타내서, 우변을 역변환 공식에 맞는 부분분수로 분해하여 역변환을 취하여 해 $y(t)$를 구한다.

이 경우 우변의 부분분수 분해에서 분수식의 분모의 형식은 다음 몇 가지 경우로 나누어진다.

[경우 1] 1차 단인수 $s-a$ 꼴을 포함하는 경우
[경우 2] 1차의 다중인수 $(s-a)^m$ 꼴을 포함하는 경우
[경우 3] 2차의 단인수 s^2+as+b 꼴을 포함하는 경우 $(a^2-4b<0)$
[경우 4] 2차의 다중인수 $(s^2+as+b)^2$ 꼴을 포함하는 경우 $(a^2-4b<0)$

각 경우에 대하여 설명한다.

예제 5 다음 미분방정식을 풀어라.

$$y''+y'-6y=1,\ y(0)=0,\ y'(0)=1$$

(풀이) 준 반정식의 양변에 Laplace 변환을 취하면

$$s^2Y-1+sY-6Y=\frac{1}{s}$$

$$Y(s^2+s-6)=1+\frac{1}{s}=\frac{s+1}{s}$$

$s^2+s-6=(s-2)(s+3)$은 각 1차 인수가 단수인수이다.

$$Y = \frac{1}{(s-2)(s+3)} \cdot \frac{s+1}{s} = \frac{A_1}{s} + \frac{A_2}{s-2} + \frac{A_3}{s+3}$$

A_1, A_2, A_3를 구한다.

$$s+1 = A_1(s-2)(s+3) + A_2 s(s+3) + A_3 s(s-2)$$

$s=0$, $s=2$, $s=-3$을 대입하여 $A_1 = -\frac{1}{6}$, $A_2 = \frac{3}{10}$, $A_3 = -\frac{2}{15}$ 이므로 역변환을 취하여

$$\mathcal{L}^{-1}(Y) = -\frac{1}{6} + \frac{3}{10}e^{2t} - \frac{2}{15}e^{-3t} = y(t)$$

예제 6 다음 미분방정식을 풀어라.

$$y'' + 2y' - 3y = e^t,\ y(0) = 0,\ y'(0) = 1$$

(풀이) 준 방정식에 Laplace 변환을 취하면

$$s^2(Y-1) + 2(sY) - 3Y = \frac{1}{s-1}$$

$$Y(s^2 + 2s - 3) = \frac{1}{s-1} + 1 = \frac{s}{s-1}$$

$$\therefore\ Y = \frac{1}{(s-1)(s+3)}\frac{s}{s-1} = \frac{A_1}{(s-1)^2} + \frac{A_2}{s-1} + \frac{A_3}{s+3}$$

$$s = A_1(s+3) + A_2(s-1)(s+3) + A_3(s-1)^2$$

$s=1$, $s=-3$, $s=0$을 대입하면

$$\left.\begin{aligned} 1 &= 4A_1 \\ -3 &= 16A_3 \\ 0 &= 3A_1 - 3A_2 + A_3 \end{aligned}\right\}\text{에서 } A_1 = \frac{1}{4},\ A_2 = \frac{3}{16},\ A_3 = -\frac{3}{16}$$

역변환을 취하면

$$y(t) = \frac{1}{4}te^t + \frac{3}{16}e^t - \frac{3}{16}e^{-3t}$$

예제 7 다음 미분방정식을 풀어라.

$$y'' + y = 2,\ y(0) = 1,\ y'(0) = 0$$

(풀이) 준 방정식의 양변에 Laplace 변환을 취하면

$$(s^2 Y - s) + Y = \frac{2}{5}$$

$$Y(s^2 + 1) = \frac{2}{5} + s = \frac{2+s}{s}$$

$$Y = \frac{1}{s^2+1} \cdot \frac{2+s^2}{s} = \frac{As+B}{s^2+1} + \frac{C}{s}$$

양변에서 분모의 최소공배수 $s(s^2+1)$을 곱하면

$$s^2+2 = (As+B)s + C(s^2+1) = (A+C)s^2 + Bs + C$$

$A+C=1$, $B=0$, $C=2$이므로 $A=-1$

$$\therefore\ Y = -\frac{s}{s^2+1} + \frac{2}{s}$$

구하는 해는 역변환을 취하여

$$y(t) = -\cos t + 2$$

예제 8 다음 미분방정식을 풀어라.

$$y'' + y = \cos t,\ y(0) = 0,\ y'(0) = \frac{1}{2}$$

(풀이) 준 방정식의 양변에 Laplace 변환을 취하면

$$\left(s^2 Y - \frac{1}{2}\right) + Y = \frac{s}{s^2+1}$$

$$Y(s^2+1) = \frac{s}{s^2+1} + \frac{1}{2} \quad \therefore\ Y = \frac{s}{(s^2+1)^2} + \frac{1/2}{s^2+1}$$

우변의 첫째항의 역변환에서

$$-\frac{d}{ds}\left(\frac{1}{s^2+1}\right) = \frac{2s}{(s^2+1)^2} = \mathcal{L}\{t\sin t\},\ \mathcal{L}\left(\frac{1}{s^2+1}\right) = \sin t$$

이므로 구하는 해는

$$y(t) = \frac{1}{2} t\sin t + \frac{1}{2}\sin t$$

예제 9 다음 미분방정식을 풀어라.

$$y'' + 2y' + y = \sin 2t,\ y(0) = 1,\ y'(0) = 2$$

(풀이) 준 방정식의 양변에 Laplace 변환을 취하면

$$(s^2 Y - s + 2) + 2(sY - 1) + Y = \frac{2}{s^2+4}$$

$$Y(s^2+2s+1) = \frac{2}{s^2+4} \text{ 에서 } \quad Y = \frac{2}{(s+1)^2(s^2+4)}$$

이므로

$$Y = \frac{A_1}{(s+1)^2} + \frac{A_2}{s+1} + \frac{Bs+C}{s^2+4} = \frac{2}{(s+1)^2(s^2+4)}$$

양변에 $(s+1)^2(s^2+4)$를 곱하면

$$A_1(s^2+4) + A_2(s+1)(s^2+4) + (Bs+C)(s+1)^2 = 2$$

$s=-1$일 때

$$A_1(1+4)=2\text{에서 } A_1=\frac{2}{5}$$

$s=2i$일 때 $s^2=-4$이므로

$$A_1(0)+A_2(0)+(2iB+C)(1+2i)^2=2$$

$$(2iB+C)(-3+4i)=(-8B-3C)+(-6B+4C)i=2$$

$$\therefore -8B-3C=2,\ -6B+4C=0\text{에서 } B=-\frac{4}{25},\ C=-\frac{6}{25}$$

$s=0$일 때

$$4A_1+4A_2+C=2\text{에서 } A_2=\frac{22}{25}$$

$$\therefore y=\frac{2}{5}te^{-t}+\frac{22}{25}e^{-t}-\frac{4}{25}\cos 2t-\frac{3}{25}\sin 2t$$

③ 변수계수를 가지는 미분방정식

$\mathcal{L}(y)=Y(s)$이면 $\mathcal{L}(ty)=-\dfrac{d}{ds}Y(s)$

$\mathcal{L}(y')=sY-y(0)$이므로, $\mathcal{L}(ty')=-\dfrac{d}{ds}[sY-y(0)]=-Y-s\dfrac{dY}{ds}$,

$\mathcal{L}(ty'')=-\dfrac{d}{ds}[s^2Y-sy(0)-y'(0)]=-2sY-s^2\dfrac{dY}{ds}+y(0)$

$\mathcal{L}(t^2y')=\dfrac{d^2}{ds^2}[sY-y(0)]$, $\mathcal{L}(t^2y'')=\dfrac{d^2}{ds^2}[s^2Y-sy(0)-y'(0)]$, $\cdots$

예제 10 $ty''+(1-t)y'+ny=0$을 풀어라.

(풀이) Laplace 변환을 취하면

$$\left(-2sY-s^2\frac{dY}{ds}+y(0)\right)+sY-y(0)-\left(-Y-s\frac{dY}{ds}\right)+nY=0$$

정리하면

$$(s-s^2)\frac{dY}{ds}+(n+1-s)Y=0$$

변수를 분리하면

$$\frac{dY}{Y}=-\frac{n+1-s}{s-s^2}ds=\left(\frac{n}{s-1}-\frac{n+1}{s}\right)ds$$

적분하면(적분상수=0으로 한다.)

$$\ln Y = n\ln(s-1) - (n+1)\ln s$$

$$\therefore\ Y = \frac{(s-1)^n}{s^{n+1}}$$

역변환으로 $\mathcal{L}^{-1}(Y) = y$를 구한다.

$$\mathcal{L}(t^n) = \frac{n!}{s^{n+1}},\quad \mathcal{L}(t^n e^{-t}) = \frac{n!}{(s+1)^{n+1}}$$

$z = t^n e^{-t}$에서 $z(0) = 0,\ z'(0) = 0,\ \cdots,\ z^{(n-1)}(0) = 0$이므로

$$\mathcal{L}[(t^n e^{-t})^{(n)}] = s^n \cdot \frac{n!}{(s+1)^{n+1}} \quad \therefore\ \mathcal{L}\left[\frac{e^t}{n!}(t^n e^{-t})^{(n)}\right] = \frac{(s-1)^n}{s^{n+1}}$$

$$\therefore\ y = \mathcal{L}^{-1}(Y) = \frac{e^t}{n!}(t^n e^{-t})^{(n)}$$

4 연립미분방정식의 해법

다음과 같은 연립미분방정식

$$\begin{cases} y_1' = a_{11}y_1 + a_{12}y_2 + g_1(t) \\ y_2' = a_{21}y_1 + a_{22}y_2 + g_2(t) \end{cases}$$

를 Laplace 변환을 써서 풀어보자.

해법의 수순은 단일 미분방정식을 푸는 경우와 같다.

1단계 : 준 방정식에 Laplace변환을 취한다.

$$\begin{cases} sY_1 - y_1(0) = a_{11}Y_1 + a_{12}Y_2 + G_1(s) \\ sY_2 - y_2(0) = a_{21}Y_1 + a_{22}Y_2 + G_2(s) \end{cases}$$

또는

$$\begin{cases} (a_{11} - s)Y_1 + a_{12}Y_2 = -y_1(0) - G_1(s) \\ a_{21}Y_1 + (a_{22} - s)Y_2 = -y_2(0) - G_2(s) \end{cases}$$

2단계 : Y_1과 Y_2에 관하여 대수적으로 푼다.

3단계 : 역변환 $y_1 = \mathcal{L}^{-1}(Y_1),\ y_2 = \mathcal{L}^{-1}(Y_2)$을 취하여 y_1과 y_2를 구한다.

예제 11 다음 연립미분방정식을 Laplace 변환을 써서 풀어라.

$$\begin{cases} y_1' = -8y_1 + 2y_2 + 6 & y_1(0) = 0 \\ y_2' = 8y_1 - 8y_2 & y_2(0) = 0 \end{cases}$$

(풀이) **1단계** : $sY_1 - 0 = -8Y_1 + 2Y_2 + \dfrac{6}{s}$

$$sY_2 - 0 = \quad 8Y_1 - 8Y_2$$

또는 $(s+8)Y_1 - 2Y_2 = \dfrac{6}{s}$

$$8Y_1 - (s+8)Y_2 = 0$$

2단계 : Y_1, Y_2에 관하여 푼다.

$$Y_1 = \frac{6(s+8)}{s(s+12)(s+4)} = \frac{A_1}{s} + \frac{A_2}{s+12} + \frac{A_3}{s+14}$$

미정계수법으로 A_1, A_2, A_3을 구한다.

$$6(s+8) = A_1(s+12)(s+4) + A_2 s(s+4) + A_3 s(s+12)$$

에서

$$A_1 = 1,\ A_2 = -\frac{1}{4},\ A_3 = -\frac{3}{4}$$

$$\therefore\ Y_1 = \frac{1}{s} - \frac{1/4}{s+12} - \frac{3/4}{s+4}$$

$$Y_2 = \frac{-48}{s(s+12)(s+4)} = \frac{B_1}{s} + \frac{B_2}{s+12} + \frac{B_3}{s+4}$$

양변에 분모의 최소공배수(LCD)를 곱한다.

$$48 = B_1(s+12)(s+4) + B_2 s(s+4) + B_3 s(s+12)$$

에서 미정계수법으로 B_1, B_2, B_3을 구한다.

$$B_1 = 4,\ B_2 = \frac{1}{2},\ B_3 = -\frac{3}{2}$$

$$\therefore\ Y_2 = \frac{4}{s} + \frac{1/2}{s+12} - \frac{3/2}{s+4}$$

3단계 : 역변환으로 y_1, y_2를 구한다.

$$\begin{cases} y_1 = 1 - \dfrac{1}{4}e^{-12t} - \dfrac{3}{4}e^{-4t} \\ y_2 = 4 + \dfrac{1}{2}e^{-12t} - \dfrac{3}{2}e^{-4t} \end{cases}$$

연습문제 4.2

1. 초기조건 $y(0)=1$, $y'(0)=2$를 만족하는 다음 미분방정식의 해를 Laplace 변환을 써서 구하라.

(1) $y''+4y=3$　　　(2) $y''+y'-2y=0$

2. 다음 역변환을 구하라.

(1) $\mathcal{L}^{-1}\left(\dfrac{s+1}{s(s^2+s-6)}\right)$　　　(2) $\mathcal{L}^{-1}\left(\dfrac{s+2}{(s-1)^2 s^3}\right)$

(3) $\mathcal{L}^{-1}\left(\dfrac{s+5}{s^2+2s+5}\right)$　　　(4) $\mathcal{L}^{-1}\left(\dfrac{1}{s(s^2+\omega^2)}\right)$

3. 다음 미분방정식을 Laplace 변환을 써서 풀어라.

(1) $y''+2ay+a^2y=k,\ y(0)=1,\ y'(0)=0$

(2) $y''+y=\sin t,\ y(0)=0,\ y'(0)=\dfrac{1}{2}$

4. 다음 연립미분방정식의 해를 구하라.

$$\begin{cases} \dfrac{dx}{dt}-y=e^t \\ \dfrac{dy}{dt}+x=\sin t \end{cases}\quad \text{단,}\quad \begin{matrix} x(0)=1 \\ y(0)=0 \end{matrix}$$

5. $ty''+y'+ty=0$의 해를 다음 차례로 구하라.

(1) Laplace 변환을 취하면 $(s^2+1)\dfrac{dY}{ds}+sY=0$됨을 밝혀라.

(2) $Y=\dfrac{C}{\sqrt{s^2+1}}$ 임을 밝혀라.

(3) Y를 s의 멱급수로 나타내라.

(4) y를 t의 멱급수로 나타내라.

해답

1. (1) $s^2Y - sy_0 - y_0{}') + 4Y = \frac{4}{s}$, $Y(s^2+4) = s+2+\frac{4}{s}$

$\therefore Y = \frac{s+2}{s^2+4} + \frac{4}{s(s^2+4)} = \frac{s+2}{s^2+4} + \frac{a}{s} + \frac{bs+c}{s^2+4}$

$4 = a(s^2+4) + s(bs+c) = (a+b)s^2 + cs + 4a$이므로,

$a+b=0$, $c=0$, $4a=4$에서 $a=1, b=-1, c=0$

$\therefore Y = \frac{s+2}{s^2+4} - \frac{1}{s} - \frac{s}{s^2+4} = \frac{2}{s^2+4} - \frac{1}{s}$ $\quad\therefore y = \sin 2t - 1$

(2) $(s^2Y - sy_0 - y_0{}') + (sY - y_0) - 2Y = 0$

$Y(s^2+s-2) = s+2+1$, $Y = \frac{s+3}{(s+2)(s-1)} = \frac{a}{s+2} + \frac{b}{s-1}$

$s+3 = a(s-1) + b(s+2) = (a+b)s + (-a+2b)$에서 $a+b=1$, $-a+2b=3$

또는 $3b=4$에서 $b=\frac{4}{3}$, $a=1-b=-\frac{1}{3}$ $\quad\therefore y = -\frac{1}{3}e^{-2t} + \frac{4}{3}e^t$

2. (1) $\frac{s+1}{s(s^2+s-6)} = \frac{s+1}{s(s+3)(s-2)} = \frac{a}{s} + \frac{b}{s+3} + \frac{c}{s-2}$

$= \frac{-1/6}{s} + \frac{-2/15}{s+3} + \frac{3/10}{s-2}$

$\therefore \mathcal{L}^{-1}\left(\frac{s+1}{s(s^2+s-6)}\right) = -\frac{1}{6}\mathcal{L}^{-1}\left(\frac{1}{s}\right) - \frac{2}{15}\mathcal{L}\left(\frac{1}{s+3}\right) + \frac{3}{10}\mathcal{L}^{-1}\left(\frac{1}{s-2}\right)$

$= -\frac{1}{6} - \frac{2}{15}e^{-3t} + \frac{3}{10}e^{2t}$

(2) $\frac{s+2}{(s-1)^2s^3} = \frac{a}{(s-1)^2} + \frac{b}{s-1} + \frac{c}{s} + \frac{d}{s^2} + \frac{e}{s^3}$

$= \frac{3}{(s-1)^2} + \frac{-8}{s-1} + \frac{8}{s} + \frac{5}{s^2} + \frac{2}{s^3}$

$\therefore \mathcal{L}^{-1}\left(\frac{s+2}{(s-1)^2s^3}\right) = 3\mathcal{L}\left(\frac{1}{(s-1)^2}\right) - 8\mathcal{L}^{-1}\left(\frac{1}{s-1}\right) + 8\mathcal{L}^{-1}\left(\frac{1}{s}\right)$

$+ 5\mathcal{L}^{-1}\left(\frac{1}{s^2}\right) + 2\mathcal{L}^{-1}\left(\frac{1}{s^3}\right) = 3te^t - 8e^t + 8 + 5t + t^2$

(3) $\frac{s+5}{s^2+2s+5} = \frac{s+1}{(s+1)^2+4} + \frac{4}{(s+1)^2+4}$

$\therefore \mathcal{L}^{-1}\left(\frac{s+5}{s^2+2s+5}\right) = \mathcal{L}^{-1}\left(\frac{s+1}{(s+1)^2+4}\right) + 2\mathcal{L}^{-1}\left(\frac{2}{(s+1)^2+4}\right)$

$= e^{-t}\cos 2t + 2e^{-t}\sin 2t$

(4) $\frac{1}{s(s^2+\omega^2)} = \frac{a}{s} + \frac{bs+c}{s^2+\omega^2}$, $1 = a(s^2+\omega^2) + s(bs+c) = (a+b)s^2 + cs + a\omega^2$

에서 $a+b=0$, $c=0$, $a\omega^2=1$ $\quad\therefore a = \frac{1}{\omega^2}$, $b = -a = -\frac{1}{\omega^2}$

$$\therefore \mathcal{L}^{-1}\left(\frac{1}{s(s^2+\omega^2)}\right)=\frac{1}{\omega^2}\mathcal{L}^{-1}\left(\frac{1}{s}\right)-\frac{1}{\omega^2}\mathcal{L}^{-1}\left(\frac{s}{s^2+\omega^2}\right)=\frac{1}{\omega^2}-\frac{1}{\omega^2}\cos\omega t$$
$$=\frac{1}{\omega}(1-\cos\omega t)$$

3. (1) $\mathcal{L}(y'')+2\alpha\mathcal{L}(y')+\alpha^2\mathcal{L}(y)=\mathcal{L}(k)$, $y_0=1$, $y_0'=0$

$$\{s^2Y-s(1)\}+2\alpha(sY-1)+\alpha^2Y=\frac{k}{s},\quad Y(s^2+2\alpha s+\alpha^2)=s+2\alpha+\frac{k}{s}$$

$$\therefore Y=\frac{s+\alpha+\alpha}{(s+\alpha)^2}+\frac{k/s}{(s+\alpha)^2}=\frac{1}{s+\alpha}+\frac{\alpha}{(s+\alpha)^2}+\frac{a}{s}+\frac{b}{(s+\alpha)}+\frac{c}{(s+\alpha)^2}$$

$\dfrac{k}{s(s+\alpha)^2}=\dfrac{a}{s}+\dfrac{b}{s+\alpha}+\dfrac{c}{(s+\alpha)^2}$ 에서 $k=a(s+\alpha)^2+bs(s+\alpha)+cs$

$k=(a+b)s^2+(2a\alpha+b\alpha+c)s+a\alpha^2$ 에서 $a+b=0$, $2a\alpha+b\alpha+c=0$, $a\alpha^2=k$

$$\therefore a=\frac{k}{\alpha^2}=-b,\ c=-2a\alpha-b\alpha=-2\alpha\left(\frac{k}{\alpha^2}\right)+\frac{k\alpha}{\alpha^2}=-\frac{2k}{\alpha}+\frac{k}{\alpha}=-\frac{k}{\alpha}$$

$$\therefore y=\mathcal{L}^{-1}\left(\frac{1}{s+\alpha}\right)+\alpha\mathcal{L}^{-1}\left(\frac{1}{(s+\alpha)^2}\right)+\frac{k}{\alpha^2}\mathcal{L}^{-1}\left(\frac{1}{s}\right)-\frac{k}{\alpha^2}\mathcal{L}^{-1}\left(\frac{1}{s+\alpha}\right)-\frac{k}{\alpha}\mathcal{L}^{-1}\left(\frac{1}{(s+\alpha)^2}\right)$$
$$=e^{-\alpha t}+\alpha te^{-\alpha t}+\frac{k}{\alpha^2}-\frac{k}{\alpha^2}e^{-\alpha t}-\frac{k}{\alpha}te^{-\alpha t}=\left(\alpha-\frac{k}{\alpha}\right)te^{-\alpha t}+\left(1-\frac{k}{\alpha^2}\right)e^{-\alpha t}+\frac{k}{\alpha^2}$$

(2) $\mathcal{L}(y'')+\mathcal{L}(y)=\mathcal{L}(\sin t)$ 에서 $s^2Y-s(0)-\dfrac{1}{2}+Y=\dfrac{1}{s^2+1}$

$$Y(s^2+1)=\frac{1}{2}+\frac{1}{s^2+1},\quad Y=\frac{1}{2}\frac{1}{s^2+1}+\frac{1}{(s^2+1)^2}$$

$\mathcal{L}^{-1}\left(\dfrac{1}{s^2+1}\right)=\sin t$, $\dfrac{1}{(s^2+1)^2}=\dfrac{1}{s}\dfrac{s}{(s^2+1)^2}=\dfrac{1}{2s}\left[-\dfrac{d}{ds}\left(\dfrac{1}{s^2+1}\right)\right]$ 이므로

$$\mathcal{L}^{-1}\left(\frac{1}{(s^2+1)^2}\right)=\frac{1}{2}\int_0^t t\sin dt=\frac{1}{2}(\sin t-t\cos t)$$

$$\therefore y(t)=\mathcal{L}^{-1}(Y)=\frac{1}{2}\sin t+\frac{1}{2}(\sin t-t\cos t)=\sin t-\frac{1}{2}t\cos t$$

4. Laplace 변환을 취하면

$$\begin{cases} sX-Y=\dfrac{1}{s-1}+1 & \cdots① \\ X+sY=\dfrac{1}{s^2+1} & \cdots② \end{cases}$$

$s\times①+2$; $(s^2+1)X=\dfrac{s}{s-1}+s+\dfrac{1}{s^2+1}$

$$\therefore X=\frac{s}{(s-1)(s^2+1)}+\frac{s}{s^2+1}+\frac{1}{(s^2+1)^2}$$

$s\times②-①$; $(s^2+1)Y=\dfrac{s}{s^2+1}-\dfrac{1}{s-1}-s$

$$\therefore Y=-\frac{1}{(s-1)(s^2+1)}-\frac{s}{s^2+1}+\frac{s}{(s^2+1)^2}$$

이들 각식을 부분분수로 나타내면

$$X=\frac{1}{2}\left[\frac{1}{s-1}+\frac{1}{s^2+1}+\frac{s}{s^2+1}+\frac{2}{(s^2+1)^2}\right]$$

$$Y=\frac{1}{2}\left[-\frac{1}{s-1}-\frac{1}{s^2+1}+\frac{s}{s^2+1}+\frac{2s}{(s^2+1)^2}\right]$$

구하는 $\mathcal{L}^{-1}(X)=x$, $\mathcal{L}^{-1}(Y)=y$는 다음과 같다.

$$x=\frac{1}{2}(e^t+2\sin t+\cos t-t\cos t) \quad y=\frac{1}{2}(-e^t-\sin t+\cos t+t\sin t)$$

5. (1) $\mathcal{L}(ty'')=-\frac{d}{ds}\mathcal{L}(y'')=-\frac{d}{ds}(s^2Y-sy_0-y_0{}')=-\left(2sY+s^2\frac{dY}{ds}-y_0\right)$

이므로 $\mathcal{L}(ty''+y'+ty)=-\left(2sY+s^2\frac{dY}{ds}-y_0\right)+(sY-y_0)-\frac{dY}{ds}$

$=-\frac{dY}{ds}(s^2+1)-sY=0 \qquad (s^2+1)\frac{dY}{ds}+sY=0$

(2) 변수를 분리하고 적분한다. $\frac{s}{s^2+1}ds+\frac{dY}{Y}=0$, $\frac{1}{2}\ln(s^2+1)+\ln Y=\ln c$

$$\therefore Y=\frac{c}{\sqrt{s^2+1}}=\frac{c}{s\sqrt{1+1/s^2}}=\frac{c}{s}\left(1+\frac{1}{s^2}\right)^{-\frac{1}{2}}$$

(3) $Y=\frac{c}{s}\left(1+\frac{1}{s^2}\right)^{-\frac{1}{2}}=\frac{c}{s}\left[1-\frac{1}{2}\frac{1}{s^2}+\frac{-\frac{1}{2}\left(-\frac{3}{2}\right)}{2!}\left(\frac{1}{s^2}\right)^2+\frac{-\frac{1}{2}\left(-\frac{3}{2}\right)\left(-\frac{5}{2}\right)}{3!}\left(\frac{1}{s^2}\right)^3+\cdots\right]$

$$=c\left[\frac{1}{s}-\frac{1}{2\cdot 1!s^3}+\frac{1\cdot 3}{2^2\cdot 2!}\frac{1}{s^5}-\frac{1\cdot 3\cdot 5}{2^3\cdot 3!}\frac{1}{s^7}+\cdots\right]$$

$$\therefore y=\mathcal{L}^{-1}(Y)=c\left[1-\frac{1}{2\cdot 1!}\frac{t^2}{2!}+\frac{1\cdot 3}{2^2\cdot 2!}\frac{t^4}{4!}-\frac{1\cdot 3\cdot 5}{2^3\cdot 3!}\frac{t^6}{6!}+\cdots\right]$$

4.3 여러 가지 함수의 Laplace 변환

❼ 단위계단함수의 Laplace 변환

$t < a$일 때 0이고, $t > a$일 때 1인 함수를

$$u(t-a) = \begin{cases} 0 & (t < a) \\ 1 & (t > a) \end{cases}$$

로 정의하고, 이 함수를 **단위계단함수**(unit step function)이라 하며, $u(t-a)$를 간단히 $u_a(t)$로 나타내기도 한다.

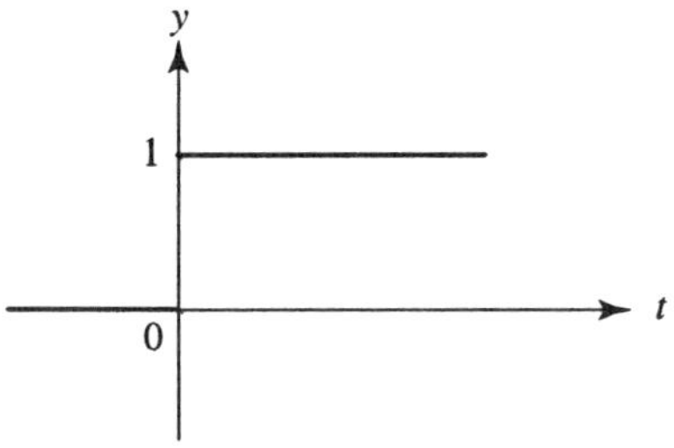

(1) $u(t)$의 그래표

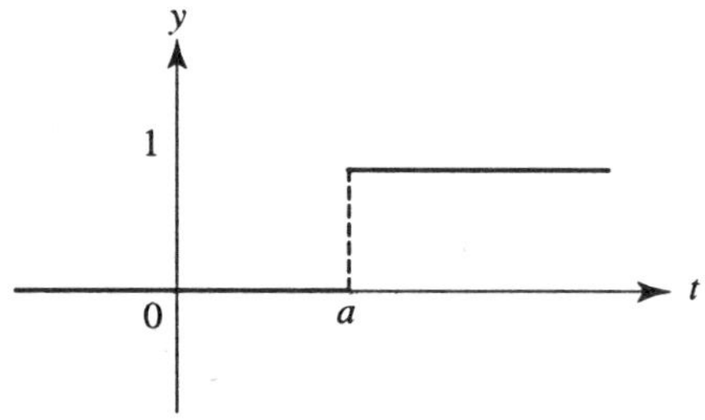

(2) $u(t-a)$의 그래표

단위계단함수의 Laplace 변환을 구해보자.

$$\mathcal{L}\{u(t-a)\} = \int_0^{\infty} e^{-st}u(t-a)dt = \int_0^{a} e^{-st}\cdot 0dt + \int_a^{\infty} e^{-st}\cdot 1dt$$
$$= \left[-\frac{1}{s}e^{-st}\right]_0^{\infty} = \frac{e^{-as}}{s} \quad (s > 0) \tag{4}$$

구분적으로 연속인 함수는 단위계단함수를 써서 나타내면 쉽게 Laplace 변환을 구할 수 있다.

예제 ① 다음 그림과 같은 함수의 Laplace 변환을 구하여라.

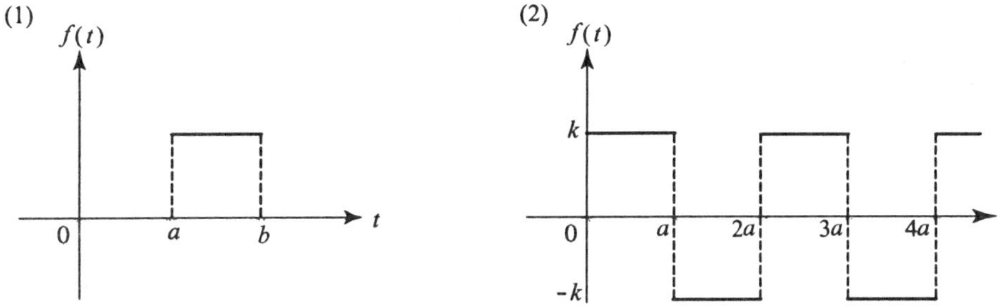

(풀이) (1) $f(t)=k[u(t-a)-u(t-b)]=\begin{cases}0 & (t<a)\\ k & (a<t<b)\\ 0 & (t>b)\end{cases}$

이므로

$$\mathcal{L}(f)=k[\mathcal{L}\{u(t-a)\}-\mathcal{L}\{u(t-b)\}]=\frac{k}{s}(e^{-as}-e^{-bs})$$

| 참 고 |

$-u(t-b)=\begin{cases}0 & (t<b)\\ -1 & (t>b)\end{cases}$ 이므로 $u(t-a)-u(t-b)=\begin{cases}0 & (t<a)\\ 1 & (a<t<b)\\ 0 & (t>b)\end{cases}$

(2) $f(t)=k[u(t-0)-2u(t-a)+2u(t-2a)-2u(t-3a)+\cdots]$

이므로

$$\mathcal{L}(f)=k\left[\frac{e^{-as}}{s}-2\frac{e^{-as}}{s}+2\frac{e^{-2as}}{s}-\frac{2e^{-3as}}{s}+\cdots\right]$$

$$=\frac{k}{s}[1-2e^{-as}(1-e^{-as}+e^{-2as}-e^{-3as}+\cdots)] \quad (as>0)$$

$$=\frac{k}{s}\left(1-\frac{2e^{-as}}{1+e^{-as}}\right)=\frac{k}{s}\frac{1-e^{-as}}{1+e^{-as}}=\frac{k}{s}\frac{e^{\frac{as}{2}}-e^{-\frac{as}{2}}}{e^{\frac{as}{2}}+e^{-\frac{as}{2}}}$$

$$=\frac{k}{s}\tanh\left(\frac{as}{2}\right)$$

예제 2 다음 함수의 Laplace 변환을 구하여라.

$$f(t)=\begin{cases}2 & (0<t<\pi)\\ 0 & (\pi<t<2\pi)\\ \sin t & (t>2\pi)\end{cases}$$

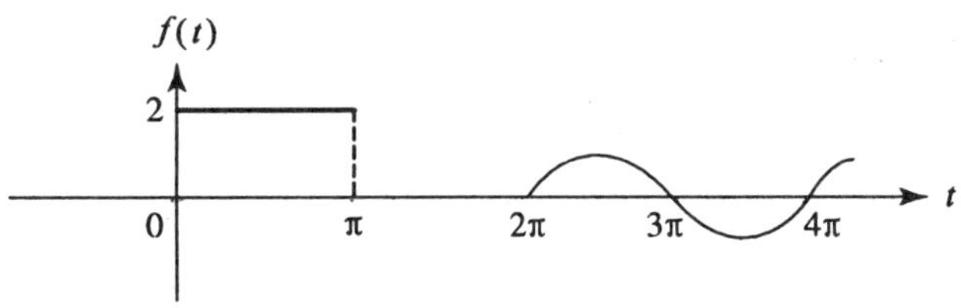

(풀이) $f(t)$를 단위계단함수를 써서 나타낸다.

$$f(t)=2[u(t)-u(t-\pi)]+u(t-2\pi)\sin t$$

$$\therefore \mathcal{L}(f)=2\left(\frac{1}{s}-\frac{e^{-\pi s}}{s}\right)+\frac{e^{-2\pi s}}{s^2+1}$$

$f(t)$에 $u(t-a)$를 곱한 함수 $y=f(t)u(t-a)$ $(t>a)$의 그래프는 $y=f(t)$인 그래프에서 $t<a$에서는 $y=0$, $t>a$에서는 $y=f(t)$인 그래프이다.

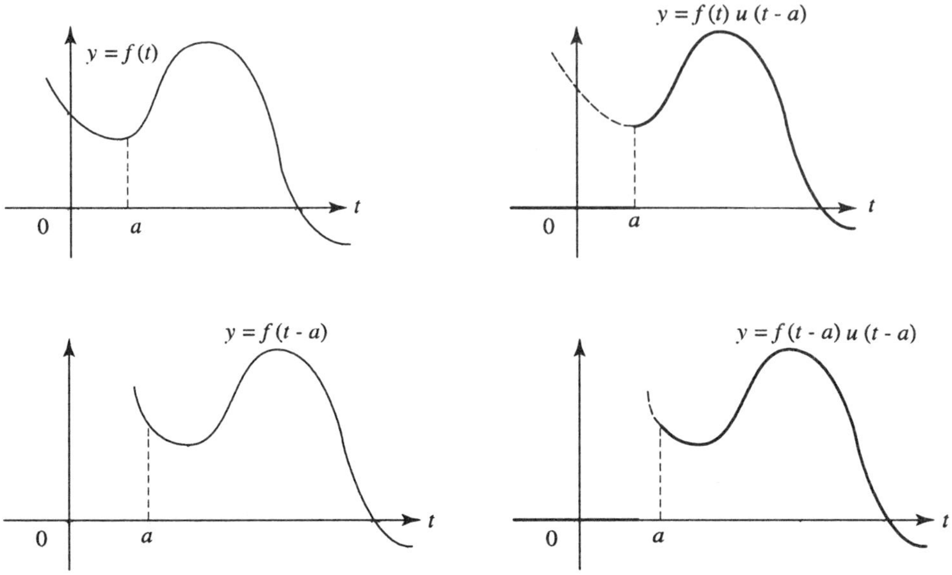

$\mathcal{L}\{f(t-a)u(t-a)\} = \int_a^{\infty} e^{-st}f(t-a)dt$를 밝힌다.

$$e^{-as}F(s) = \int_0^{\infty} e^{-(\tau+a)}f(\tau)d\tau$$

$\tau+a=t$ 라면 $d\tau=dt$, $\tau=0$때 $t=a$, $\tau=\infty$때 $t=\infty$이므로

$$e^{-as}F(s) = \int_a^{\infty} e^{-st}f(t-a)dt = \int_0^{\infty} e^{-st}f(t-a)u(t-a)dt = \mathcal{L}\{f(t-a)u(t-a)\}$$

$$e^{-as}F(s) = \int_0^{\infty} e^{-st}f(t-a)u(t-a)dt = \mathcal{L}\{f(t-a)u(t-a)\} \qquad (5)$$

예제 3 $F(s)=\frac{1/2}{s}-\frac{1}{s+1}+\frac{1/2}{s+2}$일 때, $\mathcal{L}^{-1}[e^{-s}F(s)]$, $\mathcal{L}^{-1}[e^{-2s}F(s)]$를 구하고, $y=f(t-1)U(t-1)-f(t-2)U(t-2)$를 구하라.

(풀이) $\mathcal{L}\{f(t-1)u(t-1)\}=e^{-s}F(s)$, $\mathcal{L}\{f(t-2)u(t-2)\}=e^{-2s}F(s)$

$F(s)=\frac{1/2}{s}-\frac{1}{s+1}+\frac{1/2}{s+2}$에서 $f(t)=\frac{1}{2}-e^{-t}+\frac{1}{2}e^{-2t}$

$$\mathcal{L}^{-1}[e^{-s}F(s)] = f(t-1)u(t-1) = \begin{cases} 0 & (t<1) \\ \frac{1}{2}-e^{-(t-1)}+\frac{1}{2}e^{-2(t-1)} & (1<t) \end{cases}$$

$$\mathcal{L}^{-1}[e^{-2s}F(s)] = f(t-2)u(t-2) = \begin{cases} 0 & (t<2) \\ \frac{1}{2} - e^{-(t-2)} + \frac{1}{2}e^{-2(t-2)} & (2<t) \end{cases}$$

$$\therefore y = f(t-1)u(t-1) - f(t-2)u(t-2)$$

$$= \begin{cases} 0 & (0<t<1) \\ \frac{1}{2} - e^{-(t-1)} + \frac{1}{2}e^{-2(t-1)} & (1<t<2) \\ -e^{-(t-1)} + \frac{1}{2}e^{-2(t-1)} + e^{-(t-2)} - \frac{1}{2}e^{-2(t-2)} & (t>2) \end{cases}$$

참 고

$$e^{-as}F(s) = e^{-as}\int_0^\infty e^{-st}f(t)dt = \int_0^\infty e^{-s(t+a)}f(t)dt$$

$t+a=\tau$라면 $t=0$때 $\tau=a$, $t=\infty$때 $\tau=\infty$

$$\therefore e^{-as}F(s) = \int_a^\infty e^{-s\tau}f(\tau-a)d\tau$$

$$f(\tau-a)u_a(\tau) = \begin{cases} 0 & (\tau<a) \\ f(\tau-a) & (\tau>a) \end{cases}$$

이므로

$$e^{as}F(s) = \int_0^\infty e^{-s\tau}f(\tau-a)u_a(\tau)d\tau = \mathcal{L}[f(t-a)u_a(t)]$$

$$\therefore \mathcal{L}^{-1}[e^{-as}F(s)] = f(t-a)u_a(t)$$

❷ Dirac delta 함수

영국의 물리학자 Dirac이 양자역학의 이론 전개에서 사용한 다음 함수는 순간적인 힘을 수식화한 것이다.

$$\delta_\varepsilon(t-a) = \begin{cases} 0 & (t \le a) \\ \frac{1}{\varepsilon} & (a<t<a+\varepsilon) \\ 0 & (t \ge a+\varepsilon) \end{cases}$$

일 때, $\delta(t-a) = \lim_{\varepsilon \to 0}\delta_s(t-a)$로 정의되는 함수 $\delta(t)$를 dirac delta **함수** 또는 impulse(충격)함수이라 한다.

$$\delta_\varepsilon(t-a) = \frac{1}{\varepsilon}[u(t-a) - u(t-a-\varepsilon)]$$

이므로 $\mathcal{L}\{\delta_\varepsilon(t-a)\}$를 구하면

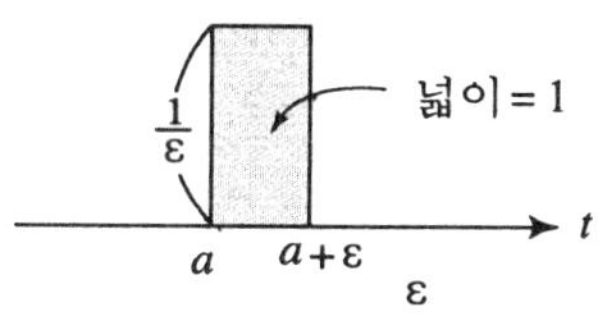

$\delta_\varepsilon(t-a)$의 그림

$$\mathcal{L}\{\delta_\varepsilon(t-a)\} = \frac{1}{\varepsilon s}[e^{-as} - e^{-(a+\varepsilon)s}]$$

$$\therefore \mathcal{L}\{\delta(t-a)\} = \lim_{\varepsilon \to 0}\left[e^{-as}\left(\frac{1-e^{-\varepsilon s}}{\varepsilon s}\right)\right] = e^{-as}\lim_{\varepsilon \to 0}\frac{se^{-\varepsilon s}}{s} = e^{-as}$$

$$\mathcal{L}\{\delta(t-a)\} = e^{-as}$$

예제 4 다음 미분방정식을 풀어라.

$y'' + 3y' + 2y = r(t),\ y(0) = 0,\ y'(0) = 0$

단, $r(t) = u(t-1) - u(t-2)$

(풀이) $r(t)$의 그래프는 다음과 같다.

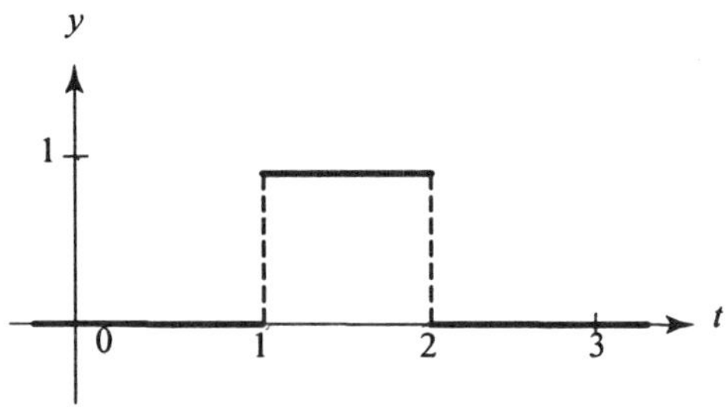

주어진 미분방정식에 Laplace 변환을 취하면

$$s^2Y + 3sY + 2Y = \frac{e^{-s}}{s} - \frac{e^{-2s}}{s}$$

$$Y = \frac{e^{-s} - e^{-2s}}{s(s+1)(s+2)} = \left(\frac{1/2}{s} - \frac{1}{s+1} + \frac{1/2}{s+2}\right)(e^{-s} - e^{-2s})$$

$$\therefore y = \mathcal{L}^{-1}[F(s)e^{-s} - F(s)e^{-2s}]\ \left(F(s) = \frac{1/2}{s} - \frac{1}{s+1} + \frac{1/2}{s+2}\right)$$

$$= f(t-1)u(t-1) - f(t-2)u(t-2)$$

$$= \begin{cases} 0 & (0<t<1) \\ \frac{1}{2} - e^{-(t-1)} + \frac{1}{2}e^{-2(t-1)} & (1<t<2) \\ -e^{-(t-1)} + e^{-(t-2)} + \frac{1}{2}e^{-2(t-1)} - \frac{1}{2}e^{-2(t-2)} & (t>2) \end{cases}$$

3 주기함수의 Laplace 변환

$f(t)$는 T를 주기로 하는 주기함수이면, $f(t+T) = f(t)$이고, 구간 T에서 구분적으로 연속(piecewise continuous)이면, $f(t)$의 Laplace 변환은 다음과 같다.

$$\mathcal{L}(f) = \int_0^\infty e^{-st}f(t)dt = \int_0^T e^{-st}f(t)dt + \int_T^{2T} e^{-st}f(t)dt + \cdots$$

$$= \sum_{n=0}^{\infty}\int_{nT}^{(n+1)T} e^{-st}f(t)dt$$

$\tau = t - nT$이라면 $f(\tau + nT) = f(\tau)$, $dt = d\tau$이고, $t = nT$때 $\tau = 0$, $t = (n+1)T$ 일 때 $\tau = T$이므로

$$\mathcal{L}(f(t)) = \sum_{n=0}^{\infty}\int_0^T e^{-s(\tau+nT)}f(\tau+nT)d\tau = \sum_{n=0}^{\infty}e^{-nsT}\int_0^T e^{-s\tau}f(\tau)d\tau$$

$$\sum_{n=0}^{\infty}e^{-nsT} = \frac{1}{1-e^{-sT}}$$

이므로

$$\mathcal{L}\{f(t)\} = \frac{1}{1-e^{-sT}}\int_0^T e^{-st}f(t)dt,\ f(t+T) = f(t),\ t \ge 0$$

예제 5 $f(t) = \dfrac{t}{a}$, $f(t+a) = f(t)$인 주기함수 $f(t)$의 Laplace 변환을 구하라.

(풀이) 주기 $T = a$, $f(t) = \dfrac{t}{a}$를 위 공식에 대입하면

$$\mathcal{L}\{f(t)\} = \frac{1}{1-e^{as}}\int_0^a e^{-st}\frac{t}{a}\,dt = \frac{1}{a(1-e^{-as})}\left[-\frac{1}{s}e^{-st}\left(t-\frac{1}{s}\right)\right]_0^a$$

$$= \frac{1}{a(1-e^{-as})}\left[-\frac{1}{s}e^{-as}\left(a-\frac{1}{s}\right)-\frac{1}{s^2}\right]$$

$$= -\frac{1}{as(1-e^{-as})}\left\{e^{-sa}\left(a-\frac{1}{s}\right)+\frac{1}{s}\right\}$$

예제 6 $f(t) = |\sin t|$의 Laplace 변환을 구하라.

(풀이) $f(t)$는 주기가 π인 주기함수이므로

$$\mathcal{L}\{f(t)\} = \frac{1}{1-e^{-\pi s}}\int_0^\pi e^{-st}\sin t\,dt = \frac{1}{1-e^{-\pi s}}\,\frac{1}{1+s^2}(1+e^{-\pi s})$$

$$= \frac{1}{1+s^2}\,\frac{1+e^{-\pi s}}{1-e^{-\pi s}} = \frac{1}{1+s^2}\coth\frac{\pi s}{2}$$

여기서 $\displaystyle\int_0^\pi e^{-st}\sin t dt = \left[\frac{e^{-st}}{1+s^2}(-s\sin t - \cos t)\right]_0^\pi = \frac{1}{1+s^2}(1+e^{-\pi s})$,

$$\frac{1+e^{-\pi s}}{1-e^{-\pi s}} = \frac{e^{\frac{\pi s}{2}}+e^{-\frac{\pi s}{2}}}{e^{\frac{\pi s}{2}}-e^{-\frac{\pi s}{2}}} = \frac{\cosh\frac{\pi s}{2}}{\sinh\frac{\pi s}{2}} = \coth\frac{\pi s}{2}$$

4.4 합성곱과 적분방정식

① 합성곱(Convolution)

두 개의 함수의 Laplace 변환의 곱 $F(s)G(s)$가 주어질 때, 이것의 역변환을 $f(t)$와 $g(t)$를 써서 구해 보자. $F(s)G(s)$의 역변환을 $f(t)*g(t)$로 나타내고, 이것을 f와 g의 **합성곱**(convolution)이라 한다. 즉

$$\mathcal{L}^{-1}\{F(s)G(s)\} = f(t)*g(t)$$

$f(t)*g(t)$를 간단히 $f*g$ 또는 $(f*g)(t)$로 나타낸다.

정리 1

두 함수 $f(x)$와 $g(t)$의 변환의 곱 $F(s)G(s)$의 역변환은

$$\mathcal{L}^{-1}\{F(s)G(s)\} = f(t)*g(t) = \int_0^t f(t-u)g(u)\,du$$

여기서 $t-u=\tau$이라면 $u=t-\tau$이고, $u=0$일 때 $\tau=t$, $u=t$일 때 $\tau=0$이므로

$$h(t) = \int_t^0 f(\tau)g(t-\tau)(-d\tau) = \int_0^t f(u)g(t-u)du$$

(증명) $\mathcal{L}\{f(t)\}\mathcal{L}\{g(t)\} = \left[\int_0^\infty e^{-sv}f(v)dv\right]\left[\int_0^\infty e^{-su}g(u)du\right]$

$$= \int_0^\infty \int_0^\infty e^{-s(v+u)}f(v)g(u)dv\,du$$

$$= \int_0^\infty \left[\int_0^\infty e^{-s(u+v)}f(v)dv\right]g(u)du$$

괄호 안의 적분에서 치환 $v=t-u$로 변수 v를 변수 t로 바꾸면

$$v=t-u,\ dv=dt,\ v=0\text{때}\ \ t=u,\ v=\infty\text{때}\ \ t=\infty$$

이므로

$$\int_0^\infty e^{-s(u+v)}f(v)dv = \int_u^\infty e^{-st}f(t-u)dt$$

따라서

$$L\{f(t)\}L\{g(t)\} = \int_0^\infty\left\{\int_u^\infty e^{-st}f(t-u)dt\right\}g(u)du$$

우변의 2중적분에서 적분순서를 다음 그림에 의하여 바꾼다.

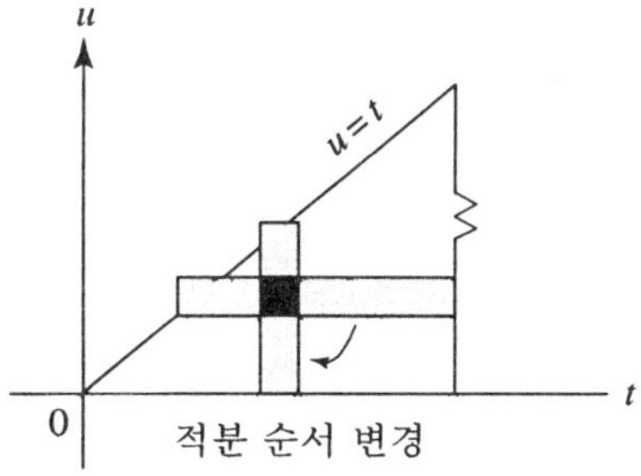

$\begin{pmatrix} t \text{ 는 } u \text{ 에서 } \infty \text{ 까지} \\ u \text{ 는 } 0 \text{ 에서 } \infty \text{ 까지} \end{pmatrix}$를 $\begin{pmatrix} u \text{ 는 } 0 \text{ 에서 } t \text{ 까지} \\ t \text{ 는 } 0 \text{ 에서 } \infty \text{ 까지} \end{pmatrix}$로 변경한다.

$$\mathcal{L}\{f(t)\}L\{g(t)\} = \int_0^\infty e^{-st}\left\{\int_0^t f(t-u)g(u)\,du\right\}dt = \mathcal{L}\left\{\int_0^t f(t-u)g(u)\,du\right\}$$

또는 $f*g = g*f = \mathcal{L}\{g(t)\}\mathcal{L}\{f(t)\} = \mathcal{L}\left\{\int_0^t g(t-u)f(u)du\right\}$

특히 $f(t) = g(t)$이면, $\{F(s)\}^2 = \mathcal{L}\{f(t)*f(t)\}$이다.

예제 1 $H(s) = \dfrac{1}{s^2(s-a)}$ 이다. 역변환 $h(t)$를 구하라.

(풀이) $F(s) = \dfrac{1}{s^2}$, $G(s) = \dfrac{1}{s-a}$

이라면

$$f(t) = \mathcal{L}^{-1}\left(\frac{1}{s^2}\right) = t, \quad g(t) = \mathcal{L}^{-1}\left(\frac{1}{s-a}\right) = e^{at}$$

$$\begin{aligned}\therefore h(t) = f(t)*g(t) &= \int_0^t f(t-u)g(u)\,du \\ &= \int_0^t (t-u)e^{au}du = t\int_0^t e^{au}du - \int_0^t ue^{au}du \\ &= \frac{t}{a}(e^{at}-1) - \frac{1}{a}\left[e^{at}\left(t-\frac{1}{a}\right)+\frac{1}{a}\right] = \frac{1}{a^2}(e^{at}-at-1)\end{aligned}$$

또는
$$\begin{aligned}h(t) = g(t)*f(t) &= \int_0^t g(t-u)f(u)du \\ &= \int_0^t e^{a(t-u)}udu = e^{at}\int_0^t ue^{-u}du = \frac{1}{a^2}(e^{at}-at-1)\end{aligned}$$

예제 2 $\mathcal{L}^{-1}\left\{\dfrac{1}{(s^2+a^2)^2}\right\}$을 구하라.

(풀이) $\dfrac{1}{(s^2+a^2)^2} = \dfrac{1}{s^2+a^2}\cdot\dfrac{1}{s^2+a^2} = \mathcal{L}\{f(t)*f(t)\}$

$$F(s) = \frac{1}{s^2+a^2} = \frac{1}{a}\frac{a}{s^2+a^2} = \frac{1}{a}\mathcal{L}\{\sin at\}$$

$$\therefore \mathcal{L}^{-1}\left\{\frac{1}{(s^2+a^2)^2}\right\} = \int_0^t \frac{1}{a}\sin au \cdot \frac{1}{a}\sin a(t-u)du$$
$$= \frac{1}{a^2}\int_0^t \sin au \cdot \sin a(t-u)du$$
$$= \frac{1}{2a^2}\int_0^t [\cos\{au-a(t-u)\} - \cos\{au+a(t-u)\}]du$$
$$= \frac{1}{2a^2}\int_0^t \{\cos(2au-at) - \cos at\}du$$
$$= \frac{1}{2a^2}\left[\frac{1}{2a}\sin(2au-at) - u\cos at\right]_0^t$$
$$= \frac{1}{2a^2}\left[\frac{1}{2a}\{\sin at - \sin(-at)\} - t\cos at\right]$$
$$= \frac{1}{2a^2}\left[\frac{1}{2a}(2\sin at) - t\cos at\right] = \frac{1}{2a^3}(\sin at - at\cos at)$$

참 고

$$f(t)*g(t) = \int_0^t f(t-u)g(u)\,du = \int_t^0 f(v)g(t-v)(-dv) \quad (\text{치환 } t-u=v\text{로})$$
$$= \int_0^t g(t-v)f(v)dv = \int_0^t g(t-u)f(u)du = g(t)*f(t)$$

② 적분방정식

합성곱 $\int_0^t f(t-u)g(u)\,du$을 포함하는 적분방정식은 $f(t)$나 $g(t)$의 어느 한쪽의 함수가 주어져있으면, Laplace 변환으로 다른 한쪽의 함수를 구할 수 있다.

예제 ③ 다음 적분방정식을 풀어라.

$$y(t) = at + \int_0^t y(\tau)\sin(t-\tau)d\tau$$

(풀이) 준 방정식의 양변에 Laplace 변환을 취하면

$Y(s) = \frac{a}{s^2} + Y(s)\frac{1}{s^2+1}$ 에서 $Y(s) = \left(1 - \frac{1}{s^2+1}\right) = \frac{a}{s^2}$,

$Y(s)\frac{s^2}{s^2+1} = \frac{a}{s^2}$ 에서 $Y(s) = a\left(\frac{1}{s^2}\,\frac{s^2+1}{s^2}\right) = a\left(\frac{1}{s^4} + \frac{1}{s^2}\right)$

$\mathcal{L}(t^n) = n!/s^{n+1}$이므로 구하는 $y(t)$는

$$y(t) = a\left(\frac{1}{6}t^3 + t\right)$$

예제 4 $y(t) = te^{-t} + e^{-t}\int_0^t e^{\tau} y(\tau)d\tau$를 풀어라.

(풀이) $y(t) = te^{-t} + \int_0^t e^{-(t-\tau)} * y(\tau)d\tau = te^{-t} + e^t * y(t)$

양변에 Laplace 변환을 취하면

$$Y(s) = \frac{1}{(s+1)^2} + \frac{1}{s+1}Y(s), \quad Y(s)\left(1-\frac{1}{s+1}\right) = \frac{1}{(s+1)^2}$$

$$\therefore Y(s) = \frac{s+1}{s} \cdot \frac{1}{(s+1)^2} = \frac{1}{s(s+1)} = \frac{1}{s} - \frac{1}{s+1}$$

구하는 $y(t)$는 다음과 같다.

$$y(t) = 1 - e^{-t}$$

예제 5 다음 적분방정식을 만족하는 $f(t)$를 구한다.

$$f(t) = 2t^2 + \int_0^t f(t-\tau)e^{-\tau}d\tau$$

(풀이) 우변의 적분은 $f(t)$와 e^{-t}의 convolution이므로

$$f(t) = 2t^2 + f(t) * e^{-t}$$

이 방정식의 Laplace 변환을 취하면

$$F(s) = \frac{4}{s^3} + F(s)\frac{1}{s+1}$$

이므로

$$F(s) = \frac{4}{S^3} + F(s)\frac{1}{s+1}$$

구하는 함수 $f(t)$는 변환 $F(s)$의 역변환을 취하여

$$f(t) = 2t^2 + \frac{2}{3}t^3$$

연습문제 4.3

1. $f(t)=\begin{cases}0 & (0<t<a)\\ 1 & (a\le t\le b)\\ 0 & (b<t)\end{cases}$ 에 대하여 다음에 답하라.

   (1) $b=a+\varepsilon(\varepsilon>0)$이라 하고 $\mathcal{L}\left(\frac{1}{\varepsilon}f(t)\right)$를 구하라.

   (2) $\lim_{\varepsilon\to 0}\mathcal{L}\left(\frac{1}{\varepsilon}f(t)\right)=e^{-as}$임을 밝혀라.

2. 역변환 $\mathcal{L}^{-1}\left(\frac{e^{-as}}{s^3}\right)$를 구하라.

3. 다음 그림과 같은 그래프를 갖는 함수 $f(t)(t>0)$의 Laplace 변환은 $F(s)=\frac{1}{s}\tanh\frac{as}{2}$ 임을 밝혀라.

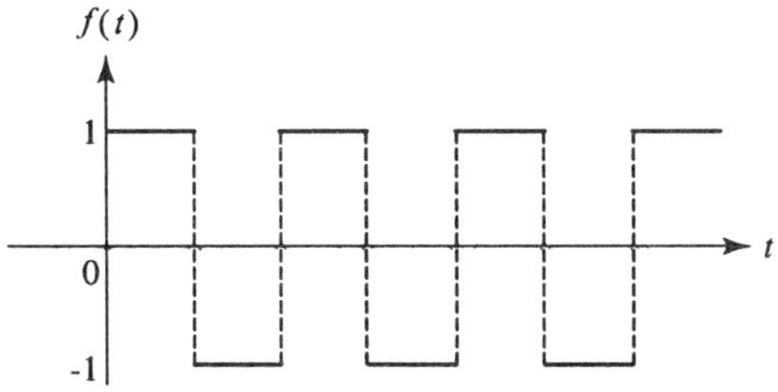

4. $f(t)$가 $t=t_1$에서만 불연속이고, $f(t_1-0)$와 $f(t_1+0)$가 존재하면, $\mathcal{L}\{f'(t)\}=sF(s)-f(+0)-[f(t_1+0)-f(t_1-0)]e^{-st_1}$ 임을 밝혀라.

5. $F(s)=\frac{1}{s(s-a)}$ 일 때, 역변환 $f(t)$를 구하라.

6. 다음 적분방정식을 풀어라.

   (1) $y(t)=1+\int_0^t y(\tau)d\tau$ (2) $y(t)=1-\int_0^t (t-\tau)y(\tau)d\tau$

해답

1. (1) $\mathcal{L}(f(t))=\int_0^\infty e^{-st}f(t)dt=\int_a^b e^{-st}dt=\left[-\frac{1}{s}e^{-st}\right]_{t=a}^{b}=\frac{e^{-as}-e^{-bs}}{s}$

   (2) $b=a+\varepsilon$이라면,

$$\mathcal{L}\left(\frac{1}{\varepsilon}f(t)\right)=\frac{e^{-as}-e^{-bs}}{\varepsilon s}=\frac{1}{s}\frac{e^{-as}-e^{(a+\varepsilon)s}}{\varepsilon}=\frac{1}{s}\frac{e^{as}(1-e^{\varepsilon s})}{\varepsilon}$$

$$\therefore \lim_{\varepsilon\to 0}\left[\mathcal{L}\left(\frac{1}{\varepsilon}f(t)\right)\right]=\frac{1}{s}\lim_{\varepsilon\to 0}\frac{e^{-as}(se^{-\varepsilon s})}{1}=se^{as}$$

2. $\mathcal{L}\{f(t-a)U(t-a)\}=e^{-as}F(s)$이므로 $\mathcal{L}^{-1}\left(\frac{e^{-as}}{s^3}\right)=\frac{(t-a)^2}{2!}U(t-a)$

3. $f(t)=U(t)-2U(t-a)+2U(t-2a)-2U(t-3a)+2U(t-4a)-\cdots$

$$\therefore F(s)=\mathcal{L}(f(t))=\frac{1}{s}-\frac{2e^{-as}}{s}+\frac{2e^{-2as}}{s}-\frac{2e^{-3as}}{s}+\frac{2e^{-4as}}{s}-\cdots$$

$$=\frac{1}{s}(1-2e^{-as}+2e^{-2as}-2e^{-3as}+2e^{-4as}-\cdots)$$

$$=\frac{1}{s}[1-2e^{-as}(1-e^{-as}+e^{-2as}-e^{-3as}+\cdots)]=\frac{1}{s}\left[1-\frac{2e^{-as}}{1+e^{-as}}\right]$$

$$=\frac{1}{s}\frac{1-e^{-as}}{1+e^{-as}}=\frac{1}{s}\frac{e^{\frac{a}{2}s}-e^{-\frac{a}{2}s}}{e^{\frac{a}{2}s}+e^{-\frac{a}{2}s}}=\frac{1}{s}\tanh\frac{as}{2}$$

4. $\mathcal{L}\{f'(t)\}=\int_0^\infty e^{-st}f'(t)dt=[e^{-st}f(t)]_{t=0}^{t_1-0}+[e^{-st}f(t)]_{t=t_1+0}^{\infty}+s\int_0^\infty e^{-st}f(t)dt$

$$=sF(s)-f(+0)-[f(t_1+0)-f(t_1-0)]e^{-st_1}$$

$$(\lim_{t\to 0}e^{-st}f(t)=f(0))$$

5. $\mathcal{L}^{-1}\left\{\frac{1}{s}\right\}=1,\ \ \mathcal{L}^{-1}\left(\frac{1}{s-a}\right)=e^{at}$이므로

$$f(t)=1*e^{at}=\int_0^t e^{a(t-\tau)}d\tau=e^{at}\int_0^t e^{-a\tau}d\tau=e^{at}\left[-\frac{1}{a}e^{-a\tau}\right]_0^t=-\frac{1}{a}e^{at}(e^{-at}-1)$$

$$=\frac{1}{a}(1-e^{at})$$

6. (1) $y=1+1*y$이므로, $Y=\frac{1}{s}+\frac{1}{s}Y,\ \ Y(s-1)=1$에서

$$Y=\frac{1}{s-1}\quad \therefore y=e^t$$

(2) $y=1-t*y$이므로, $Y=\frac{1}{s}-\frac{1}{s^2}Y,\ \ Y(s^2+1)=s,\ \ Y=\frac{s}{s^2+1}$

$$\therefore y=\mathcal{L}^{-1}(Y)=\cos t$$

Chapter 5 급수해

5.1 제차미분방정식의 급수해법

1 멱급수 방법

상수 및 변수계수를 가지는 선형미분방정식을 푸는데 **멱급수**(power series) 방법은 표준적이고 기초적인 방법이며, 해를 멱급수의 형식으로 구하는 방법이다.

$x-x_0$의 거듭제곱에 관한 멱급수는

$$\sum_{n=0}^{\infty} a_n(x-x_0)^n = a_0 + a_1(x-x_0) + a_2(x-x_0)^2 + \cdots + a_n(x-x_0)^n + \cdots$$

꼴의 무한급수이다. 여기서 a_0, a_1, a_2, …는 상수이고, x_0는 상수이다.

특히 $x_0=0$이면, x의 멱으로의 멱급수는

$$\sum_{n=0}^{\infty} a_n x^n = a_0 + a_1 x + a_2 x^2 + \cdots$$

이다. 이 장에서 다루게 될 모든 변수와 상수는 실수이다.

함수 $f(x)$의 x_0에 관한 Taylor 급수

$$\sum_{n=0}^{\infty} \frac{f^{(n)}(x_0)(x-x_0)^n}{n!}$$

가 존재하면 $f(x)$는 x_0에서 **해석적**(analytic)이라 한다. x_0에서
$f(x)$가 해석적이기 위하여는 $f(x)$는 x_0에서 무한히 미분가능해야 한다.

다항식, $\sin x$, $\cos x$, e^x 등은 모든 점에서 해석적이고, 그들의 합, 차, 곱도 해석이며, 몫(상)은 분모가 0이 아닌 점에서 해석적이다.

❷ 멱급수에 관한 성질

미분 · 적분학에서 학습한 멱급수에 관한 성질을 증명없이 기술해둔다. 이들 성질은 미분방정식의 급수 해법에서 늘 쓰이는 것들이다.

정리 1

x_0를 중심으로 하는 $f(x)$의 Taylor 전개식은

$$f(x)=a_0+a_1(x-x_0)+a_2(x-x_0)^2+\cdots+a_n(x-x_0)^n+\cdots \tag{1}$$

단, $a_0=f(x_0),\ a_1=f'(x_0),\ a_2=\dfrac{f''(x_0)}{2!},\ \cdots,\ a_n=\dfrac{f^{(n)}(x_0)}{n!},\ \cdots$

정리 2

$x=0$을 중심으로 하는 $f(x)$의 Maclaurin 전개식은

$$f(x)=a_0+a_1x+a_2x^2+\cdots+a_nx^n+\cdots \tag{2}$$

단, $a_0=f(0),\ a_1=f'(0),\ a_2=\dfrac{f''(0)}{2!},\ \cdots,\ a_n=\dfrac{f^{(n)}(0)}{n!},\ \cdots$

급수 (1)식을 Σ를 써서 $f(x)=\sum_{n=0}^{\infty}a_n(x-x_0)^n$, (2)식을 $f(x)=\sum_{n=0}^{\infty}a_nx^n$으로 표시한다.

멱급수의 (2)의 수렴에 관한 성질을 열거한다.

(i) 멱급수 (2)가 $x=x_0$에서 수렴하면, $|x|<|x_0|$에서 절대 수렴한다.

(ii) 급수 (2)의 수렴반지름 ρ는

$$\rho=\lim_{n\to\infty}\left|\frac{a_n}{a_{n+1}}\right|$$

(iii) 급수 (1)의 수렴반지름이 ρ이면, $f(x)$의 도함수

$$f'(x)=a_1+2a_2x+3a_3x^2+\cdots+nx^{n-1}+\cdots$$
$$f''(x)=2a_2+6a_3x+\cdots+n(n-1)x^{n-2}+\cdots$$
$$\cdots\cdots\cdots\cdots\cdots$$

의 수렴반지름도 ρ이고, 수렴역내에서 우변의 급수는 각각 $f(x)$, $f''(x)$, … 에 수렴한다.

❸ 급수해법

정리 3

미분방정식 $$y''+p(x)y'+q(x)y=r(x) \tag{1}$$

의 계수 $p(x)$, $q(x)$ 및 $r(x)$가 x_0를 중심으로 멱급수 전개가 가능하면 미분방정식 (1)은 다음과 같은 급수해를 갖는다.

$$y=\sum_{n=0}^{\infty} a_n(x-x_0)^n \tag{2}$$

정리 4

미분방정식 $$h(x)y''+p(x)y'+q(x)y=r(x) \tag{3}$$

에서 $h(x)$, $p(x)$, $q(x)$가 $x=x_0$를 중심으로 정급수 전개가 가능하고, $h(x_0)\neq 0$이면, 미분방정식 (3)은 급수해 (2)를 갖는다.

$f(x)$가 $x=x_0$를 중심으로 Taylor 전개가 가능할 때, $f(x)$은 $x=x_0$에서 **해석적** (analytic)이라 한다.

정리3, 4에서 $x_0=0$일 때는 다음 정리로 나타내진다.

정리 5

미분방정식 (1)에서 $p(x)$, $q(x)$, $r(x)$가 $x=0$에서 해석적이면, 급수해 $y=\sum_{n=0}^{\infty} a_n x^n$을 갖는다.

미분방정식 (3)은 $h(x)$, $p(x)$, $q(x)$, $r(x)$가 $x=0$에서 해석적이고, $h(0\neq 0$이면, 멱급수해 $y=\sum_{n=0}^{\infty} a_n x^n$을 갖는다.

보기 1

$y'-y=0$의 급수해 $y=\sum_{n=0}^{\infty} a_n x^n$을 구해보자.

이 먹급수는 $x_0=0$인 경우이고, 정리 5가 적용되는 문제이다.

-1	$y=\sum_{n=0}^{\infty} a_n a^n$
$+0$	$y'=\sum_{n=0}^{\infty} na_n x^{n-1}=\sum_{n=0}^{\infty}(n+1)a_{n+1}x^n$
$+1$	$y''=\sum_{n=0}^{\infty}(n+1)na_{n+1}x^{n-1}=\sum_{n=0}^{\infty}(n+1)(n+2)a_{n+2}x^n$

$$y''-y=\sum_{n=0}^{\infty}[(n+1)(n+2)a_{n+2}-a_n]\,x^n=0$$

$(n+1)(n+2)a_{n+2}-a_n=0$에서 $a_{n+2}=\dfrac{1}{(n+1)(n+2)}a_n$

$$n=0\,;\ a_2=\frac{1}{1\cdot 2}a_0,\ n=2\,;\ a_4=\frac{1}{3\cdot 4}a_2=\frac{1}{4!}a_0,\ a_6=\frac{1}{6!}a_0,\ \cdots$$

$$n=1\,;\ a_3=\frac{1}{2\cdot 3}a_1,\ n=3\,;\ a_5=\frac{1}{4\cdot 5}a_1=\frac{1}{5!}a_1,\ a_7=\frac{1}{7!}a_1,\ \cdots$$

구하는 급수해는 다음과 같다.

$$\begin{aligned}y&=a_0+a_1x+a_2x^2+\cdots=a_0+a_1x+\frac{1}{2!}a_0x^2+\frac{1}{3!}a_1x^3+\cdots\\&=a_0\left(1+\frac{1}{2!}x^2+\frac{1}{4!}x^4+\cdots\right)+a_1\left(x+\frac{1}{3!}x^3+\frac{1}{5!}x^5+\cdots\right)\end{aligned}$$

미분방정식 (1)의 일반해는

$$y=\sum_{n=0}^{\infty}a_nx^n=a_0y_1(x)+a_2y_2(x) \tag{4}$$

꼴을 한다. 단, a_0, a_1은 임의 상수이고, $y_1(x)$와 $y_2(x)$는 1차독립인 $x=0$에서 해석적인 해석함수이다.

미분방정식 (1)의 일반해 (4)를 구하기 위하여 계수 a_n을 구하는데, **멱급수 해법**(power series method)으로 알려져 다음 5단계 과정이 사용된다.

1단계 제차미분방정식의 좌변에 멱급수

$$y=\sum_{n=0}^{\infty}a_nx^n=a_0+a_1x+a_2x^2+\cdots+a_nx^n+\cdots$$

을 대입한다. 이 경우

$$y'=\sum_{n=0}^{\infty}na_nx^{n-1}=\sum_{n=0}^{\infty}(n+1)a_{n+1}x^n,$$

$$y'' = \sum_{n=0}^{\infty} n(n-1)a_n x^{n-2} = \sum_{n=0}^{\infty}(n+1)na_{n+1}x^{n-1} = \sum_{n=0}^{\infty}(n+2)(n+1)a_{n+2}x^n$$

을 이용한다.

2단계 x의 같은 차수의 항을 모아서 각 계수를 0으로 놓는다.

3단계 2단계에서 x^n의 계수를 0으로 놓아서 얻은 방정식에서 계수 a_n을 구하는 순환공식(점화공식)을 구한다.

4단계 계수 a_2, a_3, …들을 a_0와 a_1의 식으로 구한다. 필요할 때는 a_n을 n의 식으로 나타내서 구한다.

5단계 일반해를 $y=a_0y_1(x)+a_1y_2(x)$ 꼴로 나타낸다. 필요할 때는 일반해의 급수의 수렴역을 구한다.

1계미분방정식의 급수해도 2계미분방정식의 급수해법과 마찬가지로 풀어나가나, 단지 일반해가 $y=a_0y_1(x)$ 꼴로 나타내진다. 즉 임의 상수가 하나뿐이다.

정리 6

$$y' + p(x)y = r(x)$$

에서 $p(x)$, $r(x)$가 $x=x_0$에서 해석적이면 이 미분방정식은 $x=x_0$에서 멱급수해 $y=\sum_{n=0}^{\infty} a_n(x-x_0)^2 = a_0 y_1(x)$를 갖는다.

$$h(x)y' + p(x)y = r(x) \tag{5}$$

에서 $h(x)$, $p(x)$, $r(x)$가 $x=x_0$에서 해석적이고, $h(x_0)\neq 0$이면, (5)는 $x=x_0$에서 멱급수 해를 갖는다. 이들 해는

$$y=\sum_{n=0}^{\infty} a_n(x-x_0)x^n = a_0y_1(x)$$

꼴을 갖는다.

보기 2

$y'=\dfrac{y}{x}+1$은 $y'-\dfrac{1}{x}y=1$이므로 $p(x)=-\dfrac{1}{x}$이므로 $x=0$에서 해석적이 아니다. 따라서 $y=\sum a_n x^n$ 꼴의 해를 가지지 않는다. $xy'-y=x$로 변형하면, $h(x)=x$, $h(0)=0$이므로, $y=\sum a_n x^n$ 꼴의 해를 안 갖는다.

예제 1 $y'+2xy=0$의 급수해 $y=\sum a_n x^n$ 을 구하라.

(풀이)

$$\begin{array}{r|l} +2x & y=\sum a_n a^n \\ +1 & y'=\sum_{n=0}^{\infty} n a_n x^{n-1}=\sum_{n=0}^{\infty}(n+1)x^n a_{n+1}x^n \end{array}$$

$$y'+2xy=\sum_{n=0}^{\infty}(n+1)a_{n+1}x^n+2\sum_{n=0}^{\infty}a_n x^{n+1}$$

$$=a_1+\sum_{n=0}^{\infty}[(n+2)a_{n+2}+2a_n]x^{n+1}=0$$

$$\therefore\ a_1=0,\quad (n+2)a_{n+2}+2a_n=0$$

$$\therefore\ a_{n+2}=-\frac{2}{n+2}a_n\ (n=0,\ 1,\ 2,\ \cdots)$$

$n=0$: $a_2=-\frac{2}{2}a_0=-a_0$

$n=1$: $a_1=0$이므로 $a_1=a_3=a_5=\cdots=a_{2n+1}=\cdots=0$

$n=2$: $a_4=-\frac{2}{4}a_2=-\frac{1}{2}a_2=-\frac{1}{2}(-a_0)=\frac{1}{2}a_0=\frac{1}{2!}a_0$

$n=4$: $a_6=-\frac{2}{6}a_4=-\frac{1}{3}a_4=-\frac{1}{3}(\frac{1}{2}a_0)=-\frac{1}{3!}a_0$

$n=2k-2$: $a_{2k}=-\frac{2}{2k}a_{2k-2}=-\frac{1}{k}a_{2k-2}=(-1)^k\frac{1}{k!}a_0,\ \cdots$

구하는 급수해는 다음과 같다.

$$y=a_0\left\{1-x^2+\frac{1}{2!}x^4-\frac{1}{3!}x^6+\cdots+(-1)^k\frac{1}{k!}x^{2k}+\cdots\right\}$$

고계선형미분방정식의 해법도 2계미분방정식의 해법에 준한다.

정리 7 선형미분방정식

$$y^{(n)}+P_1(x)y^{(n-1)}+\cdots+P_{n-1}(x)y'+P_n(x)y=R(x) \qquad (3)$$

에서 계수 $P_1(x)$, $\cdots$, $P_{n-1}(x)$, $P_n(x)$ 및 $R(x)$가 $x=a$에서 해석적이면, (3)의 해는

$$y=\sum_{n=0}^{\infty}a_n(x-a)^n$$

꼴로 나타내진다.

예제 2 $(1-x^2)y''-2xy'+2y=0$의 급수해를 구하여라.

(풀이) $y''-\dfrac{2x}{1-x^2}y'=\dfrac{2}{1-x^2}y=0$

$P_1(x)=-\dfrac{2x}{1-x^2}$, $P_2(x)=\dfrac{2}{1-x^2}$는 모두 $x=0$에서 해석적이므로, 해는 $x=0$ 부근 $(|x|<1)$에서 해석적인 급수해 $y=\sum_{n=0}^{\infty}a_nx^n$를 갖는다. 이 급수를 준 미분방정식에 대입하여 계수 a_0, a_1, a_2, …를 구한다.

$$
\begin{array}{r|l}
+2 & y=\sum_{n=0}^{\infty}a_nx^n \\
-2xy & y'=\sum_{n=0}^{\infty}na_nx^{n-1} \\
+(1-x^2) & y''=\sum_{n=0}^{\infty}n(n-1)a_nx^{n-2}=\sum_{n=0}^{\infty}(n+2)(n+1)a_{n+2}x^n \\
\hline
\end{array}
$$

$$(1-x^2)y''-2xy'+2y=\sum_{n=0}^{\infty}[\{-n(n-1)-2n+2\}a_n+(n+2)(n+1)a_{n+2}]x^n=0$$

순환공식

$$a_{n+2}=\frac{n-1}{n+1}a_n\ (n=0,\ 1,\ 2,\ \cdots)$$

$n=0$ 일 때 $a_2=-a_0$, $n=1$ 일 때 $a_3=0$, $a_5=a_7=\cdots=0$

$n=2$일 때 $a_4=\frac{1}{3}a_2=-\frac{1}{3}a_0$, $n=4$ 일 때, $a_6=\frac{3}{5}a_4=-\frac{1}{5}a_0,\cdots$, $a_{2n}=\frac{-1}{2n-1}a_0,\cdots$

구하는 일반해는

$$y=a_0\left[1-x^2-\frac{1}{3}x^4-\cdots-\frac{1}{2n-1}x^{2n}-\cdots\right]+a_1x$$

미분방정식 $y''+p(x)y'+q(x)y=0$의 급수해 $y=\sum_{n=0}^{\infty}a_n(x-x_0)^n$는 다음과 같이 바꾸어서 구할수 있다.

$$x-x_0=v \text{ 즉 } x=v+x_0$$

로 바꾼다. 이 경우

$$y'=\frac{dy}{dx}=\frac{dy}{dv}\frac{dv}{dx}=\frac{dy}{dv},\quad y''=\frac{d^2y}{dv^2}$$

이므로 준 방정식은 다음과 같이 변형된다.

$$\frac{d^2y}{dv^2}+p(v+x_0)\frac{dy}{dv}+q(v+x_0)y=0$$

이 미분방정식는 $v=0$에서 해석적인 급수해 $y=\sum_{n=0}^{\infty}a_n v^n$를 구하는 문제가 된다.

예제 3 $y''+(x-1)y'+y=0$의 급수해 $y=\sum a_n(x-2)^n$을 구하라.

(풀이) $x-2=v$이라면 $x=v+2$이므로, 준 미방은

$$\frac{d^2y}{dv^2}+(v+1)\frac{dy}{dv}+y=0 \cdots\cdots\cdots ①$$

급수해 $y=\sum a_n v^n$을 구한다.

$y=\sum_{n=0}^{\infty}a_n v^n$을 미분방정식 ①에 대입하여 계수 $a_n(n=0, 1, 2, \cdots)$을 결정한다.

$$\begin{array}{r|l} +1 & y=\sum_{n=0}^{\infty}a_n v^n \\ +(v+1) & y'=\sum_{n=0}^{\infty}na_n v^{n-1} \\ +1 & y''=\sum_{n=0}^{\infty}n(n-1)a_n v^{n-2} \\ \hline \end{array}$$

$$y''+(v+1)y'+y=\sum_{n=0}^{\infty}n(n-1)a_n v^{n-2}+\sum_{n=0}^{\infty}na_n v^{n-1}+\sum_{n=0}^{\infty}(n+1)a_n v^n$$

$$=\sum_{n=0}^{\infty}[(n+2)(n+1)a_{n+2}+(n+1)a_{n+1}+(n+1)a_n]v^n=0$$

$(n+2)(n+1)a_{n+2}+(n+1)a_n+(n+1)a_{n+1}=0$에서

$$a_{n+2}=-\frac{1}{n+2}(a_n+a_{n+1})$$

$$a_2=-\frac{1}{2}(a_0+a_1),\ a_3=-\frac{1}{3}(a_1+a_2)=\frac{1}{6}(a_0-a_1),$$

$$a_4=-\frac{1}{4}(a_2+a_3)=\frac{1}{12}(a_0+2a_1),\cdots$$

$v=x-2$이므로 구하는 일반해는 다음과 같다.

$$y=a_0\left[1-\frac{1}{2}(x-2)^2+\frac{1}{6}(x-2)^3+\frac{1}{12}(x-2)^4-\frac{1}{20}(x-2)^5-\frac{1}{180}(x-2)^6+\cdots\right]$$

$$+a_1\left[(x-2)-\frac{1}{2}(x-2)^2-\frac{1}{6}(x-2)^3+\frac{1}{6}(x-2)^4-\frac{1}{36}(x-2)^6+\cdots\right]$$

연습문제 5.1

1. $y''-xy'+2y=0$의 급수해 $y=\sum_{n=0}^{\infty}a_nx^n$을 구하라.

2. $xy'-y=x$를 $x=1$ 근방에서의 급수해 $y=\sum_{n=0}^{\infty}a_n(x-1)^n$를 구하라.

해답

1. $y=\sum_{n=0}^{\infty}a_nx^n$이라면 $y'=\sum_{n=0}^{\infty}na_nx^{n-1}$, $y''=\sum_{n=0}^{\infty}n(n-1)a_nx^{n-2}$

$=\sum_{n=0}^{\infty}(n+2)(n+1)a_{n+2}x^n$을 준 방정식에 대입하면

$$y''-xy'+2y=\sum_{n=0}^{\infty}[(n+2)(n+1)a_{n+2}-na_n+2a_n]x^n=0$$

순환공식은 $(n+2)(n+1)a_{n+2}-(n-2)a_n=0$에서

$$a_{n+2}=\frac{n-2}{(n+2)(n+1)}a_n\ (n\geq 0)$$

$n=2$일 때 $a_4=0$이므로, $a_4=a_6=a_8=\cdots=a_{2n}=\cdots=0$

$n\neq 2$인 경우, $n=0$이면, $a_2=\frac{-2}{2\cdot 1}a_0=-a_0$

$n=1$인 경우, $a_3=\frac{-1}{3\cdot 2}a_1=-\frac{a_1}{3!}$

$n=3$인 경우, $a_5=\frac{1}{5\cdot 4}a_3=-\frac{1}{5!}a_1$

$n=5$인 경우, $a_7=\frac{3}{7\cdot 6}\left(-\frac{1}{5!}a_1\right)=-\frac{3}{7!}a_1$

$n=7$인 경우, $a_9=\frac{5}{9\cdot 8}-a_7=-\frac{3\times 5}{9\cdot 8\times 7!}a_1=-\frac{3\times 5}{9!}a_1$

$n=2m-1$인 경우, $a_{2m+1}=-\frac{3\times 5\times\cdots\times(2m-3)}{(2m+1)!}a_1\ (m\geq 1)$

$n=2m$인 경우, $a_{2m}=0\ (m\geq 2)$

구하는 해는

$$y=a_0(1-x^2)+a_1\left(x-\frac{1}{3!}x^3-\frac{1}{5!}x^5-\frac{3}{7!}x^7-\frac{3\times 5}{9!}x^9+\cdots\right)$$

2. $x-1=v$이라면 $\dfrac{dy}{dx}=\dfrac{dy}{dv}$이므로 준 방정식은 $(v+1)\dfrac{dy}{dv}-y=v+1$

구하는 해를 $y=\sum_{m=0}^{\infty}a_m v^m$이라면, $\dfrac{dy}{dv}=\sum_{n=0}^{\infty}na_n v^{n-1}$이므로

$$(v+1)\frac{dy}{dv}-y=(v+1)\sum_{n=0}^{\infty}na_n v^{n-1}-\sum_{n=0}^{\infty}a_n v^n$$
$$=(n-1)\sum_{n=0}^{\infty}a_n v^n+\sum_{n=0}^{\infty}(n+1)a_{n+1}v^n$$
$$=\sum_{n=0}^{\infty}[(n-1)a_n+(n+1)a_{n+1}]v^n=v+1$$

$n=0$일 때, $-a_0+a_1=1$에서 $a_1=a_0+1$

$n=1$일 때, $0+2a_2=1$에서 $a_2=\dfrac{1}{2}$

$n\geq 2$일 때, $a_{n+1}=-\dfrac{n-1}{n+1}a_n$

$n=2$일 때, $a_3=-\dfrac{1}{3}a_2=-\dfrac{1}{3}\times\dfrac{1}{2}=-\dfrac{1}{3!}$

$n=3$일 때, $a_4=-\dfrac{2}{4}\times\left(-\dfrac{1}{3!}\right)=\dfrac{2}{4!}$, $n=4$일 때, $a_5=-\dfrac{3}{5}a_4=-\dfrac{2\times 3}{5!}$, …

구하는 해는

$$y=a_0+(a_0+1)v+\frac{1}{2}v^2-\frac{1}{3!}v^3+\frac{2}{4!}v^4-\frac{3!}{5!}v^5+\cdots$$
$$=a_0(1+v)+2v-v+\frac{1}{2}v^2-\frac{1}{3!}v^3+\frac{2}{4!}v^4-\cdots)$$
$$=a_0(1+v)+2v-\left\{v-\frac{1}{2}v^2+\frac{1}{3!}v^3-\frac{2}{4!}v^4-\cdots\right\}$$
$$=a_0+(a_0+2)(x-1)+\frac{1}{2}(x-1)^2+\frac{1}{3!}(x-1)^3+\cdots$$

(참고) $x-1=v$라면 $(v+1)\dfrac{dy}{dv}-y=v+1$, $\dfrac{dy}{dv}-\dfrac{1}{v+1}y=1$

적분인자$=e^{-\int\frac{1}{v+1}dv}=e^{-\ln(v+1)}=\dfrac{1}{v+1}$이므로

$$y=(v+1)\left(\int 1\cdot\frac{1}{v+1}dv+c\right)=(v+1)\{\ln(v+1)+c\}=x(\ln x+c)$$

5.2 Frobenius의 방법

1 특이점이 있는 경우의 급수해

2계선형미분방정식 $$P_0(x)y'' + P_1(x)y' + P_2(x)y = 0 \tag{1}$$

에서 $P_0(x_0)=0$이면, $\dfrac{P_1(x)}{P_0(x)}$, $\dfrac{P_2(x)}{P_0(x)}$는 $x=x_0$에서 해석적이 아니다. $x=x_0$를 **특이점**(singular point)이라 한다. 해석적이 아닌 점이 특이점이다.

미분방정식 (1)에서 $x=x_0$가 특이점 $(P(x_0)=0)$이고, (1)을

$$y'' + \frac{f_1 x)}{x-x_0}y' + \frac{f_2(x)}{(x-x_0)^2}y = 0 \tag{2}$$

으로 변형할 때, $f_1(x)$, $f_2(x)$가 $x=x_0$에서 해석적인 경우, $x=x_0$를 **정칙특이점**(reqular singular point)이라 한다.

$P_0(x)\, y'' + P_1(x)y' + P_2(x)y = 0$에서 $P_0(x_0) \neq 0$이고 $P_1(x_0)/P_0(x)$, $P_2(x)/P_0(x)$가 $x=x_0$에서 해석적이 아닌 것이 있으나, $(x-x_0)P_1(x)$, $(x-x_0)^2P_2(x)$가 $x=x_0$에서 해석적인 경우, x_0는 정칙특이점이다.

보기 1

$(1+x)y'' + 2xy' - 3y = 0$에서 $x=-1$은 특이점이다. 양변을 $x+1$로 나누면

$$y'' + \frac{2x}{x+1}y' + \frac{-3(x+1)}{(x+1)^2}y = 0$$

$f_1(x)=2x$, $f_2(x)=-3(x+1)$이 $x=1$에서 해석적이므로 $x=-1$은 정칙특이점이다.

보기 2

방정식 $x^3y'' + x^2y' + y = 0$에서 $x=0$은 특이점이나, 방정식을

$$y'' + \frac{1}{x}y' + \frac{1/x}{x^2}y = 0$$

인 꼴로 바꾸어 쓸 때 $f_2(x) = \dfrac{1}{x}$은 $x=0$에서 해석적이 아니므로 Taylor 급수로 전개할 수 없어서 $x=0$은 정칙특이점이 아니다.

정리 1

$x=0$이 방정식 (1)의 정칙특이점일 때는 다음과 같은 급수해가 존재한다.

$$y=x^r\sum_{n=0}^{\infty}a_nx^n=a_0x^r+a_1x^{r+1}+a_2x^{r+2}+\cdots+a_nx^{r+n}+\cdots,\quad a\neq 0 \tag{3}$$

r과 a_i 들을 (3)이 방정식 (1)을 만족하도록 결정해야 한다.

예제 1 급수해로 방정식 $2xy''+(x+1)y'+3y=0$을 풀어라.

(풀이) $y''+\dfrac{x+1}{2x}y'+\dfrac{3x}{2x^2}y=0$, $f_1(x)=\dfrac{x+1}{2}$, $f_2(x)=\dfrac{3x}{2}$는 $x=0$에서 해석적이므로,

$x=0$은 정칙특이점이다.

$+3$	$y=\sum_{n=0}^{\infty}a_nx^{n+r}$
$+(x+1)$	$y'=\sum_{n=0}^{\infty}(n+r)a_nx^{n+r-1}$
$+2x$	$y''=\sum_{n=0}^{\infty}(n+r)(n+r-1)a_nx^{n+r-2}$

$$2xy''+(x+1)y'+3y=\sum_{n=0}^{\infty}[2(n+r)(n+r-1)+(n+r)]a_nx^{n+r-1}+\sum_{n=0}^{\infty}[(n+r)+3]a_nx^{n+r}$$

$$=r(2r-1)a_0x^{r-1}+\sum_{n=0}^{\infty}[(n+r)(2n+2r+1)a_{n+1}-(n+r+3)a_n]x^{n+r}=0 \quad \cdots①$$

$a_0\neq 0$이므로, 첫째항의 계수

$$r(2r-1)=0\text{에서 } r=0 \text{ 또는 } r=\frac{1}{2}$$

첫째항 이후의 모든 항 a_m이 순환공식

$$a_n=-\frac{n+r+2}{(n+r)(2n+2r-1)}a_{n-1},\quad n\geq 1$$

을 만족하는 경우, 준 방정식이 성립된다. 따라서 급수

$$\bar{y}=a_0x^r\left[1-\frac{r+3}{(r+1)(2r+1)}x+\frac{(r+3)(r+4)}{(r+1)(r+2)(2r+1)(2r+3)}x^2-\cdots\right] \quad \cdots②$$

를 준 방정식에 대입 $(n+r)(2n+2r+1)a_{n+1}-(n+r+3)a_n=0$이므로, ①에서

$$2x\bar{y}''+(x-1)\bar{y}'+3\bar{y}=r(2r-1)a_0x^{r-1} \quad \cdots③$$

③의 우변은 $r=0$ 또는 $r=\dfrac{1}{2}$일 때 0이 되므로 ②에서

$r=0$, $a_0=1$일 때, 특수해(부분해)는

$$y_1 = 1-3x+2x^2-2x^3/3+\cdots$$

$r=\frac{1}{2}$, $a_0=1$일 때, 특수해(부분해)는

$$y_2=\sqrt{x}(1-7x/6+21x^2/40-11x^3/80+\cdots)$$

따라서 구하는 일반해는

$$\begin{aligned} y &= c_1y_1+c_2y_2 \\ &= c_1(1-3x+2x^2-2x^3/3+\cdots)+c_2\sqrt{x}(1-7x/6+21x^2/40-\cdots) \end{aligned}$$

③의 우변의 계수는 $f(r)a_0$의 꼴을 한다. $f(r)=0$을 **결정방정식**이라 한다. 결정방정식의 서로 다른 근에 대하여 각각 독립인 부분해를 얻는다.

② 결정방정식

2계미분방정식의 결정방정식의 근은 다음 3가지 경우로 구분된다.

[경우 1] 서로 다르고, 정수만큼 다르지 않거나
[경우 2] 같거나
[경우 3] 서로 다르며, 정수만큼 다르다.

경우1 결정방정식의 근 r_1, r_2가 서로 다르고, 차가 정수가 아닌 경우

각 결정방정식의 근 r_1, r_2에 대하여 1차 독립인 해

$$y_1=x^{r_1}(a_0+a_1x+a_2x^2+\cdots)$$

$$y_2=x^{r_2}(b_0+b_1x+b_2x^2+\cdots)$$

를 얻는다. 일반해는 $y=c_1y_1+c_2y_2$이다.

예제 2 방정식 $2x^2y''-xy'+(x^2+1)y=0$의 급수해를 구하라($x=0$이 정칙특이점)

(풀이) $y''-\frac{1/2}{x}y'+\frac{(x^2+1)/2}{x^2}y=0$

$f_1(x)=-\frac{1}{2}$, $f_2(x)=\frac{x^2+1}{2}$은 $x=0$에서 해석적이므로 $x=0$은 정칙특이점이다.

따라서, 급수해는 $y=\sum_{n=0}^{\infty}a_n x^{n+r}$꼴이다. 이를 준 방정식에 대입한다.

$$
\begin{array}{r|l}
+(x^2+1) & y=\sum_{n=0}^{\infty}a_n x^{n+r} \\
-x & y'=\sum_{n=0}^{\infty}(n+r)a_n x^{n+r-1} \\
+2x^2 & y''=\sum_{n=0}^{\infty}(n+r)(n+r-1)a_n x^{n+r-2}
\end{array}
$$

$$
\begin{aligned}
2x^2y''-xy'+(x^2+1)y &= \sum_{n=0}^{\infty}[2(n+r)(n+r-1)-(n+r)+1]a_n x^{n+r}+\sum_{n=0}^{\infty}a_n x^{n+r-2} \\
&=(2r-1)(r-1)a_0x^r+(2r+1)ra_1x^{1+r} \\
&\quad +\sum_{n=0}^{\infty}[(2n+2r+3)(n+r+1)a_{n+2}+a_n]x^{n+r+2}=0
\end{aligned}
$$

a_0, a_1을 제외한 모든 항 a_2, a_3, …은 순환공식

$$a_{n+2}=-\frac{1}{(n+r+1)(2n+2r+3)}a_n,\quad n\geqq 0$$

에서 차례로 구해나간다.

결정방정식 $(r-1)(2r-1)=0$의 근은 $r=\frac{1}{2}$, 1이고 어느 경우나 (1) 식의 첫째 항은 0이 된다. 그러나 이들 r의 값이 둘째 항에서 $(2r+1)r\neq 0$이므로 $a_1=0$으로 한다. $a_1=0$일 때, 순환공식에서 $a_1=a_3=a_5=\cdots=0$이 된다. 따라서

$$\bar{y}=a_0x^r\left[1-\frac{1}{(r+1)(2r+3)}x^2+\frac{1}{(r+1)(2r+3)(r+3)(2r+7)}x^4-\cdots\right]$$

은 방정식 $2x^2\bar{y}''-x\bar{y}'+(x^2+1)\bar{y}=(r-1)(2r-1)a_0x^r$을 만족하고, 우변은 $r=\frac{1}{2}$ 또는 $r=1$일 때 0이 된다.

$r=\frac{1}{2}$ 이고, $a_0=1$일 때, $y_1=\sqrt{x}(1-x^2/6+x^4/168-x^6/11088+\cdots)$

$r=1$, $a_0=1$일 때, $y_2=x(1-x^2/10+x^4/360-x^6/28080+\cdots)$

구하는 일반해는

$$
\begin{aligned}
y=Ay_1+By_2 &= A\sqrt{x}(1-x^2/6+x^4/168-x^6/11088+\cdots) \\
&\quad +Bx(1-x^2/10+x^4/360-x^6/28080+\cdots)
\end{aligned}
$$

$x=0$이 단 하나의 유한특이점이므로, 이 급수는 x의 모든 유한값에 대하여 수렴한다.

> **경우2** 결정방정식의 근 r_1과 r_2가 같은 경우
> 구하는 일반해는
> $$y=A\bar{y}|_{r=r_1}+B\frac{\partial \bar{y}}{\partial r}\bigg|_{r=r_1}$$
> 꼴로 주어진다. 단, $\bar{y}$는 순환공식을 만족하는 y이다.

보기 3

$xy''-y'-y=0$의 급수해를 구해보자.

준 방정식을 $y''+\frac{1}{x}y'-\frac{x^2}{x^2}y=0$이 되고, $f_1(x)=1$, $f_2(x)=-x^2$은 $x=0$에서 해석적이므로, $x=0$은 정칙특이점이다.

$y=\sum_{n=0}^{\infty}a_nx^{n+r}$이라면

$$\begin{array}{r|l} -1 & y=\sum a_nx^{n+r} \\ +1 & y'=\sum(n+r)a_nx^{n+r-1} \\ +x & y''=\sum(n+r)(n+r-1)a_nx^{n+r-2} \end{array}$$

$$\begin{aligned} xy''+y'-y &= -\sum a_nx^{n+r}+\sum_{n=0}^{\infty}[(n+r)(n+r-1)+(n+r)]a_nx^{n+r-1} \\ &= r^2a_0x^{r-1}+\sum_{n=0}^{\infty}[(n+r)^2a_{n+1}-a_n]x^{n+r}=0 \end{aligned}$$

첫째 항을 제외한 모든 항은 순환공식

$$a_{n+1}=\frac{1}{(n+r)^2}a_n\ (n\ge 0) \cdots\cdots ①$$

에 의하여 구해진 y를 $\bar{y}$이라면

$$\bar{y}=a_0x^r\left\{1+\frac{1}{(r+1)^2}x+\frac{1}{(r+2)^2(r+2)^2}x^2+\cdots\right\}$$

준 방정식에 y 대신 $\bar{y}$를 대입하면

$$x\bar{y}''+\bar{y}'-\bar{y}=r^2a_0x^{r-1} \cdots\cdots ②$$

결정방정식 $f(r)=r^2=0$에서 $r=0$(중근)이고, $r=0$일 때, ②에서 $y_1=\bar{y}|_{r=0}$는 준 방정식을 만족하는 한해 이다.

$\bar{y}$를 x와 r의 함수이라면 $\left(\bar{y}=\dfrac{\partial \bar{y}}{\partial x}\right)$

$$\frac{\partial \bar{y}'}{\partial r}=\frac{\partial}{\partial r}\left(\frac{\partial \bar{y}}{\partial x}\right)=\frac{\partial}{\partial x}\left(\frac{\partial \bar{y}}{\partial r}\right)=\left(\frac{\partial \bar{y}}{\partial r}\right)'$$

$$\frac{\partial \bar{y}'}{\partial r}=\frac{\partial}{\partial r}\left[\frac{\partial}{\partial x}\left(\frac{\partial \bar{y}}{\partial x}\right)\right]=\frac{\partial}{\partial x}\frac{\partial}{\partial r}\left(\frac{\partial \bar{y}}{\partial x}\right)=\frac{\partial^2}{\partial x^2}\left(\frac{\partial \bar{y}}{\partial r}\right)''$$

②를 r에 관하여 편미분하면

$$x\left(\frac{\partial \bar{y}}{\partial r}\right)'+\left(\frac{\partial \bar{y}}{\partial r}\right)-\frac{\partial \bar{y}}{\partial r}=2ra_0x^{r-1}+r^2a_0x^{r-1}\ln x$$
$$=a_0rx^{r-1}(2+r\ln x) \cdots\cdots ③$$

②에서 $\bar{y}|_{r=0}$과 ③에서 $\left.\dfrac{\partial \bar{y}}{\partial r}\right|_{r=0}$은 준 미분방정식의 독립인 해이다.

$$y_1=\bar{y}|_{r=0}=1+x+\frac{x^2}{(2!)^2}+\frac{x^3}{(3!)^2}+\cdots$$
$$y_2=\left.\frac{\partial \bar{y}}{\partial r}\right|_{r=0}=y_1\ln x-2\left[x+\frac{1}{(2!)^2}\left(1+\frac{1}{2}\right)x^2+\frac{1}{(3!)^2}\left(1+\frac{1}{2}+\frac{1}{3}\right)x^3+\cdots\right]$$

이므로, 구하는 급수해는

$$y=Ay_1+By_2=(A+B\ln x)\left[1+x+\frac{1}{(!)^2}x^2+\frac{1}{(3!)^2}x^3+\cdots\right]$$
$$-2B\left[x+\frac{1}{(2!)^2}\left(1+\frac{1}{2}\right)x^2+\frac{1}{(3!)^2}\left(1+\frac{1}{2}+\frac{1}{3}\right)x^3+\cdots\right]$$

이 급수는 $x\neq 0$인 모든 유한값에 대하여 수렴한다.

경우3 결정방정식의 두 근의 차가 정수만큼 다른 경우

결정방정식의 큰 근 r_2에 대하여 $y=\sum_{n=0}^{\infty}a_nx^{n+r}$은 해가 되나, 작은 근$r_1$에 대하여는 해가 될 수도 있고, 그렇지 않을 수도 있다.

이런 경우는 제2의 해를 매개변수변화법으로 구하는 것이 좋다.

예제 3 방정식 $xy''+(x-1)y'-y=0$의 급수해 $y=\sum_{n=0}^{\infty}a_nx^{n+r}$을 구하라.

(풀이) y, y' 및 y''을 준 방정식에 대입한다.

$$\begin{array}{r|l} -1 & y=\sum_{n=0}^{\infty} a_n x^{n+r} \\ +(x-1) & y'=\sum_{n=0}^{\infty}(n+r)\, a_n x^{n+r-1} \\ +x & y''=\sum_{n=0}^{\infty}(n+r)(n+r-1)a_n x^{n+r-2} \\ \hline \end{array}$$

$$\begin{aligned} xy''+(x-1)y'-y &= \sum_{n=0}^{\infty}[(n+r)(n+r-1)-(n+r)]a_n x^{n+r-1} \\ &\quad+\sum_{n=0}^{\infty}[(n+r)-1]a_n x^{n+r} \\ &=(r^2-2r)a_0+\sum_{n=0}^{\infty}[(n+r+1)(n+r-1)a_{n+1}+(n+r-1)a_n]x^{n+r}=0 \end{aligned}$$

순환공식 : $a_{n+1}=-\dfrac{n+r-1}{(n+r+1)(n+r-1)}a_n \ (a_0 \neq 0)$

$=-\dfrac{1}{n+r+1}a_n \qquad (m \geq 0)$

결정방정식 : $r^2-2r=0$에서 $r=0, 2$

$a_0=1$, $r=0$일 때

$$y_1=y_{r=0}=1-x+x^2/2!-x^3/3!+\cdots=e^{-x}$$
$$y_2=y_{r=2}=x^2-2x^3/3!+2x^4/4!-\cdots=2(e^{-x}+x-1)$$

구하는 일반해는 y_1과 y_2가 1차독립이므로

$$y=c_1e^{-x}+c_2[2(e^{-x}+x-1)]=Ae^{-x}+B(1-x)$$

이고, 이 급수는 x의 모든 유한값에 대하여 수렴한다. $(c_1+2c_2=A, 2c_2=B)$

x의 멱급수로 구해진 무한수는 $x=0$만이 특이점이거나 특이점이 없으면, x의 모든 유한값에 대하여 수렴하고, 만약 $x=0$ 이외의 다른 특이점이 있으면, 원점을 중심으로 하고, 원점에서 가장 가까운 특이점까지를 수렴반지름으로 한다.

예제 4 $x^2y''-(x^2+4x)y'+4y=0$의 급수해를 구하라.

(풀이) $x=0$은 정칙특이점이므로, 구하는 급수해의 일반꼴은 $y=\sum_{n=0}^{\infty}a_n x^{n+r}$ 꼴이다.

$$\begin{array}{r|l} +4 & y=\sum_{n=0}^{\infty} a_n x^{n+r} \\ -(x^2+4x) & y'=\sum_{n=0}^{\infty}(n+r)\, a_n x^{n+r-1} \\ +x^2 & y''=\sum_{n=0}^{\infty}(n+r)(n+r-1)a_n x^{n+r-2} \\ \hline \end{array}$$

$$x^2y''-(x^2+4x)y'+4y=\sum_{n=0}^{\infty}[(n+r)(n+r-1)-4(n+r)+4]a_nx^{n+r}$$
$$-\sum_{n=0}^{\infty}(n+r)a_nx^{n+r+1}$$
$$=(r-1)(r-4)a_0x^r+\sum_{n=0}^{\infty}[(n+r)(n+r-3)a_{n+1}-(n+r)a_n]x^{n+r+1}\equiv 0$$

결정방정식 $f(r)=(r-1)(r-4)=0$에서 $r=1,\ r=4$

i) $r=4$일 때 순환공식

$$(n+4)(n+1)a_{n+1}-(n+4)a_n=0 \text{ 에서 } a_{n+1}=\frac{1}{n+1}a_n\ (n\geq 0)$$
$$\therefore a_n=\frac{1}{n}a_{n-1}=\frac{1}{n!}a_0$$
$$\therefore \bar{y}=a_0x^4\sum_{n=0}^{\infty}\frac{x^n}{n!}=a_0x^4e^x$$

ii) $r=1$일 때 순환공식

$$(n+1)(n-2)a_{n+1}-(n+1)a_n=0\text{에서 } a_{n+1}=\frac{1}{n-2}a_n\ (n\geq 0)$$

$n=0$일 때 $a_1=-\frac{1}{2}a_0$; $n=1$일 때 $a_2=-a_1=\frac{1}{2}a_0$

$n\geqq 2$일 때 a_n은 결정되지 않는다.

따라서 준 미분방정식의 한 부분해를 이용하여 경수병화법으로 완전해를 구한다.

$$y_1=x^4e^x\ (a_0=1) \cdots\cdots ①$$

에서 일반해를 $y=uv$이라 놓으면 $(x^4e^x=v)$

$+4$	$y=uv$
$-(x^2+4x)$	$y'=u'v+uv'$
$+x^2$	$y''=u''v+2u'v'+uv''$

$$x^2y''-(x^2+4x)y'+4y=u\{x^2v''-(x^2+4x)v'+4v\}$$
$$+x^2vu''+\{2x^2v'-v(x^2+4x)\}u'=0$$

이 식에서 u를 구한다.

그런데 $x^2v''-(x^2+4x)v'+4v=0$이며, $v=x^4e^x$에서 $v'=e^xx^3(4+x)=\frac{(x+4)v}{x}$이므로

$$x^2vu''+\{2x^2v'-v(x^2+4x)\}u'=x^2vu''+\{2x(x+4)-(x^2+4x)\}u'v=0$$

위 식에서 $x^2u''+(x^2+4x)u'=0$ 또는 $xu''+(x+4)u'=0$, $u''+\dfrac{x+4}{x}u'=0$

이것은 u'에 관한 1계선형이므로, u'에 관하여 풀면

$$u'=c_1e^{-\int\frac{x+4}{x}dx}=c_1x^{-4}e^{-x} \quad \therefore u=c_1\int x^{-4}e^{-x}dx+c_2$$

따라서 구하는 일반해는

$$y=uv=x^4e^x(c_1\int x^{-4}e^{-x}dx+c_2)$$

③ 비제차미분방정식의 급수해

미분방정식 $$P_0(x)y''+P_1(x)y'+P_2(x)y=Q(x) \tag{6}$$

의 일반해는 여함수와 어떤 특수적분의 합으로 된다.

$Q(x)$가 x의 다항함수일 때, 특수적분은 다음 예제와 같이 구한다.

예제 5 다음 방정식의 $x=0$ 근방에서 급수해를 구하라.

$$(x^2-x)y''+3y'-2y=x \cdots\cdots ①$$

(풀이) (i) $(x^2-x)y''+3y'-2y=0$의 급수해 $y=\sum_{n=0}^{\infty}a_nx^{n+r}$을 구한다. $x=0$은 정칙특이점이다.

$y=\sum_{n=0}^{\infty}a_nx^{n+r}$ 꼴의 해를 갖는다. 이 y를 준 방정식에 대입하면

-2	$y=\sum_{n=0}^{\infty}a_nx^{n+r}$
$+3$	$y'=\sum_{n=0}^{\infty}(n+r)a_nx^{n+r-1}$
$+(x^2-x)$	$y''=\sum_{n=0}^{\infty}(n+r)(n+r-1)a_nx^{n+r-2}$

$$(x^2-x)y''+3y'-2y=\sum_{n=0}^{\infty}[\{(n+r)(n+r-1)-2\}a_nx^{n+r}$$
$$-\{(n+r)(n+r-1)-3(n+r)\}]a_nx^{n+r-1}=\{-r(r-4)\}a_0x^{r-1}$$
$$+\sum_{n=0}^{\infty}[(n+r+1)(n+r-2)a_n-(n+r+1)(n+r-3)a_{n+1}]x^{n+r}=0 \cdots\cdots ②$$

결정방정식 : $f(r)=-r(r-4)=0$에서 $r=0,4$

순환공식 : $a_{n+1}=\dfrac{n+r-2}{n+r-3}a_n \ (n\geq 0)$

이 순환공식에 의한 y를 $\bar{y}$이라 하고, $\bar{y}$를 준 방정식에 대입하면, ②에서

$$(x^2-x)\bar{y}''+3\bar{y}'-2\bar{y}=r(4-r)a_0x^{r-1} \quad \cdots\cdots ③$$

③의 우변은 $r=0$, 4일 때 0이 된다.

(i) $r=0$, $a_0=1$일 때 $\bar{y}$를 y_1이라면 순환공식

$$a_{n+1}=\frac{n-2}{n-3}a_n=0\text{에서} \quad n\geq 2\text{일 때} \quad a_{n+1}=0$$

즉 $a_3=a_4=\cdots=0$,

$$a_1=\frac{0-2}{0-3}\times 1=\frac{2}{3},\ a_2=\frac{1-2}{1-3}\times a_1=\frac{1}{2}\times\frac{2}{3}=\frac{1}{3},\ a_3=a_4=\cdots=0$$

$$\therefore y_1=a_0+a_1x+x_2x^2=1+\frac{2}{3}x+\frac{1}{3}x^2$$

(ii) $r=4$, $a_0=1$일 때 $\bar{y}$를 y_2이라면 순환공식

$$a_{n+1}=\frac{n+2}{n+1}a_m$$

에서

$$a_1=2a_0=2,\ a_2=\frac{3}{2}a_1=3,\ a_3=\frac{4}{3}a_2=4,\ \cdots$$

$$\therefore y_2=x^4(1+2x+3x^2+4x^3+\cdots)=\frac{x^4}{(1-x)^2}$$

참고

$$z=1+2x+3x^2+4x^3+\cdots$$

$$xz=x+2x^2+3x^3+\cdots$$

$$(1-x)z=1+x+x^2+x^3+\cdots=\frac{1}{1-x} \quad (|x|<1)$$

$$\therefore z=\frac{1}{(1-x)^2}$$

따라서 ①의 우변이 0인 경우의 해 y_h는

$$y_h=A\left(1+\frac{2}{3}x+\frac{1}{3}x^2\right)+B\frac{x^4}{(1-x)^2}$$

(iii) ①의 특수적분 y_p를 구한다.

$$-r(r-4)a_0x^{r-1}=x \text{ 에서 } r=2\text{이고, } -2(2-4)a_0=1\text{에서 } a_0=\frac{1}{4}$$

순환공식 $a_{n+1}=\dfrac{n}{n-1}a_n$에서 $a_1=0$이므로, $a_1=a_2=\cdots=0$에서 y_p는

$$y_p=x^2(a_0+a_1x+a_2x^2+\cdots)=\frac{1}{4}x^2$$

구하는 일반해는

$$y=y_h+y_p=A\left(1+\frac{2}{3}x+\frac{1}{3}x^2\right)+B\frac{x^4}{(1-x)^2}+\frac{1}{4}x^2$$

예제 6 $(x+1)y'-y=x(x+1)$의 급수해 $y=\sum_{n=0}^{\infty}a_nx^n$를 구하라.

(풀이) $x=0$은 통상점이다. y를 준 방정식에 대입한다.

$$\begin{array}{r|l} -1 & y=\sum_{n=0}^{\infty}a_nx^n \\ +(x+1) & y'=\sum_{n=0}^{\infty}na_nx^{n-1}=\sum_{n=0}^{\infty}(n+1)a_{n+1}x^n \\ \hline \end{array}$$

$$(x+1)y'-y=\sum_{n=0}^{\infty}[(n-1)a_n+(n+1)a_{n+1}]x^n=x^2+x \qquad \cdots\cdots①$$

(i) $(x+1)y'-y=0$의 해 y_h를 구한다.

순환공식 : $a_{n+1}=-\dfrac{n-1}{n+1}a_n$ $(n=0,\ 1,\ 2,\ \cdots)$에서

$$a_1=a_0,\ a_2=-\frac{0}{3}a_1=0,\ a_3=a_4=\cdots=0$$

따라서 $\qquad y_h=a_0(1+x)$

(ii) $(x+1)y'-y=x^2+x$의 특수적분 y_p를 구한다.

①에서 양변의 계수를 비교하여 계수를 구한다.

$(-a_0+a_1)=0,\ 2a_2=1,\ a_2+3a_3=1,\ a_{n+1}=-\dfrac{n-1}{n+1}a_n$ $(n\geq 3)$에서

$$a_1=a_0,\ a_2=\frac{1}{2},\ a_3=\frac{1}{3}(1-a_2)=\frac{1}{3}\left(1-\frac{1}{2}\right)=-\frac{1}{2\cdot 3},\ \cdots$$

$$a_{n+1}=\left(-\frac{n-1}{n+1}\right)\left(-\frac{n-2}{n}\right)a_{n-1}=\left(-\frac{n-1}{n+1}\right)\left(-\frac{n-2}{n}\right)\left(-\frac{n-3}{n}\right)a_{n-2}$$

$$=\left(-\frac{n-1}{n+1}\right)\left(-\frac{n-2}{n}\right)\left(-\frac{n-3}{n-1}\right)\cdots\left(-\frac{2}{4}\right)\left(-\frac{1}{3}\right)a_2=(-1)^n\frac{(n-1)!}{(n+1)!}$$

$$=(-1)^n\frac{1}{n(n+1)}=(-1)^n\left(\frac{1}{n}-\frac{1}{n+1}\right)\ (n\geq 3)\left(a_2=\frac{1}{2}\right)$$

구하는 y는 $y=a_0(1+x)+\dfrac{1}{2}x^2+\sum_{n=3}^{\infty}(-1)^n\left(\dfrac{1}{n}-\dfrac{1}{n+1}\right)x^{n+1}$

예제 7 $y''+x^2y'+4y=1-x^2$의 급수해를 구하라.

(풀이) 해를 $y=\sum_{n=0}^{\infty}a_nx^n$이라하고, 준방정식에 대입한다.

$$\begin{array}{r|l} +4 & y=\sum_{n=0}^{\infty}a_nx^n \\ +x^2 & y'=\sum_{n=0}^{\infty}na_nx^{n-1} \\ +1 & y''=\sum_{n=0}^{\infty}n(n-1)a_nx^{n-2}=\sum_{n=0}^{\infty}(n+2)(n+1)a_{n+2}x^n \end{array}$$

$$y''+x^2y'+4y=\sum_{n=0}^{\infty}[(n+2)(n+1)a_{n+2}+4a_n]x^n+\sum_{n=0}^{\infty}na_nx^{n+1}$$

$$=(2a_2+4a_0)+\sum_{n=0}^{\infty}[(n+3)(n+2)a_{n+3}+4a_{n+1}+na_n]x^{n+1}=1-x^2$$

양변의 계수를 비교한다.

$$2a_2+4a_0=1,\quad 6a_3+4a_1=0,\quad 12a_4+4a_2+a_1=-1,$$

$$a_{n+3}=-\frac{4a_{n+1}+na_n}{(n+3)(n+2)}\ (n=0,1,2,\cdots)$$

계수를 차례로 구하면

$$a_2=\frac{1}{2}-2a_0,\quad a_3=-\frac{2}{3}a_1,\quad a_4=\frac{1}{12}(-1-a_1-4a_2)=-\frac{1}{4}+\frac{2}{3}a_0-\frac{1}{12}a_1,\cdots$$

구하는 급수해는

$$y=a_0+a_1x+\left(\frac{1}{2}-2a_0\right)x^2-\frac{2}{3}a_1x^3+\left(-\frac{1}{4}+\frac{2}{3}a_0-\frac{1}{12}a_1\right)x^4+\cdots$$

$$=a_0\left(1-2x^2+\frac{2}{3}x^4-\cdots\right)+a_1\left(x-\frac{2}{3}x^3-\frac{1}{12}x^4+\cdots\right)+\cdots+\left(\frac{1}{2}x^2-\frac{1}{4}x^4+\cdots\right)$$

연습문제 5.2

1. $x=0$을 중심으로 하는 다음 미분방정식의 급수해를 구하라.
   (1) $4xy''+2y'+y=0$　　(2) $xy''+y'-y=0$

2. 다음 미분방정식의 급수해를 구하라.
   (1) $(1+x^2)y''+xy'-y=0$　　(2) $(x^2-x)y''-xy'+y=0$

3. $(x^2-x)y''+3y'-2y=\dfrac{3}{x^2}$ 의 특수적분을 급수해로 구하라.

해답

1. (1) $x=0$은 정칙특이점이므로, 급수해는 $y=\sum_{n=0}^{\infty} a_n x^{n+r}$ 꼴이다.

$$\begin{array}{r|l} +1 & y=\sum_{n=0}^{\infty} a_n x^{n+r} \\ +2 & y'=\sum_{n=0}^{\infty}(n+r)a_n x^{n+r-1} \\ +4x & y''=\sum_{n=0}^{\infty}(n+r)(n+r-1)a_n x^{n+r-2} \\ \hline \end{array}$$

$$\begin{aligned} 4xy''+2y'+y &= \sum_{n=0}^{\infty}\{4(n+r)(n+r-1)+2(n+r)\}a_n x^{n+r-1}+\sum_{n=0}^{\infty}a_n x^{n+r} \\ &=2\sum_{n=0}^{\infty}\{(n+r)(2n+2r-2+2)a_n x^{n+r-1}\}+\sum_{n=0}^{\infty}a_n x^{n+r} \\ &=4\sum_{n=0}^{\infty}(n+r)^2 a_n x^{n+r-1}+\sum_{n=0}^{\infty}a_n x^{n+r} \\ &=4r^2 a_0 x^{r-1}+\sum_{n=0}^{\infty}[4(n+r+1)^2 a_{n+1}+a_n]x^{n+r}=0 \end{aligned}$$

결정방정식 $r^2=0$에서 $r=0$(2중근)
순환공식

$$a_{n+1}=-\frac{1}{4(n+r+1)^2}a_n \ (n\geq 0)$$

$n=0$일 때, $a_1=\dfrac{-1}{4(r+1)^2}a_0$,

$n=1$일 때, $a_2=-\dfrac{1}{4(r+2)^2}\left(-\dfrac{1}{4(r+1)^2}a_0\right)=\dfrac{1}{4^2(r+1)^2(r+2)^2}a_0$,

$n=2$일 때, $a_3=-\dfrac{1}{4(r+3)^2}\left(-\dfrac{1}{4^2(r+1)^2(r+2)^2}a_0\right)$, ⋯

이들 계수를 해 y에 대입한 것을 $\bar{y}$이라면

$$\bar{y}=a_0x^r\left[1-\frac{1}{4(r+1)^2}x+\frac{1}{4^2(r+1)^2(r+2)^2}x^2-\cdots\right]$$

$\bar{y}$를 준 미분방정식에 대입하면

$$4x^2\bar{y}''+2\bar{y}_1+\bar{y}=4r^2a_0x^{r-1}$$

결정방정식 $f(r)=r^2=0$에서 $r=0$이고, 한 해는 $y_1=\bar{y}|_{r=0}$이고, 또 한 해는

$\left.\dfrac{\partial\bar{y}}{\partial r}\right|_{r=0}$이다.

$$\frac{\partial\bar{y}}{\partial r}=a_0x^r\log x\left[1-\frac{1}{4(r+1)^2}x+\frac{1}{4^2(r+1)^2(r+2)^2}x^2-\cdots\right]$$

$$+a_0x^r\left[-\frac{x}{4}(-2)(r+1)^{-3}+\frac{x^2}{4^2}2(r+1)(r+2)^{-3}(2r+3)-\cdots\right]$$

이고, 구하는 일반해는

$$y=c_1\bar{y}|_{r=0}+c_2\left.\frac{\partial\bar{y}}{\partial r}\right|_{r=0}=c_1\left[1-\frac{1}{4}x+\frac{1}{4^2(1\times2)^2}x^2+\cdots\right]$$

$$+c_2\left[\ln x\left(1-\frac{1}{4^2}x+\frac{1}{4^2(1\times2)^2}x^2-\cdots\right)+\left(\frac{x}{2}+\frac{3}{64}x^2+\cdots\right)\right]$$

(2) $y''+\dfrac{1}{x}y'-\dfrac{x}{x^2}y=0$이고, $f_1(x)=1$, $f_2(x)=-x$은 모두 $x=0$에서 해석적이므로,

해는 $y=\sum_{n=0}^{\infty}a_nx^{n+r}$ 꼴이다.

$$\begin{array}{r|l} -1 & y=\sum_{n=0}^{\infty}a_nx^{n+r} \\ +1 & y'=\sum_{n=0}^{\infty}(n+r)a_nx^{n+r-1} \\ +x & y''=\sum_{n=0}^{\infty}(n+r)(n+r-1)a_nx^{n+r-2} \end{array}$$

$$\begin{aligned} xy''+y'-y &=\sum_{n=0}^{\infty}[(n+r)(n+r-1)+(n+r)]a_nx^{n+r-1}-\sum_{n=0}^{\infty}a_nx^{n+r} \\ &=r^2a_0x^{r-1}+\sum_{n=0}^{\infty}[(n+r+1)^2a_{n+1}-a_n]x^{n+r}=0 \end{aligned}$$

결정방정식 $f(r)=r^2=0$에서 $r=0$(중근)

(1)과 같은 방법으로 풀면 해 $y=\sum_{n=0}^{\infty}\frac{x^n}{(n!)^2}(a+b\log x)-2b\sum_{n=0}^{\infty}\frac{1}{(n!)^2}\left(\sum_{k=0}^{n}\frac{1}{k}\right)x^n$을 얻는다.

2. (1) $P_0=1+x^2$는 $P_0(0)\neq 0$이므로, $x=0$은 통상점이다. 구하는 급수해를 $y=\sum_{n=0}^{\infty}a_nx^n$ 이라면

$$\begin{array}{r|l} -1 & y=\sum_{n=0}^{\infty}a_nx^n \\ +x & y'=\sum_{n=0}^{\infty}na_nx^{n-1} \\ +(1+x^2) & y''=\sum_{n=0}^{\infty}n(n-1)a_nx^{n-2} \\ \hline \end{array}$$

$$\begin{aligned}(1+x^2)y''+xy'-y &= \sum_{n=0}^{\infty}[n(n-1)+n-1]a_nx^n+\sum_{n=0}^{\infty}n(n-1)a_nx^{n-2}\\ &= \sum_{n=0}^{\infty}(n^2-1)a_nx^n+\sum_{n=0}^{\infty}(n+2)(n+1)a_{n+2}x^n\\ &= \sum_{n=0}^{\infty}[(n^2-1)a_n+(n+2)(n+1)a_{n+2}]x^n=0\end{aligned}$$

$(n+2)(n+1)a_{n+2}+(n^2-1)a_n=0$에서 $a_{n+2}=-\frac{n-1}{n+2}a_n \quad n\geq 0$

순환공식에서 $a_3=a_5=a_7=\cdots=0$임은 분명하다. 즉 n이 홀수이면 $a_n=0$이고, n이 짝수 $(n=2k)$이면

$$\begin{aligned}a_{2k} &= -\frac{2k-3}{2k}a_{2k-3}=\frac{(2k-3)(2k-5)}{2k(2k-2)}a_{2k-4}=\cdots\\ &=(-1)^{k+1}\frac{1\cdot 3\cdot 5\cdots(2k-3)}{2^k k!}a_0 \quad (k\geq 2)\end{aligned}$$

따라서 일반해는

$$\begin{aligned}y &= a_0\left(1+\frac{1}{2}x^2-\frac{1}{8}x^4+\frac{1}{16}x^6-\frac{5}{128}x^8+\cdots\right)+a_1x\\ &= a_0\left(1+\frac{1}{2}x^2+\sum_{k=2}^{\infty}(-1)^{k+1}\frac{1\cdot 3\cdot 5\cdots(2k-3)}{2^k k!}x^{2k}\right)+a_1x\end{aligned}$$

여기서 $\lim_{n\to\infty}\left|\frac{a_{n+2}x^{n+2}}{a_nx^n}\right|=x^2\lim_{n\to\infty}\frac{n-1}{n+2}=x^2$이므로 $|x^2|<1$에서 이 급수는 수렴한다. 사실상 준 미분방정식을 $y''+\frac{x}{1+x^2}y'-\frac{1}{1+x^2}y=0$으로 바꿀 때 $\frac{x}{1+x^2}$ 및 $\frac{1}{1+x^2}$의 x의 멱급수전개가 $|x|<1$에서 수렴하므로, 위 급수해는 $|x|<1$에서 수렴한다.

(2) $y''-\frac{x}{x(x-1)}y'+\frac{1}{x(x-1)}y=y''-\frac{x/(x-1)}{x}y'+\frac{x/(x-1)}{x^2}y=0$

$f_1(x)=-\frac{x}{x-1}$, $f_2(x)=\frac{x}{x-1}$ 는 $x=0$에서 해석적이므로 해는 $y=\sum_{n=0}^{\infty}a_nx^{n+r}$ 꼴을 갖는다.

$$\begin{array}{r|l} +1 & y=\sum_{n=0}^{\infty}a_nx^{n+r} \\ -x & y'=\sum_{n=0}^{\infty}(n+r)a_nx^{n+r-1} \\ +(x^2-x) & y''=\sum_{n=0}^{\infty}(n+r)(n+r-1)a_nx^{n+r-2} \\ \hline \end{array}$$

$$\begin{aligned}(x^2-x)y''-xy'+y &= \sum_{n=0}^{\infty}[(n+r)(n+r-1)-(n+r)+1]a_nx^{n+r} \\ &\quad -\sum_{n=0}^{\infty}(n+r)(n+r-1)a_nx^{n+r-1} \\ &= -r(r-1)a_0x^{r-1}+\sum_{n=0}^{\infty}[(n+r-1)^2a_n-(n+r+1)(n+r)a_{n+1}]x^{n+r}=0\end{aligned}$$

결정방정식 $f(r)=r(r-1)=0$에서 $r=0,\ r=1$

(i) $r=1$(큰근)에 대한 해

순환공식 $n^2a_n-(n+2)(n+1)a_{n+1}=0\ (n\geq 0)$

$$\therefore a_{n+1}=\frac{n^2}{(n+2)(n+1)}a_n\ (n\geq 0)$$

$n=0$일 때 $a_1=0$이므로, $a_2=a_3=\cdots=0$

따라서 구하는 해는 $y_1=a_0x$ ……①

(ii) $r=0$(작은 근)에 대한 해

순환공식 $(n-1)^2a_n-(n+1)na_{n+1}=0$에서 계수를 구한다.

$n=0$일 때 $a_0-0a_1=0$에서 $a_0=0$, $n=1$일 때 $0a_1-2a_2=0$에서 $a_2=0$,

$n\geq 1$일 때 $a_{n+1}=\frac{(n-1)^2}{(n+1)n}a_n$이고, $a_2=0$이므로, $a_1=0$

이 순환공식에서 모든 계수는 0 즉 $a_0=a_1=a_2=\cdots=0$이므로 $r=0$에 대한 해는 구해지지 않는다.

매개변수변화법으로 해를 구한다. (i)에서 얻은 해를 써서 $y=u(x)x$라 하고, 준 방정식에 대입한다.

$$y'=u'x+u,\ y''=u''x+2u'$$

을 준 미분방정식에 대입하면

$$(x^2-x)(u''x+2u')-x(u'x+u)+ux=(x^3-x^2)u''+\{2(x^2-x)-x^2\}u'=0$$

또는 $(x^2-x)u''+(x-2)u'=0$

$u'=v$이라면 $(x^2-x)v'+(x-2)v=0$

변수로 분리하면 $\frac{v'}{v}+\frac{x-2}{x(x-1)}=\frac{v'}{v}+\left(\frac{2}{x}-\frac{1}{x-1}\right)=0$

적분하면 $\ln v+2\ln x-\ln(x-1)=\ln c$

또는 $v=c\frac{x-1}{x^2}=u'$ 이고, 적분하여 $u=c\left(\ln x+\frac{1}{x}\right)$

구하는 해는 $y_2=ux=cx\left(\ln x+\frac{1}{x}\right)=c(x\ln x+1)$

y_1과 y_2는 1차독립인 해이므로, 구하는 일반해는

$$y=c_1y_1+c_2y_2=c_1x+c_2(x\ln x+1)$$

3. $y=\sum_{n=0}^{\infty}a_nx^{n+r}$, $y'=\sum_{n=0}^{\infty}(r+n)a_nx^{r+n-1}$, $y''=\sum_{n=0}^{\infty}(r+n)(r+n-1)a_nx^{r+n-2}$

를 준 방정식에 대입하여

$$r(4-r)a_0x^{r-1}+\sum_{n=1}^{\infty}[(r+n)(4-r-n)a_n+(r+n)(r+n-3)a_{n-1}]x^{r+n-1} \quad \cdots ①$$

순활공식을 만족하는 y를 $\bar{y}$라면

$$(x^2-x)\bar{y}''+3\bar{y}'-2\bar{y}=r(4-r)a_0x^{r-1} \quad \cdots ②$$

②의 우변은 $r=0, 4$일 때 0이 된다(예제 참조).

특수해를 구하려면, 준 미분방정식의 우변의 각 항을 생각해야 한다.

②의 우변을 $\frac{3}{x^2}$과 같다고 놓으면

$$r(4-r)a_0x^{r-1}=\frac{3}{x^2}$$

이 경우 $r=-1$, $a_0=-\frac{3}{5}$이다. $r=-1$에 대한 순환공식은 $a_n=\frac{n-4}{n-5}a_{n-1}$이므로

$$a_1=\frac{3}{4}a_0,\ a_2=\frac{1}{2}a_0,\ a_3=\frac{1}{4}a_0,\ a_4=a_5=a_6=\cdots=0$$

따라서 우변의 항 $\frac{3}{x^2}$에 대응하는 특수적분은 $-\frac{3}{5}x^{-1}\left(1+\frac{3}{4}x+\frac{1}{2}x^2+\frac{1}{4}x^3\right)$이다.

Chapter 6 Legendre 및 Bessel 방정식

6.1 Legendre 방정식

1 Legendre 방정식의 일반해

2계선형미분방정식 $(1-x^2)y''-2xy+n(n+1)y=0$ (1)

또는 $[(1-x^2)y']'+n(n+1)y=0$을 Legendre의 **방정식**이라 한다.
해는 x의 역급수

$$y=\sum_{m=0}^{\infty}a_m x^m \tag{2}$$

꼴을 한다. 해를 구한다.

$$\begin{array}{r|l}
+n(n+1) & y=\sum_{m=0}^{\infty}a_m x^m \\
-2x & y'=\sum_{m=0}^{\infty}m a_m x^{m-1} \\
+(1-x^2) & y''=\sum_{m=0}^{\infty}m(m-1)a_m x^{m-2}=\sum_{m=0}^{\infty}(m+1)(m+2)a_{m+2}x^m \\
\hline
\end{array}$$

$$\begin{aligned}&(1-x^2)y''-2xy'+n(n+1)y\\ &\quad=\sum_{m=0}^{\infty}[(m+2)(m+1)a_{m+2}-\{m(m-1)+2m-n(n+1)\}a_m]x^m=0\end{aligned}$$

이므로

$$m(m-1)+2m-n(n+1)=-n^2+m^2-n+m=-(n-m)(m+n+1)$$

에서 $$(m+2)(m+1)a_{m+2}+(n-m)(n+m+1)a_m=0$$

a_m을 구하는 순환공식은 다음과 같다.

$$a_{m+2} = -\frac{(n-m)(m+n+1)}{(m+2)(m+1)} a_m \quad (m \geq 0) \tag{3}$$

$m=0, 1, 2, \cdots$을 대입하면

$$\begin{aligned} a_1 &= -\frac{n(n+1)}{2 \cdot 1} a_0, \quad a_3 = -\frac{(n-1)(n+2)}{3!} a_1 \\ a_4 &= -\frac{(n-2)(n+3)}{4 \cdot 3} a_2 = \frac{(n-2)n(n+1)(n+3)}{4!} a_0 \\ a_5 &= -\frac{(n-3)(n+4)}{5 \cdot 4} a_3 = \frac{(n-3)(n-1)(n+2)(n+4)}{5!} a_1 \\ &\cdots\cdots\cdots\cdots \end{aligned} \tag{4}$$

이들 계수의 값을 (2)식에 대입하면, 다음 일반해를 얻는다.

$$\begin{aligned} y = a_0&\left[1 - \frac{n(n+1)}{2!} x^2 + \frac{(n-2)n(n+1)(n+3)}{4!} x^4 - \cdots\right] \\ &+ a_1\left[x - \frac{(n-1)(n+2)}{3!} x^3 + \frac{(n-3)(n-1)(n+2)(n+4)}{5!} x^5 - \cdots\right] \end{aligned} \tag{5}$$

이 급수는 $|x| < 1$에서 수렴한다. a_0, a_1은 임의 상수이다.

❷ Legendre 다항식

n이 음의 정수가 아닌 경우, n이 짝수이면 (5)의 첫째 급수해는

$$y_1 = a_0\left[1 - \frac{n(n+1)}{2!} x^2 + \frac{(n-2)n(n+1)(n+3)}{4!} x^4 - \cdots\right] \tag{6}$$

은 다항식이 되고, n이 홀수이면, 두 번째 급수해

$$y_2 = a_1\left[x - \frac{(n-1)(n+2)}{3!} x^3 + \frac{(n-3)(n-1)(n+2)(n+4)}{5!} x^5 - \cdots\right] \tag{7}$$

은 다항식이 된다.

n이 짝수일 때는 $a_1=0$으로 하고, n이 홀수일 때는 $a_0 = 0$으로 정해서, $y(1)=1$되게 계수 a_0, a_1, $\cdots$을 결정한 다항식을 Legendre **다항식**이라 한다.

Legendre의 다항식은 차수 n의 값을 첨자로 해서 이들 다항식을 $P_n(x)$로 나타낸다.

$P_0(x), P_1(x), P_2(x), P_3(x)$를 구해보자

$n=0$일 때, (6)식에서 $y_1=a_0=1$ 이므로

$$P_0(x)=1$$

$n=1$일 때, (7)식에서 $y_2=a_1x$이고, $y_2(1)=a_1=1$이므로

$$P_1(x)=x$$

$n=2$일 때, (6)식에서 $y_1=a_0\left(1-\frac{6}{2}x^2\right)$, $y_1(1)=-2a=1$에서 $a_0=-\frac{1}{2}$ 이므로

$$P_2(x)=-\frac{1}{2}(1-3x^2)=-\frac{1-3x^2}{2}$$

$n=3$일 때, (7)식에서 $y_2=a_1\left(x-\frac{2\cdot 5}{3!}x^3\right)$, $y_2(1)=-\frac{2}{3}a_1=1$에서 $a_1=-\frac{3}{2}$ 이므로

$$P_3(x)=-\frac{3}{2}\left(x-\frac{5}{3}x^3\right), \text{ ………………}$$

이들 Legendre의 다항식은 Legendre 방정식의 특수해이다.
이들 그래프는 다음과 같다.

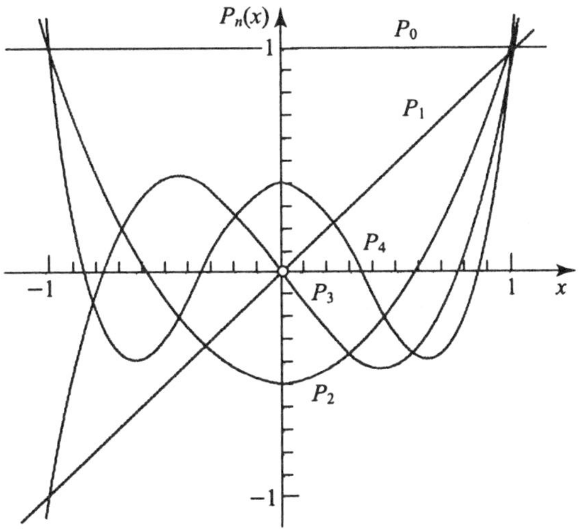

❸ Rodrigues의 공식

정리 1

Legendre의 다항식 $P_n(x)$는 다음 공식으로 주어진다.

$$P_n(x)=\frac{1}{n!2^n}\frac{d^n}{dx^n}(x^2-1)^n \tag{8}$$

(증명) $v=(x^2-1)^n$이라면, $\frac{dv}{dx}=2nx(x^2-1)^{n-1}$이므로

$$(1-x^2)\frac{dv}{dx}+2nxv=0$$

이 식을 x에 관하여 미분하면

$$(1-x^2)\frac{d^2v}{dx^2}+(-2x)\frac{dv}{dx}+2n\left(v+x\frac{dv}{dx}\right)=0$$

또는

$$(1-x^2)\frac{d^2v}{dx^2}+2(n-1)x\frac{dv}{dx}+2nv=0$$

다시 x에 관하여 n회 미분하면

$$(1-x^2)\frac{d^2v_n}{dx^2}+n(-2x)\frac{dv_n}{dx}-2\frac{n(n-1)}{2!}v_n$$
$$+2(n-1)\left\{x\frac{dv}{dx}+nv_n\right\}+2nv_n=0$$

$[(uv)^{(n)}=uv^{(n)}+n\mathrm{C}_1u'v^{(n-1)}+n\mathrm{C}_2u''v^{(n-2)}+\cdots+n\mathrm{C}_{n-1}u^{(n-1)}v'+u^{(n)}v]$

단, $v_n=\frac{d^nv}{dx^n}$이다. 위식을 정리하면

$$(1-x^2)\frac{d^2v_n}{dx^2}+2(n-n-1)x\frac{dv_n}{dx}+\{-n(n-1)+2(n-1)+2n\}v_n=0$$

$$n(n+1)$$

다시 정리하면

$$(1-x^2)\frac{d^2v_n}{dx^2}-2x\frac{dv_n}{dx}+n(n+1)v_n=0$$

따라서 v_n은 Legendre 방정식을 만족한다.

$$v_n=\frac{d^nv}{dx^n}=\frac{d^n}{dx^n}(x^2-1)^n$$

에서 v_n은 n차의 다항식이므로, $P_n(x)$는 v_n의 상수배이다.

$$P_n(x) = c\frac{d^n}{dx^n}(x^2-1)^n = c\frac{d^n}{dx^n}\{(x+1)^n(x-1)^n\}$$

이라 하고, 우변의 도함수를 계산하면

$$\begin{aligned} P_n(x) &= c[\{(x-1)^n\}^{(n)}(x+1)^n + n\{(x-1)^n\}^{(n-1)}\{(x+1)^n\}' \\ &\quad + \cdots (x-1)^n\{(x+1)^n\}^{(n)} \\ &= c[n!(x+1)^n + n\{n(n-1)\cdots 2(x-1)\}n(x+1)^{n-1} + \cdots + (x-1)^n \cdot n!] \end{aligned}$$

$P_n(1) = c(n! \cdot 2^n) = 1$에서 $c = \dfrac{1}{2^n n!}$ $\quad \therefore P_n(x) = \dfrac{1}{2^n n!}\dfrac{d^n}{dx^n}(x^2-1)^n$

이 P_n은 Legendre 다항식 (1)의 특수해이다.

정리 2

다음 함수 $\phi(z)$를 z의 올림차 순으로의 전개식한 식

$$\phi = (1-2xz+z^2)^{-\frac{1}{2}} = \sum_{n=0}^{\infty} A_n z^n \tag{9}$$

에서 $P_n(x)$는 z^n의 계수 A_n과 같다. ϕ를 $P_n(x)$의 생성함수이라 한다.

(증명) $x=1$이면 $(1-2z+z^2)^{-\frac{1}{2}} = \dfrac{1}{1-z} = 1+z+z^2+\cdots+z^n+\cdots$

이므로 $A_n(1)=1$이다. ϕ를 전개하여 확인해본다.

$$\begin{aligned} \phi &= \{1-z(2x-z)\}^{-\frac{1}{2}} = 1 + \frac{1}{2}z(2x-z) + \frac{-\frac{1}{2}\left(-\frac{3}{2}\right)}{2!}\{z(2x-z)\}^2 \\ &\quad - \frac{-\frac{1}{2}\left(-\frac{3}{2}\right)\left(-\frac{5}{2}\right)}{3!}\{z(2x-z)\}^3 + \cdots \\ &= 1 + xz + \left\{-\frac{1}{2} + \frac{3}{8}(2x)^2\right\}z^2 + \left\{\frac{3}{8}(-4x) + \frac{5}{16}(2x)^3\right\}z^3 + \cdots \\ &= 1 + xz - \frac{1-3^2}{2}z^2 - \left(\frac{3}{2}x - \frac{5}{2}x^3\right)z^3 + \cdots \end{aligned}$$

$\therefore A_0 = 1 = P_0(x)$, $A_1 = x = P_1(x)$, $A_2 = -\dfrac{1-3x^2}{2} = P_2(x)$,

$A_3 = -\dfrac{3}{2}\left(x - \dfrac{5}{3}x^3\right) = P_3(x), \cdots$

모든 n에 대하여 A_n과 P_n은 같다.

따라서 (9)식은 다음과 같이 나타낼 수 있다.

$$(1-2xz+z^2)^{-\frac{1}{2}}=\sum_{n=0}^{\infty}P_n(x)z^n \tag{10}$$

수렴역은 $-1 \le x \le 1$이고, $|z|<1$이 요구된다.

예제 ① $P_n(x)$의 생성함수 (10)식을 써서 다음을 증명하여라.

(1) $P_n(-1)=(-1)^n \quad (n=0, 1, 2, \cdots)$

(2) $P_{2n-1}(0)=0,\ P_{2n}(0)=(-1)^n\dfrac{(2n)!}{2^{2n}(n!)^2} \quad (n=1, 2, \cdots)$

(풀이) (1) (10)식에서 $x=-1$이라면

$$(1+2z+z^2)^{-\frac{1}{2}}=\sum_{n=0}^{\infty}P_n(-1)z^n$$

$$\text{좌변}=\{(1+z)^2\}^{-\frac{1}{2}}=\frac{1}{1+z}=1-z+z^2-z^3+\cdots+(-1)^n z^n+\cdots$$

$$\therefore P_n(-1)=(-1)^n$$

(2) (10)식에서 $x=0$이라면

$$(1+z^2)^{-\frac{1}{2}}=\sum_{n=0}^{\infty}P_n(0)z^n$$

$$\text{좌변}=1-\frac{1}{2}z^2+\frac{-\frac{1}{2}\left(-\frac{1}{2}-1\right)}{2!}z^4+\cdots+\begin{pmatrix}-\frac{1}{2}\\ n\end{pmatrix}z^{2n}+\cdots$$

$$=P_0(0)+P_1(0)z+P_2(0)z^2+\cdots+P_{2n}(0)z^{2n}+\cdots$$

$$P_{2n}(0)=\frac{-\frac{1}{2}\left(-\frac{1}{2}-1\right)\cdots\left(-\frac{1}{2}-n+1\right)}{n!}=(-1)^n\frac{\frac{1}{2}\left(\frac{3}{2}\right)\left(\frac{5}{2}\right)\cdots\left(\frac{2n-1}{2}\right)}{n!}$$

$$=(-1)^n\frac{1\cdot 3\cdot 5\cdot \cdots \cdot(2n-1)}{2^n\cdot n!}=(-1)^n\frac{(2n)!}{2^{2n}(n!)^2}$$

참 고

전개를 하면

$$(1+x)^{\alpha}=1+\alpha x+\frac{\alpha(\alpha-1)}{2!}+\frac{\alpha(\alpha-1)(\alpha-2)}{3!}+\cdots\cdots(|x|<1)$$

$$=1+{}_{\alpha}C_1x+{}_{\alpha}C_2x^2+{}_{\alpha}C_3x^3+\cdots\cdots$$

이 전개는 $f(x)$의 Maclaurin 급수전개이고, ${}_{\alpha}C_r$는 조합의 정의를 확장한 것이다.

$f(x)=(1+x)^{\alpha}$에서 α가 양의 정수가 아닌 경우에 Maclaurin 급수는

$$f(x)=\sum_{n=0}^{\infty}\frac{f^{(n)}(0)}{n!}x^n=\sum_{n=0}^{\infty}\frac{\alpha(\alpha-1)\cdots(\alpha-n+1)}{n!}x^n(|x|<1)$$

❹ Legendre 다항식의 성질

정리 3

$P_n(x)$, $P_m(x)$ $(n \neq m)$은 구간 [−1, 1]에서 직교한다. 즉

$$\int_{-1}^{1} P_n(x) P_m(x)\,dx = 0 \quad (n \neq m) \tag{1}$$

(증명) Legedre 방정식은

$$\frac{d}{dx}[(1-x^2)y'] + n(n+1)y = 0 \quad (n=0,\ 1,\ 2,\ \cdots) \tag{2}$$

로 나타내지고 $P_n(x)$가 해이므로

$$[(1-x^2)P_n']' + n(n+1)P_n(x) = 0 \tag{3}$$

$$[(1-x^2)P_m']' + m(m+1)P_m(x) = 0 \tag{4}$$

$(3)\times P_m - (4)\times P_n$에서

$$P_m(x)[(1-x^2)P_n'(x)]' - P_n(x)[(1-x^2)P_m'(x)] + (n-m)(n+m+1)P_m(x)P_n(x) = 0$$

이식을 x에 관하여 구간 -1에서 1까지 적분하면

$$\int_{-1}^{1} P_m(x)[(1-x^2)P_n'(x)]'dx - \int_{-1}^{1} P_n(x)[(1-x^2)P_m'(x)]'dx + (n-m)(n+m+1)\int_{-1}^{1} P_m(x)P_n(x)dx = 0$$

부분적분법으로 둘째 항까지를 적분하면 $\left(\int uv'dx = uv - \int u'vdx\right)$

$$P_m(x)[(1-x^2)P_n'(x)]_{-1}^{1} - \int_{-1}^{1} P_m'(x)[(1-x^2)P_n'(x)]dx - P_n(x)[(1-x^2)P_m'(x)]_{-1}^{1} - \int_{-1}^{1} P_n'(x)[(1-x^2)P_m'(x)]dx = 0$$

이므로

$$(n-m)(n+m+1)\int_{-1}^{1} P_m(x)P_n(x)\,dx = 0$$

$n \neq m$이므로

$$\int_{-1}^{1} P_m(x)P_n(x)\,dx = 0 \quad (n \neq m) \tag{5}$$

정리 4

$$\int_{-1}^{1} P_n{}^2(x)dx = \frac{2}{2n+1} \quad (n=0,\ 1,\ 2,\ \cdots) \tag{6}$$

(증명) $(1-2xz+z^2)^{-\frac{1}{2}} = \sum_{n=0}^{\infty} P_n(x) z^n$

이식의 양변을 제곱하면

$$(1-2xz+z^2)^{-1} = [\sum P_n(x) z^n]^2 \tag{7}$$

이식의 양변을 x에 관하여 -1에서 1까지 적분하면 우변의 적분에서 서로 다른 n의 값에 대하여는 (1)에 의하여 그 적분값이 0이 되므로

$$\int_{-1}^{1} \frac{dx}{1-2xz+z^2} = \sum_{n=0}^{\infty} z^{2n} \int_{-1}^{1} [P_n(x)]^2 dx \quad (|z|<1) \tag{8}$$

좌변의 적분은

$$\int_{-1}^{1} \frac{dx}{1-2xz+z^2} = -\frac{1}{2z}[\ln(1-2xz+z^2)]_{-1}^{1} = -\frac{1}{2z} \ln \frac{(1-z)^2}{(1+z)^2}$$

$$= \frac{1}{z} \ln \frac{1+z}{1-z} = \frac{1}{z}(\ln(1+z) - \ln(1-z)]$$

$$= \frac{1}{z}\left[\left(z - \frac{1}{2}z^2 + \frac{1}{3}z^3 - \cdots\right) + \left(z + \frac{1}{2}z^2 + \frac{1}{3}z^3 + \cdots\right)\right]$$

$$= 2\left(1 + \frac{1}{3}z^2 + \frac{1}{5}z^4 + \cdots + \frac{1}{2n+1}z^{2n} + \cdots\right) \tag{9}$$

$$\ln(1+z) = \int_0^z \frac{dz}{1+z} = \int_0^z (1 - z + z^2 - z^3 + \cdots)dz$$

$$= z - \frac{1}{2}z^2 + \frac{1}{3}z^3 - \frac{1}{4}z^4 + \frac{1}{5}z^5 - \cdots$$

$$\ln(1-z) = \int_0^z \frac{-1}{1-z}dz = -\int_0^z (1 + z + z^2 + z^3 + \cdots)dz$$

$$= -\left(z + \frac{1}{2}z^2 + \frac{1}{3}z^3 + \frac{1}{4}z^4 + \frac{1}{5}z^5 + \cdots\right)$$

$$\therefore \ln(1+z) - \ln(1-z) = 2\left(z + \frac{1}{3}z^3 + \frac{1}{5}z^5 + \cdots + \frac{1}{2n-1}z^{2n-1} - \cdots\right)$$

(8)식과 (9)식의 양변에서 z^{2n}의 계수를 비교하면 다음 결과를 얻는다.

$$\int_{-1}^{1} [P_n(x)]^2 dx = \frac{1}{2n+1} \quad (n=0,\ 1,\ 2,\ \cdots)$$

Legendre 다항식의 직교설을 써서 함수 $f(x)$를 $-1< x <1$에서 Legendre 다항식으로의 전개

$$f(x)= a_0P_0(x)+ a_1P_1(x)+ a_2P_2(x)+ \cdots + a_nP_n(x)+ \cdots \quad (10)$$

가 가능하다. 계수 $a_n(n=0, 1, 2, \cdots)$을 구하기 위하여 (10)식의 양변에 $P_m(x)$를 곱하고, 구간 $[-1, 1]$에서 적분하면

$$\int_{-1}^{1} f(x)P_m(x)dx= \sum_{n=0}^{\infty} a_n \int_{-1}^{1} P_m(x)P_n(x)dx \quad (11)$$

정리 3, 4에서 $m\neq n$일 때 $\int_{-1}^{1} P_m(x)P_n(x)dx=0$이고, $m=n$일 때

$\int_{-1}^{1} P_m{}^2(x)dx=\dfrac{2}{2m+1}$ 이므로 $\sum_{n=0}^{\infty} a_n \int_{-1}^{1} P_m(x)P_n(x)dx=\dfrac{2a_m}{2m+1}$

$\therefore \int_{-1}^{1} f(x)P_m(x)dx=\dfrac{2a_m}{2m+1}$ $\quad \therefore a_m=\dfrac{2m+1}{2}\int_{-1}^{1} f(x)P_m(x)dx \ (m=0, 1, 2, \cdots)$

예제 2 $f(x)=2x^2+5$를 Legendre 다항식으로 전개하라.

(풀이) $f(x)=2x^2+5= a_0+a_1P_1(x)+a_2P_2(x)$

$$a_n=\frac{2n+1}{2}\int_{-1}^{1} f(x)P_n(x)dx$$

$P_0(x)=1$, $P_1(x)=x$, $P_2(x)=\dfrac{3x^2-1}{2}$ 이므로 $n=0, 1, 2$에 대한 계수를 차례로 구하면

$$a_0=\frac{1}{2}\int_{-1}^{1}(2x^2+5)(1)dx=\frac{2}{2}\int_{-1}^{1}(2x^2+5)dx=\frac{17}{3}$$

$$a_1=\frac{3}{2}\int_{-1}^{1}(2x^2+5)xdx=0$$

$$a_2=\frac{5}{2}\int_{-1}^{1}(2x^2+5)\left(\frac{3x^2-1}{2}\right)dx=\frac{5}{2}\int_{-1}^{1}(6x^4+13x^2-5)dx$$

$$=\frac{5}{2}\left[\frac{6}{5}x^5+\frac{13}{3}x^3-5x\right]_0^1=\frac{4}{3}$$

구하는 전개식은

$$f(x)=\frac{17}{3}+\frac{4}{3}P_2(x)$$

예제 3 $f(x)=3+2x+6x^2$을 Legendre 다항식으로 전개하라.

(풀이) $x=P_1(x)$, $P_2(x)=\frac{3}{2}x^2-\frac{1}{2}$ 이므로

$$x^2=\frac{2}{3}P_2(x)+\frac{1}{3}=\frac{2}{3}P_2(x)+\frac{1}{3}P_0(x)$$

따라서 $f(x)$는

$$f(x)=6x^2+2x+3=6\left[\frac{2}{3}P_2(x)+\frac{1}{3}P_0(x)\right]+2P_1+3P_0(x)$$
$$=4P_2(x)+2P_1(x)+5P_0(x)$$

예제 4 $q(x)$는 m차 다항식이고, $n>m$일 때, 다음을 밝혀라.

$$\int_{-1}^{1}q(x)P_n(x)\,dx=0$$

(풀이) $q(x)=a_0+a_1P_1(x)+\cdots+a_mP_m(x)$ $(a_m\neq 0)$

이므로, $0\leq k\leq m\leq n$ 이라면, $\int_{-0}^{1}P_k(x)P_n(x)\,dx=0$ 이므로

$$\int_{-1}^{1}q(x)P_n(x)\,dx=\sum_{k=0}^{m}C_k\int_{-1}^{1}P_k(x)P_n(x)\,dx=0$$

참고 $q(x)$가 m차다 항식일 때, $q(x)$는 $P_0(x)$, $P_1(x),\cdots,P_m(x)$의 다항식으로 전개되고 $n>m$되는 $P_n(x)$ $q(x)$의 Legendre 다항식으로 전개에 포함되지 않는다.

연습문제 6.1

1. $P_n(x)=\frac{1}{2^n n!}\frac{d^n}{dx^n}(x^2-1)^n$은 Legendre 다항식 $[(1-x^3)y']'+n(n+1)y=0$의 해임을 밝혀라.

2. $R(x)=a_0P_0(x)+a_1P_1(x)+\cdots+a_nP_n(x)$일 때, 임의의 연속함수 $f(x)$에 대하여

$$F(a_0,\ a_1,\ \cdots,\ a_n)=\int_{-1}^{1}[(f(x)-R(x)]^2dx$$

를 최소로 하는 $a_0,\ a_1,\ \cdots,\ a_n$의 값은 다음과 같음을 밝혀라.

$$a_k=\frac{2k+1}{2}\int_{-1}^{1}f(x)P_k(x)\,dx$$

3. 다음 식을 증명하라.

(1) $P_{2m}(-x)=P_{2m}(x)$　　(2) $P_{2m+1}(-x)=-P_{2m+1}(x)$

4. Legendre 방정식의 일반해를 구하는 과정에서 a_n 및 순환공식은 다음과 같다.

$$a_n=\frac{(2n)!}{2^n(n!)^2},\qquad a_m=\frac{(m+2)(m+1)}{(n-m)(n+m+1)}a_{m+2}(m\le n-2)\quad\cdots①$$

①식에서 $n=n-2$라면, $a_{n-2}=-\frac{n(n-1)}{2(2n-1)}a_n=-\frac{n(n-1)(2n)!}{2(2n-1)2^n(n!)^2}$이다.

$$a_{n-2m}=(-1)^m\frac{(2n-2m)!}{2^n m!(n-m)!(m-2m)!}$$

임을 밝혀라.

해답

1. $z=(x^2-1)^n$이라면 $z'=2nx(x^2-1)^{n-1}$, $(x^2-1)z'=2mxz$

양변을 $(n+1)$회 미분하면 Leibniez 공식에 의하여

$$(x^2-1)z^{(n+2)}+2(n+1)xz^{(n+1)}+(n+1)nz^{(n)}=2nxz^{(n+1)}+2n(n+1)z^{(n)}$$

정리하면 $(x^2-1)z^{(n+2)}+2xz^{(n+1)}-n(n+1)z^{(n)}=0$

이므로, $z^{(n)}$은 Legendre 미분방정식의 해이고, $z^{(n)}$에 상수 $\frac{1}{2^n n!}$을 곱한 것도 해이고, 그것이 $P_n(x)$이므로 $P_n(x)$는 해이다.

2. $F(a_0, a_1, \cdots, a_n)$가 $a_0, \cdots, a_n$에 대하여 극값을 갖는다면,

$\frac{\partial F}{\partial a_k}=0\ (k=0, 1, \cdots, n)$이므로

$$\frac{\partial F}{\partial a_k}=\int_{-1}^{1}\frac{\partial}{\partial a_k}[f(x)-R(x)]^2 dx=-2\int_{-1}^{1}[f(x)-R(x)]P_k(x)\,dx$$

$$=-2\int_{-1}^{1}f(x)P_k(x)\,dx+2\int_{-1}^{1}[a_0P_0(x)+a_1P_1(x)+\cdots+a_mP_n(x)]P_k(x)\,dx$$

$$=-2\int_{-1}^{1}f(x)P_k(x)dx+2\cdot\frac{2a_k}{2k+1}=0$$

$$\therefore a_k=\frac{2k+1}{2}\int_{-1}^{1}f(x)P_k(x)\,dx$$

3. Rodrigues의 공식 $P_n(x)=\frac{1}{n!2^n}\frac{d^n}{dx^n}(x^2-1)^n$에서 $n=2m$(짝수)이면 $P_n(x)=P_{2n}(x)$는 우함수이므로, $P_{2n}(-x)=P_{2m}(x)$이고 $n=2m+1$(홀수)이면 $P_n(x)=P_{2m+1}(x)$는 기함수이므로 $P_{2n+1}(-x)=-P_{2m+1}(x)$

4. ①, ②에서 $a_{n-2}=-\frac{n(n-1)}{2(2n-1)}a_n=-\frac{n(n-1)(2n)!}{2(2n-1)2^n(n!)^2}$

$$=-\frac{n(n-1)2n(2n-1)(2n-2)}{2(2n-1)2^n n(n-1)!n(n-1)(n-2)!}=-\frac{2(n-2)!}{2^n(n-1)!(n-2)!}$$

마찬가지로

$$a_{n-4}=-\frac{(n-2)(n-3)}{4(2n-3)}a_{n-2}=-\frac{(2n-4)!}{2^n 2!(n-2)!(n-4)!}$$

일반적으로

$$a_{n-2m}=(-1)^m\frac{(2n-2m)!}{2^n m!(n-m)!(m-2m)!}$$

6.2 Bessel 방정식

① Bessel 방정식

[1] Bessel 방정식의 일반해

$$x^2y''+xy'+(x^2-\nu^2)y=0 \tag{1}$$

형의 미분방정식을 ν차의 Bessel **방정식**이라고 한다. 이 방정식은 현 또는 막의 진동, 전류의 전도, 열전도, 음향학 및 탄성학의 연구에서 중심이 되는 방정식이다. 우선 이 방정식의 급수해를 구해 보자. $x=0$이 정칙특이점이므로

이 방정식의 해를 구하기 위한 급수해의 꼴을

$$y=\sum_{n=0}^{\infty}a_nx^{n+r} \tag{2}$$

이라고 놓으면 된다.

$+(x^2-\nu^2)$	$y=\sum_{n=0}^{\infty}a_nx^{n+r}$
$+x$	$y'=\sum_{n=0}^{\infty}(n+r)a_nx^{n+r-1}$
$+x^2$	$y''=\sum_{n=0}^{\infty}(n+r)(n+r-1)a_nx^{n+r-2}$

$$\begin{aligned}x^2y''+xy'+(x^2-\nu^2)y&=\sum_{n=0}^{\infty}[(n+r)(n+r-1)(n+r)-\nu^2]a_nx^{n+r}+\sum_{n=0}^{\infty}a_nx^{n+r+2}\\&=\sum_{n=0}^{\infty}[(n+r)^2-\nu^2]a_nx^{n+r}+\sum_{n=0}^{\infty}a_nx^{n+r+2}\\&=(r^2-\nu^2)a_0x^r+[(r+1)^2-\nu^2]a_1x^{r+1}\\&\quad+\sum_{n=0}^{\infty}[\{(n+r+2)^2-\nu^2\}a_{n+2}+a_n]x^{n+r+2}=0\end{aligned} \tag{3}$$

(3)이 성립하려면

$$(r^2-\nu^2)a_0=0,\ \{(r+1)^2-\nu^2\}a_1=0,\ \{(n+r+2)^2-\nu^2\}a_{n+2}+a_n=0$$

(i) $r=\nu,\ a_0\neq 0:\ a_1=0$인 경우 $a_{n+2}=-\dfrac{a_n}{(n+2)(n+2\nu+2)}\ (n=0,1,2,\cdots)$

n이 홀수이면 $a_1 = a_3 = a_5 = \cdots = 0$이고, n이 짝수이면 a_n은 다음과 같다.

$$a_2 = -\frac{1}{2(2\nu+2)} a_0 = -\frac{a_0}{2^2(\nu+1)}$$

$$a_4 = -\frac{a_2}{4(2\nu+4)} = -\frac{a_0}{2^4 \cdot 2!(\nu+1)(\nu+2)}$$

$$a_6 = -\frac{a_4}{(4+2)(2\nu+6)} = -\frac{a_0}{2^6 \cdot 3!(\nu+1)(\nu+2)(\nu+3)}$$

따라서 ν가 음의 정수가 아닌 한 급수

$$y_1 = a_0 x^{\nu}\left[1 - \frac{1}{\nu+1}\left(\frac{x}{2}\right)^2 + \frac{1}{2!(\nu+1)(\nu+2)}\left(\frac{x}{4}\right)^4 - \cdots\right] \tag{4}$$

은 하나의 부분해(특수해)이다.

(ii) $r = -\nu$, $a_0 \neq 0$, $a_1 = 0$인 경우

부분해 y_1에서 ν를 $-\nu$로 바꾼 부분해가 얻어지며, ν가 양의 정수가 아닌 한

$$y_2 = a_0 x^{-\nu}\left[1 + \frac{1}{\nu-1}\left(\frac{x}{2}\right)^2 + \frac{1}{2!(\nu-1)(\nu-2)}\left(\frac{x}{2}\right)^4 + \cdots\right] \tag{5}$$

은 하나의 부분해이고, 모든 x에 대하여 수렴한다.

ν가 정수가 아니면 y_1과 y_2는 독립이므로

$$\begin{aligned} y = {} & c_1 x^{\nu}\left[1 - \frac{1}{\nu+1}\left(\frac{x}{2}\right)^2 + \frac{1}{2!(\nu+1)(\nu+2)}\left(\frac{x}{2}\right)^4 - \cdots\right] \\ & + c_2 x^{-\nu}\left[1 - \frac{1}{\nu-1}\left(\frac{x}{2}\right)^2 + \frac{1}{2!(\nu-1)(\nu-2)}\left(\frac{x}{2}\right)^4 - \cdots\right] \end{aligned} \tag{6}$$

은 Bessel 방정식의 일반해이다.

(ii) $r = \pm\nu - 1$, $a_0 = 0$, $a_1 \neq 0$인 경우도 (i)과 같은 결과를 얻는다.

[2] Gamma 함수

계승(factorial)의 정의를 확장한다. 다음함수

$$\Gamma(\nu) = \int_0^{\infty} e^{-t} t^{\nu-1} dt \tag{7}$$

를 Gamma **함수**이라 한다. $\Gamma(\nu+1) = \int_0^{\infty} e^{-t} t^{\nu} dt$를 부분적분하면

$$\Gamma(\nu+1)=[-e^{-t}t^{\nu}]_0^{\infty}+\nu\int_0^{\infty}e^{-t}t^{\nu-1}dt = 0+\nu\Gamma(\nu)=\nu\Gamma(\nu) \tag{8}$$

특히 $\nu=1$이면 (7)식에서

$$\Gamma(1)=\int_0^{\infty}e^{-t}dt=-e^{-t}\Big|_0^{\infty}=0-(-1)=1$$

이므로

$$\Gamma(2)=\Gamma(1)=1,\ \Gamma(3)=2\Gamma(2)=2\cdot 1=2!,\ \Gamma(4)=3!,\ \cdots$$

일반적으로 n이 음수가 아닌 정수(0, 1, 2, …)이면

$$\Gamma(n+1)=n!$$

이 사실에서 Gamma 함수는 계승함수를 일반화한 것이다. Gamma 함수를 써서 Bessel 방정식의 일반해 (6)의 임의 상수를 정해주면, Bessel 방정식의 일반해를 간단히 표시할 수 있다.

참 고

(8)에서 ν가 음수일 때, $\Gamma(\nu)$는 다음과 같이 변형하여 값을 구한다.

$$\Gamma(\nu)=\frac{\Gamma(\nu+1)}{\nu}=\frac{\Gamma(\nu+2)}{\nu(\nu+1)}=\cdots=\frac{\Gamma(\nu+m)}{\nu(\nu+1)\cdots(\nu+m-1)}\quad(1\le\nu+m<2)$$

Gamma 함수 $\Gamma(\nu)$의 값은 ν가 $0<\nu<2$되게 변형한 후 Gamma 함수 표를 써서 구한다.

❷ Bessel 함수

[1] 제1종의 Bassel 함수

Bessel 함수를 정의하기 위하여 (4)식에서

$$a_0=\frac{1}{2^{\nu}\Gamma(\nu+1)}\quad(\nu\text{는 음의 정수가 아님})$$

이라 하고, 특후해 y_1의 급수를 $J_\nu(x)$라면

$$J_\nu(x)=\frac{x^{\nu}}{2^{\nu}\Gamma(\nu+1)}\left[1-\frac{1}{\nu+1}\left(\frac{x}{2}\right)^2+\frac{1}{2!(\nu+1)(\nu+2)}\left(\frac{x}{2}\right)^4-\cdots\right] \tag{1}$$

$$= \sum_{n=0}^{\infty}(-1)^n \frac{1}{n!\Gamma(n+\nu+1)}\left(\frac{x}{2}\right)^{2n+\nu}$$

이것을 **제1종 ν차의 Bessel 함수**이라 한다. (9)는 Bessel 방정식의 한 특수해이다.

또 (5)식에서

$$a_0 = \frac{2^\nu}{\Gamma(1-\nu)}\left[a_0 x^{-\nu} = \frac{2^\nu}{\Gamma(1-\nu)}\, x^{-\nu} = \frac{1}{\Gamma(1-\nu)}\left(\frac{x}{2}\right)^{-\nu}\right]$$

이라면 y_2는 $J_\nu(x)$에서 ν를 $-\nu$로 바꾼 식과 같으므로 이를 $J_{-\nu}(x)$로 나타낼 때

Bessel 방정식 ①의 (1)식의 일반해는

$$y = c_1 J_\nu(x) + c_2 J_{-\nu}(x) \qquad (2)$$

이다. 단, ν는 정수가 아니다.

예제 ① 다음 미분방정식의 일반해를 구하라.

$$x^2y'' + xy' + \left(x^2 - \frac{1}{9}\right)y = 0$$

(풀이) 주어진 미분방정식은

$$x^2y'' + xy' + \left\{x^2 - \left(\frac{1}{3}\right)^2\right\}y = 0$$

이 되므로, $\frac{1}{3}$차의 Bessel 방정식이다. 따라서 그 일반해는 (8)식에서

$$y = c_1 J_{\frac{1}{3}}(x) + c_2 J_{-\frac{1}{3}}(x) \quad (c_1,\ c_2\text{는 임의 상수})$$

[2] 특수한 Bessel 함수

$\Gamma(n+1) = n!$, $\Gamma(n+2) = (n+1)!$ 이므로 $\nu=0$과 $\nu=1$에 대한 Bessel 함수는

$$J_0(x) = \sum_{n=0}^{\infty}(-1)^n \frac{1}{(n!)^2}\left(\frac{x}{2}\right)^{2n}$$

$$J_1(x) = \sum_{n=0}^{\infty}(-1)^n \frac{1}{n!(n+1)!}\left(\frac{x}{2}\right)^{2n+1}$$

이들을 각각 **0차 및 1차의 Bessel 함수**라고 한다.

$J_0(x)$, $J_1(x)$, $J_2(x)$의 그래프는 아래와 같다.

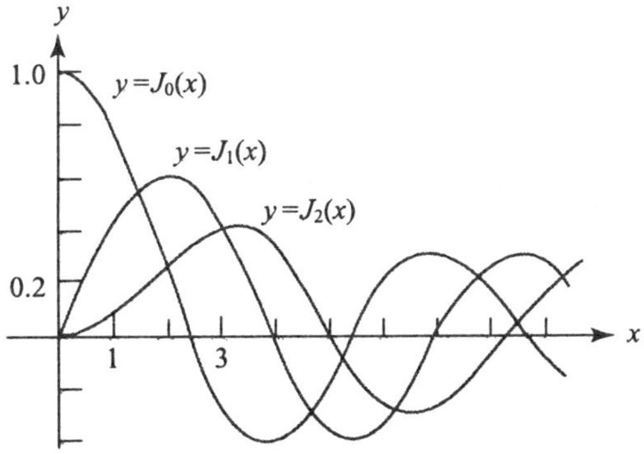

다음은 $\nu=\frac{1}{2}$ 및 $\nu=-\frac{1}{2}$일 때, $J_\nu(x)$의 값을 구해보자.

$J_\nu(x)=\sum_{n=0}^{\infty}(-1)^n\frac{1}{n!\Gamma(n+\nu+1)}\left(\frac{x}{2}\right)^{2n+\nu}$이므로 $\nu=\frac{1}{2}$이면

$$\begin{aligned}
J_{\frac{1}{2}}(x) &= \sum_{n=0}^{\infty}(-1)^n\frac{1}{n!\Gamma\left(\frac{2n+3}{2}\right)}\left(\frac{x}{2}\right)^{2n+\frac{1}{2}} \\
&=\sqrt{\frac{2}{x}}\sum_{n=0}^{\infty}(-1)^n\frac{1}{n!\Gamma\left(\frac{2n+3}{2}\right)}\left(\frac{x}{2}\right)^{2n+1} \\
&=\sqrt{\frac{2}{x}}\sum_{n=0}^{\infty}(-1)^n\frac{x^{2n+1}}{2^{2n+1}n!\frac{2n+1}{2}\frac{2n-1}{2}\cdots\frac{1}{2}\Gamma\left(\frac{1}{2}\right)} \\
&=\sqrt{\frac{2}{\pi x}}\sum_{n=0}^{\infty}(-1)^n\frac{x^{2n+1}}{2^n\cdot n!(2n+1)(2n-1)\cdots 1} \quad \left[\Gamma\left(\frac{1}{2}\right)=\sqrt{x}\right] \\
&=\sqrt{\frac{2}{\pi x}}\sum_{n=0}^{\infty}(-1)^n\frac{x^{2n+1}}{(2n+1)!}=\sqrt{\frac{2}{\pi x}}\sin x
\end{aligned}$$

$$\therefore J_{\frac{1}{2}}(x)=\sqrt{\frac{2}{\pi x}}\sin x$$

참고

$\Gamma(n)=\int_0^\infty e^{-x}x^{n-1}dx$에서 $x=y^2$이면 $dx=2ydy$이므로

$$\Gamma\left(\frac{1}{2}\right)=\int_0^\infty e^{-x}x^{-\frac{1}{2}}dx=\int_0^\infty e^{-y^2}\frac{1}{y}(2y\,dy)=2\int_0^\infty e^{-y^2}dy$$

$A=\int_0^\infty e^{-y^2}dy$이라면

$$A^2=\int_0^{\infty}\int_0^{\infty} e^{-(x^2+y^2)}dx\,dy=\frac{1}{4}\int_0^{2\pi}\int_0^{\infty} e^{-r^2}r\,dr\,d\theta$$
$$=\frac{1}{4}\int_0^{2\pi}\int_0^{\infty}\left(-\frac{1}{2}e^{-r^2}\right)'dr\,d\theta=\frac{2\pi}{4}\left[-\frac{1}{2}e^{-r^2}\right]_0^{\infty}=\frac{\pi}{4}$$
$$\therefore A=\frac{\sqrt{\pi}}{2}\qquad \therefore \Gamma\left(\frac{1}{2}\right)=2A=\sqrt{\pi}\simeq 1.772$$

$$\int_{-\infty}^{\infty} e^{-x^2}dx=\sqrt{\pi}\quad \cdots\cdots\cdots \text{확률적분}$$

다음은 $J_{-\frac{1}{2}}(x)$를 구해보자.

$$J_{-\frac{1}{2}}(x)=\sum_{n=0}^{\infty}(-1)^n\frac{1}{n!\,\Gamma\left(\frac{2n+1}{2}\right)}\left(\frac{x}{2}\right)^{2n-\frac{1}{2}}$$
$$=\sqrt{\frac{2}{x}}\sum_{n=0}^{\infty}(-1)^n\frac{x^{2n}}{2^{2n}n!\,\frac{2n-1}{2}\,\frac{2n-3}{2}\cdots\frac{1}{2}\Gamma\left(\frac{1}{2}\right)}$$
$$=\sqrt{\frac{2}{\pi x}}\sum_{n=0}^{\infty}(-1)^n\frac{x^{2n}}{2^n\cdot n!(2n-1)(2n-3)\cdots 3\cdot 1}$$
$$=\sqrt{\frac{2}{\pi x}}\sum_{n=0}^{\infty}(-1)^n\frac{x^{2n}}{(2n)!}=\sqrt{\frac{2}{\pi x}}\cos x$$

$$\therefore J_{-\frac{1}{2}}(x)=\sqrt{\frac{2}{\pi x}}\cos x$$

이 공식으로부터 Bessel 함수의 성질이 삼각함수의 성질과 비슷하다는 것을 알 수 있다. 곧 그래프모양도 비슷하고, $J_0(x)=0$, $J_1(x)=0$의 근은 대략 주지적이며 π의 간격을 갖는다. 또한 x가 양의 값을 취하면서 증대함에 따라서 $J_\nu(x)$의 값이 근사적으로 다음 공식에 의하여 주어진다.

$$J_\nu(x)\approx\sqrt{\frac{2}{\pi x}}\cos\left(x-\frac{\pi+2\nu\pi}{4}\right)$$

$J_0(x)$와 $J_1(x)$, $J_2(x)$ 그래프는 진폭이 줄어든 cosine 함수와 유사하다.

정리 1

ν가 양의 정수 n일 때, Bessel 함수 $J_n(x)$와 $J_n(x)$ 사이에

$$J_n(x) = (-1)^n J_n(x) \tag{3}$$

인 관계가 있다.

(증명) $$J_{-n} = \sum_{m=0}^{\infty}(-1)^m \frac{1}{m!\Gamma(m-n+1)}\left(\frac{x}{2}\right)^{2m-n}$$
$$= \sum_{m=0}^{\infty}(-1)^m \frac{1}{m!(m-n)!}\left(\frac{x}{2}\right)^{2m-n} = \sum_{m=n}^{\infty}(-1)^m \frac{1}{m!(m-n)!}\left(\frac{x}{2}\right)^{2m-n}$$

$m=1, 2, \cdots, n-1$이면 $m-n+1$은 0 또는 음의 정수이며 $\Gamma(m-n+1) = \Gamma$(0 또는 음의 정수) $= \pm\infty$가 된다. 따라서 $m=n$부터 대입한 값을 구하기 위하여 m에 $m+n$을 대입하고, $m=0$부터의 합으로 나타낸다.

$$J_{-n} = \sum_{m=0}^{\infty}(-1)^{m+n} \frac{1}{(m+n)!m!}\left(\frac{x}{2}\right)^{2(m+n)-n}$$
$$= (-1)^n \sum_{m=0}^{\infty}(-1)^m \frac{1}{m!\Gamma(m+n+1)}\left(\frac{x}{2}\right)^{2m+n} = (-1)^n J_n(x)$$

따라서 n이 정수일 때 J_{-n}와 J_n은 1차독립이 아니므로 Bassel 방정식(7)의 일반해는 $y = c_1 J_n(x) + c_2 J_{-n}(x)$로는 표시되지 않는다.

참 고

$\Gamma(0) = \lim_{\alpha \to 0}\Gamma(\alpha) = \lim_{\alpha \to 0}\frac{\Gamma(\alpha+1)}{\alpha} = \infty$, $\Gamma(\alpha+1) = \alpha\Gamma(\alpha)$에서 n이 양의 정수이면

$$\Gamma(-n) = \frac{\Gamma(-n+1)}{-n} = \frac{\Gamma(-n+2)}{(-n)(-n+1)} = \cdots = \frac{1}{(-n)(-n+1)\cdots(-1)}\Gamma(0)$$
$$= \frac{(-1)^n}{n!}\Gamma(0) = \pm\infty$$

[3] ν가 양의 정수 n일 때, Bessel 방정식의 일반해

$J_n(x)$는 $\nu = n$인 Bessel 방정식

$$x^2y'' + xy' + (x^2 - n^2)y = 0 \tag{4}$$

의 특수해(부분해)이다. 일반해를 매개변수변화법으로 구한다.

$$y = vJ_n$$

을 준 방정식에 대입한다.

$+(x^2-n^2)$	$y=vJ_n$	
$+x$	$y'=vJ_n'$	$+J_nv'$
$+x^2$	$y''=vJ_n''$	$+2J_n'v'+J_nv''$

$$x^2y''+xy'+(x^2-n^2)y=v[x^2J_n''+xJ_n'+(x^2-n^2)J_n]$$
$$+[v'(J_n+2xJ_n')+xJ_nv'']x=0$$

$x^2J_n''+xJ_n'+(x^2-n^2)J_n=0$이므로, $v'(J_n+2xJ_n')+xJ_nv''=0$

$$p=v'=\frac{dv}{dx},\quad v''=\frac{dp}{dx}$$

로 바꾸어 놓으면 $\quad p(J_n+2xJ_n')+xJ_n\dfrac{dp}{dx}=0$

변수를 분리하여 $\quad \dfrac{dp}{p}=-\left(\dfrac{1}{x}+\dfrac{2J_n'}{J_n}\right)dx$

적분하면

$$\ln p=-\ln x-2\ln J_n+\ln c_2\text{에서}\quad p=\frac{c_2}{xJ_n^2}$$

$p=\dfrac{dv}{dx}$이므로

$$v=c_2\int\frac{dx}{xJ_n^2}+c_1$$

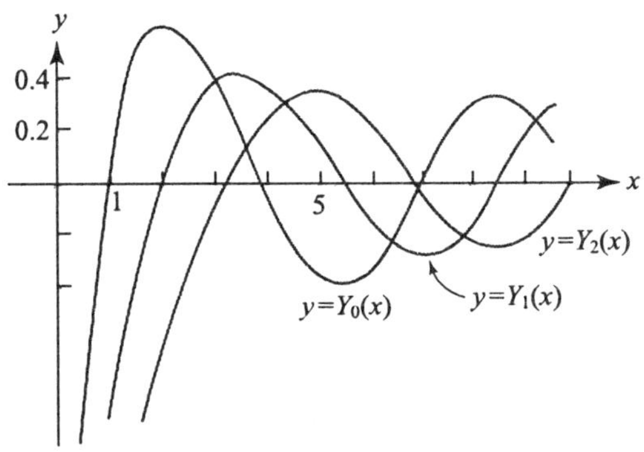

그런데 $y=vJ_n$이므로 구하는 일반해는

$$y=c_1J_n(x)+c_2J_n(x)\int\frac{dx}{xJ_n^2}$$

다음 함수

$$Y_n(x)=J_n\int\frac{dx}{xJ_n^2}$$

를 **제2종 *n*계 Bessel 함수**라고 한다. $Y_0(x)$, $Y_1(x)$, $Y_2(x)$의 그래프는 위 그림과 같다.

양의 정수 n에 관한 Bessel 방정식 (4)의 일반해는 다음과 같다.

$$y=c_1Y_n(x)+c_2J_n(x) \tag{5}$$

제2종 Bessel 함수 $Y_n(x)$는 다음 공식으로 나타내진다.(n은 양의 정수)

$$Y_n(x) = J_n(x)\ln x - \frac{1}{\pi}\sum_{k=0}^{n-1}\frac{(n-k-1)!}{k}\left(\frac{x}{2}\right)^{2k-n}$$

$$+\frac{1}{\pi}\sum_{k=0}^{\infty}\frac{(-1)^k}{k!(n+k)!}\left\{2\ln\frac{x}{2}-\phi(k+1)-\phi(k+n+1)\right\}\left(\frac{x}{2}\right)^{2k+n}$$

단, $\phi(0)=0$, $\phi(k)=\frac{1}{1}+\frac{1}{2}+\cdots+\frac{1}{k}\ (k>0)$

특히 $n=0$일 때는 $Y_0(x)$는 다음과 같다.

$$Y_0(x) = \frac{2}{\pi}\sum_{k=0}^{\infty}\frac{(-1)^k}{(k!)^2}\left\{\frac{x}{2}\right)^{2k}\left[\ln\frac{x}{2}-\Psi(k+1)\right]$$

$$=\frac{2}{\pi}\left[J_0(x)\ln\frac{x}{2}-\sum_{k=0}^{\infty}\frac{(-1)^k}{(k1)^2}\left(\frac{x}{2}\right)^{2k}\Psi(k+1)\right]$$

[4] Bessel 함수로 풀 수 있는 미분방정식

Bessel 방정식으로 변환되는 미분방정식을 들어본다.

예제 2 다음 미분방정식은 $y=xu(x)$인 치환을 하면, Bessel의 미분방정식이 됨을 밝히고, 그 일반해를 구하라.

$$xy''-y'+xy=0$$

(풀이) $y=xu(x)$에서 $\frac{dy}{dx}=u(x)+x\frac{du}{dx}$, $\frac{d^2y}{dx^2}=2\frac{du}{dx}+\frac{d^2u}{dx^2}$

이들을 준 미분방정식에 대입하면

$$x\left\{2\frac{du}{dx}+x\frac{d^2u}{dx^2}\right\}-\left\{u+x\frac{du}{dx}\right\}+x^2u(x)=0$$

따라서

$$x^2\frac{d^2u}{dx^2}+x\frac{du}{dx}+(x^2-1)u=0$$

이 미분방정식은 분명히 u를 미지함수로 하는 1차의 Bessel 미분방정식이다. 그 일반해는

$$u(x)=c_1J_1(x)+c_2Y_1(x)\ \ (c_1,\ c_2\text{는 임의상수})$$

이므로 준 미분방정식의 일반해는

$$y=x\{c_1J_1(x)+c_2Y_1(x)\}$$

예제 3 다음 미분방정식을 $x^2 = t$로 치환하여 풀어라.

$$x^2y'' + xy' + 4(x^4 - n^2)y = 0$$

(풀이) $\dfrac{dy}{dx} = \dfrac{dy}{dt}\dfrac{dt}{dx} = 2x\dfrac{dy}{dt} = 2\sqrt{t}\dfrac{dy}{dt}\ \left(\dfrac{dt}{dx} = 2x = 2\sqrt{t}\right)$

$$\frac{d^2y}{dx^2} = \frac{d}{dt}\left(2x\frac{dy}{dt}\right)\frac{dt}{dx} = \left(2x\frac{d^2y}{dt^2} + 2\frac{dx}{dt}\frac{dy}{dt}\right)\frac{dt}{dx}$$

$$= 2\sqrt{t}\frac{d^2y}{dt^2} \times 2\sqrt{t} + 2\frac{dy}{dt} = 4t\frac{d^2y}{dt^2} + 2\frac{dy}{dt}$$

이들을 준 방정식에 대입하면 $(x^2 = t,\ x = \sqrt{t})$

$$t\left(4t\frac{d^2y}{dt^2} + 2\frac{dy}{dt}\right) + \sqrt{t}\left(2\sqrt{t}\frac{dy}{dt}\right) + 4(t^2 - n^2)y$$

$$= 4\left[t^2\frac{d^2y}{dt^2} + t\frac{dy}{dt} + (t^2 - n^2)y\right] = 0$$

이 방정식의 일반해는 $y(t) = AJ_n(t) + BY_n(t)$이므로, 구하는 해는

$$y(x) = AJ_n(x^2) + BY_n(x^2)$$

예제 4 다음 미분방정식을 풀어라. 단, n은 양의 정수이다.

$$x^2y'' + xy' + (\lambda^2x^2 - n^2)y = 0$$

(풀이) $\lambda x = t$이라면, $x = \dfrac{t}{\lambda}$, $x^2 = \dfrac{t^2}{\lambda^2}$, $\dfrac{dt}{dx} = \lambda$이고,

$$\frac{dy}{dx} = \frac{dy}{dt}\frac{dt}{dx} = \lambda\frac{dy}{dt}$$

$$\frac{d^2y}{dx^2} = \frac{d}{dt}\left(\lambda\frac{dy}{dt}\right)\frac{dt}{dx} = \lambda\frac{d^2y}{dt^2}\cdot\lambda = \lambda^2\frac{d^2y}{dt^2}$$

이들 식을 준 미분방정식에 대입하면

$$\frac{t^2}{\lambda^2}\cdot\lambda^2\frac{d^2y}{dt^2} + \frac{t}{\lambda}\cdot\lambda\frac{dy}{dt} + (t^2 - n^2)y = 0$$

즉,
$$t^2\frac{d^2y}{dt^2} + t\frac{dy}{dt} + (t^2 - n^2)y = 0$$

이 방정식의 해는

$$y(t) = AJ_n(t) + BY_n(t)$$

따라서 준 방정식의 일반해는

$$y(x) = AJ_n(\lambda x) + BY_n(\lambda x)$$

❸ Bessel 함수에 관한 성질

Bessel 함수의 활용을 확대하려면 Bessel 함수의 상호관계를 알아둘 필요가 있다.

예제 5 다음 관계식을 밝혀라.

$$\frac{d}{dx}[x^{\nu}J_{\nu}(x)] = x^{\nu}J_{\nu-1}(x) \tag{1}$$

(풀이) $\frac{d}{dx}[x^{\nu}J_{\nu}(x)] = \frac{d}{dx}\sum_{n=0}^{\infty}\frac{(-1)^n x^{2\nu+2n}}{2^{\nu+2n}n!\Gamma(\nu+n+1)}$

$= \sum_{n=0}^{\infty}\frac{(-1)^n 2(\nu+n)x^{2\nu+2n-1}}{2^{\nu+2n}n!(\nu+n)\Gamma(\nu+n)} = x^{\nu}\sum_{n=0}^{\infty}\frac{(-1)^n x^{(\nu-1)+2n}}{2^{(\nu-1)+2n}n!\Gamma\{(\nu-1)+n+1\}}$

$= x^{\nu}J_{\nu-1}(x)$

예제 6 다음 관계식을 밝혀라.

$$\frac{d}{dx}[x^{-\nu}J_{\nu}(x)] = -x^{-\nu}J_{\nu+1}(x) \tag{2}$$

(풀이) $\frac{d}{dx}[x^{-\nu}J_{\nu}(x)] = \frac{d}{dx}\sum_{n=0}^{\infty}\frac{(-1)^n x^{2n}}{2^{\nu+2n}n!\Gamma(\nu+n+1)} = \sum_{n=1}^{\infty}\frac{(-1)^n(2n)x^{2n-1}}{2^{\nu+2n}n!\Gamma(\nu+n+1)}$

$= -x^{-\nu}\sum_{n=0}^{\infty}\frac{(-1)^n x^{2n+(\nu+1)}}{2^{2n+(\nu+1)}n!\Gamma(\nu+1)(n+1)}$ (n 대신 $n+1$을 대입한 것)

$= -x^{-\nu}J_{\nu+1}(x)$

위 예제의 결과를 써서 (1)식과 (2)식은 다음과 같이 나타내진다.

$$\frac{d}{dx}[x^{\nu}J_{\nu}(x)] = x^{\nu}J_{\nu}'(x) + \nu x^{\nu-1}J_{\nu}(x) = x^{\nu}J_{\nu-1}(x) \tag{3}$$

$$\frac{d}{dx}[x^{-\nu}J_{\nu}(x)] = x^{-\nu}J_{\nu}'(x) - \nu x^{-(\nu+1)}J_{\nu}(x) = -x^{-\nu}J_{\nu+1}(x) \tag{4}$$

(3)식에서

$$J_{\nu}'(x) = J_{\nu-1}(x) - \frac{\nu}{x}J_{\nu}(x) \tag{5}$$

(4)식에서

$$J_\nu'(x) = -J_{\nu+1}(x) + \frac{\nu}{x}J_\nu(x) \tag{6}$$

(5)+(6)식에서

$$2J_\nu'(x) = J_{\nu-1}(x) - J_{\nu+1}(x)$$

또는

$$J_\nu'(x) = \frac{1}{2}[J_{\nu-1}(x) - J_{\nu+1}(x)] \tag{7}$$

(5)식과 (6)식에서 미분항을 소거하면

$$J_{\nu+1}(x) + J_{\nu-1}(x) = \frac{2\nu}{x}J_\nu(x) \tag{8}$$

(1)식에서 $(x^\nu J_\nu)' = x^\nu J_{\nu-1}(x)$이므로

$$\int x^\nu J_{\nu-1}(x)dx = x^\nu J_\nu(x) + c \tag{9}$$

예제 7 $\int_0^2 x^4 J_3(x)dx$를 구하여라.

(풀이) $\int_0^2 x^4 J_3(x)dx = [x^4 J_4(x)]_0^2 = 16J_4(2)$

예제 8 다음이 성립함을 밝혀라.

(1) $J_0'(x) = -J_1(x)$ (2) $J_{-2}(x) + J_0(x) = -\frac{2}{x}J_{-1}(x)$

(3) $J_2(x) + J_0(x) = \frac{2}{x}J_1(x)$

(풀이) (1) (7)식에서 $\nu=0$이라면

$$J_0'(x) = \frac{1}{2}[J_{-1}(x) - J_1(x)] = \frac{1}{2}[-J_1(x) - J_1(x)] = -J_1(x)$$

(2) (8)식에서 $\nu=-1$이라면

$$J_0(x) + J_{-2}(x) = -\frac{2}{x}J_{-1}(x)$$

(3) (8)식에서 $\nu=1$이라면

$$J_2(x) + J_0(x) = \frac{2}{x}J_1(x)$$

(8)식에서 $\nu = \frac{1}{2}$ 이라면

$$\frac{1}{x}J_{\frac{1}{2}}(x) = J_{-\frac{1}{2}}(x) + J_{\frac{3}{2}}(x)$$

(8)식에서 $\nu = \frac{3}{2}$ 이라면

$$\frac{3}{x}J_{\frac{3}{2}}(x) = J_{\frac{1}{2}}(x) + J_{\frac{5}{2}}(x)$$

④ Bessel 함수의 생성함수

지수함수 $e^{x/2(t-1/t)}$를 Bessel 함수의 **생성함수**라 한다. 이 함수는 Bessel 함수 $J_n(x)$를 구하는데 쓰인다. $\left[e^{x/2(t-1/t)} = e^{\frac{x}{2}(t-\frac{1}{t})} = e^{\frac{xt}{2}}e^{-\frac{x}{2t}}\right]$

$$\begin{aligned} e^{x/2(t-1/t)} &= e^{xt/2}\cdot e^{-x/2t} \\ &= \left[\sum_{r=0}^{\infty}\frac{x^r}{2^r r!}t^r\right]\left[\sum_{s=0}^{\infty}\frac{(-1)^s x^s}{2^s s!}\left(\frac{1}{t}\right)^s\right] \\ &= \sum_{r=0}^{\infty}\sum_{s=0}^{\infty}\frac{(-1)^s x^{r+s}}{2^{r+s}r!\,s!}t^{r-s} \qquad (1) \end{aligned}$$

여기서 $r = n+s$ 또는 $n = r-s\,(n \in Z)$이라면

$$\begin{aligned} e^{x/2(t-1/t)} &= \sum_{n=-\infty}^{\infty}\left[\sum_{s=0}^{\infty}\frac{(-1)^s x^{n+2s}}{2^{n+2s}s!\,(n+s)!}\right]t^n = \sum_{n=-\infty}^{\infty}J_n(x)t^n \\ &= \sum_{n=1}^{\infty}J_{-n}(x)t^{-n} + J_0(x) + \sum_{n=1}^{\infty}J_n(x)t^n \\ &= J_0(x) + \sum_{n=1}^{\infty}J_n(x)\left[t^n + \frac{(-1)^n}{t^n}\right] \qquad (2) \end{aligned}$$

여기서 $J_{-n}(x) = (-1)^n J_n(x)$임을 이용했다.

다음은 Bessel 함수의 적분표시를 구해보자.

$t = e^{i\theta}$이라면

$$\frac{1}{2}\left(t-\frac{1}{t}\right) = \frac{e^{i\theta}-e^{-i\theta}}{2} = i\sin\theta$$

이므로 $$e^{x/2(t-1/t)} = e^{ix\sin\theta} = \cos(x\sin\theta) + i\sin(x\sin\theta) \qquad (3)$$

n이 짝수인 경우, $n=2k$이라 할 때

$$t^n + \frac{(-1)^n}{t^n} = t^{2k} + \frac{1}{t^{2k}} = e^{i2k\theta} + e^{-i2k\theta} = 2\cos 2k\theta \qquad (4)$$

n이 홀수인 경우, $n=2k-1$이라 할 때

$$t^n+\frac{(-1)^n}{t^n}=t^{2k-1}-\frac{1}{t^{2k-1}}=e^{i(2k-1)\theta}-e^{-i(2k-1)\theta}$$
$$=2i\sin(2k-1)\theta \tag{5}$$

(2)식과 (3)식에서

$$\cos(x\sin\theta)+i\sin(x\sin\theta)=J_0(x)+\sum_{n=1}^{\infty}J_n(x)\left[t^n+\frac{(-1)^n}{t^n}\right]$$
$$=J_0(x)+2\sum_{k=1}^{\infty}J_{2k}\cos 2k\theta+2i\sum_{k=1}^{\infty}J_{2k-1}\sin(2k-1)\theta$$

$$\therefore\ \cos(x\sin\theta)=J_0(x)+2\sum_{k=1}^{\infty}J_{2k}\cos 2k\theta \tag{6}$$

$$\sin\theta(x\sin\theta)=2\sum_{k=1}^{\infty}J_{2k-1}\sin(2k-1)\theta \tag{7}$$

(6)식은 $2J_{2k}$가 $\cos(x\sin\theta)$의 Fourier cosine 계수임을 나타내고 있다.

따라서 $0\leqq x\leqq\pi$에서

$$2J_{2k}(x)=\frac{2}{\pi}\int_0^{\pi}\cos(x\sin\theta)\cdot\cos 2k\theta d\theta \tag{8}$$

(7)식에서 $2J_{2k-1}$이 $\sin(x\sin\theta)$의 Fourier sine 계수임을 나타내고 있으므로

$$J_{2k-1}(x)=\frac{1}{\pi}\int_0^{\pi}\sin(x\sin\theta)\cdot\sin(2k-1)\theta d\theta \tag{9}$$

(8), (9)식에서 다음을 알 수 있다.

$$\int_0^{\pi}\cos n\theta\cos(x\sin\theta)d\theta=\begin{cases}\pi J_n(x) & (n\text{이 짝수})\\ 0 & (n\text{이 홀수})\end{cases}$$

$$\int_0^{\pi}\sin n\theta\sin(x\sin\theta)d\theta=\begin{cases}\pi J_n(x) & (n\text{이 홀수})\\ 0 & (n\text{이 짝수})\end{cases}$$

따라서 위 두식에서

$$J_n(x)=\frac{1}{\pi}\int_0^{\pi}[\cos n\theta\cos(x\sin\theta)+\sin n\theta\sin(x\sin\theta)]d\theta$$

또는

$$J_n(x)=\frac{1}{\pi}\int_0^{\pi}\cos(n\theta-x\sin\theta)d\theta \tag{10}$$

(7)식을 m번 미분하면

$$J_n^{(m)}(x)=\frac{1}{\pi}\int_0^{\pi}\sin^m\theta\cos\left(n\theta-x\sin\theta+\frac{m\pi}{2}\right)d\theta \tag{11}$$

을 얻는다.

(10)식에서 $n=0$이면 $n\theta=0$이므로

$$J_0(x) = \frac{1}{\pi}\int_0^{\pi}\cos(-x\sin\theta)d\theta = \frac{1}{\pi}\int_0^{\pi}\cos(x\sin\theta)d\theta$$

(8)식에서 $k=0$이라면

$$J_0(x) = \frac{1}{\pi}\int_0^{\pi}\cos(x\sin\theta)d\theta$$

예제 9 $e^{x(t-1/t)/2} = e^{xt/2}e^{-x/2t} = \left[\sum_{r=0}^{\infty}\frac{1}{r!}\left(\frac{xt}{2}\right)^r\right]\left[\sum_{s=0}^{\infty}\frac{1}{s!}(-1)^s\left(\frac{x}{2t}\right)^s\right] = \sum_{n=-\infty} J_n(x)t^n \cdots\cdots ①$

이다. $J_n(x)$의 생성함수 ①의전개식을 써서 $J_4(x)$를 구하라.

(풀이) ①식의 우변을 전개하면 다음과 같다.

$$\left(1+\frac{xt}{2}+\frac{1}{2!}\frac{x^2t^2}{2^2}+\frac{1}{3!}\frac{x^3t^3}{2^3}+\cdots\right)\left(1-\frac{x}{2t}+\frac{1}{2!}\frac{x^2}{2^2t^2}-\frac{1}{3!}\frac{x^3}{2^3t^3}+\cdots\right)\cdots ②$$

②의 곱에서 t^4의 계수를 구한다.

②의 조변의 $x^4t^4/2^44!$에 우변의 1을 곱하고, 좌변의 $x^5t^5/2^55!$에 우변의 $-x/2t$를 곱하고, 좌변의 $x^6t^6/2^66!$에 우변의 $x^2/2^22!t^2$을 곱하고…, 이렇게 곱한 것의 합이 t^4항이므로, 이들의 계수의 합을 구하면

$$\frac{1}{2^44!}x^4 - \frac{1}{2^65!}x^5\frac{1}{2^82!6!}x^6 - \frac{1}{2^{10}3!7!}x^7 + \cdots$$

$$= \sum_{n=0}^{\infty}\frac{(-1)^n}{2^{2n+4}n!(n+4)!}x^{2n+4} = J_4(x)$$

연습문제 6.2

1. 다음 왼쪽의 함수는 오른쪽에 있는 미분방정식의 해임을 밝혀라.

(1) $x^n J_n(x)$ $\qquad xy'' + (1-2n)y' + xy = 0$

(2) $J_0(ax)$ $\qquad xy'' + y' + a^2xy = 0$

2. 미분방정식 $s^2\dfrac{d^2v}{ds^2} + s\dfrac{dv}{ds} + \left(\dfrac{4k^2}{9}s^2 - \dfrac{1}{9}\right)v = 0$을 변환 $t = \dfrac{2}{3}ks$에 의하여 $\dfrac{1}{3}$차 Bessel 방정식

$$t^2\frac{d^2v}{dt^2} + t\frac{dv}{dt} + \left(t^2 - \left(\frac{1}{3}\right)^2\right]v = 0$$

이 됨을 밝혀라.

3. 다음 미분방정식을 $y=x^2u$로 치환하여 풀어라.

$$9x^2y'' - 27xy' + (9x^2+35)y = 0$$

해답

1. (1) $y = x^nJ_n$이라 하고, 준 미분방정식에 대입한다.

$$\begin{array}{r|l} +x & y = x^nJ_n \\ +(1-2n) & y' = nx^{n-1}J_n + x^nJ_n' \\ +x & y'' = n(n-1)x^{n-2}J_n + 2nx^{n-1}J_n' + x^nJ_n'' \\ \hline \end{array}$$

$$\begin{aligned} xy'' + (1-2n)y' + xy &= n(n-1)x^{n-1}J_n + 2nx^nJ_n' + x^{n+1}J_n'' \\ &\quad + (1-2n)(nx^{n-1}J_n + x^nJ_n') \qquad + x^{n+1}J_n \\ &= -n^2x^{n-1}J_n + x^{n+1}J_n + x^nJ_n' + x^{n+1}J_n'' \\ &= x^{n-1}[x^2J_n'' + xJ_n' + (x^2-n^2)J_n] \end{aligned}$$

$x^2J_n'' + xJ_n' + (x^2-n^2)J_n = 0$이므로 $xy'' + (1-2n)y' + xy = 0$

(2) $y=J_0(ax)$에서 $ax = t$이라면 $y' = \dfrac{dJ_0(ax)}{dx} = aJ_0'(ax) = aJ_0'(t)$, $y'' = a^2J_n''(ax)$ $= a^2J_0''(t)$이고, $x = \dfrac{t}{a}$이므로

$$xy'' + y' + a^2xy = \frac{t}{a}a^2J_0''(t) + aJ_0'(t) + a^2\frac{t}{a}J_0(t)$$
$$= \frac{a}{t}\left[t^2\frac{d^2}{dt^2}J_0 + t\frac{d}{dt}J_0 + (t^2-0)^2J_0\right] = 0$$

2. $t = \frac{2}{3}ks$이라면 $\frac{dv}{ds} = \frac{dv}{dt}\frac{dt}{ds} = \frac{2k}{3}\frac{dv}{dt}$, $\frac{d^2v}{ds^2} = \frac{d}{dt}\left(\frac{dv}{ds}\right)\frac{dt}{ds} = \frac{d}{dt}\left(\frac{2k}{3}\frac{dv}{dt}\right)\frac{dt}{ds}$

$= \frac{2k}{3}\frac{d^2v}{dt^2}\frac{2k}{3} = \frac{4k^2}{9}\frac{d^2v}{dt^2}$, $s = \frac{3t}{2k}$, $s^2 = \frac{9t^2}{4k^2}$ 이므로

$$s^2\frac{d^2v}{ds^2} + s\frac{dv}{ds} + \left(\frac{4k^2}{9}s^2 - \frac{1}{9}\right)v = \frac{9t^2}{4k^2}\left(\frac{4k^2}{9}\frac{d^2v}{dt^2}\right) + \frac{3t}{2k}\left(\frac{2k}{3}\frac{dv}{dt}\right) + \left(\frac{4k^2}{9}\frac{9t^2}{4k^2} - \frac{1}{9}\right)v$$

$= t^2\frac{d^2v}{dt^2} + t\frac{dv}{dt} + \left[t^2 - \left(\frac{1}{3}\right)^2\right]v = 0 \cdots \frac{1}{3}$ 차 Bessel 방정식

3. $y = x^2u$라면, $y' = 2xu + x^2u'$, $y'' = 2u + 4xu' + x^2u''$ 이들 값을 준 방정식에 대입하면

$$18x^2u + 36x^3u' + 9x^4u'' - 54x^2u - 27x^3u' + 9x^4u + 35x^2u = 0$$

정리하면 $9x^4u'' + 9x^3u' + (9x^4 - x^2)u = 0$

양변을 $9x^2$으로 나누면 $x^2u'' + xu' + \left(x^2 - \frac{1}{9}\right)u = 0$

이 방정식은 $\nu = \frac{1}{3}$ 인 Bessel 방정식이므로, 그 해는

$$u(x) = C_1J_{1/3}(x) + C_2J_{1/3}(x)$$

6.3 Sturm–Liouville 경계값 문제

❼ Sturm-Liouville 경계값 문제

미분방정식

$$[p(x)y']' + [q(x) + \lambda r(x)]y = 0 \tag{1}$$

꼴을 **Sturm–Liouville 미분방정식**(SLDE)이라 한다.

SLDE에는 구간 $a \le x \le b$의 경계점에서의 경계조건

$$\begin{aligned} k_1 y(a) + k_2 y'(a) &= 0 \\ l_1 y(b) + l_2 y'(p) &= 0 \end{aligned} \tag{2}$$

이 따른다. (1), (2)로 구성된 문제를 **Sturm–Liouville 문제**라고 한다.

공학에서 중요한 **Legendre, Bessel 방정식**들은 (1)의 형태의 미분방정식들이다.

Legendre 방정식은

$$[(1-x^2)y']' + \lambda y = 0$$

이므로, $p(x) = 1-x^2$, $q(x) = 0$, $r(x) = 1$인 경우이고

Bessel 방정식

$$t^2 y'' + ty' + (t^2 - n^2)y = 0 \tag{3}$$

은 변환 $t = kx$에 의하여 $\dot{y} = \dfrac{dy}{dx}\dfrac{dx}{dt} = y'/k$, $\ddot{y} = y''/k^2$이므로 방정식 (3)은

$$x^2 y'' + xy' + (k^2 x^2 - n^2)y = 0$$

양변을 x로 나누면

$$xy'' + y' + \left(k^2 x - \frac{n^2}{x}\right)y = 0 \text{에서 } (xy')' + \left(-\frac{n^2}{x} + k^2 x\right)y = 0$$

이므로, $p(x) = x$, $q(x) = -n^2/x$, $r(x) = x$, $(\lambda = k^2)$인 경우의 Sturm-Liouville의 방정식이다.

방정식 (1)은 $p(x)$와 $r(x)$가 구간 $[a, b]$에서 양이면 $[a, b]$에서 **정규**(reqular)라 한다.

조건식 (2)에서 k_1, k_2, l_1, l_2는 실상수이고, $k_1^2+k_2^2 \neq 0$, $l_1^2+l_2^2 \neq 0$이다.

구하고자 하는 이 문제의 해는 항등적으로 0은 아니면서 (2)를 만족하는 (1)의 해이다. 이 해를 **고유함수**라 하고, λ를 고유값이라 한다.

자명해($y=0$)가 아니면서 식 (2)를 만족하는 (1)의 해가 고유함수이다.

구간 $[a, b]$에서 $p(x)$와 $r(x)$가 양이면 주어진 고유값 λ에 대한 1차독립인 두 해가 구간 $[a, b]$에 존재한다.

예제 1 $y''+\lambda y=0$, $y'(0)=y(1)=0$에 대한 고유값과 고유함수를 모두 구하여라.

(풀이) 이 문제는 (1)에서 $p(x)=1$, $q(x)=0$, $r(x)=1$, 고유값$=\lambda$인 경우이다.

(i) $\lambda<0$인 경우 $\lambda=-\alpha^2$이라면

$$y''-\alpha^2 y=0 \text{에서 } y=k_1e^{\alpha x}+k_2e^{-\alpha x}$$
$$y'=\alpha k_1e^{\alpha x}-\alpha k_2e^{-\alpha x}$$
$$\left.\begin{aligned} y'(0)&=\alpha k_1-\alpha k_2=0 \\ y(1)&=k_1e^{\alpha}+k_2e^{-\alpha}=0 \end{aligned}\right\} \text{에서 } k_1=k_2=0$$

여기서 $y=0$은 금지된 자명해이다.

(ii) $\lambda=0$인 경우

$$y''=0,\ y=k_1x+k_2,\quad y'=k_1$$
$$y'(0)=k_1=0,\quad y(1)=k_1+k_2=0,\quad \therefore k_1=k_2=0$$

$y=0$은 금지된 자명해이다.

(ii) $\lambda>0$인 경우 $\lambda=\alpha^2$일 때

$$y''+\alpha^2y=0,\quad y=c_1\cos\alpha x+c_2\sin\alpha x$$
$$y'=-\alpha c_1\sin\alpha x+\alpha c_2\cos\alpha x$$

$y'(0)=\alpha c_2=0$, $\alpha\neq 0$이므로, $c_2=0$

$y(1)=c_1\cos\alpha=0$, $c_1\neq 0$이므로, $\cos\alpha=0$ $\therefore \alpha=\dfrac{(2n-1)\pi}{2}$, $n\in N$

$$\lambda_n={\alpha_n}^2=\frac{(2n-1)\pi^2}{4},\ n\in N\ \cdots\text{고유값}$$

구하는 고유함수족은 $c_1=1$이라면

$$y_n(x)=\cos\left[\frac{(2n-1)\pi}{2}x\right],\quad n\in N,\quad 0\le x\le 1$$

예제 ② 다음 Sturm-Liouville 문제에서 고유값과 고유함수를 구하라.

$$y'' + \lambda y = 0, \quad y(0) = 0,\ y(\pi) = 0$$

(풀이) $r = 1,\ q = 0,\ p = 1$이고, $[a,\ b] = [0,\ \pi],\ k_1 = l_1 = 1,\ k_2 = l_2 = 0$

(i) $\lambda = -\nu^2$이면 $y'' - \nu^2 y = 0$에서 $y = c_1 e^{\nu x} + c_2 e^{-\nu x}$
$y(0) = c_1 + c_2 = 0,\ y(\pi) = c_1 e^{\pi\nu} + c_2 e^{-\pi\nu} = 0$에서 $c_1 = c_2 = 0 \quad \therefore y \equiv 0$
이 해는 자명해이므로 고유함수가 아니다.

(ii) $\lambda = 0$이면 $y'' = 0$에서 $y = c_1 + c_2 x$
$y(0) = c_1 = 0,\ y(\pi) = c_2\pi = 0$에서 $c_1 = c_2 = 0$이므로, 이 경우도 $y \equiv 0$이 되어 이 해는 고유함수가 아니다.

(iii) $\lambda = \nu^2$이면 $y'' + \nu^2 y = 0$에서 $y = c_1 \cos \nu x + c_2 \sin \nu x$
$y(0) = c_1 = 0,\ y(\pi) = c_2 \sin \nu\pi = 0,\ c_2 \neq 0,\ \nu = 1, 2, 3, \cdots (\nu \geq 0)$
$\nu = 0$이면 $y \equiv 0$이다. $y \neq 0$이므로 $\nu = 1, 2, 3, \cdots$
고유함수는 $y(x) = \sin \nu x\ (c_2 = 1),\ \nu = 1, 2, 3, \cdots$

정리 1

정칙 SLP 문제 (1)의 함수 $p(x),\ q(x),\ r(x)$가 실수이고, 구간 $[a,\ b]$에서 연속이라 하자. $y_n(x)$와 $y_m(x)$가 서로 다른 고유값 λ_n과 λ_m에 대응하는 연속이고, 미분가능한 고유함수이면 $y_n(x)$와 $y_m(x)$는 가중함수 $r(x)$에 의하여 구간에서 직교한다.

(증명) y_n과 y_m이 고유값 λ_n과 λ_m에 대응하는 해이므로

$$[py_n']' + [q + \lambda_n r]y_n = 0 \quad \cdots ①$$

$$[py_m']' + [q + \lambda_m r]y_m = 0 \cdots ②$$

$② \times y_n - 1 \times y_m$

$$(py_m')'y_n - (py_n')'y_m + (\lambda_m - \lambda_n) r y_n y_m = 0 \cdots ③$$

한편

$$\frac{d}{dx}\{(py_m')y_n - (py_n')y_m\} = (py_m')'y_n + (py_m')'y_n' - (py_n')y_m' - (py_n')'y_m$$
$$= (py_m')'y_n - (py_n')'y_m \quad \cdots ④$$

이므로, ③식은

$$\frac{d}{dx}\{p(y_m'y_n - y_n'y_m)\} = (\lambda_n - \lambda_m)ry_ny_m \cdots ⑤$$

구간 $[a, b]$에서 ⑤식을 적분하면

$$[p(y_m'y_n - y_n'y_m)]_a^b = (\lambda_n - \lambda_m)\int_a^b ry_ny_mdx \cdots ⑥$$

y_n과 y_m은 경계조건을 만족하므로 $x = a$에서

$$\left.\begin{aligned} k_1y_n(a) + k_2y_n'(a) &= 0 \\ k_1y_m(a) + k_2y_m'(a) &= 0 \end{aligned}\right\} \cdots ⑦$$

이고, $x = b$에서

$$\left.\begin{aligned} l_1y_n(b) + l_2y_n'(b) &= 0 \\ l_1y_m(b) + l_2y_m'(b) &= 0 \end{aligned}\right\} \cdots ⑧$$

⑦이 $k_1 = k_2 = 0$ 이외의 해를 가질 조건은

$$\begin{vmatrix} y_n(a) & y_n'(a) \\ y_m(a) & y_m'(a) \end{vmatrix} = y_m'(a)y_n(a) - y_n'(a)y_m(a) = 0 \cdots ⑨$$

마찬가지로 ⑧이 비자명해를 갖는다면

$$\begin{vmatrix} y_n(b) & y_n'(b) \\ y_m(b) & y_m'(b) \end{vmatrix} = y_m'(b)y_n(b) - y_n'(b)y_m(b) = 0 \cdots ⑩$$

조건 ⑨, ⑩에서 ⑥식의 좌변=0이므로 우변도

$$(\lambda_n - \lambda_m)\int_a^b ry_ny_mdx = 0$$

$\lambda_n \neq \lambda_m$이므로

$$\int_a^b ry_ny_mdx = 0 \quad (n \neq m)$$

따라서, y_n과 y_m은 가중함수 $r(x)$에 의하여 구간 $[a, b]$에서 직교한다.

❷ 직교함수

함수 $A(x)$와 $B(x)$가 구간 $[a, b]$에서 **직교한다**는 것을

$$(A,\ B) = \int_a^b A(x)B(x)dx = 0$$

으로 정의한다.

$A(x)$의 norm $\|A(x)\|$의 제곱을

$$\|A(x)\|^2 = \int_a^b [A(x)]^2 dx$$

로 정의한다. 이것은 내적의 특별한 경우이다. 즉

$$(A,\ A) = \|A\|^2$$

함수족 $\{f_n(x)\}$ ($n \in N$: 자연수)가 구간 $[a, b]$에서

$$(f_n,\ f_m) = \int_a^b f_n(x) f_m(x)\, dx = 0 \quad (n \neq m)$$

일 때, $\{f_n(x)\}$, $n \in N$는 구간 $[a, b]$에서 **직교한다**고 한다.

집합 $\{g_n(x)\}$가 구간 $[a, b]$에서

$$(g_n,\ g_m) = \begin{cases} 0 & (n \neq m) \\ 1 & (n = m) \end{cases}$$

일 때, $\{g_n(x)\}$, $n \in N$은 구간 $[a, b]$에서 **정규직교한다**고 한다.

따라서 집합 $\{f_n(x)\}$가 직교하나 정규직교가 아니면 각 함수를 그것의 norm $\|f_n(x)\|$으로 나눔으로서 정규직교계로 변환할 수 있다.

예제 3 함수족 $\{\sin nx\}$, $n \in N$은 구간 $[0, \pi]$에서 직교한다. 정규직교계를 구하라.

(풀이) $(\sin nx,\ \sin mx) = \int_0^\pi \sin nx \sin mx\, dx = \begin{cases} 0 & (n \neq m) \\ \pi/2 & (n = m) \end{cases}$

$$\|\sin nx\|^2 = (\sin nx,\ \sin nx) = \int_0^\pi \sin^2 x dx = \frac{\pi}{2} \quad \therefore \|\sin nx\| = \sqrt{\frac{\pi}{2}}$$

따라서 $\{\sin nx\}$에 대응하는 정규 직교함수계는 다음과 같다.

$$\left\{\sqrt{\frac{2}{\pi}} \sin nx\right\},\ n \in N,\ 0 \le x \le \pi$$

예제 4 Legendre 다항식계 $\{P_n(x)\}$는 구간 $[-1, 1]$에서 직교함수이다. 이에 대응하는 정규직교계를 구하라.

(풀이) $\int_{-1}^1 P_n(x) P_m(x) dx = 0\ (n \neq m)$

이므로 $\{P_n(x)\}$, $n \in N$, $-1 \le x \le 1$은 직교함수계이다.

$$\|P_n(x)\|^2 = \int_{-1}^{1} P_n{}^2(x)dx = \frac{2}{2n+1}, \quad \|P_n(x)\| = \sqrt{\frac{2}{2n+1}}$$

이므로 정규직교계는 다음과 같다.

$$\left\{\sqrt{\frac{2n+1}{2}}\,P_n(x)\right\},\ n\in N,\ -1\le x\le 1$$

참 고

함수 $F(x)$가 구간 $[a, b]$에서 부분적으로 연속이고, 도함수도 구분적으로 연속이면, $F(x)$는 직교함수로 전개된다.

③ 직교함수로의 급수 전개

주어진 함수를 직교함수의 무한급수로의 전개에 관하여 알아보자. 함수열 $\{g_n(x)\}$, $n\in N$은 가중함수 $r(x)$에 관하여 구간 $a\le x\le b$에서 직교한다 하고

$$f(x) = \sum_{n=1}^{\infty} c_n g_n(x) \tag{1}$$

되는 계수 c_n을 구해보자.

(1)식의 양변에 $r(x)g_m(x)$를 곱하고, 구간 $[a, b]$에서 적분한다.

$$\int_a^b r(x)f(x)g_m(x)dx = \sum_{n=1}^{\infty} c_n \int_a^b g_n(x)g_m(x)dx$$

우변의 적분은 직교성의 성질 때문에 $n\ne m$이면 모두 0이고, $n=m$인 경우의 항만 남으므로

$$\int_a^b r(x)f(x)g_n(x)dx = c_n \int_a^b r(x)g_n{}^2(x)dx$$

$$= c_n\|g_n(x)\|^2$$

$$\therefore\ c_n = \frac{1}{\|g_n(x)\|^2}\int_a^b r(x)f(x)g_n(x)dx$$

단, $\|g_n(x)\|^2 = \int_a^b r(x)g_n{}^2(x)dx$　　($g_n(x)$의 norm의 제곱)

참고 가중함수 $r(x)$는 그 값이 1인 경우가 많다.

예제 5 $f(x) = 1,\ 0 < x < \pi$를 다음 SL 문제의 고유함수로 전개하라.

$$y'' + \lambda y = 0,\ \ y(0) = y(\pi) = 0$$

(풀이) $\lambda = \alpha^2$이면, $y'' + \alpha^2 y = 0$이고, $y = c_1 \cos \alpha x + c_2 \sin \alpha x$

$y(0) = c_1 = 0,\ y(\pi) = c_2 \sin \alpha\pi = 0,\ c_2 \neq 0,\ \sin \alpha\pi = 0$에서 $\alpha\pi = n\pi$

따라서 $\alpha = n,\ \lambda_n = \alpha_n^2 = n^2$

$\lambda < 0,\ \lambda = 0$이면, 자명해 $y \equiv 0$가 된다.

고유값 $\lambda_n = n^2,\ n \in N$고, 대응하는 고유함수는

$$\{\sin nx\},\ \ n \in N,\ 0 < x < \pi$$

$$f(x) \sim \sum_{m=1}^{\infty} c_m \sin mx$$

이라면, $\|\sin nx\|^2 = \int_0^{\pi} \sin^2 nx dx = \frac{\pi}{2}$이므로 $[f(x) = 1]$

$$c_m = \frac{2}{\pi} \int_0^{\pi} \sin nx\, dx = \left(\frac{2}{n\pi}\right)(1 - \cos n\pi)$$

$$= \frac{2}{n\pi} \begin{cases} 0 & (n\text{이 짝수}) \\ 2 & (n\text{이 홀수}) \end{cases}$$

계수가 0인 것을 제외하면

$$c_{2m-1} = \frac{4}{(2m-1)\pi}$$

구하는 $f(x) = 1$의 전개식은

$$1 \sim \frac{4}{\pi} \sum_{m=1}^{\infty} \left(\frac{1}{2m-1}\right) \sin (2m-1)x$$

연습문제 6.3

1. 다음 SL 문제의 고유값과 고유함수를 구하라.

(1) $y'' + \lambda y = 0,\ y(0) = 0,\ y'(1) = 0$

(2) $y'' + \lambda y = 0,\ y(0) = 0,\ y'(L) = 0$

2. $y_n(x) = \cos mx,\ m = 1, 2, \cdots$는 구간 $-\pi \le x \le \pi$에서 직교함수를 이룬다. 이 함수집합을 정규직교함수로 나타내라.

3. 고유함수가 $1, \cos x, \cos 2x, \cdots$인 SL 문제를 구하라.

해답

1. (1) $\lambda > 0$일 때, $\lambda = a^2$이라면, $y'' + a^2 y = 0$에서 $y = c_1 \cos ax + c_2 \sin ax$

$$y(0) = c_1 = 0,\quad y' = -c_2 \cos ax \quad y'(1) = -c_2 \cos a = 0$$

$c_2 \neq 0$이므로, $\cos a = 0 \quad \therefore a = \frac{n\pi}{2}\ (n = 0, 1, 2, \cdots) \quad \therefore \lambda = a^2 = \frac{n^2\pi^2}{4}$

$$\therefore y = \sin \frac{n\pi x}{2}\ (\text{고유함수})$$

$\lambda = 0$이면, $y'' = 0, y = c_1 + c_2 x, y(0) = c_1 = 0, y' = c_2, y(1) = c_2 = 0$

이 경우 $y \equiv 0$이 되어 이것은 자명해이므로 $\lambda \neq 0$이다.

$\lambda < 0$일 경우 $\lambda = -b^2$이라면 $y'' - b^2 y = 0$에서 $y = c_1 e^{bx} + c_2 e^{-bx}$

$$y(0) = c_1 + c_2 = 0,\ y' = c_1 b e^{bx} - c_2 b e^{-bx},\ y'(1) = c_1 b e^{b} - c_2 b e^{-b}$$

$c_2 = -c_1$이면 $c_1 b e^b + c_1 b e^{-b} = c_1 b(e^b + e^{-b}) = 0$에서 $c_1 = 0\ (b \neq 0,\ e^b + e^{-b} \neq 0)$

이 경우 $c_1 = c_2 = 0$이므로 $y \equiv 0$ 이고, 이것은 자명해이므로 $\lambda < 0$이 될 수 없다.

(2) $\lambda > 0$일 때, $\lambda = a^2$이라면 $y = c_1 \cos ax + c_2 \sin ax$

$y(0) = c_1 = 0,\ y' = c_2 a \cos ax,\ y'(L) = c_2 a \cos La = 0,\ c_2 a \neq 0$이므로

$$\cos La = 0,\ \therefore La = \frac{(2n+1)\pi}{2} \quad \therefore a = \frac{(2n+1)\pi}{2L} (n = 0, 1, 2, \cdots),$$

고유값 $\lambda = \frac{(2n+1)^2\pi^2}{4L^2} (n = 0, 1, \cdots)$

고유함수는 $y = \sin\dfrac{(2n+1)\pi x}{2L}\ (n = 0, 1, 2, \cdots)$

$\lambda = 0$, $\lambda < 0$인 경우는 모두 부당하다.

2. $\displaystyle\int_{-\pi}^{\pi}\cos mx\cos nx\,dx = \frac{1}{2}\int_{-\pi}^{\pi}\cos(m+n)dx + \frac{1}{2}\int_{-\pi}^{\pi}\cos(m-n)xdx = 0$

$||y_m||$을 구한다.

$$||y_m||^2 = \int_{-\pi}^{\pi}\cos^2 mxdx = \int_{-\pi}^{\pi}\frac{1+\cos 2mx}{2}dx = \frac{1}{2}\left[x + \frac{1}{2m}\sin 2mx\right]_{-\pi}^{\pi} = \pi$$

따라서 구하는 정규직교 함수의 집합은 다음과 같다.

$$\left\{\frac{\cos mx}{\sqrt{\pi}}\right\}\ (m = 1, 2, \cdots)$$

3. $y = \cos mx$이므로, $y' = -m\cos mx$, $y'' = -m^2\cos mx$에서 $y'' + m^2 y = 0$

Chapter 7 Fourier 급수

7.1 Fourier 급수

1 주기함수와 구분적 연속함수

(1) 주기함수

함수 $f(x)$에서 어떤 양수 p에 대하여

$$f(x+p)=f(x)$$

일 때, $f(x)$를 **주기함수**, p를 **주기**라 한다.

p가 주기이면

$$f(x+2p)=f[(x+p)+p]=f(x+p)=f(x)$$

일반적으로

$$f(x+np)=f(x)\ (n\text{은 정수})$$

이므로, $2p, 3p, \cdots, np, \cdots$는 모두 주기이다.

가장 작은 주기를 **기본주기**이라 한다.(기본주기>0)

3각함수 $\sin x$와 $\cos x$는

$$\sin(x+2\pi)=\sin x,\quad \cos(x+2\pi)=\cos x$$

이므로 모두 2π가 기본주기이고, 일반적으로 $2n\pi$가 주기이다.

$$\sin nx=\sin(nx+2\pi)=\sin\left[n\left(x+\frac{2\pi}{n}\right)\right]$$

이므로 $\sin nx, \cos n\pi$는 $\dfrac{2\pi}{n}$가 기본주기이다.

3각급수

$$\frac{a_0}{2} + \sum_{n=1}^{\infty}(a_n \cos nx + b_n \sin nx) \qquad (2)$$

에서 모든 n에 대하여 2π가 기본공동주기이므로, 급수 (2)가 수렴하면, 이 급수를 나타내는 함수는 주기가 2π이다.

어떤 주기함수이건 3각함수의 급수 (2)의 꼴로 나타내진다. 이 급수를 **Fourier 급수**이라 한다.

(2) 구분적 연속함수

함수 $f(x)$는 구간 $[a, b]$에서 유한개의 점을 제외하고 연속이면 $f(x)$는 구간 $[a, b]$에서 **구분적으로 연속**(piecewise cotinuity : PWC)이라 한다.

$f(x)$는 단일변수 x의 실함수라 하자.

$f(x_0-)$로 나타내는 x_0에서의 **좌극한**은, x_0의 좌측에서 $x \to x_0$에 따른 f의 극한이다. $f(x_0-)$는 다음 극한으로 정의한다.

$$f(x_0-) = \lim_{\substack{h\to 0 \\ h>0}} f(x_0 - h)$$

마찬가지로 **우극한**은 다음과 같이 정의된다.

$$f(x_0+) = \lim_{\substack{h\to 0 \\ h>0}} f(x_0 + h)$$

$f(x)$가 $a < x_p < x_2 < \cdots < x_{n-1} < b$ 에서 구분적으로 불연속인 **PWC 함수**이면,

$$f(a+),\ f(x_1-),\ f(x_1+),\ f(x_2-),\ f(x_2+),\ \cdots,\ f(x_{n-1}-),\ f(x_{n+1}+),\ f(b-)$$

는 존재해야 한다. $f(x)$가 x_0의 좌극한과 우극한이 같을 때, 즉

$$f(x_0-) = f(x_0+) = f(x_0)$$

이면, $f(x)$는 x_0에서 연속이다.

$f(x_0-)$와 $f(x_0+)$가 존재하나, 같지 않으면, x_0에서 **비약불연속**(jump discontinuity)이라 하고, 비약은 $f(x_0+) - f(x_0-)$로 정의한다.

PWC 함수가 x_0에서 비약이면, 그 점에서 도함수는 존재하지 않으며, 우리는 단측 도함수를 정의한다.

$f(x)$가 x_0에서 좌극한을 가진다 하자.

$h>0$이고, $f(x_0-)$가 존재하면, $f(x)$의 x_0에서의 좌측도함수는

$$f'(x_0) = \lim_{\substack{h \to 0 \\ h>0}} \frac{f(x_0-)-f(x_0-h)}{h}$$

로 정의한다. $f(x_0+)$가 존재하면 마찬가지로 $f(x)$의 x_0에서의 우측도함수는

$$f_+'(x_0) = \lim_{\substack{h \to 0 \\ h>0}} \frac{f(x_0+h)-f(x_0+)}{h}$$

로 정의한다.

함수 $f(x)$가 구간 $[a, b]$에서 연속도함수를 가지면, $f(x)$는 구간 $[a, b]$에서 **원활**(smooth)하다고 한다.

$f(x)$가 구간 $[a, b]$에서 PWC이고, PWC 도함수를 가지면 $f(x)$는 구간 $[a, b]$에서 **구분적으로 매끈하다**(piecewise smooth : PWS)고 한다.

보기 1

다음 함수

$$f(x) = \begin{cases} x^2-1 & (x<0) \\ x^2+1 & (x>0) \end{cases}$$

을 살펴보자.

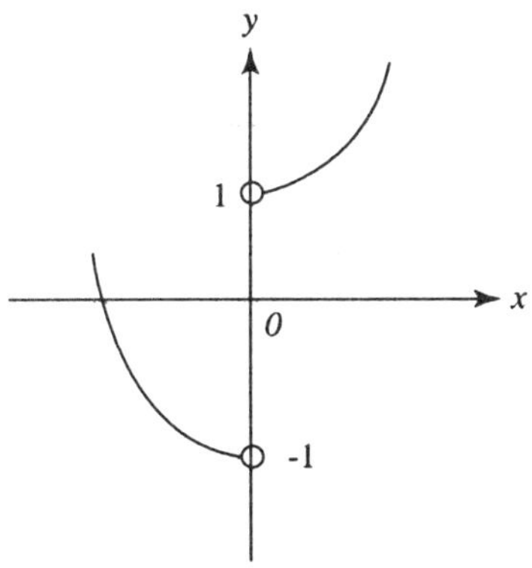

함수 $f(x)$는 $x=0$에서 비약불연속인 PWC이다. 비약은

$$f(0+)-f(0-)=2$$

$x=0$을 제외하고, 도함수가 존재한다. $f(0)$은 정의 안 된다. $f_+'(0)-f_-'(0)=0$이나 $x=0$에서 f'의 정의는 만족 안 된다.

도함수에 대한 $x=0$에서의 비약은 0이다. 함수 f는 PWS이다.

예제 1 함수 $f(x)$는 다음과 같다.

$$f(x) = \begin{cases} x^2 \sin\frac{1}{x} & (x \neq 0) \\ 0 & (x=0) \end{cases}$$

(1) $x=0$의 좌측과 우측도함수를 구하라.

(2) $f'(0)$이 존재하면 결정하라.

(풀이) (1) $x \neq 0$인 모든 x에 대하여 이 함수의 도함수는

$$f'(x) = 2x\sin\frac{1}{x} - \cos\frac{1}{x}$$

x=0에서의 단측도함수는 $f(0-) = f(0+) = 0$이므로

$$f_-'(0) = \lim_{\substack{h\to 0 \\ h>0}} \frac{f(0-) + h^2\sin\frac{1}{h}}{h} = \lim_{h\to 0} h\sin\frac{1}{h} = 0$$

$$f_+'(0) = \lim_{\substack{h\to 0 \\ h>0}} \frac{h^2\sin\frac{1}{h} - f(0+)}{h} = \lim_{\substack{h\to 0 \\ h>0}} h\sin\frac{1}{h} = 0$$

(2) $f'(0)$)은 0으로 정의되었으므로

$$f'(0) = \lim_{h\to 0}\frac{h^2\sin\frac{1}{h} - f(0)}{h} = \lim_{h\to 0} h\sin\frac{1}{h} = 0$$

| 참 고 |

$f(0-h) = (-h)^2\sin\left(\frac{1}{-h}\right) = -h^2\sin\frac{1}{h}$, $f(0+h) = h^2\sin\frac{1}{h}$

$f(x_0-) = \lim_{\substack{h\to 0 \\ h>0}} f(x_0-h)$, $f(x_0+) = \lim_{\substack{h\to 0 \\ h>0}} f(x_0+h)$이므로, x_0-와 x_0-h 사이에는

$x_0-h \le x_0-$이고, x_0+와 x_0+h 사이에는 $x_0+ \le x_0+h$인 관계가 있다. $(h>0)$

❷ Fourier 급수전개

$f(x)$가 다음과 같이 3각급수로 나타내진다 하자.

$$f(x) = \frac{a_0}{2} + \sum_{n=1}^{\infty}(a_n\cos nx + b_n\sin nx) \qquad (1)$$

계수 a_n과 b_n을 결정해보자.

(i) a_0의 결정

(1)의 양변을 $-\pi$에서 π까지 적분하면

$$\int_{-\pi}^{\pi} f(x)dx = \frac{a_0}{2}\int_{-\pi}^{\pi} dx + \sum_{n=1}^{\infty}\left(a_n\int_{-\pi}^{\pi}\cos nx\,dx + b_n\int_{-\pi}^{\pi}\sin nx\,dx\right)$$
$$= \pi a_0$$

이므로 $\left(\int_{-\pi}^{\pi}\cos nx\,dx = \int_{-\pi}^{\pi}\sin nx\,dx = 0\right)$

$$a_0 = \frac{1}{\pi} \int_{-\pi}^{\pi} f(x) dx \tag{2}$$

(ii) a_n의 결정

(1)의 양변에 $\cos nx$(m은 정수)를 곱하여 $-\pi$에서 π까지 적분하면

$$\int_{-\pi}^{\pi} f(x) \cos nx\, dx = \int_{-\pi}^{\pi} \left[\frac{a_0}{2} + \sum_{n=1}^{\infty} (a_n \cos nx + b_n \sin nx) \right] \cos mx\, dx \tag{3}$$

이 적분에서

$$\int_{-\pi}^{\pi} \cos mx \cos mx\, dx = \frac{1}{2} \int_{-\pi}^{\pi} [\cos(n+m)x + \cos(n-m)x] dx$$
$$= \begin{cases} 0 & (n \neq m) \\ \pi & (n = m) \end{cases}$$

$$\int_{-\pi}^{\pi} \sin nx \cos mx\, dx = \frac{1}{2} \int_{-\pi}^{\pi} [\sin(n+m)x + \sin(n-m)x] dx = 0$$

(3)식의 우변은 $a_m\pi$가 되므로

$$a_m = \frac{1}{\pi} \int_{-\pi}^{\pi} f(x) \cos mx\, dx (m = 0, 1, 2, \cdots) \tag{4}$$

(iii) b_n의 결정

(1)식의 양변에 $\sin mx$를 곱하여 $-\pi$에서 π까지 적분한다.

$$\int_{-\pi}^{\pi} f(x) \sin mx\, dx = \int_{-\pi}^{\pi} \left[\frac{a_0}{2} + \sum_{n=1}^{\infty} (a_n \cos nx + b_n \sin nx) \right] \sin nx\, dx$$

우변의 적분은

$$\int_{-\pi}^{\pi} \sin mx dx = 0, \quad \int_{-\pi}^{\pi} \cos nx \sin mx dx = 0, \quad \int_{-\pi}^{\pi} \sin nx \sin mx\, dx = \begin{cases} 0 & (n \neq m) \\ \pi & (n = m) \end{cases}$$

이므로, 우변의 적분은 $b_m\pi$이다.

$$b_m = \frac{1}{\pi} \int_{-\pi}^{\pi} f(x) \sin mx\, dx (m = 0, 1, 2, \cdots)$$

(3), (4)식에서 Fourier 계수는 m을 n으로 바꾸면 다음과 같다.

$$
\begin{aligned}
a_0 &= \frac{1}{\pi}\int_{-\pi}^{\pi} f(x)\,dx \\
a_n &= \frac{1}{\pi}\int_{-\pi}^{\pi} f(x)\cos nx dx \ \ (n = 1,\, 2,\, \cdots) \\
b_n &= \frac{1}{\pi}\int_{-\pi}^{\pi} f(x)\sin nx\, dx \ \ (n = 1,\, 2,\, \cdots)
\end{aligned} \tag{5}
$$

이들 Fourier 계수를 써서 나타내는 (1)식이 Fourier 급수이다.

참 고

(5)식의 a_n의 계산식에서 $n=0$이면 $a_0 = \frac{1}{\pi}\int_{-\pi}^{\pi} f(x)\,dx$가 되지만 $a_n(n=1,\,2,\,\cdots)$의 실제 계산과정에서 분모에 n이 인수로 나타나면 a_0를 a_n의 일반식으로 구할 수 없으므로 a_0와 a_n의 계산공식을 따로따로 나타내고 있다.

예제 2 다음 함수의 Fourier 급수전개를 구하라.

$$f(x) = \begin{cases} -k & (-\pi < x < 0) \\ k & (0 < x < \pi) \end{cases} \qquad \text{단, } f(x+2\pi) = f(x)$$

(풀이) $a_0 = \frac{1}{\pi}\int_{-\pi}^{0}(-k)\,dx + \frac{1}{\pi}\int_{0}^{\pi} k\,dx = 0,$

$$a_n = \frac{1}{\pi}\left[\int_{-\pi}^{0}(-k)\cos nx\,dx + \int_{0}^{\pi} k\cos nx\,dx\right] = 0$$

$$
\begin{aligned}
b_n &= \frac{1}{\pi}\int_{-\pi}^{\pi} f(x)\sin nx\,dx = \frac{1}{\pi}\left[\int_{-\pi}^{0}(-k)\sin nx\,dx + \int_{0}^{\pi} k\sin nx\,dx\right] \\
&= \frac{1}{\pi}\left[k\frac{\cos mx}{n}\Big]_{-\pi}^{0} - k\frac{\cos mx}{n}\Big]_{0}^{\pi}\right] = \frac{k}{n\pi}[\{1-\cos(-n\pi)\} - (\cos n\pi - 1)] \\
&= \frac{2k}{n\pi}(1-\cos n\pi) = \begin{cases} \dfrac{4k}{n\pi} & (n\text{이 홀수}) \\ 0 & (n\text{이 짝수}) \end{cases}
\end{aligned}
$$

구하는 Fourier 급수는

$$f(x) \sim \frac{4k}{\pi}\left(\sin x + \frac{1}{3}\sin 3x + \frac{1}{5}\sin 5x + \cdots\right) \tag{6}$$

이 문제에서 $f(x)$는 기함수이므로 다음이 성립한다.

$$a_n = \frac{1}{\pi}\int_{-\pi}^{\pi} f(x)\cos nx\,dx = 0 \quad (n=0,\,1,\,2,\cdots)$$

$$b_n = \frac{1}{\pi}\int_{-\pi}^{\pi} f(x)\sin nx\,dx = \frac{2}{\pi}\int_{0}^{\pi} f(x)\sin nx\,dx \ (n=0,\,1,\,2,\cdots)$$

(6)식에서 $x=\frac{\pi}{2}$ 이라면

$$f\left(\frac{\pi}{2}\right)=k=\frac{4k}{\pi}\left(1-\frac{1}{3}+\frac{1}{5}-\cdots\right)$$

이므로 다음 결과를 얻는다.

$$1-\frac{1}{3}+\frac{1}{5}-\cdots+(-1)^{n-1}\frac{1}{2n-1}+\cdots=\frac{\pi}{4}$$

3각함수족 $\{\sin nx, \cos mx\}$(m, n은 정수)는 직교한다. 이 성질이 함수의 Fourier 급수전개를 가능케 한다. 즉

$$\int_{-\pi}^{\pi}\sin mx \sin nx\, dx=\begin{cases}\pi & (m=n)\\ 0 & (m\neq n)\end{cases},\quad \int_{-\pi}^{\pi}\cos mx \cos nx\, dx=\begin{cases}\pi & (m=n)\\ 0 & (m\neq n)\end{cases}$$

$$\int_{-\pi}^{\pi}\cos mx \sin nx\, dx=0$$

임의의 정수 m, n에 대하여 위 3식이 성립하므로, 함수족 $\{\sin nx\}$, $\{\cos nx\}$는 직교함수족이고, $\cos mx$와 $\sin nx$는 직교한다.

❸ 구간의 확장

$f(x)$가 주기 $2L$인 주기함수 즉 $f(x+2L)=f(x)$이라 하고, 적분 $\int_{-L}^{L}|f(x)|dx$가 존재한다 하자.

변수변환 $x=\frac{L}{\pi}t$를 실행하면 $f\left(\frac{L}{\pi}t\right)$는 $t=\pi$때 $x=L$, $t=-\pi$때 $x=-L$이므로, $f\left(\frac{L}{\pi}t\right)$는 2π를 주기로 하는 주기함수이므로, $f\left(\frac{L}{\pi}t\right)$의 Fourier 급수는

$$\begin{aligned} f\left(\frac{L}{\pi}t\right) &\sim a_0+\sum_{n=1}^{\infty}(a_n\cos nt+b_n\sin nt)\quad \left(t=\frac{\pi}{L}x\right) \\ &= a_0+\sum_{n=1}^{\infty}\left(a_n\cos\frac{n\pi}{L}x+b_n\sin\frac{n\pi}{L}x\right) \end{aligned}$$

로 전개되고, ❷ 에서와 마찬가지로 계수를 구하면

$$a_0=\frac{1}{L}\int_{-L}^{L}f(x)dx$$

$$a_n=\frac{1}{L}\int_{-L}^{L}f(x)\cos\frac{n\pi x}{L}dx\quad (n=1, 2, \cdots)$$

$$b_n=\frac{1}{L}\int_{-L}^{L}f(x)\sin\frac{n\pi x}{L}dx\quad (n=0, 1, 2, \cdots)$$

예제 3 다음 함수의 Fourier 급수의 전개식을 구하라.

$$f(x)=\begin{cases}0 & (-2<x<0)\\ 1 & (0<x<2)\end{cases}$$

(풀이) $a_0=\frac{1}{2}\int_{-2}^{2}f(x)dx=\frac{1}{2}\int_0^2 dx=1 \quad \therefore \frac{a_0}{2}=\frac{1}{2}$

$$a_n=\frac{1}{2}\int_{-2}^{2}f(x)\cos\frac{n\pi x}{2}dx=\frac{1}{2}\int_0^2 1\cdot\cos\frac{n\pi x}{2}dx=\frac{1}{n\pi}\sin\frac{n\pi x}{2}\Big|_0^2=0\ (n\neq 0)$$

$$b_n=\frac{1}{2}\int_{-2}^{2}f(x)\sin\frac{n\pi x}{2}dx=\frac{1}{2}\int_0^2 1\cdot\sin\frac{n\pi x}{2}dx=\frac{1}{n\pi}\left[\cos\frac{n\pi x}{2}\right]_0^2$$

$$=\frac{1}{n\pi}(1-\cos n\pi)=\frac{1}{n\pi}\begin{bmatrix}2\\0\end{bmatrix}\begin{matrix}(n\text{이 홀수})\\(n\text{이 짝수})\end{matrix}$$

$$\therefore b_{2n-1}=\frac{2}{(2n-1)\pi},\quad b_{2n}=0\quad(n\in N)$$

구하는 급수는

$$f(x)\sim\frac{1}{2}+\frac{2}{\pi}\sum_{n=1}^{\infty}\frac{1}{2n-1}\sin\frac{(2n-1)\pi x}{2}$$

4 우함수와 기함수의 Fourier 급수

주기 $p=2L$인 주기함수 $f(x)$의 Fourier 급수는

$$f(x)=\frac{a_0}{2}+\sum_{n=1}^{\infty}\left(a_n\cos\frac{n\pi}{L}x+b_n\sin\frac{n\pi}{2}x\right)$$

이고, a_0, a_n, b_n은 Fourier 계수이다.

(i) $f(x)$가 우함수 즉 $f(-x)=f(x)$이면

$$a_n=\frac{1}{L}\int_{-L}^{L}f(x)\cos\frac{n\pi}{L}xdx=\frac{2}{L}\int_0^L f(x)\cos\frac{n\pi}{L}xdx\ (n=0,1,2,\cdots)$$

$$b_n=0$$

$$\therefore f(x)=\frac{a_0}{2}+\sum_{n=1}^{\infty}a_n\cos\frac{n\pi}{L}x$$

(ii) $f(x)$가 기함수 즉 $f(-x)=-f(x)$이면

$$a_n=\frac{1}{L}\int_{-L}^{L}f(x)\cos\frac{n\pi}{L}xdx=0\ (n=0,1,2,\cdots)$$

$$b_n=\frac{1}{L}\int_{-L}^{L}f(x)\sin\frac{n\pi}{L}xdx=\frac{2}{L}\int_0^L f(x)\sin\frac{n\pi}{L}xdx$$

$$\therefore f(x)=\sum_{n=1}^{\infty}b_n\sin\frac{n\pi}{L}x$$

③ 반구간에서의 Fourier 급수

반구간에서 정의된 함수의 Fourier 급수전개를 살펴보자.

반구간 $(0, \pi)$에서 정의된 함수 $f(x)$는

(i) $(0, \pi)$에서 정의된 $f(x)$는 $(-\pi, \pi)$에서 $f(-x)=f(x)$인 함수 $f(x)$의 일부이다.

이 경우 $f(x)$는 우함수이므로, $f(x)$의 Fourier 급수는

$$f(x) = a_0 + \sum_{n=1}^{\infty} a_n \cos nx$$

(ii) $(0, \pi)$에서 $f(x)$는 $(-\pi, \pi)$에서 $f(-x) = -f(x)$인 함수 $f(x)$의 일부이다.

이 경우 $f(x)$는 기함수이므로, $f(x)$의 Fourier 급수는

$$f(x) = \sum_{n=1}^{\infty} b_n \sin nx$$

이러한 사실에서 어느 반구간 $(-\pi, 0)$ 또는 $(0, \pi)$에서 정의된 함수는 전구간 $(-\pi, \pi)$에서의 우함수 또는 기함수의 일부로 정의되므로, 반구간에서 주어진 함수는 전구간에서 우함수 또는 기함수의 일부로 정의되어 코사인만의, 또는 사인만의 Fourier 급수전개가 가능하다.

예제 ④ 다음 함수를 코사인 만의 Foueier 급수 및 사인만의 Fourier 급수로 전개하라.

$f(x) = x \quad (0, \pi)$

(풀이) (i) $f(x) = x$는 $(-\pi, \pi)$에서 다음 함수(우함수)

$$g_1(x) = \begin{cases} x & (0, \pi) \\ -x & (-\pi, 0) \end{cases}$$

의 일분로 정의되어 $g(x)$ 는 우함수이므로 코사인만의 급수로 전개된다.

$$a_n = \frac{2}{\pi}\int_0^{\pi} x\cos nx\,dx = \frac{2}{\pi}\left[\frac{x\sin nx}{n} + \frac{\cos nx}{n^2}\right]_0^{\pi}$$

$$= \frac{2}{\pi}\left[\frac{(-1)^n - 1}{n^2}\right] = \begin{cases} 0 & (n\text{은 짝수}) \\ -\dfrac{4}{n^2\pi} & (n\text{은 홀수}) \end{cases}$$

$$a_0 = \frac{1}{2\pi}\int_0^{\pi} x\,dx = \pi$$

이므로

$$f(x) = \frac{\pi}{2} - \frac{4}{\pi}\left(\cos x + \frac{1}{9}\cos 3x + \frac{1}{25}\cos 5x + \cdots\right)$$

(ii) $f(x) = x(0, \pi)$는 전구간 $(-\pi, \pi)$에서 기함수 $g_2(x) = x \quad (-\pi, \pi)$ 의 일부이므로, $f(x) = x$는 사인만의 Fourier 급수로 전개 된다.

$$
\begin{aligned}
b_n &= \frac{2}{\pi}\int_0^{\pi} x\sin nx\,dx = \frac{2}{\pi}\left(-\frac{1}{n}x\cos nx\Big|_0^{\pi} + \frac{1}{n}\int_0^{\pi}\cos nx\,dx\right) \\
&= -\frac{2}{n\pi}[(-1)^n\pi] = (-1)^{n+1}\frac{2}{n} \\
\therefore f(x) &= \sum_{n=1}^{\infty} b_n \sin nx = 2\left(\sin x - \frac{1}{2}\sin 2x + \frac{1}{3}\sin 3x - \cdots\right)
\end{aligned}
$$

⑤ Fourier 급수의 수렴과 합

$f(x)$는 주기가 2π인 주기함수이고, 구분적으로 연속이면, Fourier의 계수

$$
a_0 = \frac{1}{\pi}\int_{-\pi}^{\pi} f(x)dx, \quad a_n = \frac{1}{\pi}\int_{-\pi}^{\pi} f(x)\cos nx\,dx
$$

$$
b_n = \frac{1}{\pi}\int_{-\pi}^{\pi} f(x)\sin nx\,dx \ (n = 1, 2, \cdots) \tag{1}
$$

가 정의 되어, $f(x)$의 Fourier 급수

$$
\frac{a_0}{2} + \sum_{n=1}^{\infty}(a_n \cos nx + b_n \sin nx) \tag{2}
$$

가 결정된다.

$f(x)$가 구간 $[-\pi, \pi]$에서 연속이면, $f(x)$의 Fourier 급수 (2)는 $f(x)$에 수렴하므로

$$
f(x) = \frac{a_0}{2} + \sum_{n=1}^{\infty}(a_n \cos nx + b_n \sin nx) \tag{3}
$$

로 나타내진다.

구간 $[-\pi, \pi]$에서 $f(x)$가 PWC이면, Fourier 계수 (1)은 정의되어 급수 (2)는 얻어지나, 구간내의 모든 점에서 (3)이 성립되는 것은 아니다.

$f(x)$에 대한 Fourier 급수의 합이 $f(x)$의 수렴 여부가 확실하지 않는 경우는 tilde(틸더) 기호 ~를 써서

$$
f(x) \sim \frac{a_0}{2} + \sum_{n=1}^{\infty}(a_n \cos nx + b_n \sin nx) \tag{4}
$$

로 나타낸다. 단, a_0, a_n, b_n $(n = 1, 2, \cdots)$는 계수를 구하는 공식 (1)에 의하여 구한 것이다.

Fourier 급수전개 (4)식의 우변의 값에 대하여 다음 정리가 성립한다.

정리 1

$f(x)$가 구간 $[-\pi, \pi]$내의 각 점에서 좌극한 $f(x-)$과 우극한 $f(x+)$가 존재하면, $f(x)$의 Fourier 급수전개 (4)는 수렴한다.

(증명) $f(x)$가 연속이고, 1계, 2계 도함수가 존재한다 하자.

$$a_n = \frac{1}{\pi}\int_{-\pi}^{\pi} f(x)\cos nx\,dx = \left.\frac{f(x)\sin nx}{n\pi}\right|_{-\pi}^{\pi} - \frac{1}{n\pi}\int_{-\pi}^{\pi} f'(x)\sin nx\,dx$$

$$= \left.\frac{f'(x)\cos nx}{n^2\pi}\right|_{-\pi}^{\pi} - \frac{1}{n^2\pi}\int_{-\pi}^{\pi} f''(x)\cos nx\,dx$$

첫째 항은 0이고, 둘째 항은 $f''(x)$가 연속이므로, 적당한 상수 M에 대하여

$|f''(x)| < M$ 이고, $|\cos nx| \le 1$이므로

$$|a_n| = \frac{1}{n^2\pi}\left|\int_{-\pi}^{\pi} f''(x)\cos nx\,dx\right| < \frac{1}{n^2\pi}\int_{-\pi}^{\pi} M dx = \frac{2M}{n^2}$$

마찬가지로 모든 n에 대하여

$$|b_n| < \frac{2M}{n^2}$$

이므로, $f(x)$의 각항의 절대값의 합은 다음 급수보다 작거나 같다.

$$|a_0| + 2M\left(1 + 1 + \frac{1}{2^2} + \frac{1}{2^2} + \frac{1}{3^2} + \frac{1}{3^2} + \cdots\right)$$

괄호안의 값은 $2\left(1 + \frac{1}{2^2} + \frac{1}{3^2} + \cdots\right)$이므로 수렴한다. 따라서 Fourier 급수는 수렴한다.

예제 5 주기함수 $f(x)$가 다음과 같다.

$$f(x) = \begin{cases} k & (0 < x < \pi) \\ -k & (-\pi < x < 0) \end{cases} \text{단, } f(x+2\pi) = f(x)$$

$f(x)$의 Fourier 급수전개를 써서 다음 등식이 성립함을 밝혀라.

$$1 - \frac{1}{3} + \frac{1}{5} - \frac{1}{7} + \cdots = \frac{\pi}{4}$$

(풀이) $a_n = 0 \ (n = 0, 1, 2, \cdots)$

$$b_n = \frac{2}{\pi}\int_0^{\pi} k\sin nx\,dx = -\frac{2k}{n\pi}\cos nx\Big|_0^{\pi} = \frac{2k}{n\pi}(1 - \cos n\pi)$$

$$= \begin{cases} 4k/(n\pi) & (n\text{이 홀수}) \\ 0 & (n\text{이 짝수}) \end{cases}$$

구하는 $f(x)$의 Fourier 급수는

$$f(x)=\sum_{n=1}^{\infty}b_n\sin nx=\sum_{n=1}^{\infty}\frac{4k}{n\pi}\sin nx$$

$$x=\frac{\pi}{2}\text{이면},\quad \sin nx=\sin\frac{n\pi}{2}=\begin{cases}0 & (n\text{이 짝수})\\ 1 & (n=1,5,9,\cdots)\\ -1 & (n=3,7,11,\cdots)\end{cases}$$

$$f\left(\frac{\pi}{2}\right)=k=\frac{4k}{\pi}\left(\frac{1}{1}-\frac{1}{3}+\frac{1}{5}-\frac{1}{7}+\cdots\right)$$

$$\therefore 1-\frac{1}{3}+\frac{1}{5}-\frac{1}{7}+\cdots=\frac{\pi}{4}$$

6 불연속점에서의 Fourier 급수의 합

주기가 2π인 주기함수 $f(x)$가 구간 $-\pi\le x\le\pi$에서 구분적으로 연속이고, 불연속점에서 좌극한과 우극한이 존재 하며, 불연속인 점에서 좌측도함수와 우측도함수가 존재하면 $f(x)$늬 Fourier 급수전개가 가능하다.

정리 1

$f(x)$가 불연속인 점 x_0에서의 $f(x)$의 Fourier 급수의 합은

$$f(x_0)=\frac{1}{2}[f(x_0-0)+f(x_0+0)]$$

즉 $f(x_0)$는 $f(x)$의 x_0에서의 좌극한과 우극한의 평균과 같다.

보기 2

$f(x)=\begin{cases}k & (0<x<\pi)\\ -k & (-\pi<x<0)\end{cases}$ 일 때, $f(0)$의 값을 구하면

$$f(0)=\frac{1}{2}[f(0+)+f(0-)]=\frac{1}{2}[k+(-k)]=0$$

참 고

(Dirichlet의 조건) 주어진 함수 $f(x)$가 길이 2π의 구간에서 다음 조건(Dirichlet의 조건)을 만족하는 것이라 하자.

1. 일가함수이다.
2. 유한 개의 불연속점을 제외하고는 연속(구분적으로 연속:PWC)이다.
3. 유한 개의 극대, 극소를 갖는다.

이 경우 주어진 함수 $f(x)$는 Fourier 급수로 전개되고, 그 합은 $f(x)$에 수렴한다.

7 함수의 3각다항식으로의 근사

3각다항식

$$s_n(x) = \frac{a_0}{2} + (a_1 \cos x + b_1 \sin x) + a_2 \cos 2x + b_2 \sin 2x) + \cdots$$
$$+ (a_n consnx + b_n \sin nx)$$

로 구간 $[-\pi, \pi]$에서 정의된 함수 $f(x)$를 근사시켜 보자. 여러 가지 방법이 있는데, 여기서는 최소제곱법으로 근사를 생각한다. 제곱평균오차

$$E(a_0, a_1, \cdots, a_n; b_1, b_2, \cdots, b_n) = \frac{1}{2\pi}\int_{-\pi}^{\pi}[f(x) - s_n(x)]^2 dx$$

가 최소되게 미정계수 $a_1, \cdots, a_n; b_1, b_2, \cdots, b_n$을 정한다.

이 오차 E는 $a_1, \cdots, a_n; b_1, b_2, \cdots, b_n$에 관한 2차식이고, 음수가 아니므로 그 최소값을 주는 $a_1, \cdots, a_n; b_1, b_2, \cdots, b_n$은 다음 방정식을 만족한다.

$$\frac{\partial E}{\partial a_k} = 0, \quad \frac{\partial E}{\partial b_h} = 0 \ (k = 0, 1, \cdots, n; h = 1, 2, \cdots, n)$$

즉

$$\int_{\pi}^{\pi}\{f(x) - s_n(x)\}\cos kx\, dx = 0 \ (k = 0, 1, \cdots, n) \qquad (1)$$

$$\int_{\pi}^{\pi}\{f(x) - s_n(x)\}\sin kx\, dx = 0 \ (k = 1, 2, \cdots, n) \qquad (2)$$

(1)은

$$\int_{-\pi}^{\pi} f(x)\cos kx\, dx = \int_{-\pi}^{\pi} s_n(x)\cos kx\, dx = \int_{-\pi}^{\pi} a_k \cos^2 kx\, dx = a_k \pi$$

$$\therefore a_k = \frac{1}{\pi}\int_{-\pi}^{\pi} f(x)\cos kx\, dx \ (k = 0, 1, 2, \cdots, n)$$

마찬가지로 (2)에서

$$b_h = \frac{1}{\pi}\int_{\pi}^{\pi} f(x)\sin kx\, dx \ (k = 1, 2, \cdots, n)$$

이것은 $f(x)$의 Fourier 계수이다. 이것은 3각다항식 $s_n(x)$의 n에 무관계하게, $f(x)$의 Fourier 계수가 s_n의 계수인 것을 나타내고 있다.

예제 6 $f(x) = \frac{x}{2} (-\pi < x < \pi)$, $f(x + 2\pi) = f(x)$에서 Fourier 급수의 근사다항식

$$S_n = \frac{a_0}{2} + \sum_{n=1}^{n}(a_n \cos nx + bn \sin nx)$$

를 구하라 단, $n = 2, 3, 4$이다.

(풀이) 구해야 할 계수 $a_n(n=0,\ 1,\ 2,\ 3,\ 4)$ 및 $b_n(n=1,\ 2,\ 3,\ 4)$는 Fourier 급수 전개에서의 계수와 같으므로

$$a_0=\frac{1}{\pi}\int_{\pi}^{\pi}\frac{x}{2}\,dx=\frac{x^2}{4}\pi\Big|_{-\pi}^{\pi}=0$$

$$a_n=\frac{1}{\pi}\int_{-\pi}^{\pi}\frac{x}{2}\cos nx dx=\left[\frac{x\sin nx}{2n\pi}+\frac{\cos nx}{2n\pi}\right]_{-\pi}^{\pi}=0(n=1,\ 2,\cdots)$$

$$b_n=\frac{1}{\pi}\int_{-\pi}^{\pi}\frac{x}{2}\sin nx dx=\left[\frac{-x\cos nx}{2n\pi}+\frac{\sin nx}{2n\pi}\right]_{-\pi}^{\pi}=\frac{(-1)^{n+1}}{n}(n=1,\ 2,\cdots)$$

이들 값을 (1)식에 대입하여 근사식을 얻는다.

$n=2$ 일때, $S_2(x)=\sin x-\frac{\sin 2x}{2}$,

$n=3$ 일때, $S_3(x)=\sin x-\frac{\sin 2x}{2}+\frac{\sin 3x}{3}$ 서

$n=4$ 일때, $S_4(x)=\sin x-\frac{\sin 2x}{2}+\frac{\sin 3x}{3}-\frac{\sin 4x}{4}$ 서

$y=S_2(x)$, $y=S_3(x)$, $y=S_4(x)$의 그래프는 다음과 같다.

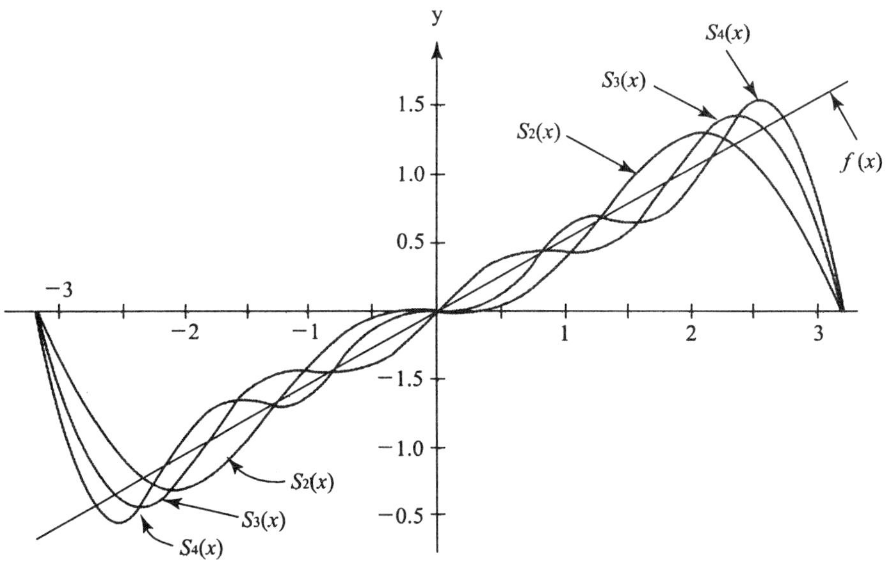

8 Parseval의 항등식

정리 1

$f(x)$가 구간 $[-\pi, \pi]$에서 연속이고, $f'(x)$가 PWC이면, $f(x)$와 그의 Fourier 계수 a_n, b_n 사이에 다음 항등식

$$\frac{1}{\pi}\int_{-\pi}^{\pi}[f(x)]^2dx = a_0{}^2 + \sum_{n=1}^{\infty}(a_n{}^2 + b_n{}^2)$$

이 성립한다.

(증명) $f(x)$가 연속이면, 구간 $[-\pi, \pi]$에서

$$f(x) = \frac{a_0}{2} + \sum_{n=1}^{\infty}(a_n\cos nx + b_n\sin nx)$$

이므로

$$[f(x)]^2 = \frac{a_0}{2}f(x) + \sum_{n=1}^{\infty}[a_nf(x)\cos nx + b_nf(x)\sin nx]$$

구간 $[-\pi, \pi]$에서 적분하면

$$\int_{-\pi}^{\pi}[f(x)]^2dx = \frac{a_0}{2}\int_{-\pi}^{\pi}f(x)dx + \sum_{n=1}^{\infty}[a_nf(x)\cos nx\,dx + b_n\int_{\pi}^{\pi}f(x)\sin nx\,dx]$$

$$= \frac{a_0}{2}\left[2a_0\pi + \sum_{n=1}^{\infty}\pi(a_n{}^2 + b_n{}^2)\right]$$

$$= \pi\left[a_0{}^2 + \sum_{n=1}^{\infty}(a_n{}^2 + b_n{}^2)\right]$$

$$\therefore \frac{1}{\pi}\int_{\pi}^{\pi}[f(x)]^2dx = a_0{}^2 + \sum_{n=1}^{\infty}(a_n{}^2 + b_m{}^2) \qquad (1)$$

예제 7 $f(x) = |\sin x|$의 구간 $[-\pi, \pi]$에서 Fourier 급수전개식을 구하여 Paeseval 항등식을 써서 다음 등식을 유도하라.

$$\frac{1}{1^2\cdot 3^2} + \frac{1}{2^2\cdot 4^2} + \frac{1}{3^2\cdot 5^2} + \cdots = \frac{\pi^2-8}{16}$$

(풀이) $f(x) = |\sin x|$는 구간 $[-\pi, \pi]$에서 연속이고, $f(x)$는 우함수이므로

$$f(x) = \frac{a_0}{2} + \sum_{n=1}^{\infty}a_n\cos nx, \quad a_0 = \frac{1}{\pi}\int_{-\pi}^{\pi}f(x)dx = \frac{2}{\pi}\int_{0}^{\pi}\sin x dx = \frac{4}{\pi},$$

$$a_n = \frac{1}{\pi}\int_{-\pi}^{\pi}f(x)\cos nx = \frac{2}{\pi}\int_{0}^{\pi}\sin nx\cos nx\,dx$$

$$= \frac{2}{\pi}\int_{0}^{\pi}\frac{1}{2}\{\sin(1+n)x + \sin(1-n)x\}dx$$

$$= \frac{2}{\pi}\left[-\frac{\cos(1+n)x}{1+n} - \frac{\cos(1-n)x}{1-n}\right]_0^{\pi} = \frac{-2}{\pi}\left\{\frac{(-1)^{n+1}}{1+n} + \frac{(-1)^{n+1}}{1-n}\right\}$$

$$= -\frac{2}{\pi}\left(\frac{1}{1+n} + \frac{1}{1-n}\right)(-1)^{n+1} = -(-1)^{n+1}\frac{4}{\pi(n-1)(n+1)} \quad (n > 1)$$

$f(x)$의 Fourier 급수에서 $a_1 = \frac{2}{\pi}\int_0^{\pi} \sin x \cos x\, dx = \frac{1}{\pi}[\sin^2 x]_0^{\pi} = 0$

이므로

$$f(x) = \frac{2}{\pi} + \frac{4}{\pi}\left\{\frac{\cos 2x}{(2-1)(2+1)} - \frac{\cos 3x}{(3-1)(3+1)} + \frac{\cos 4x}{(4-1)(4+1)} - \cdots\right\}$$

따라서 Parseval의 항등식에 의하여

$$\frac{1}{\pi}\int_{-\pi}^{\pi} \sin^2 x\, dx = \frac{1}{2}\left(\frac{4}{\pi}\right)^2 + \frac{16}{\pi^2}\left(\frac{1}{1^2\cdot 3^2} + \frac{1}{2^2\cdot 4^2} + \frac{1}{3^2\cdot 5^2} + \cdots\right) = 1$$

$$\therefore \frac{1}{1^2\cdot 3^2} + \frac{1}{2^2\cdot 4^2} + \frac{1}{3^2\cdot 5^2} + \cdots = \frac{\pi^2}{16}\left(1 - \frac{8}{\pi^2}\right) = \frac{\pi^2 - 8}{16}$$

예제 8 $f(x) = x,\ -\pi < x < \pi$의 Fourier 급수는

$$f(x) = 2\sum_{n=1}^{\infty}(-1)^{n-1}\frac{\sin nx}{n} \qquad (1)$$

이다. Parseval의 항등식을 써서 다음 무한급수의 합을 구하라.

$$\frac{1}{1^2} + \frac{1}{2^2} + \frac{1}{3^2} + \cdots$$

(풀이) parseval의 항등식을 적용한다.

$$\frac{1}{\pi}\int_{-\pi}^{\pi} x^2 dx = \frac{1}{\pi}\left[\frac{1}{3}x^3\right]_{-\pi}^{\pi} \frac{2\pi^3}{3\pi} = \frac{2}{3}\pi^2$$

$f(x)$가 기함수이므로, (1)식에서 $a_0 = 0,\ a_n = 0\ (n = 1, 2, \cdots)$

$$f(x) = \sum_{n=0}^{\infty} b_n \sin nx,\quad b_n = \frac{1}{\pi}\int_{\pi}^{\pi} x \sin nx\, dx = \frac{1}{\pi}\left[\frac{1}{n^2}\sin nx - \frac{x}{n}\cos nx\right]_{-\pi}^{\pi}$$

$= -\frac{2}{n}\cos n\pi = \frac{2}{n}(-1)^{n+1}$이므로

$$\frac{1}{\pi}\int_{-\pi}^{\pi} x^2 dx = \sum_{n=1}^{\infty} b_n^2 = 4\left(\frac{1}{1^2} + \frac{1}{2^2} + \frac{1}{3^2} + \cdots\right)$$

$$\therefore \frac{1}{1^2} + \frac{1}{2^2} + \frac{1}{3^2} + \cdots = \frac{2}{3}\pi^2/4 = \frac{1}{6}\pi^2$$

연습문제 7.1

1. 다음 함수가 PWC인지, 연속인지, PWS인지를 살펴라.

$$f(x)=\begin{cases} x & (x<0) \\ 1 & (x=0) \\ x^2 & (x>0) \end{cases}$$

2. 다음 함수에 대하여 아래 물음에 답하라.

$$f(x)=\begin{cases} e^{-x} & (x\le 0) \\ e^{x} & (x\ge 0) \end{cases}$$

(1) $f_+'(0)$와 $f'(0+)$를 구하라.

(2) $f_-'(0)$와 $f'(0-)$를 구하라.

(3) $f'(0)$이 존재하느냐?

참고 $f'(0+)=\lim\limits_{\substack{h\to 0\\ h>0}} f'(0+h)$, $f'(0-)=\lim\limits_{\substack{h\to 0\\ h>0}} f'(0-h)$

4. 함수열 : $\{1, \sin nx, \cos mx\}$, $n, m\in N$, $-\pi<x<\pi$는 직교한다. 함수의 직교성을 써서 함수 $f(x)$의 fourier 급수전개식

$$f(x)=\frac{a_0}{2}+\sum_{n=1}^{\infty}(a_n\cos nx+b_n\sin nx)$$

에서 a_0, a_n, b_n $(n\in N)$을 구하라.

5. 다음 함수의 Fourier 급수전개를 구하라.

$$f(x)=\begin{cases} 0 & (-\pi<x<0) \\ 1 & (\ \ 0<x<\pi) \end{cases}$$

6. 문 5의 Fourier 급수전개식을 써서 $\displaystyle\sum_{n=1}^{\infty}\frac{(-1)^{n-1}}{2n-1}$의 값을 구하라.

7. $f(x)=\begin{cases} -1 & (-\pi\le x<0) \\ 1 & (0\le x\le\pi) \end{cases}$ 의 Fourier 급수전개는 다음과 같다.

$$f(x)\sim\frac{4}{\pi}\sin x+\frac{4}{3\pi}\sin 3x+\frac{4}{5\pi}\sin 5x+\cdots=\frac{4}{\pi}\sum_{n=1}^{\infty}\frac{\sin(2n-1)x}{2n-1}$$

$x=0$에서 이 급수는 어떤 값에 수렴하느냐?

8. 다음 함수의 Fourier 급수전개를 구하라.

$$f(x) = \begin{cases} \dfrac{\pi}{2} + x & (-\pi \leq x < 0) \\ \dfrac{\pi}{2} - x & (0 \leq x \leq \pi) \end{cases}$$

9. $f(x) = x(-2 \leq x \leq 2)$의 Fourier 급수를 구하라.

10. 구간 $[-\pi, \pi]$에서 정의된 함수 $f(x)$의 Fourier 계수를 $a_0, a_1, \cdots, ; b_1, b_2, \cdots$ 이라 할 때, 다음 부등식을 밝혀라.

$$\frac{{a_0}^2}{2} + \sum_{n=1}^{m}({a_n}^2 + {b_n}^2) \leq \frac{1}{\pi}\int_{-\pi}^{\pi}[f(x)]^2 dx$$

11. 함수 $f(x) = x^2(0 \leq x < 1)$, $f(x+1) = f(x)$의 Fourier 급수는 다음과 같다.

$$f(x) \sim \frac{1}{3} + \frac{1}{\pi^2}\left(\cos 2x + \frac{1}{2^2}\cos 4x + \frac{1}{3^2}\cos 6x + \cdots\right)$$
$$-\frac{1}{\pi}\left(\sin 2\pi x + \frac{1}{2}\sin 4\pi x + \frac{1}{3}\sin 6\pi x + \cdots\right)$$

$\dfrac{1}{1^2} + \dfrac{1}{2^2} + \dfrac{1}{3^2} + \cdots$의 값을 구하라.

해답

1. 이 함수는 $x=0$에서만 불연속이므로 불연속이나. PWC이고, $x=0$에서는 도함수가 존재하지 않으므로 PWS는 아니다.

2. (1) $f_+'(0) = \lim\limits_{\substack{h\to 0\\ h>0}} \dfrac{f(0+h)-f(0+)}{h} = \lim\limits_{\substack{h\to 0\\ h>0}} \dfrac{e^h-1}{h} = \lim\limits_{\substack{h\to 0\\ h>0}} \dfrac{e^h}{1} = v$

$f'(0+) = \lim\limits_{\substack{h\to 0\\ h>0}} f'(0+h) = \lim\limits_{\substack{h\to 0\\ h>0}} e^{b+h} = 1$

(2) $f_-'(0) = \lim\limits_{\substack{h\to 0\\ h>0}} \dfrac{f(0-)-f(0-h)}{h} = \lim\limits_{\substack{h\to 0\\ h>0}} \dfrac{e^0 - e^{-(0-h)}}{h}$

$= \lim\limits_{\substack{h\to 0\\ h>0}} \dfrac{1-e^h}{h} = \lim\limits_{\substack{h\to 0\\ h>0}} \dfrac{-e^h}{1} = -1$

$f'(0-) = -\lim\limits_{\substack{h\to 0\\ h>0}} f'(0-h) = -\lim\limits_{\substack{h\to 0\\ h>0}} (e^{-(0-h)}) = -\lim\limits_{\substack{h\to 0\\ h>0}} e^h = -1$

(3) $f'(0-) = \lim_{\substack{h\to 0 \\ h>0}} e^{-(0-h)} = -1$, $f'(0+) = 1$에서 $f'(0-) \neq f'(0+)$이므로 $f'(0)$은 존재하지 않는다. 따라서 $f(x)$는 $x=0$에서 미분가능하지 않다.

4. $\dfrac{a_0}{2} = \dfrac{1}{||1||}\displaystyle\int_{-\pi}^{\pi} f(x)dx = \dfrac{1}{2\pi}\int_{-\pi}^{\pi} f(x)dx$

$$a_n = \frac{1}{||\cos^2 nx||}\int_{-\pi}^{\pi} f(x)\cos nx\,dx = \frac{1}{\pi}\int_{-\pi}^{\pi} f(x)\cos nx\,dx$$

$$b_n = \frac{1}{||\sin^2 nx||}\int_{-\pi}^{\pi} f(x)\sin nx\,dx = \frac{1}{\pi}\int_{-\pi}^{\pi} f(x)\sin nx\,dx$$

단, $||1|| = \displaystyle\int_{-\pi}^{\pi} 1^2 dx = 2\pi$, $||\cos^2 nx|| = \displaystyle\int_{-\pi}^{\pi}\cos^2 nx\,dx = \pi$,

$||\sin^2 nx|| = \displaystyle\int_{-\pi}^{\pi}\sin^2 nx\,dx = \pi$이다.

5. $a_0 = \dfrac{1}{\pi}\displaystyle\int_{-\pi}^{\pi} f(x)dx = \dfrac{1}{\pi}\int_0^{\pi} 1dx = 1$

$$a_n = \frac{1}{\pi}\int_{-\pi}^{\pi} f(x)\cos nx\,dx = \frac{1}{\pi}\int_0^{\pi} 1\cdot\cos nx\,dx = \frac{1}{\pi}\left[\frac{1}{n}\sin nx\right]_0^{\pi} = 0$$

$$b_n = \frac{1}{\pi}\int_{-\pi}^{\pi} f(x)\sin nx\,dx = \frac{1}{\pi}\int_0^{\pi} 1\cdot\sin nx\,dx = \frac{1}{\pi}\left[-\frac{1}{n}\cos nx\right]_0^{\pi} = \frac{1}{n\pi}[1-\cos n\pi]$$

$= \dfrac{1}{n\pi}\begin{cases} 2 & (n\text{이 홀수}) \\ 0 & (n\text{이 짝수})\end{cases}$ 이므로, $b_{2n-1} = \dfrac{2}{(2n-1)\pi}$, $b_{2n} = 0$ $(n \in N)$

$$\therefore f(x) \sim \frac{1}{2} + \frac{2}{\pi}\sum_{n=1}^{\infty}\frac{1}{2n-1}\sin(2n-1)x$$

6. 문제 5에서 $x = \dfrac{\pi}{2}$이면, $f(x) = 1 = \dfrac{1}{2} + \dfrac{2}{\pi}\displaystyle\sum_{n=1}^{\infty}\frac{(-1)^{n-1}}{2n-1}$ 이므로

$$\sum_{n=1}^{\infty}\frac{(-1)^{n-1}}{2n-1} = \frac{1-1/2}{2/\pi} = \frac{\pi}{4}$$

7. $f(0-) \neq f(0+)$이므로, $x=0$에서 $f(x)$의 Fourier 급수는 $\dfrac{1}{2}[f(0-)+f(0+)]$ $= \dfrac{1}{2}(-1+1) = 0$에 수렴한다.

8. $f(x)$는 우함수이므로, $b_n = 0$ $(n = 1, 2, \cdots)$

$$a_n = \frac{1}{\pi}\int_{-\pi}^{0}\left(\frac{\pi}{2}+x\right)\cos nx\,dx + \frac{1}{\pi}\int_0^{\pi}\left(\frac{\pi}{2}-x\right)\cos nx\,dx$$

$$= \frac{1}{\pi}\left[\left(\frac{\pi}{2}+x\right)\frac{\sin nx}{n}\right]_{-\pi}^{0} - \frac{1}{n}\int_{-\pi}^{0}\sin nx\,dx + \left[\left(\frac{\pi}{2}-x\right)\frac{\sin nx}{n}\right]_0^{\pi} + \frac{1}{n}\int_0^{\pi}\sin nx\,dx$$

$$= \frac{2}{n^2\pi}(1-\cos n\pi)\ (n = 1, 2, \cdots) = \frac{2}{n^2\pi}[1-(-1)^n]$$

$a_0 = 0$, $b_n = 0$ $(n = 1, 2, \cdots)$이므로

$$f(x) \sim \frac{4}{\pi}\cos x + \frac{4}{9\pi}\cos 3x + \cdots = \frac{4}{\pi}\sum_{n=1}^{\infty}\frac{\cos(2n-1)x}{(2n-1)^2}$$

9. $f(x)$는 기함수이므로 sine 급수로 전개된다.

$$b_n = \frac{1}{2}\int_{-2}^{2} x\sin\frac{n\pi x}{2}\,dx = \frac{1}{2}\left[-\frac{2x}{n\pi}\cos\frac{n\pi x}{2}\right]_{-2}^{2} + \frac{2}{n\pi}\int_{-2}^{2}\cos\frac{n\pi x}{2}\,dx$$
$$= (-1)^{n-1}\frac{4}{n\pi}$$
$$\therefore f(x) \sim \frac{4}{\pi}\left(\sin\frac{\pi x}{2} - \frac{1}{2}\sin\frac{2\pi x}{2} + \frac{1}{3}\sin\frac{3\pi x}{2} - \cdots\right)$$

10. $S_m = \frac{a_0}{2} + \sum_{n=1}^{m}(a_n\cos nx + b_n\sin nx)$이라면 $\int_{-\pi}^{\pi}[f(x) - S_m(x)]^2dx \ge 0$

전개하면

$$2\int_{-\pi}^{\pi} f(x)S_m(x)dx - \int_{-\pi}^{\pi}[S_m(x)]^2dx \le \int_{-\pi}^{\pi}[f(x)]^2dx \quad \cdots①$$
$$\int_{-\pi}^{\pi} f(x)S_m(x)dx = \frac{a_0}{2}\int_{-\pi}^{\pi} f(x)dx + a_1\int_{-\pi}^{\pi} f(x)\cos x\,dx + \cdots + a_n\int_{-\pi}^{\pi} f(x)\cos mx\,dx$$
$$+ b_1\int_{-\pi}^{\pi} f(x)\sin x\,dx + b_2\int_{-\pi}^{\pi} f(x)\sin 2x\,dx + \cdots + b_n\int_{-\pi}^{\pi} f(x)\sin mx\,dx$$
$$= \pi\left[\left(\frac{a_0^{\,2}}{2} + a_1^{\,2} + \cdots + a_m^{\,2}\right) + (b_1^{\,2} + b_2^{\,2} + \cdots + b_m^{\,2})\right]$$
$$\int_{-\pi}^{\pi}[S_m(x)]^2dx = \int_{-\pi}^{\pi}\left\{\frac{a_0}{2} + \sum_{n=1}^{m}(a_n\cos nx + b_n\sin nx)\right\}^2dx$$
$$= \int_{-\pi}^{\pi}\left\{\frac{a_0^{\,2}}{4} + \sum_{n=1}^{m}(a_n^{\,2}\cos^2 nx + b_n\sin^2 nx)\right\}dx = \frac{a_0^{\,2}}{4}(2\pi) + \sum_{n=1}^{m}(a_n^{\,2} + b_n^{\,2})$$
$$= \pi\left[\frac{a_0^{\,2}}{2} + \sum_{n=1}^{m}(a_n^{\,2} + b_n^{\,2})\right]$$

이들을 ①식에 대입하면

$$2\pi\left[\frac{a_0^{\,2}}{2} + \sum_{n=1}^{m}(a_n^{\,2} + b_n^{\,2})\right] - \pi\left[\frac{a_0^{\,2}}{2} + \sum_{n=1}^{m}(a_n^{\,2} + b_n^{\,2})\right] \le \int_{-\pi}^{\pi}[(f(x)]^2dx$$
$$\therefore \frac{a_0^{\,2}}{2} + \sum_{n=1}^{m}(a_n^{\,2} + b_n^{\,2}) \le \frac{1}{\pi}\int_{-\pi}^{\pi}[f(x)]^2dx \quad \cdots②$$

②에서 $m \to \infty$이면

$$\frac{a_0^{\,2}}{2} + \sum_{n=1}^{\infty}(a_n^{\,2} + b_n^{\,2}) \le \frac{1}{\pi}\int_{-\pi}^{\pi}[f(x)]^2dx \quad \cdots③$$

②, ③식을 **Bessel의 부등식**이라 한다.

11. $x=0$에서 $f(x)$는 연속이 아니므로, 이 Fourier 급수는 $\frac{1}{2}[f(+0) + f(-0)] = \frac{1}{2}$에 수렴한다. 따라서 다음이 성립한다.

$$\frac{1}{2} = \frac{1}{3} + \frac{1}{\pi^2}\left(\frac{1}{1^2} + \frac{1}{2^2} + \frac{1}{3^2} + \cdots\right) \quad \therefore \frac{1}{1^2} + \frac{1}{2^2} + \frac{1}{3^2} + \cdots = \frac{\pi^2}{6}$$

7.2 Fourier 급수의 미분과 적분

1 Fourier 급수의 미분

$f(x)$의 Fourier 급수를 미분한 것이 반드시 $f'(x)$에 수렴하는 것은 아니다. Fourier 급수의 항별 미분은 일반 급수에서 성립하는 다음 정리에 따른다.

정리 1

무한급수의 각 항의 도함수를 가지며, 도함수의 급수가 균등수렴(uniformly convergent) 하면, 이 급수는 다음과 같이 항별로 미분할 수 있다.

$$\frac{d}{dx}\sum_{n=1}^{\infty} u_n(x) = \sum_{n=1}^{\infty}\frac{d}{dx}u_n(x)$$

급수의 균등수렴을 증명하는데 여러 가지 방법이 있다. 첫째는 준급수의 R개의 항의 합 $s_R(x)$를 구하여 균등수렴의 정의를 직접 적용하는 것이다. 둘째로 가장 강력한 방법인 Weierstrass의 **M-test 방법**을 이용하는 것이다.

M-test : $\sum u_n(x)$에서 상수 M_n에 대하여 $|u_n(x)| \le M_n$ 되는 M_n이 존재하여 $\sum M_n$이 수렴하면, $\sum u_n(x)$는 절대수렴한다.

$\sum u_n(x)$가 수렴하는 구간내의 모든 x에 대하여 양의 정수 N이 존재하여, $n > N$ 되는 n에 대하여 수렴내의 모든 x에 대하여

$$|s_n(x) - f(x)| < \varepsilon, \quad n > N$$

이 성립할 때, $\sum u_n(x)$는 균등수렴한다고 한다.

단, N은 ε에만 의존하고, x에 무관하다.

보기 1

$f(x) = x,\ -\pi < x < \pi$의 Fourier 급수전개는 다음과 같다.

$$x = 2\sum_{n=1}^{\infty}\frac{(-1)^{n-1}\sin nx}{n} \tag{1}$$

이 급수를 항별 미분한 것이 $x' = 1$이 되는지를 살펴보자.

미분하여 얻은 급수 $2\lim_{n\to\infty}(-1)^{n-1}\cos nx$는 구간 $[-\pi, \pi]$내의 모든 x에 대하여 수렴하지 않으므로 미분하여 얻은 급수는 $(x)'=1$에 수렴하지 않는다. 따라서 Fourier 급수 (1)은 항별 미분할 수 있다. Fourier 급수 (1)은 $-\pi < x < \pi$에서 균등수렴하지 않으므로, (1)의 우변식을 항별 미분할 수 없다.

정리 2

$f(x)$의 구간 $[-\pi, \pi]$에서의 Fourier 급수가

$$f(x) = \frac{a_0}{2} + \sum_{n=1}^{\infty}(a_n\cos nx + b_n\sin nx)$$

이고, 이 급수가 균등수렴하면 $f'(x)$의 Fourier 급수

$$f'(x) = \frac{a_0}{2}' + \sum_{n=1}^{\infty}(a_n'\cos nx + b_n'\sin nx)$$

의 계수는

$$a_0' = 0,\ a_n' = nb_n,\ b_n' = -na_n$$

에 의하여 구해지므로

$$f'(x) = \sum_{n=1}^{\infty}(nb_n\cos nx - na_n\sin nx)$$

$f''(x)$는 존재하지 않으나 $f''(x+),\ f''(x-)$이 존재할 때, $f'(x)$에 관한 급수는

$$\frac{f'(x+)+f'(x-)}{2}$$

에 수렴한다.

예제 1 $f(x)=1,\ 0<x<\pi$의 Fourier 사인급수는 다음과 같다.

$$1 = \frac{4}{\pi}\sum_{n=1}^{\infty}\frac{\sin(2n-1)x}{2n-1}$$

이 급수의 도함수의 급수는 0에 수렴하는가?

(풀이) 주어진 사인급수는 1에 수렴하나, 각 항을 미분하여 얻은 급수는 n째항의 극한 $\lim_{n\to\infty}\frac{4}{\pi}\frac{(2n-1)\cos(2n-1)x}{2n-1}$이 0에 수렴하지 않으므로, 항별로 미분한 급수는 수렴하지 않는다.

예제 2 $f(x)=x,\ -2<x<2$의 Fourier 급수는 다음과 같다.

$$x = \frac{4}{\pi}\left(\sin\frac{\pi x}{2} - \frac{1}{2}\sin\frac{2\pi x}{2} + \frac{1}{3}\sin\frac{3\pi x}{2} - \cdots\right)$$

이 Fourier 급수를 항별로 미분한 것은 $x'=1$에 수렴하느냐?

(풀이) 위 급수전개를 항별로 미분하면

$$2\left(\cos\frac{\pi x}{2}-\cos\frac{2\pi x}{2}+\cos\frac{3\pi x}{2}-\cdots\right)$$

이 되는데, 이 급수의 n째항이 0에 수렴하지 않으므로, 항별로 미분하여 얻는 급수는 수렴하지 않는다.

❷ Fourier 급수의 적분

$f(x)$가 구간 $[-\pi, \pi]$에서 PWC이고, $h(x)$를

$$h(x)=\int_a^x\left[(f(t)-\frac{a_0}{2}\right]dt \tag{1}$$

이라할때, $h(x)$는 Fourier 급수전개가 가능한 함수인가를 살펴보자.

$$h'(x)=f(x)-\frac{a_0}{2}$$

$h(x)$는 $f(x)$가 존재하는 모든 점에서 연속이다(미분가능하면 연속). x가 불연속점 x_0의 우측이거나 좌측에 있으면, x_0에서

$$0<|x-x_0|<\delta\text{이면, } |h(x)-h(x_0)|<\varepsilon$$

이므로, $h(x)$는 연속함수이고, $f(x+2\pi)=f(x)$이므로

$$\begin{aligned}h(x+2\pi)&=\int_a^x\left[f(x)-\frac{a_0}{2}\right]dt+\int_x^{x+2\pi}\left[f(t)-\frac{a_0}{2}\right]dt\\&=h(x)+\int_{-\pi}^{\pi}\left[f(t)-\frac{a_0}{2}\right]dt=h(x)\\&\left[\int_{-\pi}^{\pi}f(t)dt-\frac{a_0}{2}\int_{-\pi}^{\pi}dt=\pi a_0-\frac{a_0}{2}(2\pi)=0\right]\end{aligned}$$

따라서 $h(x)$는 $h(-\pi)=h(\pi)$인 주기 2π되는 연속 PWS함수이므로 균등 수렴하고, 절대수렴하는 Fourier 급수로 다음과 같이 전개된다.

$$h(x)=\frac{A_0}{2}+\sum_{n=1}^{\infty}(A_n\cos nx+B_n\sin nx) \tag{2}$$

단, $A_n=\frac{1}{\pi}\int_{-\pi}^{\pi}h(x)\cos nx\,dx,\ n\in N_0$, $B_n=\frac{1}{\pi}\int_{-\pi}^{\pi}h(x)\sin nx\,dx,\ n\in N$이다.

부분적분법으로

$$A_n = \frac{1}{\pi}\left\{\left[\frac{h\sin nx}{n}\right]_{-\pi}^{\pi} - \frac{1}{n}\int_{-\pi}^{\pi}\left[f(x) - \frac{a_0}{2}\right]\sin nx\,dx\right\}$$

$$= -\frac{1}{n}\left[\frac{1}{\pi}\int_{-\pi}^{\pi} f(x)\sin nx\,dx - \frac{a_0}{2\pi}\int_{-\pi}^{\pi}\sin nx\,dx\right] = -\frac{b_n}{n},\ n \in N \quad (3)$$

마찬가지로

$$B_n = \frac{a_n}{n},\ n \in N \quad (4)$$

(3), (4)의 계수를 (2)식에 대입하면

$$h(x) = \frac{A_0}{2} + \sum_{n=1}^{\infty}\left[\frac{a_n}{n}\sin nx - \frac{b_n}{n}\cos nx\right] \quad (5)$$

(1)식에서

$$\int_a^x f(t)dt = h(x) + \frac{a_0}{2}(x-a) \quad (6)$$

이므로

$$\int_a^a f(t)dt = h(a) + \frac{a_0}{2}(a-a) = h(a) = 0$$

(5)식에서

$$h(a) = \frac{A_0}{2} + \sum_{n=1}^{\infty}\left[\frac{a_n}{n}\sin na - \frac{b_n}{n}\cos na\right] = 0$$

$$\therefore \frac{A_0}{2} = -\sum_{n=1}^{\infty}\left[\frac{a_n}{n}\sin na - \frac{b_n}{n}\cos na\right]$$

(5), (7)식을 (6)식에 대입하면

$$\int_a^x f(t)dt = \frac{a_0}{2}(x-a) + \sum_{n=1}^{\infty}\left[\frac{a_n}{n}(\sin nx - \sin na) - \frac{b_n}{n}(\cos nx - \cos na)\right] \quad (8)$$

그런데 식 (8)의 결과는 $f(x)$의 Fourier 급수

$$f(x) = \frac{a_0}{2} + \sum_{n=1}^{\infty}[a_n\cos nx + b_n\sin nx]$$

를 구간 $[a, x]$에서의 적분한 값과 같다. 따라서 $f(x)$의 Fourier 급수는 항별 적분이 가능하다.

정리 3

$f(x)$는 $-\pi \le x \le \pi$에서 주기 2π이고, PWC이라 하자. 그러면 f에 관한 Fourier 급수전개

$$f(x) = \frac{a_0}{2} + \sum_{n=1}^{\infty}[a_n \cos nx + b_n \sin nx]$$

가 가능하고, 이 급수는 어떤 구간에서 항별 적분을 할 수 있다.

예제 3 x^2 Fourier 급수전개

$$x^2 = \frac{\pi^2}{3} + 4\sum_{n=1}^{\infty}\frac{(-1)^n \cos nx}{n^2}, \quad -\pi < x < \pi$$

는 0에서 x까지 적분할 수 있고, 수렴급수

$$x^3 - \pi^2 x = 12\sum_{n=1}^{\infty}\frac{(-1)^n \sin nx}{n^3}$$

을 얻음을 밝혀라.

(풀이) 함수 x^2은 앞 정리의 가정 [$f(x) = x^2$는 $[-\pi, \pi]$에서 PWC이고, 주기 2π]을 만족하므로 항병로 적분할 수 있다.

$$\int_0^x t^2 dx = \frac{\pi^2}{3}\int_0^x dt + 4\sum_{n=1}^{\infty}\frac{(-1)^n}{n^2}\int_0^x \cos nt\, dt$$

$$\left[\frac{t^3}{3}\right]_0^x = \frac{\pi^2}{3}[t]_0^x + 4\sum_{n=1}^{\infty}\frac{(-1)^n}{n^3}[\sin nt]_0^x$$

$$\therefore \frac{x^3}{3} = \frac{\pi^2}{3}x + 4\sum_{n=1}^{\infty}\frac{(-1)^n \sin nx}{n^3} \text{ 또는 } x^3 - \pi^2 x = 12\sum_{n=1}^{\infty}\frac{(-1)^n \sin nx}{n^3}$$

예제 4 $f(x) = x,\ 0 < x < 2$, 주기$=4$의 반구간$(0,2)$에서의 Fourier 사인급수는 다음과 같다.

$$x = \frac{4}{\pi}\left(\sin\frac{\pi x}{2} - \frac{1}{2}\sin\frac{2\pi x}{2} + \frac{1}{3}\sin\frac{3\pi x}{2} - \cdots\right) \quad ①$$

(1) 적분에 의하여 x^2의 Fourier 급수를 구하라.

(2) 급수 $\sum_{n=1}^{\infty}\frac{(-1)^{n-1}}{n^2}$의 값을 구하라.

(풀이) (1) ①식을 구간 $[0, x]$에서 적분하고, 2를 곱하면

$$x^2 = -\frac{16}{\pi^2}\left(\cos\frac{\pi x}{2} - \frac{1}{2^2}\cos\frac{2\pi x}{2} + \frac{1}{3^2}\cos\frac{3\pi x}{2} - \cdots\right) + c$$

이 식에서 $x=0$이면 우변의 식의가밧은 0이므로, c의 값은

$$c=\frac{16}{\pi^2}\left(1-\frac{1}{2^2}+\frac{1}{3^2}-\cdots\right)$$

(2) c는 x^2의 Fourier 급수 $x^2=\frac{a_0}{2}+\sum_{n=1}^{\infty}a_n\cos\frac{n\pi x}{2}$ 에서 상수항과 같으므로

$$c=\frac{a_0}{2}=\frac{2}{4}\int_0^2 x^2dx=\frac{4}{3}$$

$$\therefore \sum_{n=1}^{\infty}\frac{(-1)^{n-1}}{n^2}=\frac{4}{3}\times\frac{\pi^2}{16}=\frac{\pi^2}{12}$$

예제 5 $f(x)-\frac{\pi-x}{2}(0\le x\le 2\pi)$, $f(2\pi)=\frac{\pi}{2}$ 일 때, $f(x)$의 Fourier 급수는 다음과 같다.

$$f(x)\sim\sum_{n=1}^{\infty}\frac{\sin nx}{n}$$

이 결과를 써서 다음 관계를 증명하라.

$$\frac{1}{4}(\pi-x)^2-\frac{1}{4}\pi^2+\sum_{n=1}^{\infty}\frac{1}{n^2}=\cos x+\frac{\cos 2x}{2^2}+\frac{\cos 3x}{3^2}+\cdots(0\le x\le 2\pi$$

(풀이) $$\int_0^x f(x)\,dx=\sum_{n=1}^{\infty}\int_0^x\frac{\sin nx}{n}\,dx$$

$$\int_0^x\frac{\pi-x}{2}\,dx=\frac{\pi^2}{4}-\frac{(x-\pi)^2}{4}=\sum_{n=0}^{\infty}\frac{1-\cos nx}{n^2}=\sum_{n=1}^{\infty}\frac{1}{n^2}-\sum_{n=1}^{\infty}\frac{\cos nx}{n^2}$$

따라서

$$\frac{(\pi-x)^2}{4}-\frac{\pi^2}{4}+\sum_{n=1}^{\infty}\frac{1}{n^2}=\cos x+\frac{\cos 2x}{2^2}+\frac{\cos 3x}{3^2}+\cdots$$

연습문제 7.2

1. 구간 $[a, b]$에서 정의된 무한급수 $\sum_{n=1}^{\infty} u_n(x)$가 균등수렴하기 위하여는, 양의 상수의 수열 $\{M_n\}$이 존재하여

   (a) $|u_n(x)| \leq M_n$이고, (b) $\sum_{n=1}^{\infty} M_n$이 수렴

   하는 것이다. (Weierstrass의 정의) 이를 밝혀라.

2. 무한급수 $\sum u_i'(x)$가 균등수렴이고, 그 각 항이 연속함수일 때, $\sum u_i(x)$로 나타내지는 함수 $s(x)$의 미분은 $\sum u_i'(x)$로 나타낼 수 있음을 밝혀라.

3. 무한급수 $\sum f_i(x)$가 균등수렴하고, 그 각 항이 연속인 경우에 이 급수로 나타낸 함수 $f(x)$의 적분은 급수의 각 항을 적분함으로써 얻을 수 있음을 밝혀라.

4. $f(x) = \begin{cases} \cos x & (0 \leq x \leq \pi/2) \\ 0 & (\pi/2 \leq x \leq \pi) \end{cases}$ 의 Fourier 급수는 다음과 같다.

$$f(x) \sim \frac{1}{\pi} + \frac{1}{2}\cos x + \frac{2}{\pi}\sum_{n=1}^{\infty}\frac{(-1)^{n+1}}{4n^2-1} - \cos 2nx$$

   $f(x)$의 Fourier 급수는 균등수렴하느냐?

5. $f(x) = x \ (0 \leq x \leq \pi)$의 Fourier cosine 급수는 다음과 같다.

$$f(x) \sim \frac{\pi}{2} - \frac{4}{\pi}\sum_{n=1}^{\infty}\frac{1}{(2n-1)^2}\cos(2n-1)x$$

   Fourier 급수의 도함수는 $f'(x) = 1$에 수렴하느냐?

6. $f(x) = x \ (-\pi < x < \pi)$의 Fourier 급수는 다음과 같다.

$$x \sim 2\sum_{n=1}^{\infty}\frac{(-1)^{n-1}\sin nx}{n}$$

   이 급수의 0에서 x까지 항별 적분한 것은 유효하느냐? $\frac{x^2}{4}$의 fourier 급수를 주어진 x의 Fourier 급수를 써서 구하라.

해답

1. $|u_n(x)| \leqq M_n$이고, $\sum M_n$은 수렴함으로 $\sum_{n=1}^{\infty} u_n$은 $[a, b]$에서 절대수렴한다.

$$|r_n(x)| \leqq |u_{n+1}(x)| + |u_{n+2}(x)| + \cdots \leqq M_{n+1} + M_{n+2} + \cdots \qquad (1)$$

이다. $\sum_{n=1}^{n} M_n$은 수렴함으로, 그 잉여는 $M_{n+1} + M_{n+2} + \cdots \to 0 \ (n \to \infty)$

이므로, 임의의 $\varepsilon > 0$에 대하여 $M_{n+1} + M_{n+2} + \cdots < \varepsilon \ (n \geqq n_0)$ (2)

따라서 (1), (2)에 의하여 $[a, b]$의 임의의 x에 대하여 $|r_n(x)| < \varepsilon \ (n \geqq 0)$이 되어 $\sum u_n$은 $[a, b]$에서 균등수렴한다.

2. 무한급수 $\sum u_i(x)$에서 어떤 구간의 x의 값에 대하여 $u_1'(x), u_2'(x), \cdots, u_n'(x), \cdots$은 어느 것이나 연속이고, $\sum u_i'(x)$가 균등수렴할 때

$$\phi(x) = u_1'(x) + u_2'(x) + \cdots + u_n'(x) + \cdots$$

라 놓으면 $\phi(x)$는 연속함수이다(균등수렴인 무한급수의 합은 연속이다).

x_0 및 x가 이 구간에 있을 때, 앞 정리에 의하여

$$\int_{x_0}^{x} \phi(x)dx = \int_{x_0}^{x} u_1'(x)dx + \int_{x_0}^{x} u_2'(x)dx + \cdots + \int_{x_0}^{x} u_n'(x)dx + \cdots$$
$$= u_1(x) - u_1(x_0) + u_2(x) - u_2(x_0) + \cdots + U_n(x) - u_n(x_0) + \cdots \qquad \cdots①$$

$u_1'(x), u_2'(x), \cdots, u_n'(x), \cdots$는 어느 것이나 연속이므로, $u_1(x), u_2(x), \cdots, u_n(x), \cdots$도 연속이고, $\sum u_i'(x)$가 균등수렴이므로, $\sum u_i(x)$도 역시 수렴급수이며, 그 극한값을 $s(x)$로 나타낼 때

$$s(x) = \sum u_i(x), \quad s(x_0) = \sum u_i(x_0)$$

따라서 $\int_{x_0}^{x} \phi(x)dx = s(x) - s(x_0)$

이 양변을 미분하여 $\phi(x) = s'(x)$

그런데 $\phi(x)$는 ①식을 미분한 것이므로

$$s'(x) = u_1'(x) + u_2'(x) + \cdots + u_n'(x), \cdots = \lim_{n\to\infty} \frac{d}{dx} s_n(x)$$

3. 무한급수 $\sum f_i(x)$가 일정한 구간에서 균등수렴이고, 그의 각 항이 연속일 때는 그의 극한값 $f(x)$는 이 구간에서 연속함수이다.

$$f(x) = s_n(x) + r_n(x), \quad s_n(x) = f_1(x) + f_2(x) + \cdots + f_n(x),$$
$$r_n(x) = f_{n+1}(x) + f_{n+2}(x) + \cdots$$

이라 할 때는 $f(x)$ 및 $s_n(x)$는 연속이므로 $r_n(x)$도 역시 연속이고, 이 구간에서 x의 값에 대하여

$$\int_a^b \{f(x)-s_n(x)\}dx = \int_a^b r_n(x)dx$$

그런데 급수가 균등수렴이므로 여하히 작은 양수 ε를 취해도 n을 일정한 정수 m보다 크게 취하면 이 구간에서 x의 모든 값에 대하여 $|r_n(x)| < \varepsilon$ 되게 할 수 있다.
따라서

$$\int_a^b r_n(x)dx \leqq \int_a^b |r_n(x)|dx < \int_a^b \varepsilon dx = \varepsilon(b-a), \quad \lim_{n\to\infty}\int_a^b r_n(x)dx = 0$$

이므로, $\lim_{n\to\infty}\int_a^b \{f(x)-s_n(x)\}dx = 0$ 따라서

$$\int_a^b f(x)dx = \lim_{n\to\infty}\int_a^b s_n(x)dx = \lim_{n\to\infty}\int_a^b \{f_1(x)+f_2(x)+\cdots+f_n(x)\}dx$$

$$= \int_a^b f_1(x)dx + \int_a^b f_2(x)dx + \cdots + \int_a^b f_n(x)dx + \cdots$$

4. $\left|\dfrac{(-1)^{n+1}\cos 2nx}{4n^2-1}\right| \leq \dfrac{1}{4n^2-1} < \dfrac{1}{4(n^2-1)}$ 이므로

$$\sum_{n=1}^{\infty}\left|\frac{(-1)^{n+1}\cos 2nx}{4n^2-1}\right| < \sum_{n=2}^{\infty}\frac{1}{4(n+1)^2-4} = \frac{1}{4}\sum_{n=2}^{\infty}\left(\frac{1}{n-1}-\frac{1}{n+3}\right)$$

$$= \frac{1}{4}\left[\left(\frac{1}{1}-\frac{1}{5}\right)+\left(\frac{1}{2}-\frac{1}{6}\right)+\left(\frac{1}{3}-\frac{1}{7}\right)+\left(\frac{1}{4}-\frac{1}{8}\right)+\left(\frac{1}{5}-\frac{1}{9}\right)+\cdots\right]$$

$= \dfrac{1}{4}\left(1+\dfrac{1}{2}+\dfrac{1}{3}+\dfrac{1}{4}\right) = \dfrac{25}{48}$ 이므로, $f(x)$의 전개식은 균등수렴한다.

5. $f(x)=x\ (0 \leq x \leq \pi)$의 Fourier cosine 급수의 항별 미분에 의한 $f(x)$의 Fourier 급수가 균등수렴하므로, 급수를 항별로 미분하여 얻은 급수 $\dfrac{4}{\pi}\sum_{n=1}^{\infty}\dfrac{\sin(2n-1)x}{2n-1}$ 는 $f'(x)=1$의 주어진 구간에서의 sine 급수이고, 이것은 1에 수렴한다.

6. $f(x)$의 전개식의 각 항은 연속이고, Fourier 급수는 항변 적분할 수 있고, 유효하다. 따라서

$$\int_0^x x\,dx \sim 2\sum_{n=1}^{\infty}\frac{(-1)^n \sin nx}{n}dx = 2\sum_{n=1}^{\infty}\left[-\frac{(-1)^{n-1}\cos nx}{n^2}\right]_0^x$$

$$\frac{x^2}{2} = 2\sum_{n=1}^{\infty}\left[\frac{(-1)^n(1-\cos nx)}{n^2}\right] \quad \therefore \frac{x^2}{4} \sim \sum_{n=1}^{\infty}\left[\frac{(-1)^{n-1}}{n^2}-\frac{(-1)^{n-1}\cos nx}{n^2}\right]$$

또는 $\dfrac{x^2}{4} = \dfrac{\pi^2}{12} - \sum_{n=1}^{\infty}\dfrac{(-1)^{n-1}\cos nx}{n^2}\left(\sum_{n=1}^{\infty}\dfrac{(-1)^{n-1}}{n^2} = \dfrac{\pi^2}{12}\right)$

7.3 Fourier 적분

1 Fourier 급수의 적분표시

함수 $f(x)$의 구간 $[-L, L]$에서의 Fourier 급수는

$$f(x) = \frac{1}{2L}\int_{-L}^{L} f(t)dt + \frac{1}{L}\sum_{n=1}^{\infty}\left[\int_{-L}^{L} f(t)\cos\frac{n\pi t}{L}\cos\frac{n\pi x}{L} + \sin\frac{n\pi t}{L}\sin\frac{n\pi x}{L}\Big)dt\right]$$

$$= \frac{1}{2L}\int_{-L}^{L} f(t)dt + \frac{1}{L}\sum_{n=1}^{\infty}\int_{-L}^{L} f(t)\cos\frac{n\pi(t-x)}{L}\,dt \qquad (1)$$

$\lim_{L\to\infty}\int_{-L}^{L} f(t)dt$가 존재하면, $\lim_{L\to\infty}\frac{1}{2L}\int_{-L}^{L} f(t)dt = 0$ (주기$=\infty$)이므로,

$\int_{-\infty}^{\infty}|f(t)|dt$가 수렴할 때 $f(t)$는 $-\infty < x < \infty$에서 절대수렴한다. 따라서 (1)식은

$$f(x) = \lim_{L\to\infty}\sum_{n=1}^{\infty}\frac{1}{L}\int_{-L}^{L} f(t)\cos\frac{n\pi(t-x)}{L}\,dt \qquad (2)$$

$\alpha_n = \frac{n\pi}{L}$이라면 $\Delta\alpha_n = \alpha_{n+1} - \alpha_n = \frac{(n+1)\pi}{L} - \frac{n\pi}{L} = \frac{\pi}{L}$

에서 $\frac{1}{L} = \frac{1}{\pi}\Delta\alpha_n$이므로

$$f(x) = \lim_{L\to\infty}\sum_{n=1}^{\infty}\frac{1}{\pi}\left[\int_{-L}^{L} f(t)\cos\alpha_n(t-x)dt\right]\Delta\alpha_n \qquad (3)$$

급수 (3)은 $\Delta\alpha_n \to 0$, $L\to\infty$일 때, 다음 특이적분이 된다.

$$f(x) = \frac{1}{\pi}\int_0^{\infty}\left[\int_{-\infty}^{\infty} f(t)\cos\alpha(t-x)dt\right]d\alpha \qquad (4)$$

적분 (4)를 $f(x)$의 **Fourier 적분표시**이라 한다.

(4) 식은 다음과 같이 나타낼 수 있다.

$$f(x) = \frac{1}{\pi}\int_0^{\infty}\left[\int_{-\infty}^{\infty} f(t)\cos\alpha t\,dt\right]\cos\alpha x\,d\alpha + \frac{1}{\pi}\int_0^{\infty}\left[\int_{-\infty}^{\infty} f(t)\sin\alpha t\,dt\right]\sin\alpha x\,d\alpha$$

$$= \int_0^{\infty}[A(\alpha)\cos\alpha x + B(\alpha)\sin\alpha x]d\alpha,\quad -\infty < x < \infty \qquad (5)$$

단, $A(\alpha) = \frac{1}{\pi}\int_{-\infty}^{\infty} f(t)\cos\alpha t\,dt$, $B(\alpha) = \frac{1}{\pi}\int_{-\infty}^{\infty} f(t)\sin\alpha t\,dt$

($a_n = \frac{1}{\pi}\sum_{n=1}^{\infty} f(t)\cos nt$는 $A(\alpha)$와 $b_n = \frac{1}{\pi}\sum_{n=1}^{\infty} f(t)\sin nt$는 $B(\alpha)$와 유사함)

정리 1

만일 $f(x)$가 유한구간 내에서 구분적으로 연속이고, 모든 점에서 좌우측 도함수를 가지며 절대적분가능($\int_{-\infty}^{\infty}|f(t)|dt$가 수렴)하면, $f(x)$는 Fourier 적분 (5)로 표시할 수 있다.
함수 $f(x)$가 불연속인 점에서의 Fourier 적분값은 그 점에서의 $f(x)$의 우측극한값과 좌측극한값의 평균과 같다.
즉,

$$\frac{1}{\pi}\int_0^{\infty}\int_{-\infty}^{\infty} f(t)\cos\alpha(t-x)dt\,d\alpha = \frac{f(x)+(f(x-)}{2}$$

예제 1 다음 함수의 Fourier 적분을 구하라.

$$f(x) = \begin{cases} 1 & (|x|<1) \\ 0 & (|x|>1) \end{cases}$$

(풀이) $A(\alpha) = \frac{1}{\pi}\int_{-\infty}^{\infty} f(t)\cos\alpha t\,dt = \frac{1}{\pi}\int_{-1}^{1}\cos\alpha t\,dt = \left[\frac{\sin\alpha t}{\pi\alpha}\right]_{-1}^{1} = 2\frac{\sin\alpha}{\pi\alpha}$,

$B(\alpha) = \frac{1}{\pi}\int_{-\infty}^{\infty} f(t)\sin\alpha t\,dt = \frac{1}{\pi}\int_{-1}^{1}\sin\alpha t\,dt = 0$

(5)식으로부터

$$f(x) = \frac{2}{\pi}\int_0^{\infty}\frac{\cos\alpha x\sin\alpha}{\alpha}d\alpha \tag{6}$$

$x=1$에서 $f(x)$의 값은 $f(x)$의 좌우측 극한의 평균이므로

$$\frac{f(1-0)+f(1+0)}{2} = \frac{1+0}{2} = \frac{1}{2}$$

식 (6)과 정리1로부터

$$\int_0^{\infty}\frac{\cos\alpha x\sin\alpha}{\alpha}d\alpha = \begin{cases} \pi/2 & (0 \le x < 1) \\ \pi/4 & (x=1) \\ 0 & (x>1) \end{cases} \tag{7}$$

이 적분을 **Dirichet의 불연속인자**라고 한다.

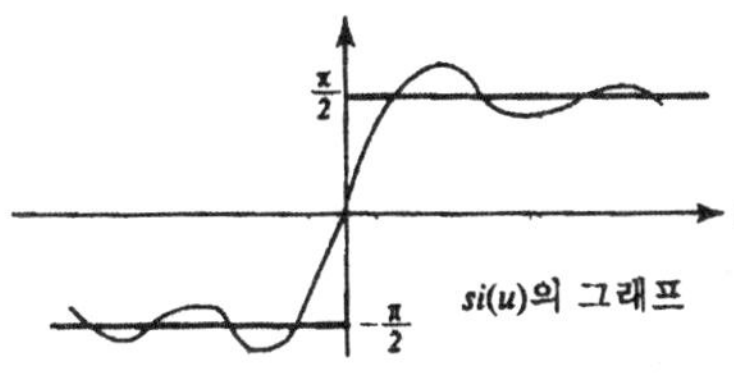

si(u)의 그래프

(7)에서 $x=0$이라면, 다음 적분을 얻는다.

$$\int_0^\infty \frac{\sin\alpha}{\alpha}\,d\alpha = \frac{\pi}{2}$$

※ $\int_0^u \frac{\sin\alpha}{\alpha}\,d\alpha$를 **사인적분**이라 한다.

❷ Fourier 사인적분, 코사인적분

$f(x)$가 우함수이면, 식 (5)에서 $B(\alpha)=0$이고,

$$A(\alpha) = \frac{2}{\pi}\int_0^\infty f(t)\cos\alpha t\,dt$$

이므로, $f(x)$는 다음과 같다.

$$f(x) = \int_0^\infty A(\alpha)\cos\alpha x\,d\alpha \tag{8}$$

이 적분을 $f(x)$의 Fourier **코사인적분**이라 한다.

$f(x)$가 기함수이면, 식 (5)에서 $A(\alpha)=0$이고,

$$B(\alpha) = \frac{2}{\pi}\int_0^\infty f(t)\sin\alpha t\,dt$$

이므로, $f(x)$는 다음과 같다.

$$f(x) = \int_0^\infty B(\alpha)\sin\alpha x\,d\alpha \tag{9}$$

이 적분을 $f(x)$의 Fourier **사인적분**이라 한다.

정리 1 Fourier 사인, 코사인적분의 수렴 정리

$f(t)$가 양의 x축 상에서 PWS(piecewise smooth)이고, 모든 $x>0$에서 AI(절대 적분가능)이면, $f(x)$는 Fourier 사인적분, Fourier 코사인적분으로 나타내지고, 적분 (8), (9)는

$$\frac{f(x+)+f(x-)}{2}$$

에 수렴한다.

예제 2 다음 함수의 Fourier 적분을 구하고, $x=-\pi$에서의 적분값을 구하라.

$$f(x)=\begin{cases}0 & (-\infty<x<-\pi)\\ -1 & (-\pi<x<0)\\ 1 & (0<x<\pi)\\ 0 & (\pi<x<\infty)\end{cases}$$

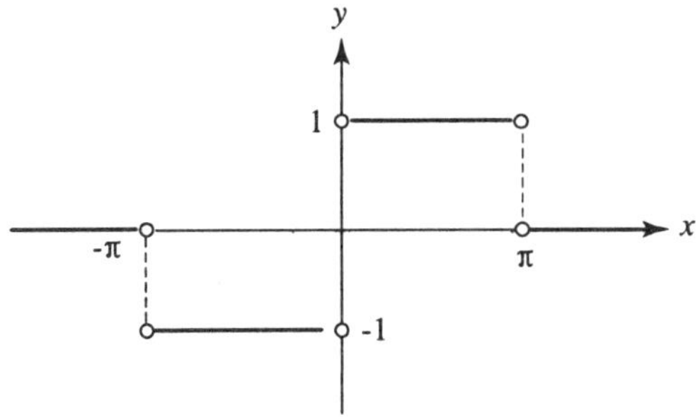

(풀이) $f(x)$는 기함수이고, AI이고, PWS이므로, $A(\alpha)=0$

$$f(x)\sim\int_0^\infty B(\alpha)\sin\alpha x\,d\alpha$$

$$B(\alpha)=\frac{2}{\pi}\int_0^\infty f(t)\sin\alpha t\,dt=\frac{2}{\pi}\int_0^\pi 1\cdot\sin\alpha t\,dt+\frac{2}{\pi}\int_\pi^\infty 0\cdot\sin\alpha t\,dt$$

$$=\frac{2}{\pi}\left[-\frac{\cos\alpha t}{\alpha}\right]_0^\pi=\frac{2}{\pi\alpha}(1-\cos\alpha\pi)$$

$$\therefore f(x)\sim\frac{2}{\pi}\int_0^\infty\left(\frac{1-\cos\alpha\pi}{\alpha}\right)\sin\alpha x\,d\alpha$$

수렴정리에 의하여 이 함수는 $x=-\pi$에서 $-\frac{1}{2}$에 수렴한다.

$$\frac{1}{2}[f(-\pi+)+f(-\pi-)]=\frac{1}{2}(0-1)=-\frac{1}{2}$$

예제 3 다음 함수의 Fourier cosine 적분과 sine 적분을 구하라.

$f(x)=e^{-kx}\quad(x>0,\ k>0)$

(풀이) (i) Fourier 코사인적분

$$A(\alpha)=\frac{2}{\pi}\int_0^\infty e^{-kt}\cos\alpha t\,dt=\frac{2}{\pi}\left[-\frac{k}{k^2+\alpha^2}e^{-kt}\left(-\frac{\alpha}{k}\sin\alpha t+\cos\alpha t\right)\right]_0^\infty$$

$$=\frac{2k/\pi}{k^2+\alpha^2}$$

$$\therefore f(x)=e^{-kx}=\frac{2k}{\pi}\int_0^\infty\frac{\cos\alpha x}{k^2+\alpha^2}d\alpha$$

이 식에서

$$\int_0^\infty\frac{\cos\alpha x}{k^2+\alpha^2}d\alpha=\frac{\pi}{2k}e^{-kx}\qquad(10)$$

(ii) Fourier 사인적분

$$B(\alpha)=\frac{2}{\pi}\int_0^\infty e^{-kt}\sin\alpha t\,dt=\frac{2}{\pi}\left[-\frac{e^{-kt}}{k^2+\alpha^2}(\alpha\cos\alpha t+k\sin\alpha t)\right]_0^\infty$$

$$=\frac{2\alpha/\pi}{k^2+\alpha^2}$$

$$\therefore f(x)=e^{-kx}=\frac{k}{\pi}\int_0^\infty \frac{\sin\alpha x}{k^2+\alpha^2}\,d\alpha$$

이 식에서

$$\int_0^\infty \frac{\sin\alpha x}{k^2+\alpha^2}\,d\alpha=\frac{\pi}{2}e^{-kx} \tag{11}$$

식 (10)과 (11)의 적분을 **Laplace 적분**이라 한다.

| 참 고 |

$$\int e^{-kt}\sin\alpha t\,dt=\frac{1}{D}e^{-kt}\sin\alpha t=e^{-kt}\frac{1}{D-k}\sin\alpha t=e^{-kt}\frac{D+k}{D^2-k^2}\sin\alpha t$$

$$=e^{-kt}\frac{D+k}{-\alpha^2-k^2}\sin\alpha t=-\frac{e^{-kt}}{\alpha^2+k^2}[\alpha\cos\alpha t+k\sin\alpha t]$$

예제 4 다음 적분방정식을 풀어라

$$\int_0^\infty f(x)\cos\alpha x\,dx=\begin{cases}1-\alpha & (0\le\alpha\le 1)\\ 0 & (\alpha>1)\end{cases}$$

(풀이) $c(\alpha)=\frac{2}{\pi}\int_0^\infty f(x)\cos\alpha x\,dx$라면, $c(\alpha)=\begin{cases}\frac{2}{\alpha}(1-\alpha) & (0\le\alpha<1)\\ 0 & (\alpha>1)\end{cases}$

이므로

$$f(x)=\int_0^\infty c(\alpha)\cos\alpha x\,d\alpha=\frac{2}{\pi}\int_0^\infty(1-\alpha)\cos\alpha x\,d\alpha$$

$$=\frac{2(1-\cos x)}{\pi x^2}$$

연습문제 7.3

1. 함수 $f(x)=\begin{cases}0 & (x<0)\\ x & (0<x<1)\\ 0 & (x>1)\end{cases}$ 에 대하여 다음에 답하라.

(1) $f(x)$의 Fourier 적분표시를 구하라.

(2) $x=1$에서 적분은 수렴하느냐?

2. $f(x)=\begin{cases}1 & (0<x<2)\\ 0 & (x<0,\ x>2)\end{cases}$ 일 때, 다음을 밝혀라.

(1) $f(x)\sim\dfrac{1}{\pi}\displaystyle\int_0^{\pi}\frac{\sin[\alpha(2-x)]+\sin\alpha x}{\alpha}\,d\alpha$

(2) $\displaystyle\int_0^{\infty}\frac{\sin\alpha}{\alpha}\,d\alpha=\frac{\pi}{2}$

3. (1) $f(x)=e^{-x},\ 0<x<\infty$의 Fourier cosine 적분을 구하라.

(2) $f(x)=e^{-x},\ 0<x<\infty$의 Fourier sine 적분을 구하라.

(3) $f(x)=\begin{cases}e^{-x} & (x>0)\\ 0 & (x<0)\end{cases}$ 의 Fourier 적분을 구하라.

해답

1. (1) $f(x)$의 Fourier 적분표시는

$$f(x)\sim\int_0^{\infty}[A(\alpha)\cos\alpha x+B(\alpha)\sin\alpha x]d\alpha$$

이고, $A(\alpha)=\dfrac{1}{\pi}\displaystyle\int_{-\infty}^{\infty}f(t)\cos\alpha t\,dt$

$$=\frac{1}{\pi}\int_{-\infty}^{0}0\cdot\cos\alpha t\,dt+\frac{1}{\pi}\int_0^1 t\cos\alpha t\,dt+\frac{1}{\pi}\int_1^{\infty}0\cdot\cos\alpha t\,dt$$

$$=\frac{1}{\pi}\left[\frac{1}{\alpha^2}\cos\alpha t+\frac{1}{\alpha}\sin\alpha t\right]_0^1=\frac{1}{\pi}\left(\frac{\cos\alpha+\alpha\sin\alpha-1}{\alpha^2}\right)$$

$$B(\alpha)=\frac{1}{\pi}\int_{-\infty}^{\infty}f(t)\sin\alpha t\,dt=\frac{1}{\pi}\int_0^1 t\sin\alpha t\,dt$$

$$=\frac{1}{\pi}\left[\frac{1}{\alpha^2}\sin\alpha t-\frac{t}{\alpha}\cos\alpha t\right]_0^1=\frac{1}{\pi}\left(\frac{\sin\alpha-\alpha\cos\alpha}{\alpha^2}\right)$$

$$\therefore f(x) \sim \frac{1}{\pi}\int_0^{\infty}\left(\frac{\cos\alpha+\alpha\sin\alpha-1}{\alpha^2}\cos\alpha x+\frac{\sin\alpha-\alpha\cos\alpha}{\alpha^2}\sin\alpha x\right)d\alpha$$

$$=\frac{1}{\pi}\int_0^{\infty}\frac{\cos\alpha(1-x)+\alpha\sin\alpha(1-x)-\cos\alpha x}{\alpha^2}\,d\alpha$$

(2) $x=1$에서 이 적분은 함수 $f'(x)$에 수렴하지 않는다. 사실 이 함수 $f(x)$는 $x=1$에서 정의되지 않는다. $x=1$에서 $\frac{f(1+0)+f(1-0)}{2}=\frac{0+1}{2}=\frac{1}{2}$에 수렴한다.

2. (1) $A(\alpha)=\frac{1}{\pi}\int_{-\infty}^{\infty}f(t)\cos\alpha t\,dt=\frac{1}{\pi}\int_0^2 1\cos\alpha t\,dt=\frac{1}{\pi}\left[\frac{\sin\alpha t}{\alpha}\right]_0^2=\frac{\sin 2\alpha}{\pi\alpha}$

$B(\alpha)=\frac{1}{\pi}\int_0^2 1\sin\alpha t\,dt=\frac{1}{\pi}\left[-\frac{\cos\alpha t}{\alpha}\right]_0^2=\frac{1}{\pi\alpha}(1-\cos 2\alpha)$

$$\therefore f(x)=\frac{1}{\pi}\int_0^{\infty}\left(\frac{\sin 2\alpha}{\alpha}\cos\alpha x-\frac{\cos 2\alpha-1}{\alpha}\sin\alpha x\right)d\alpha$$

$$=\frac{1}{\pi}\int_0^{\infty}\frac{1}{\alpha}\{\sin\alpha(2-x)+\sin\alpha x\}d\alpha$$

(2) $x=1$이면 $f(x)=\frac{1}{\pi}\int_0^{\infty}\frac{1}{\alpha}(\sin\alpha+\sin\alpha)d\alpha=\frac{2}{\pi}\int_0^{\infty}\frac{\sin\alpha}{\alpha}\,d\alpha=1$

$\therefore \int_0^{\infty}\frac{\sin\alpha}{\alpha}\,d\alpha=\frac{\pi}{2}$

3. (1) $A(\alpha)=\frac{2}{\pi}\int_0^{\infty}e^{-t}\cos\alpha t\,dt=\frac{2}{\pi}\left[-\frac{1}{1+\alpha^2}e^{-t}(-\alpha\sin\alpha t+\cos\alpha t)\right]_0^{\infty}=\frac{2/\pi}{1+\alpha^2}$

$\therefore f(x)=e^{-x}=\frac{2}{\pi}\int_0^{\infty}\frac{\cos\alpha}{1+\alpha^2}\,d\alpha$

(2) $B(\alpha)=\frac{2}{\pi}\int_0^{\infty}e^{-t}\sin\alpha t\,dt=\frac{2}{\pi}\left(\frac{1}{1+\alpha^2}\right)$

$\therefore f(x)=e^{-x}=\frac{2}{\pi}\int_0^{\infty}\frac{\sin\alpha}{1+\alpha^2}\,d\alpha$

(3) $A(\alpha)=\frac{1}{\pi}\int_0^{\infty}e^{-t}\cos\alpha t\,dt=\frac{1}{\pi}\left(\frac{1}{1+\alpha^2}\right)$

$B(\alpha)=\frac{1}{\pi}\int_0^{\infty}e^{-t}\sin\alpha t\,dt=\frac{1}{\pi}\left(\frac{\alpha}{1+\alpha^2}\right)$

이므로

$$f(x)\sim\int_0^{\infty}\frac{1}{\pi}\left(\frac{\cos\alpha x}{1+\alpha^2}+\frac{\alpha\sin\alpha x}{1+\alpha^2}\right)d\alpha=\frac{1}{\pi}\int_0^{\infty}\frac{\cos\alpha x+\alpha\sin\alpha x}{1+\alpha^2}\,d\alpha$$

7.4 Fourier 변환

1 Fourier 사인변환과 코사인변환

$f(x)$가 우함수일 때, Fourier 코사인 적분은

$$f(x) = \int_0^\infty A(\alpha)\cos \alpha x \alpha, \quad A(\alpha) = \frac{2}{\pi}\int_0^\infty f(t)\cos \alpha t\, dt$$

$A(\alpha)$와 유사한 함수

$$F_c(\alpha) = \int_0^\infty f(t)\cos \alpha t\, dt \quad (\alpha > 0) \tag{1}$$

를 정의하면

$$A(\alpha) = \frac{2}{\pi} F_c(\alpha)$$

이므로

$$f(x) = \frac{2}{\pi}\int_0^\infty F_c(\alpha)\cos \alpha x\, d\alpha \quad (x > 0) \tag{2}$$

$F_c(\alpha)$를 $f(x)$의 Fourier **코사인 변환**이라 하고, $F_c(\alpha)$를 써서 $f(x)$를 구하는 경우, $f(x)$를 $F_c(\alpha)$의 Fourier **코사인 역변환**이라 한다.

$f(x)$가 기함수일 때, $f(x)$의 Fourier 사인적분은 다음과 같다.

$$f(x) = \int_0^\infty B(\alpha)\sin \alpha x\, d\alpha, \quad B(\alpha) = \frac{2}{\pi}\int_0^\infty f(t)\sin \alpha t\, dt$$

$f(x)$의 사인변환 $F_s(\alpha)$를 다음과 같이 정의한다.

$$F_s(\alpha) = \int_0^\infty f(t)\sin \alpha t\, dt \quad (\alpha > 0) \tag{3}$$

그러면

$$B(\alpha) = \frac{2}{\pi} F_s(\alpha)$$

이므로

$$f(x) = \frac{2}{\pi}\int_0^\infty F_s(\alpha)\sin\alpha x\,d\alpha \quad (x>0) \tag{4}$$

$F_s(\alpha)$를 $f(x)$의 Fourier **사인변환**이라 한다.

$F_s(\alpha)$를 써서 $f(x)$를 구하는 경우, $f(x)$를 $F_s(\alpha)$의 Fourier **사인 역변환**이라 한다.

예제 ① 다음 적분방정식을 풀어라.

$$\int_0^\infty f(x)\cos\alpha x\,dx = \begin{cases} 1 & (0<\alpha<\pi) \\ 0 & (\pi<\alpha<\infty) \end{cases}$$

(풀이) $f(x)$의 Fourier 코사인 변환

$$F_c(\alpha) = \int_0^\infty f(x)\cos\alpha x\,dx$$

이라면

$$f(x) = \frac{2}{\pi}\int_0^\infty F_c(\alpha)\cos\alpha x\,d\alpha = \frac{2}{\pi}\int_0^\pi 1\cdot\cos\alpha x\,d\alpha$$
$$= \frac{2}{\pi}\left[\frac{1}{x}\sin\alpha x\right]_0^\pi = \frac{2}{\pi x}\sin\pi x$$

예제 ② $f(x) = \begin{cases} 1 & (0<x<L) \\ 0 & (L<x<\infty) \\ 1/2 & (x=L) \end{cases}$ 일 때, 다음을 밝혀라.

$$f(x) = \frac{2}{\pi}\int_0^\infty \frac{1-\cos\alpha}{\alpha}\sin\alpha x\,d\alpha \quad (0<x<\infty)$$

(풀이) $F_s(\alpha) = \int_0^\infty f(x)\sin\alpha x\,dx$

$$= \int_0^L 1\cdot\sin\alpha x\,dx$$
$$= \left[\frac{-1}{\alpha}\cos\alpha x\right]_0^L = \frac{1}{\alpha}(1-\cos\alpha L)$$
$$\therefore f(x) = \frac{2}{\pi}\int_0^\infty F_s(\alpha)\sin\alpha x\,d\alpha = \frac{2}{\pi}\int_0^\infty \frac{1-\cos\alpha L}{\alpha}\sin\alpha x\,d\alpha$$

$f(x)$의 코사인 변환을 $c_\alpha\{f\}$로, 사인변환을 $S_\alpha\{f\}$로 나타 내기도 한다. $f(x)$의 코사인 변환이나, 사인변환이 주어질 때, $f(x)$를 구하는데 (2), (4)식을 이용한다.

예제1은 $f(x)$의 코사인 변환이 주어지고, $f(x)$를 구하는 문제이고, 예제2은 $f(x)$의 사인변환이 주어지고, $f(x)$를 구하는 문제이다.

예제 3 다음 함수의 Fourier 코사인 변환과 사인변환을 구하라.

$$f(x) = \begin{cases} k & (0 < x < a) \\ 0 & (x > a) \end{cases}$$

(풀이) 정의식 (1), (3)에 대입하면

$$F_c(\alpha) = k\int_0^a \cos\alpha x\, dx = k\left(\frac{\sin a\alpha}{\omega}\right)$$

$$F_s(\alpha) = k\int_0^a \sin\alpha x\, dx = k\left(\frac{1-\cos a}{\omega}\right)$$

2 도함수의 코사인 변환과 사인변환

정리 1

$f(x)$가 x축 상에서 연속이고, 절대 적분가능하며, $f'(x)$가 모든 유한구간에서 구분적으로 연속이고, $x \to \infty$일 때 $f(x) \to 0$이라면 다음 관계가 성립한다.

$$f_c(f') = \alpha F_s(f) - f(0) \tag{5}$$

$$F_s(f') = -\alpha F_c(f) \tag{6}$$

(증명) (1) $F_c(f') = \int_0^\infty f'(x)\cos\alpha x\, dx \ [=\mathcal{F}_s{}'(\alpha)]$

$$= [f(x)\cos\alpha x]_0^\infty + \alpha\int_0^\infty f(x)\sin\alpha x\, dx$$

$$= -f(0) - \alpha F_s(f) \ [t \to \infty\text{일 때 } f(t) \to 0]$$

(2) $F_s(f') = \int_0^\infty f'(x)\sin\alpha x\, dx \ [=\mathcal{F}_c{}'(\alpha)]$

$$= [f(x)\sin\alpha x]_0^\infty - \alpha\int_0^\infty f(x)\cos\alpha x\, dx$$

$$= 0 - \alpha F_c(f)$$

정리1을 써서 $f''(x)$의 Fourier 코사인 변환, 사인변환을 구해보자. $x \to \infty$일 때, $f(x) \to 0$, $f'(x) \to 0$이라 하자. (5)식에서 f 대신 f', f' 대신 f''을 대입하면

$$F_c(f'') = \int_0^\infty f''(x)\cos\alpha x\, dx$$

$$= [f'(x)\cos\alpha x]_0^\infty + \alpha\int_0^\infty f'(x)\sin\alpha x\, dx$$

$$= f'(0) + \alpha(-\alpha F_c(f)) = -f'(0) - \alpha^2 F_c(f)$$

$$F_s(f'') = \int_0^\infty f''(x)\sin\alpha x\,dx$$
$$= [f'(x)\sin\alpha x]_0^\infty - \alpha\int_0^\infty f'(x)\cos\alpha x\,dx$$
$$= 0 - \alpha(-f(0) + \alpha F_s(f))$$
$$= \alpha f(0) - \alpha^2 F_s(f)$$

예제 4 (1) $f(x) = e^{-ax}\ (a>0)$의 Fourier 코사인 및 사인변환을 구하라.

(2) $f(x) = e^{-ax}\ (a>0)$에 대하여 $f'(x)$, $f''(x)$의 Fourier 코사인 및 사인변환을 구하라.

(풀이) (1) $F_c(f) = \int_0^\infty f(x)\cos\alpha x\,dx = \int_0^\infty e^{-ax}\cos\alpha x\,dx$

$$= \left[-\frac{e^{-ax}}{\alpha^2+a^2}(-\alpha\sin\alpha x + a\cos\alpha x)\right]_0^\infty$$
$$= \frac{a}{\alpha^2+a^2}$$

$F_s(f) = \int_0^\infty f(x)\sin\alpha x\,dx = \int_0^\infty e^{-ax}\sin\alpha x\,dx$

$$= \left[-\frac{e^{-ax}}{\alpha^2+a^2}(-a\cos\alpha x - \alpha\sin\alpha x)\right]_0^\infty$$
$$= \frac{\alpha}{\alpha^2+a^2}$$

(2) $f = e^{-ax}$, $f' = -ae^{-ax}$, $f'(0) = -a$, $f'' = a^2e^{-ax}$, $f''(0) = a^2$

$$F_c(f') = -1 + \alpha\frac{\alpha}{\alpha^2+a^2} = \frac{-\alpha^2-a^2+\alpha^2}{\alpha^2+a^2} = \frac{-a^2}{\alpha^2+a^2}$$
$$F_s(f') = -\alpha F_c(f) = -\frac{a\alpha}{\alpha^2+a^2}$$
$$F_c(f'') = -(-a) - \alpha^2\frac{a}{\alpha^2+a^2} = a + \frac{a^3}{\alpha^2+a^2}$$
$$F_s(f'') = \alpha(1) - \alpha^2\left(\frac{\alpha}{\alpha^2+a^2}\right) = \alpha\left(1 - \frac{\alpha^2}{\alpha^2+a^2}\right) = \frac{\alpha a^2}{\alpha^2+a^2}$$

3 지수 Fourier 적분

$f(x)$에 대한 Fourier 적분표시는

$$f(x) = \frac{1}{\pi}\int_0^\infty\int_{-\infty}^\infty f(t)\cos\alpha(t-x)\,dt\,d\alpha \tag{1}$$

Euler 공식

$$\cos\alpha(t-x)=\frac{1}{2}(e^{i\alpha(t-x)}+e^{-i\alpha(t-x)}) \tag{2}$$

을 (1)식에 대입하면

$$f(x)=\frac{1}{\pi}\int_0^\infty\int_{-\infty}^\infty f(t)\frac{e^{i\alpha(t-x)}+e^{-i\alpha(t-x)}}{2}dt\,d\alpha$$

$$=\frac{1}{2\pi}\int_0^\infty\int_{-\infty}^\infty f(t)e^{j\alpha(t-x)}dt\,d\alpha+\frac{1}{2\pi}\int_0^\infty\int_{-\infty}^\infty f(t)e^{-j\alpha(t-x)}dt\,d\alpha \tag{3}$$

우변의 둘째 적분에서 α를 $-\alpha$로 바꾸면

$$f(x)=\frac{1}{2\pi}\int_0^\infty\int_{-\infty}^\infty f(x)\exp[i\alpha(t-x)]dt\,d\alpha$$

$$+\frac{1}{2\pi}\int_0^\infty\int_{-\infty}^\infty f(t)\exp[i\alpha(t-x)]dt(-d\alpha)$$

$$=\frac{1}{2\pi}\int_0^\infty\int_{-\infty}^\infty f(t)\exp[i\alpha(t-x)]dt\,d\alpha$$

$$+\frac{1}{2\pi}\int_{-\infty}^0\int_{-\infty}^\infty f(t)\exp[i\alpha(t-x)]dt\,d\alpha$$

$$=\frac{1}{2\pi}\int_{-\infty}^\infty\int_{-\infty}^\infty f(t)\exp[i\alpha(t-x)]dt\,d\alpha \tag{4}$$

(4)식은 다음과 같다.

$$f(x)=\frac{1}{2\pi}\int_{-\infty}^\infty\int_{-\infty}^\infty f(t)\exp(i\alpha t)\exp(-i\alpha t)dt\,d\alpha \tag{5}$$

(5)식을 다음과 같이 나타내기도 한다.

$$f(x)\sim\int_{-\infty}^\infty c(\alpha)\exp(-i\alpha x)d\alpha,\quad -\infty<x<\infty \tag{6}$$

단, $c(\alpha)=\frac{1}{\pi}\int_{-\infty}^\infty f(t)\exp(i\alpha t)dt$

❹ Fourier 지수변환과 그 역변환

(5)식은 다음과 같이 쓸 수 있다.

$$f(x)=\frac{1}{2\pi}\int_{-\infty}^\infty\left[\int_{-\infty}^\infty f(t)e^{-i\alpha t}dt\right]e^{i\alpha x}d\alpha \tag{7}$$

괄호안의 식은 α의 함수이다. 이를 $\mathcal{F}(\alpha)$로 표시하여(t를 x로)

$$\mathcal{F}(\alpha) = \int_{-\infty}^{\infty} f(t) e^{-i\alpha x} dt \tag{8}$$

이것을 $f(x)$의 Fourier **지수변환**이라 한다.

이 (8)식을 써서 (7)식을 나타내면

$$f(x) = \frac{1}{2\pi} \int_{-\infty}^{\infty} \mathcal{F}(\alpha) e^{i\alpha x} d\alpha \tag{9}$$

이것을 $\mathcal{F}(\alpha)$의 Fourier **지수역변환**(inverse Fourier exponetial transferm)이라 한다. 지수변환 $\mathcal{F}(\alpha)$를 $E_\alpha(f)$ 또는 $\hat{f}_e(\alpha)$로 나타내기도 한다.

예제 5 $f(x) = \begin{cases} k & (0 < x < a) \\ 0 & (\text{그밖에서}) \end{cases}$ 의 Fourier 지수변환을 구하라.

(풀이) $\mathcal{F}(\alpha) = \int_0^a k e^{-i\alpha x} dx = k\left(\frac{e^{-\alpha a} - 1}{-i\alpha}\right) = \frac{k(1 - e^{-i\alpha a})}{i\alpha}$

Fourier 지수변환이 존재할 충분조건은, $f(x)$가 모든 유한구간에서 PWC이고, 절대적분가능(AI)한 것이다.

정리 1

Fourier 지수변환이 존재하는 함수 f, g에 대하여 다음이 성립한다. 단, a, b는 상수이다.(Fourier 지수변환의 선형성)

$$\mathcal{F}(af + bg) = a\mathcal{F}(f) + b\mathcal{F}(g) \tag{10}$$

(증명) $\mathcal{F}(af + bg) = \int_{-\infty}^{\infty} [af(x) + bg(x)] e^{-i\alpha x} dx$

$$= a\int_{-\infty}^{\infty} f(x) e^{-i\alpha x} dx + b\int_{-\infty}^{\infty} g(x) e^{-i\alpha x} dx$$

$$= a\mathcal{F}(f) + b\mathcal{F}(g)$$

정리 1

$f(x)$가 x축 위에서 연속이고, $|x| \to \infty$일 때, $f(x) \to 0$이며, $f'(x)$가 x축 위에서 절대 적분가능하면 다음이 성립한다.

$$\mathcal{F}\{f'(x)\} = i\alpha\mathcal{F}\{f(x)\} \tag{11}$$

(증명) Fourier 지수 변환의 정의로부터

$$\begin{aligned}\mathcal{F}\{f'(x)\} &= \int_{-\infty}^{\infty} f'(x)e^{-i\alpha x}dx \\ &= [f(t)e^{-i\alpha x}]_{-\infty}^{\infty} - (-i\alpha)\int_{-\infty}^{\infty} f(x)e^{-i\alpha x}dx \\ &= 0 + i\alpha\mathcal{F}\{f(x)\}\end{aligned}$$

마찬가지로 $f''(x)$가 AI이고, $|x| \to \infty$일 때 $f'(x) \to 0$, $f(x) \to 0$이면

$$\begin{aligned}\mathcal{F}\{f''(x)\} &= \int_{-\infty}^{\infty} f''(x)e^{-i\alpha x}dx \\ &= [f'(t)e^{-i\alpha x}]_{-\infty}^{\infty} - (-i\alpha)\int_{-\infty}^{\infty} f'(x)e^{-i\alpha x}dx \\ &= i\alpha\{i\alpha\mathcal{F}(f)\} = -\alpha^2\mathcal{F}(f)\end{aligned}$$

예제 6 $f(x) = xe^{-x^2}$의 Fourier 지수 변환을 구하라.

(풀이) $\mathcal{F}(xe^{-x^2}) = \mathcal{F}\left\{-\frac{1}{2}(e^{-x^2})'\right\} = -\frac{1}{2}\mathcal{F}\{(e^{-x^2})'\}$

$= -\frac{1}{2}\{i\alpha\mathcal{F}(e^{-x^2})\} = -\frac{i\alpha}{2}\mathcal{F}(e^{-x^2})$

그런데 $\mathcal{F}(e^{-x^2}) = \frac{1}{\sqrt{2}}e^{-\frac{1}{4}\alpha^2}$이므로 (정의식으로 계산)

$$\mathcal{F}(xe^{-x^2}) = -\frac{i\alpha}{2\sqrt{2}}e^{-\alpha^2/4}$$

> **참 고**
>
> $f(x) = \frac{1}{2\pi}\int_{-\infty}^{\infty}\left[\int_{-\infty}^{\infty} f(t)e^{-iat}\right]e^{-iat}d\alpha$ (복소 Fourier 적분)에서
>
> $\mathcal{F}(\alpha) = \frac{1}{\sqrt{2\pi}}\int_{-\infty}^{\infty} f(t)e^{-iat}dt$ 라면, $f(x) = \frac{1}{\sqrt{2\pi}}\int_{-\infty}^{\infty}\mathcal{F}(\alpha)e^{-i\alpha x}dd$이고, $\mathcal{F}(\alpha)$를 $f(x)$의 Fourier 변환이라고 정의하기도 한다.

5 합성곱의 Fourier 지수변환

함수 $f(x)$와 $g(x)$의 **합성곱**(convolution)은

$$f*g = \int_{-\infty}^{\infty} f(t)g(x-t)dt$$

로 정의된다. $f*g$의 Fourier 지수변환을 구한다.

$$\mathcal{F}(f*g) = \int_{-\infty}^{\infty}\int_{-\infty}^{\infty} f(t)g(x-t)e^{-i\alpha x}dt\,dx$$

$$= \int_{-\infty}^{\infty}\int_{-\infty}^{\infty} f(t)g(x-t)e^{-i\alpha x}dx\,dt$$
$$= \int_{-\infty}^{\infty} f(t)\left[\int_{-\infty}^{\infty} g(x-t)e^{-i\alpha(x-t)}dx\right]e^{-i\alpha t}dt$$

내부의 적분에서 $u=x-t$이라면 $dx=du$이므로

$$\mathcal{F}(f*g) = \int_{-\infty}^{\infty} f(t)\left[\int_{-\infty}^{\infty} g(u)e^{-i\alpha u}du\right]e^{-i\alpha t}dt$$
$$= \int_{-\infty}^{\infty} f(t)e^{-i\alpha t}dt\int_{-\infty}^{\infty} g(u)e^{-i\alpha u}du = \mathcal{F}(f)\mathcal{F}(g)$$

$$\mathcal{F}(f*g) = \mathcal{F}(t)\cdot\mathcal{F}(g) \tag{10}$$

예제 7 $f*g=g*f$임을 밝혀라.

(풀이) $f*g=\int_{-\infty}^{\infty} f(u)g(x-u)du$에서 $x-u=v$라면, $u=x-v$, $du=-dv$, $u=\infty$이면, $v=-\infty$, $u=-\infty$이면 $v=\infty$이므로

$$f*g = \int_{-\infty}^{\infty} f(u)g(x-u)du = \int_{\infty}^{-\infty} f(x-v)g(v)(-dv)$$
$$= \int_{-\infty}^{\infty} g(v)f(x-v)dv = g*f$$

예제 8 $\mathcal{F}\{f(x-x)\} = e^{iac}\mathcal{F}\{f(x)\}$임을 밝혀라.

(풀이) $\mathcal{F}\{f(x-c)\} = \int_{-\infty}^{\infty} f(x-c)e^{-i\alpha x}dx$

$t=x-c$이라면 $x=t+c$이므로

$$\mathcal{F}\{f(x-c)\} = \int_{-\infty}^{\infty} f(t)e^{-i\alpha(t+c)}dt = e^{-i\alpha c}\int_{-\infty}^{\infty} f(t)e^{-i\alpha t}dt = e^{-i\alpha c}\mathcal{F}\{f(x)\}$$

예제 9 다음 적분방정식의 해를 구하라. 단, f, g, h의 Fourier 변환이 존재한다.

$$f(x) = g(x) + \int_{-\infty}^{\infty} f(t)h(x-t)dt$$

(풀이) f, g, h의 Fourier 지수변환을 F, G, H이라 하고, 준 방정식의 양변에 Fourier 지수변환을 취하면

$$F=G+F\cdot H,\ F(1-H)=G \quad \therefore F=\frac{G}{1-H}$$

F의 역변환을 취하여 $f(x) = \dfrac{1}{2\pi}\displaystyle\int_{-\infty}^{\infty}\frac{G}{1-H}e^{-i\alpha x}d\alpha$

연습문제 7.4

1. 다음 적분방정식을 풀어라.

(1) $\int_0^\infty f(x)\cos\alpha x\,dx = \begin{cases} 1-\alpha & (0 \le \alpha \le 1) \\ 0 & (\alpha > 1) \end{cases}$

(2) $\int_0^\infty f(x)\sin\alpha x\,dx = \begin{cases} 1-\alpha & (0 \le \alpha \le 1) \\ 0 & (\alpha > 1) \end{cases}$

2. $\int_0^\infty \frac{\sin^2 u}{u^2}\,du = \frac{\pi}{2}$ 임을 밝혀라. (문제1을 이용하라)

3. $f(x) = \begin{cases} e^{-x} & (x \ge 0) \\ e^{x} & (x < 0) \end{cases}$ 의 Fourier cosine 변환을 구하라.

4. 문제 3의 결과를 써서 다음 등식을 밝혀라.

$$\int_0^\infty \frac{\cos\alpha x}{\alpha^2+1}\,d\alpha = \frac{\pi}{2}e^{-x} \ (x \ge 0)$$

5. 다음 적분방정식을 풀어라.

$$\int_0^\infty f(x)\sin\alpha x\,dx = \begin{cases} 1 & (0 \le x < 1) \\ 2 & (1 \le \alpha < 2) \\ 0 & (\alpha \ge 2) \end{cases}$$

6. 다음 함수의 Fourier 지수변환 $\mathcal{F}(\alpha)$를 구하라.

$$f(x) = \begin{cases} 1 & (|x| < a) \\ 0 & (|x| > a) \end{cases}$$

해답

1. (1) $\mathcal{F}_c(\alpha) = \int_0^\infty f(t)\cos\alpha t\,dt = \begin{cases} (1-\alpha) & (0 \le \alpha \le 1) \\ 0 & (\alpha > 1) \end{cases}$ [$f(t)$ 의 코사인변환]

$$\therefore f(x) = \frac{2}{\pi}\int_0^\infty \mathcal{F}_c(\alpha)\cos\alpha x\,d\alpha = \frac{2}{\pi}\int_0^1 (1-\alpha)\cos\alpha x\,d\alpha = \frac{2(1-\cos x)}{\pi x^2}$$

(2) $F_s(f) = \frac{2}{\pi}\int_0^\infty f(x)\sin\alpha x\,dx = \begin{cases} 1-\alpha & (0 \le \alpha \le 1) \\ 0 & (\alpha > 1) \end{cases}$

$$f(x) = \frac{2}{\pi}\int_0^{\infty} F_s(f)\sin\alpha x\, d\alpha = \frac{2}{\pi}\int_0^1 (1-\alpha)\sin\alpha x\, d\alpha = \frac{2(x-\sin x)}{\pi x^2}$$

2. 위 문제를 이용한다.

$$\mathcal{F}_c(\alpha) = \int_0^{\infty}\frac{1-\cos x}{x^2}\cos\alpha x\, dx = \begin{cases} 1-\alpha & (0 \le \alpha \le 1) \\ 0 & (\alpha > 1) \end{cases}$$

여기서 $\alpha \to +0$일 때, $\int_0^{\infty}\frac{1-\cos x}{x^2}dx = 1$이므로,

$$\therefore \int_0^{\infty}\frac{2\sin^2\frac{x}{2}}{x^2}dx = \int_0^{\infty}\frac{1-\cos x}{x^2}dx = 1\text{에서 } \int_0^{\infty}\frac{\sin^2 u}{u^2}du = 1$$

3. $F_c(\alpha) = \frac{2}{\pi}\int_0^{\infty} e^{-t}\cos\alpha t\, dt = \frac{1}{1+\alpha^2}$

4. $e^{-x} = \frac{2}{\pi}\int_0^{\infty} F_c(\alpha)\cos\alpha x\, d\alpha = \frac{2}{\pi}\int_0^{\infty}\frac{\cos\alpha x}{1+\alpha^2}d\alpha$

$$\therefore \int_0^{\infty}\frac{\cos\alpha x}{1+\alpha^2}d\alpha = \frac{\pi}{2}e^{-x} \ (x \ge 0)$$

5. $f(x) = \frac{2}{\pi}\int_0^{\infty} F_s(\alpha)\sin\alpha x\, d\alpha = \frac{2}{\pi}\left[\int_0^1 \sin\alpha x\, d\alpha + \int_1^2 2\sin\alpha x\, d\alpha\right]$

$$= \frac{2}{\pi}(1 + \cos x - 2\cos 2x)$$

6. $\mathcal{F}(\alpha) = \int_{-\infty}^{\infty} f(t)e^{-i\alpha t}dt = \int_{-a}^{a}(1)e^{-i\alpha t}dt = \left[\frac{e^{-i\alpha t}}{-i\alpha}\right]_{-a}^{a}$

$$= \frac{e^{i\alpha a} - e^{-i\alpha a}}{i\alpha} = \frac{2\sin\alpha}{\alpha} \quad (\alpha \neq 0)$$

$a = 0$이면, $\mathcal{F}(\alpha) = 2a$

Chapter 8 편미분방정식

8.1 간단한 편미분방정식

1 편미분방정식과 그의 해

편도함수를 포함하는 방정식을 **편미분방정식**(partial differential equation)이라 하고, 준 편미분방정식을 만족하는 독립변수와 종속변수 사이의 함수관계를 **해**(solution)이라 한다.

편미분방정식에서 종속변수 및 편도함수의 차수가 1차이고, 그들의 계수가 독립변수만의 함수 또는 상수인 것을 **선형편미분방정식**이라 하고, 최고계 편도함수의 계수로 그 편미분방정식의 **계수**로 정한다.

보기 1

$x\dfrac{\partial y}{\partial x}+y\dfrac{\partial u}{\partial y}=u$는 1계 선형편미분방정식이고,

$\dfrac{\partial^2 u}{\partial x^2}+3\dfrac{\partial^2 u}{\partial x\partial y}+2\dfrac{\partial^2 u}{\partial y^2}=x+y$는 2계 선형편미분방정식이다.

보기 2

다음 편미분방정식의 해를 구해보자.

(1) $\dfrac{\partial^2 u}{\partial x^2}=0$ (2) $\dfrac{\partial^2 u}{\partial x\partial y}=1$

(1) $\dfrac{\partial u}{\partial x^2}=\dfrac{\partial}{\partial x}\left(\dfrac{\partial u}{\partial x}\right)=0$

$\dfrac{\partial u}{\partial x}$를 x로 편미분할 때 $\dfrac{\partial u}{\partial x}$에 포함된 y만의 함수 $f(y)$는 0이 되어, 없어진다.

따라서

$$\frac{\partial u}{\partial x} = f(y)$$

다시 $\frac{\partial u}{\partial x}$를 x로 편미분할 때, y만의 함수 $g(y)$는 0이 되어 없어지므로

$$u = xf(y) + g(y) \qquad (f, g\text{는 } y\text{만의 임의 함수})$$

(2) $\frac{\partial}{\partial x}\left(\frac{\partial u}{\partial y}\right) = 1$에서 $\frac{\partial u}{\partial y} = x + f(y)$

$$\therefore u = xy + \int f(y)dy + g(x) = xy + F(y) + g(x)$$

단, F는 y만의, g는 x만의 임의 함수

예제 ① $\frac{\partial u}{\partial x} - u = 0$을 풀어라.

(풀이) $u = e^{\lambda x + \mu y}$이라면, $\frac{\partial u}{\partial x} = \lambda e^{\lambda x + \mu y}$이므로

$\frac{\partial u}{\partial x} - u = e^{\lambda x + \mu y}(\lambda - 1) = 0 \quad \therefore \lambda = 1$, μ는 임의 상수이므로, $u = e^{x + \mu y}$

$\therefore u = e^x \cdot e^{\mu y} = e^x A(y) \quad A(y) = e^{\mu y}$는 y의 임의 함수

예제 ② $\frac{\partial u}{\partial y} - u = 0$을 풀어라.

(풀이) 상수계수의 선현편미분방정식(우변=0)에서 $u = e^{\lambda x + \mu y}$ 꼴을 시도한다.

$\frac{\partial u}{\partial y} = \mu e^{\lambda x + \mu y}$ 이므로, $\frac{\partial u}{\partial y} - u = e^{\lambda x + \mu y}(\mu - 1) = 0$

$e^{\lambda x + \mu y} \neq 0$이므로, $\mu = 1$

$\therefore u = e^y e^{\lambda x} = e^y B(x)$, $e^{\lambda x} = B(x)$는 x의 임의 함수

예제 ③ $\frac{\partial^2 u}{\partial x^2} - u = 0$을 풀어라.

(풀이) $u = e^{\lambda x + \mu y}$이라면, $\frac{\partial^2 u}{\partial x^2} = \lambda^2 e^{\lambda x + \mu y}$이므로

$$\frac{\partial^2 u}{\partial x^2} - u = \lambda^2 e^{\lambda x + \mu y} - e^{\lambda x + \mu y} = (\lambda^2 - 1)e^{\lambda x + \mu y} = 0$$

$\therefore \lambda^2 - 1 = 0 \quad \therefore \lambda = \pm 1$ (μ는 미정)

$\lambda = 1$일 때 : $u = e^{x + \mu y} = A(y)e^x \quad (e^{\mu y} = A(y))$

$\lambda = -1$일 때 : $u = e^{-x + \mu y} = B(y)e^{-x} \quad (e^{\mu y} = B(y))$

$\therefore u = A(y)e^x + B(y)e^{-x}$

단, $A(y)$, $B(y)$는 각각 y의 임의의 함수

예제 4 $\dfrac{\partial^2 u}{\partial y^2} = e^y$ 단, $u_y(x, 0) = x^3$, $u(x, 0) = e^x$ 의 해를 구하여라.

(풀이) $u_y = \int e^y dy + f(x) = e^y + f(x)$, $u_y(x, 0) = 1 + f(x) = x^3$

$\therefore u_y = e^y + x^3 - 1 \ \therefore u = e^y + yx^3 - y + g(x)$

$u(x, 0) = 1 + g(x) = e^x$, $g(x) = e^x - 1 \quad \therefore u = e^y + yx^3 - y + e^x - 1$

예제 5 $\dfrac{\partial^2 u}{\partial x \partial y} + \dfrac{\partial u}{\partial x} = 0$을 풀어라.

(풀이) $\dfrac{\partial u}{\partial x} = v$이라면, 준 방정식은

$$\frac{\partial v}{\partial y} + v = 0$$

$v = e^{\lambda x + \mu y}$이라면

$$\frac{\partial v}{\partial y} + v = (\mu + 1)e^{\lambda x + \mu y} = 0 \quad \therefore \mu = -1 \quad \therefore v = e^{\lambda x - y} = f(x)e^{-y}$$

$$v = \frac{\partial u}{\partial x} = f(x)e^{-y} \quad \therefore u = e^{-y}\int f(x)dx + B(y) = F(x)e^{-y} + B(y)$$

단, $F(x)$는 x의 임의 함수, $B(y)$는 y의 임의 함수이다.

② 간단한 여러 가지 편미분방정식

[1] $Au_{xx} + Bu_{xy} + Cu_{yy} = 0$의 해법 ($A, B, C$는 상수)

$u = f(y + mx)$이라면

$$u_{xx} = m^2 f''(y + mx), \quad u_{xy} = mf''(y + mx), \quad u_{yy} = f''(y + mx)$$

이므로 준 방정식은

$$Au_{xx} + Bu_{xy} + Cu_{yy} = (Am^2 + Bm + C)f''(y + mx) = 0$$

$f''(y + mx) \neq 0$이므로, m을 결정하는 특성방정식은

$$Am^2 + Bm + C = 0 \qquad (1)$$

이 2차방정식의 두 근을 m_1, m_2 $(m_1 \neq m_2)$이라면 구하는 일반해는

$$u = f(y + m_1 x) + g(y + m_2 x)$$

편미분방정식의 일반해는 계수만큼의 임의 함수(definite function)를 포함하는 해이다.

(1)의 두 근 m_1, m_2가 같은 경우, (1)의 중근은 $m = -\dfrac{B}{2A}$ 이므로, 구하는 일

반해는 $u=f(y+m_1x)+yg(y+m_1x)$ 또는 $u=f(y+m_1x)+xg(y+m_1x)$

예제 6 $u_{xx}+4u_{xy}+4u_{yy}=0$의 일반해를 구하라.

(풀이) 특성방정식 $m^2+4m+4=(m+2)^2=0$에서 $m=-2$(중근)이므로, 구하는 일반해는

$$u=f(y-2x)+xg(y-2x) \text{ 또는 } u=f(y-2x)+yg(y-2x)$$

예제 7 $u_{xx}+4u_{yy}=0$의 일반해를 구하라.

(풀이) 특성방정식 $m^2+4=0$에서 $m=\pm 2i$ 이므로, 구하는 일반해는

$$u=f(y-2ix)+g(y+2ix)$$

[2] $Au_{xx}+Bu_{xy}+Cu_{yy}+Du_x+Eu_y+Fu=0$의 해법

(A, B, C, D, E, F는 상수)

$$u=e^{\alpha x+\beta y} \text{ (} \alpha, \beta \text{는 실상수)}$$

이라면, $u_{xx}=\alpha^2e^{\alpha x+\beta y}=\alpha^2u$, $u_{xy}=\alpha\beta e^{\alpha x+\beta y}=\alpha\beta u$, $u_{yy}=\beta^2e^{\alpha x+\beta y}=\beta^2u$, $u_x=\alpha e^{\alpha x+\beta y}=\alpha u$, $u_y=\beta e^{\alpha x+\beta y}=\beta u$이므로, 준 PDE에서

$$A\alpha^2+B\alpha\beta+C\beta^2+D\alpha+E\beta+F=0 \tag{3}$$

(3)에서 β를 α의 함수로 구하여

$$\beta=\beta_1(\alpha), \quad \beta_2(\alpha)$$

이라면, $u_1=e^{\alpha x+\beta_1(\alpha)y}$, $u_2=e^{\alpha x+\beta_2(\alpha)y}$는 해이므로, 구하는 (2)의 특수해는

$$u=k_1e^{\alpha x+\beta_1(\alpha)y}+k_2e^{\alpha x+\beta_2(x)}$$

예제 8 $u_{xx}-u_{yy}-2u_x+u=0$의 해를 구하라.

(풀이) $u=e^{\alpha x+\beta y}$를 대입하면, 결정방정식

$\alpha^2-\beta^2-2\alpha+1=0$, $\beta^2=(\alpha-1)^2$ 에서 $\beta=\pm(\alpha-1)$

$\beta_1=\alpha-1$, $\beta_2=-\alpha+1$ 이므로, 구하는 해는

$$u=k_1e^{\alpha x+(\alpha-1)y}+k_2e^{\alpha x+(-\alpha+1)y}=k_1e^{-y}e^{\alpha(x+y)}+k_2e^ye^{\alpha(x-y)}$$

일반해는 $u=e^{-y}f(x+y)+e^yg(x-y)$ (4)

단, $f(x+y)$는 $x+y$의 임의함수, $g(x-y)$는 $(x-y)$의 임의 함수이다.

편미분방정식에는 다음 3종의 해가 있다.

1) **일반해** … 계수만큼의 임의 함수를 포함하는 해

2) **완전해** … 임의 상수를 포함하는 해

3) **특이해** … 1), 2)의 어느 것에도 포함 안 되는 해(꼭 존재하는 것은 아니다)

편미분방정식이 한 변수에 관한 편도함수만을 포함하는 경우는 상미분방정식과 거의 같은 방법으로 풀 수 있다. 이 경우 상미분방정식의 임의 상수는 남은 변수의 임의 함수로 된다.

예제 9 다음 편미분방정식을 풀어라.

$$u_{yy}-4u_y+3u=0$$

(풀이) 종속변수 u는 x와 y의 함수이다. 준 PDE에는 한 변수 y만의 도함수만을 포함하고 있어서 u를 y만의 함수로 보면, 준 PDE는 상미분방정식

$$\frac{d^2u}{dy^2}-4\frac{du}{dy}+3u=0$$

가 되고, 일반해는

$$u=c_1e^{3y}+c_2e^y$$

이다. 임의 상수 c_1, c_2를 남은 변수 x만의 임의 함수로 바꾸면, 준편미분방정식의 일반해

$$u=e^{3y}f(x)+e^yg(x)$$

를 얻는다.

(별해) $u=e^{\alpha x+\beta y}$이라면

$$u_{yy}-4u_y+3u=e^{\alpha x+\beta y}[\beta^2-4\beta+3]=0$$

$\beta=1, 3$이므로 구하는 일반해는 $u=e^{\alpha x+3y}+e^{3\alpha x+y}=f(x)e^{3y}+g(x)e^y$

예제 10 다음 편미붕방정식을 풀어라.

$$xu_{xy}+2u_y=y^2$$

(풀이) 준 PDE는

$$\frac{\partial}{\partial y}[xu_x+2u]=y^2$$

이고, y에 관하여 적분하여

$$xu_x+2u=\frac{1}{3}y^3+f(x) \text{ 또는 } u_x+\frac{2}{x}u=\frac{y^3}{3x}+f\frac{(x)}{x}$$

적분인자 $e^{\int \frac{2}{x}dx} = x^2$을 양변에 곱하여

$$\frac{\partial}{\partial x}(x^2 u) = \frac{x}{3}y^3 + xf(x)$$

x에 관하여 적분하면

$$x^2 u = \frac{1}{6}x^2 y^3 + f_1(x) + G(y) \text{ 또는 } u = \frac{1}{6}y^3 + F(x) + \frac{1}{x^2}G(y)$$

[3] 변수분리형

편미분방정식의 해가 단일 독립변수의 함수의 곱으로 나티내지는 경우를 살펴보자.

보기 3

변수분리법으로 다음 PDE를 풀어보자. 단, u는 x와 t의 함수이다.

$$u_t = 4u_{xx} \tag{1}$$

이 PDE가 $u(x, t) = X(x)T(t)$ 꼴의 해를 갖는다면

$$XT' = 4X''T$$

양변을 $4XT$로 나누면

$$\frac{T'}{4T} = \frac{X''}{X} \tag{2}$$

양변을 t에 관하여 편미분하면

$$\frac{\partial}{\partial t}\left(\frac{T'}{4T}\right) = \frac{\partial}{\partial t}\left(\frac{X''}{X}\right) = 0$$

이므로

$$\frac{T'}{4T} = \frac{X''}{X} = \text{상수}$$

이다. 이 상수를 α^2 또는 $-\alpha^2$이라 하자.

(i) $\dfrac{T'}{4T} = \dfrac{X''}{X} = \alpha^2$일 때

$T' - 4\alpha^2 T = 0$, $X'' - \alpha^2 X = 0$를 풀어서

$$T = Ae^{4\alpha^2 t}, \quad X = B_1 e^{\alpha x} + B_2 e^{-\alpha x}$$

따라서 구하는 해

$$u(x, t) = e^{4\alpha^2 t}(c_1 e^{\alpha x} + c_2 e^{-\alpha x})$$

(ii) $\dfrac{T'}{4T} = \dfrac{X''}{X} = -\alpha^2$일 때

이 경우는 $T' + 4\alpha^2 T = 0$, $X'' + \alpha^2 X = 0$에서

$$T = ce^{-4\alpha^2 t}, \quad X = D_1\cos\alpha x + D_2\sin\alpha x$$

따라서 이 경우의 일반 해는

$$u(x,\ t) = e^{-4\alpha^2 t}\,(k_1\cos\alpha x + k_2\sin\alpha x)$$

예제 11 $u_t = a^2(u_{xx} + u_{yy})$의 해 $u(x,\ y,\ t) = T(t)X(x)Y(y)$를 구하라. 단, X, Y는 주기함수이다.

(풀이) 주어진 PDE는

$$T'XY = a^2(TXY''Y + TXY'')]$$

양변을 a^2TXY로 나누면

$$\frac{T'}{a^2T} = \frac{X''}{X} + \frac{Y''}{Y} \tag{1}$$

(1) 식을 차례로 x, y, t에 관하여 편미분하면, 다음 방정식을 얻는다.

$$\frac{\partial}{\partial x}\left(\frac{X''}{X}\right) = 0, \quad \frac{\partial}{\partial y}\left(\frac{Y''}{Y}\right) = 0, \quad \frac{\partial}{\partial t}\left(\frac{T'}{a^2T}\right) = 0$$

에서 $\dfrac{X''}{X}$ = 상수(1), $\dfrac{Y''}{Y}$ = 상수(2)이라면, $\dfrac{T''}{a^2T}$ = 상수(1) + 상수(2)이다.

이들 PDE의 해는 X, Y가 주기함수이므로

$$\frac{X''}{X} = -\alpha^2, \quad \frac{Y''}{Y} = -\beta^2, \quad \frac{T'}{a^2T} = -(\alpha^2 + \beta^2)$$

또는 $X'' + \alpha^2X = 0$, $Y'' + \beta^2Y = 0$, $T' + (\alpha^2 + \beta^2)a^2T = 0$

이들 해는

$$X = B_1\cos\alpha x + B_2\sin\alpha x$$
$$Y = C_1\cos\beta y + C_2\sin\beta y$$
$$T = A\exp[-(\alpha^2 + \beta^2)a^2t]$$

구하는 해는

$$u = \exp[-(\alpha^2 + \beta^2)a^2t][B_1\cos\alpha x + B_2\sin\alpha x][C_1\cos\beta y + C_2\sin\beta y]$$

연습문제 8.1

1. 다음 편미분방정식을 풀어라.

(1) $u_{xy} = xy^2$ (2) $u_{yy} = e^x + y$

2. 다음 편미분방정식을 풀어라.

(1) $u_{yx} = x^2y, \quad u_y(0, y) = y^2, \quad u(x, 1) = \cos x$

(2) $u_{xy} = x^2y, \quad u(x, 0) = x^2, \ u(1, y) = \cos y$

3. 다음 경계값 문제를 변수분리형으로 풀어라.

$u_x = 4u_y, \quad u(0, y) = 8e^{-3y}$

4. 다음 편미분방정식의 일반해를 구하여라.

(1) $u_{xx} - 2u_{xy} + u_{yy} - 2u_y + 2u_x + u = 0$

(2) $u_{xx} + u_{yy} - 2u_y + u = 0$

(3) $u_{xx} + u_{yy} + 4u = 0$

(4) $u_{yy} - 4u_y + 3u = 0$

해답

1. (1) $u_x = \dfrac{xy^3}{3} + f'(x), \quad u = \dfrac{x^2y^3}{6} + f(x) + g(y)$

(2) $u_y = ye^x + \dfrac{1}{2}y^2 + f(x) \quad \therefore u = \dfrac{1}{2}y^2e^x + \dfrac{1}{6}y^3 + yf(x) + g(x)$

2. (1) $u_x = \dfrac{1}{2}x^2y + f'(x), \quad u = \dfrac{1}{6}x^3y + f(x) + g(y)$

$u(0, y) = f(0) + g(y) = y^2$에서 $g(y) = y^2 - f(0), \quad g(1) = 1 - f(0)$

$u(x, 1) = \dfrac{1}{6}x^3 + f(x) + g(1) = \dfrac{1}{6}x^3 + f(x) + 1 - f(0) = \cos x$

$\therefore f(x) = \cos - \dfrac{1}{6}x^3 - 1 + f(0)$

$\therefore u = \dfrac{1}{6}x^2y + \cos x - \dfrac{1}{6}x^3 - 1 + f(0) + y^2 - f(0) = \dfrac{1}{6}x^3y + \cos x - \dfrac{1}{6}x^3 - 1 + y^2$

(2) $u_y = \frac{1}{3}x^3y + g'(y)$, $u = \frac{1}{6}xy^2 + g(y) + f(x)$

$u(x, 0) = g(0) + f(x) = x^2$에서 $g(0) = 0$, $f(x) = x^2$이므로

$u(x, y) = \frac{1}{6}x^3y^2 + g(y) + x^2$, $u(1, y) = \frac{1}{6}y^2 + g(y) + 1 = e^y$이므로

$g(y) = e^y - \frac{1}{6}y^2 - 1$ $\therefore u = \frac{1}{6}x^3y^2 + e^y - \frac{1}{6}y^2 - 1 + x^2$

3. $u = XY$이라면 $u_x = X'Y$, $u_y = XY'$이므로, $X'Y = 4XY'$ 또는

$\frac{X'}{4X} = \frac{Y'}{Y} = c$에서 $X' - 4cX = 0$, $Y' = cY$이므로 $X = Ae^{4cx}$, $Y = Be^{cy}$

$\therefore u(x, y) = XY = ABe^{4cx+cy} = ke^{c(4x+y)}$

$u(0, y) = ke^{cy} = 8e^{-3y}$에서 $k = 8$, $c = -3$ $\therefore u(x, y) = 8e^{-3(4x+y)} = 8e^{-12x-3y}$

4. (1) $u = e^{\alpha x + \beta y}$이라면 특성방정식은

$\alpha^2 - 2\alpha\beta + \beta^2 - 2\beta + 2\alpha + 1 = (\beta - \alpha - 1)^2 = 0$(중근)에서 $\beta = \alpha + 1$

$\therefore u = k_1e^{\alpha x + (\alpha+1)y} + k_2xe^{\alpha x + (\alpha+1)y} = e^y[k_1e^{\alpha(x+y)} + k_2xe^{\alpha(x+y)}]$

일반해는 : $u = e^y[f(x+y) + xg(x+y)]$ 이다.

(2) $u = e^{\alpha x + \beta y}$, 특성방정식 : $\alpha^2 + \beta^2 - 2\beta + 1 = (\alpha - \beta)^2 + 1 = 0$ $\therefore \beta = 1 \pm i\alpha$

$\therefore u = e^y[e^{\alpha(x+iy)} + e^{\alpha(x-iy)}]$, 일반해는 $u = e^y[f(x+iy) + g(x-iy)]$

(3) 특성방정식 : $\alpha^2 + \beta^2 + 4 = 0$에서 $\beta = \pm i\sqrt{\alpha^2+4}$

$u = e^{\alpha x}[k_1e^{i\sqrt{\alpha^2+4}y} + k_2e^{-i\sqrt{\alpha^2+4}y}]$ 또는 $u = e^{\alpha x}[M_1\cos\sqrt{\alpha^2+4y} + M_2\sin\sqrt{\alpha^2+4y}]$

(4) 특정방정식 : $\beta^2 - 4\beta + 3 = (\beta-1)(\beta-3) = 0$에서 $\beta = 1, 3$이므로 구하는 해는

$u = e^{3y}f(x) + e^yg(x)$

8.2 선형편미분방정식

1 1계편미분방정식

정리 1

1계선형편미분방정식

$$P_p + Q_q = R \tag{1}$$

$$\left(p = \frac{\partial z}{\partial x},\quad q = \frac{\partial z}{\partial y},\quad P, Q, R\text{은 } x, y, z\text{의 함수} \right)$$

에서 다음 특성방정식을 얻는다.

$$\frac{dx}{P} = \frac{dy}{Q} = \frac{dx}{R} \tag{2}$$

여기서 얻는 2개의 독립인 해를

$$u = u(x, y, z) = a,\quad v = v(x, y, z) = b \tag{3}$$

라 할 때, (1)의 일반해는

$$\phi(u, v) = 0 \ (\phi\text{는 임의 함수})$$

이다

(증명) (2)의 해 u, v의 임의의 함수

$$\phi(u, v) = 0$$

를, z를 종속변수로 보고, x와 y에 관하여 편미분하면

$$\frac{\partial \phi}{\partial u}\left(\frac{\partial u}{\partial x} + p\frac{\partial u}{\partial z}\right) + \frac{\partial \phi}{\partial v}\left(\frac{\partial v}{\partial x} + p\frac{\partial v}{\partial z}\right) = 0$$

$$\frac{\partial \phi}{\partial u}\left(\frac{\partial u}{\partial y} + q\frac{\partial u}{\partial z}\right) + \frac{\partial \phi}{\partial v}\left(\frac{\partial v}{\partial y} + q\frac{\partial v}{\partial z}\right) = 0$$

이 두 식에서 $\frac{\partial \phi}{\partial u}, \frac{\partial \phi}{\partial v}$를 소거하면

$$\begin{vmatrix} \frac{\partial u}{\partial x} + p\frac{\partial u}{\partial z} & \frac{\partial v}{\partial x} + p\frac{\partial v}{\partial z} \\ \frac{\partial u}{\partial y} + q\frac{\partial u}{\partial z} & \frac{\partial v}{\partial y} + q\frac{\partial v}{\partial z} \end{vmatrix} = 0$$

이 행렬식을 전개하면

$$\frac{\partial u}{\partial x}\frac{\partial v}{\partial y}-\frac{\partial u}{\partial y}\frac{\partial v}{\partial x}+p\left(\frac{\partial u}{\partial z}\frac{\partial v}{\partial y}-\frac{\partial u}{\partial y}\frac{\partial v}{\partial z}\right)+q\left(\frac{\partial u}{\partial x}\frac{\partial v}{\partial z}-\frac{\partial u}{\partial z}\frac{\partial v}{\partial x}\right)=0$$

Jacobian 기호를 써서 나타내면

$$p\frac{\partial(u, v)}{\partial(y, z)}+q\frac{\partial(u, v)}{\partial(z, x)}=\frac{\partial(u, v)}{\partial(x, y)} \qquad (4)$$

한편 $u(x, y, z)=a$, $v(x, y, z)=b$의 전미분에서

$$\frac{\partial u}{\partial x}dx+\frac{\partial u}{\partial y}dy+\frac{\partial u}{\partial z}dz=0$$

$$\frac{\partial v}{\partial x}dx+\frac{\partial v}{\partial y}dy+\frac{\partial v}{\partial z}dz=0$$

여기서 dx, dy, dz의 비를 구하면

$$dx:dy:dz=\begin{vmatrix}\frac{\partial u}{\partial y} & \frac{\partial u}{\partial z}\\ \frac{\partial v}{\partial y} & \frac{\partial v}{\partial z}\end{vmatrix}:\begin{vmatrix}\frac{\partial u}{\partial z} & \frac{\partial u}{\partial x}\\ \frac{\partial v}{\partial z} & \frac{\partial v}{\partial x}\end{vmatrix}:\begin{vmatrix}\frac{\partial u}{\partial x} & \frac{\partial u}{\partial y}\\ \frac{\partial v}{\partial x} & \frac{\partial v}{\partial y}\end{vmatrix}$$

$$=\frac{\partial(u, v)}{\partial(y, z)}:\frac{\partial(u, v)}{\partial(z, x)}:\frac{\partial(u, v)}{\partial(x, y)}$$

$$=P:Q:R$$

따라서 (4)식은 (1)식 $P_p+Q_q=R$이 된다.

그러므로 (2)식에 의하여 구해지는 독립이 두해 $u=a$, $v=b$를 써서 얻는 함수관계 $\phi(u, v)=0$은 (1)의 일반해이다.

예제 1 $px+qy=3z$의 일반해를 구하여라.

(풀이) 특성방정식은

$$\frac{dx}{x}=\frac{dy}{y}=\frac{dz}{3z}$$

$$\frac{dx}{x}=\frac{dz}{3z} \text{에서 } u=\frac{z}{x^3}=a$$

$$\frac{dx}{x}=\frac{dy}{y} \text{에서 } v=\frac{y}{x}=b$$

구하는 일반해는

$$\phi(u, v)=\phi\left(\frac{z}{x^3}, \frac{y}{x}\right)=0 \text{ 또는 } \frac{z}{x^3}=f\left(\frac{y}{x}\right) \text{ 또는 } z=x^3f\left(\frac{y}{x}\right)$$

한편 $\frac{dy}{y}=\frac{dz}{3z}$에서 $\frac{z}{y^3}=c$이므로 구하는 일반해는

$\phi(z/x^3, z/y^3)=0$ 또는 $\phi(z/y^3, y/x)=0$도 된다.

예제 2 $\dfrac{\partial z}{\partial x} + \dfrac{\partial z}{\partial y} = 0$을 풀어라.

(풀이) 특성방정식 $\dfrac{dx}{1} = \dfrac{dy}{1}$, $dz = 0$에서 $x-y=a$, $z=c$이므로
구하는 일반해는 $z=f(x-y)$ 또는 $\phi(z, x-y)=0$

(별해) $z=e^{\lambda x+\mu y}$라면 $\dfrac{\partial z}{\partial x} + \dfrac{\partial z}{\partial y} = (\lambda+\mu)e^{\lambda x+\mu y} = 0$, $\lambda+\mu=0$, $\mu=-\lambda$

$$z = e^{\lambda x+\mu y} = e^{\lambda(x-y)}$$

이고, $e^{\lambda(x-y)}$를 $f(x-y)$로 바꾼 $z=f(x-y)$는 일반해이다.

② 1계 제차선형편미분방정식

(1) 제차편미분방정식(조화형)

$$a\frac{\partial z}{\partial x} + b\frac{\partial z}{\partial y} = 0 \quad (a, b\text{는 상수})$$

의 일반해를 구해보자.

특성방정식

$$\frac{dx}{a} = \frac{dy}{b}, \quad dz = 0$$

에서 두 개의 독립인 해

$$u = ay - bx = k_1;\ v = z = k_2$$

구하는 일반해는

$$\phi(u, v) = \phi(ay-bx, z) = 0$$

또는 $z = f(ay-bx)$ 또는 $z = g\left(y - \dfrac{b}{a}x\right)$

예제 3 다음 1계편미분방정식을 풀어라.

$$\frac{\partial z}{\partial x} - m\frac{\partial z}{\partial y} = 0$$

(풀이) 특성방정식

$\dfrac{dx}{1} = \dfrac{dy}{-m} - \dfrac{dz}{0}$에서 $y+mx=c_1$, $z=c_2$ 이므로
구하는 일반해는 $z=f(y+mx)$

상수계수의 제차선형편미분방정식의 해를 구할 때, 연산자 $\frac{\partial}{\partial x} = D_x$, $\frac{\partial}{\partial y} = D_y$를 사용하면 상미분방정식에서와 같이 쉽게 풀 수 있다.

예제1을 연산자를 써서 나타내면

$$(D_x - mD_y)z = 0$$

으로 나타내지고, 일반해는 $z = f(y + mx)$이다.

(2) 비조화형

$$\text{(a)}\ (\alpha D_x + \beta D_y + \gamma)z = 0 \tag{9}$$

꼴로 편도함수 외에 z의 항도 포함하는 PDE를 비조화형이라 한다.

PDE (9)의 특성방정식

$$\frac{dx}{\alpha} = \frac{dy}{\beta} = -\frac{dz}{\gamma z}$$

에서

$$\alpha y - \beta x = c_1,\ \ln z + \frac{\gamma}{\beta} y = \ln c_2 (\text{또는 } z = c_2 e^{-\frac{\gamma}{\beta} y})$$

이므로, 상수계수의 1계편미분방정식(9)의 해를 구할 때

$$z = e^{\lambda x + \mu y}$$

을 준방정식에 대입하여 해를 구할 수 있다.

$$D_x z = \lambda e^{\lambda x + \mu y} = \lambda z, \quad D_y = \mu z$$

이므로, 준 편미분방정식(9)는

$$(\alpha D_x + \beta D_y + \gamma)z = (\alpha\lambda + \beta\mu + \gamma)z = 0$$

$z \neq 0$이므로, $\alpha\lambda + \beta\mu + \gamma = 0$
$\beta \neq 0$이면

$$\mu = -\frac{1}{\beta}(\alpha\lambda + \gamma)$$

구하는 (9)의 해는

$$z = e^{\lambda x - \frac{1}{\beta}(\alpha\lambda + \gamma)y} = e^{-\frac{\gamma}{\beta} y} e^{\lambda(x - \frac{\alpha}{\beta} y)} = e^{-\frac{\gamma}{\beta} y} e^{-\frac{\lambda}{\beta}(\alpha y - \beta x)} \quad (\lambda\text{는 임의 상수})$$

구하는 일반해는 다음과 같다.

$$z = e^{-\frac{\gamma}{\beta} y} \phi(\alpha y - \beta x)$$

예제 4 $2\frac{\partial z}{\partial x} + 3\frac{\partial z}{\partial y} = 2z$을 풀어라.

(풀이) (i) $z = e^{\lambda x + \mu y}$이라면, 보조방정식

$2\lambda + 3\mu = 2,\quad \mu = \frac{2-2\lambda}{3}$ 에서

$$z = e^{\lambda x + \frac{2-2\lambda}{3}y} = e^{\lambda\left(x - \frac{2}{3}y\right) + \frac{2}{3}y} = e^{\frac{2}{3}y}e^{-\frac{\lambda}{3}(2y-3x)}$$

이고, 일반해는

$$z = e^{\frac{2}{3}y}\phi(2y-3x)$$

또는 $2\lambda + 3\mu = 2$에서 $\lambda = \frac{2-3\mu}{2}$ 이므로

$$z = e^{\lambda x + \mu y} = e^{\frac{2-3\mu}{2}x + \mu y} = e^x e^{\mu\left(y - \frac{3}{2}x\right)} = e^x e^{-\frac{\mu}{2}(2y-3x)}$$

이고, 일반해는 $z = e^x\phi^*(2y-3x)$ ·········①

(ii) 특성방정식 $\frac{dx}{2} = \frac{dy}{3} = \frac{dz}{2z}$를 풀면

$3x - 2y = c_1,\ \ln z - x = c_2$

또는 $\ln z - x = f(3x-2y)$

$\therefore \ln z = x + f(3x-2y)$ 또는 $z = e^x \cdot \phi(3x-2y)$·········②

여기서 $e^{f(3x-2y)} = \phi(3x-2y)$이다.

①과 ②는 동일한 해이다.

예제 5 $(y-z)\frac{\partial z}{\partial x} + (z-x)\frac{\partial z}{\partial y} = x - y$의 일반해를 구하라.

(풀이) 특성방정식 $\frac{dx}{y-z} = \frac{dy}{z-x} = \frac{dz}{x-y}$ 에서

$\frac{dx+dy+dz}{(y-z)+(z-x)+(x-y)} = \frac{dx+dy+dz}{0}$ 이므로, $dx + dy + dz = 0$

$\frac{xdx+ydy+zdz}{x(y-z)+y(z-x)+z(x-y)} = \frac{xdx+ydy+zdz}{0}$ 이므로 $xdx + ydy + zdz = 0$

적분하여 $x + y + z = c_1,\quad x^2 + y^2 + z^2 = c_2$ 이므로, 구하는 일반해는

$$f(x + y + z,\ x^2 + y^2 + z^2) = 0$$

③ 상수계수의 동차편미분방정식

$$a\frac{\partial^2 z}{\partial x^2} + b\frac{\partial^2 z}{\partial x \partial y} + c\frac{\partial^2 z}{\partial y^2} = 0 \qquad (1)$$

에서 각 편도함수를 연산자를 써서 나타내면

$$\frac{\partial^2 z}{\partial x^2} = \frac{\partial}{\partial x}\left(\frac{\partial z}{\partial x}\right) = D_x(D_x z) = D_x{}^2 z$$
$$\frac{\partial^2 z}{\partial x \partial y} = \frac{\partial}{\partial x}\left(\frac{\partial z}{\partial y}\right) = D_x(D_y z) = D_x D_y z$$
$$\frac{\partial^2 z}{\partial y^2} = \frac{\partial}{\partial y}\left(\frac{\partial z}{\partial y}\right) = D_y(D_y z) = D_y{}^2 z$$

이므로 편미분방정식(1)은

$$(aD_x{}^2 + bD_x D_y + cD_y{}^2)z = 0 \tag{2}$$

이 된다.

이 방정식의 해를 $z = \phi(y + mx) = \phi(u)$이라면

$$D_x{}^2 z = m^2 \frac{\partial \phi}{\partial u}, \quad D_x D_y z = m\frac{\partial^2 \phi}{\partial u^2}, \quad D_y{}^2 z = \frac{\partial^2 \phi}{\partial u^2}$$

이므로

$$(aD_x{}^2 + bD_x D_y + cD_y{}^2)z = (am^2 + bm + c)\frac{\partial^2 \phi}{\partial u^2} = 0$$

$\dfrac{\partial^2 \phi}{\partial u^2}$ 은 항등적으로 0은 아니므로

$$am^2 + bm + c = 0 \tag{3}$$

이 된다. 이 방정식을 준 PDE의 **보조방정식**이라 한다.

(i) (3)의 서로 다른 실근인 경우

$$m = m_1,\ m_2$$

이라면 $z = \phi_1(y + m_1 x)$와 $z = \phi_2(y + m_2 x)$는 (1)의 서로 다른 해이므로, (1)의 일반해는

$$z = \phi_1(y + m_1 x) + \phi_2(y + m_2 x)$$

(2)식을 인수분해하면

$$\begin{aligned} &a\left(D_x{}^2 + \frac{b}{a} D_x D_y + \frac{c}{a} D_y{}^2\right)z \\ &= a\{D_x{}^2 - (m_1 + m_2)D_x D_y + m_1 m_2 D_y{}^2\}z \\ &= a\{(D_x - m_1 D_y)(D_x - m_2 D_y)\}z = 0 \end{aligned} \tag{4}$$

방정식 (4)는

$$(D_x - m_1D_y)z = 0 \text{이면 } z = \phi_1(y + m_1x) \text{가 해}$$
$$(D_x - m_2D_y)z = 0 \text{이면 } z = \phi_2(y + m_2x) \text{가 해}$$

이므로, 일반해는 다음과 같다.

$$z = \phi_1(y + m_1x) + \phi_2(y + m_2x)$$

일반적으로 n계 PDE가

$$f(D_x,\ D_y)z = (D_x - m_1D_y)(D_x - m_2D_y)\cdots(D_x - m_nD_y)z = 0 \qquad (5)$$

에서 보조방정식의 근 $m_1, m_2, \cdots, m_n$이 서로 다르면 (5)의 일반해는

$$z = \phi_1(y + m_1x) + \phi_2(y + m_2x) + \cdots + \phi_n(y + m_nx)$$

예제 6 $(D_x{}^2 - D_xD_y - 6D_y{}^2)z = 0$을 풀어라.

(풀이) $(D_x + 2D_y)(D_x - 3D_y)z = 0$

보조방정식은 $m^2 - m - 6 = (m+2)(m-3) = 0$에서 $m = -2,\ 3$을 얻는다.

$m_1 = -2,\ m_2 = 3$이므로, 일반해는 $z = \phi_1(y-2x) + \phi_2(y+3x)$

(ii) 보조방정식이 중근을 갖는 경우

가령

$$(D_x - mD_y)^2z = 0 \ \cdots\cdots①$$

이라면,

$$v = (D_x - mD_y)z \ \cdots\cdots②$$

라 할 때, ①식은

$$(D_x - mD_y)v = 0 \ \cdots\cdots③$$

이되고, ③의 일반해는

$$v = \phi_1(y + mx)$$

따라서 ②식은 다음과 같이 1계편미분방정식이 된다.

$$(D_x - mD_y)z = \phi_1(y + mx)$$

이 1계 편미분방정식은 다음 특정방정식을 구하여 푼다.

$$\frac{dx}{1} = \frac{dy}{-m} = \frac{dz}{\phi_1(y+mx)}$$

이 특성방정식을 풀면

$$\frac{dx}{1} = \frac{dy}{-m} \text{에서 } y+mx = c_1$$

$$\frac{dx}{1} = \frac{dz}{\phi_1(c_1)} \text{에서 } \frac{z}{\phi_1(c_1)} - x = c_2$$

이고, $c_1 = y + mx$이므로

$$\frac{z}{\phi_1(y+mx)} - x = c_2$$

구하는 일반해는

$$\frac{z}{\phi_1(y+mx)} - x = \phi(y+mx)$$

또는 $z = x\phi_1(y+mx) + \phi_2(y+mx)$

참 고

(8)식 $\frac{dx}{1} = \frac{dy}{-m} = \frac{dz}{\phi_1(c)}$에서 $\frac{z}{\phi_1(c)} + \frac{y}{m} = c_2$, $y+mx = c_1$이므로, 구하는 일반해는

$$\frac{z}{\phi_1(y+mx)} + \frac{y}{m} = \phi(y+mx)$$

또는 $z = -\frac{y}{m}\phi_1(y+mx) + \phi_2(y+mx) = y\phi_1{}^*(y+mx) + \phi_2(y+mx)$ (10)

편미분방정식 (5)에서 $f(D_x, D_y)$에 인수 $(D_x - mD_y)^k$이 포함되는 경우, $(D_x - mD_y)^k z = 0$의 해는 다음과 같다.

$$\phi_1(y+mx) + x\phi_2(y+mx) + \cdots + x^{k-1}\phi_k(y+mx) \quad (6)$$

또는 $\phi_1(y+mx) + y\phi_2(y+mx) + \cdots + y^{k-1}\phi_k(y+mx)$

예제 7 $(D_x - 2D_y)^2(D_x + 3D_y)z = 0$을 풀어라.

(풀이) 보조방정식 $(m-2)^2(m+3) = 0$에서 $m = 2$(2중근), -3

$\therefore z = \phi_1(y+2x) + x\phi_2(y+2x) + \phi_3(y-3x)$

편미분방정식 $(\alpha D_x + \beta D_y + r)^2 z = 0$을 풀어보자

여기서

$$(\alpha D_x + \beta D_y + r)z = u \qquad (7)$$

라 할 때, 준 방정식은 1계편미분방정식

$$(\alpha D_x + \beta D_y + r)u = 0 \qquad (8)$$

이 된다. (8)식의 일반해는

$$\ln u = -\frac{\gamma}{\beta} y + \phi_2(\alpha y - \beta x) \quad (\beta \neq 0)$$

또는 $$u = e^{-\frac{\gamma}{\beta} y} \phi_2^*(\alpha y - \beta x)$$

이므로 편미분방정식 (17)은

$$(\alpha D_x + \beta D_y + \gamma)z = e^{-\frac{\gamma}{\beta} y} \phi_2^*(\alpha y - \beta x)$$

가 된다. 이 식에서 z을 구할 수 있다.

예제 8 $(2D_x + 3D_y + 4)^2 Z = 0$을 풀어라.

(풀이) $$(2D_x + 3D_y + 4)z = u \quad \cdots\cdots①$$

이라면 준 편미분방정식은

$$(2D_x + 3D_y + 4)u = 0 \quad \cdots\cdots②$$

특성방정식

$$\frac{dx}{2} = \frac{dy}{3} = \frac{du}{-4u}$$

에서

$$2y - 3x = c_1,\ \ln u = -\frac{4}{3} y + \ln c_2 \text{ 에서 } ue^{\frac{4}{3} y} = c_2$$

①의 일반해는

$$ue^{\frac{4}{3} y} = \phi(2y - 3x) \text{ 또는 } u = e^{-\frac{4}{3} y} \phi_1(2y - 3x)$$

이므로 ①에서 준 편미분방정식은 다음 1계 편미분방정식이 된다.

$$(2D_x + 3D_y + 4)z = e^{-\frac{4}{3} y} \phi_1(2y - 3x)$$

이것이 특성방정식은 다음과 같다.

$$\frac{dx}{2} = \frac{dy}{3} = \frac{dz}{-4z + e^{-\frac{4}{3} y} \phi_1(c)}$$

$\frac{dx}{2} = \frac{dy}{3}$ 에서 $2y-3x=c_1$, 이고, $\frac{dy}{3} = \frac{dz}{-4z+e^{-\frac{4}{3}y}\phi_1(c)}$ 에서 z을 구하면

$$-\frac{dz}{dy}+\frac{4}{3}z=\frac{1}{3}e^{-\frac{4}{3}y}\psi_1(c)$$

적분인자 $I=e^{\frac{4}{3}y}$를 양변에 곱하여

$$\left(e^{\frac{4}{3}y}z\right)'=\frac{1}{3}\phi_1(c) \text{에서 } 3z=e^{-\frac{4}{3}y}\phi_1(2y-2x)$$

따라서 구하는 일반해는

$$3z-\frac{4}{3}e^{-\frac{4}{3}y}\phi_1(2y-3x)=\phi_2(2y-3x)$$

또는 $3z=\phi_2{}^*(2y-3x)-e^{-\frac{4}{3}y}\phi_1{}^*(2y-3x)$

예제 9 다음 편미분방정식을 풀어라

$$(D_x-D_y-2)z=2x+y)$$

(풀이) 여 함수는 $z=e^{2x}g(y+x)$이다.

특수적분은 역연산자를 써서 구한다.

$$\frac{1}{D_x-D_y-2}(2x+y)=-\frac{1}{2\left(1-\frac{D_x-D_y}{2}\right)}(2x+y)$$

$$=-\frac{1}{2}\left[1+\frac{D_x-D_y}{2}+\left(\frac{D_x-D_y}{2}\right)^2+\cdots\right](2x+y)$$

$$=-\frac{1}{2}\left[1+\frac{D_x-D_y}{2}\right](2x+y)=-\frac{1}{2}\left[(2x+y)+\frac{1}{2}(2-1)\right]$$

$$=-\frac{1}{2}(2x+4)-\frac{1}{4}$$

연습문제 8.2

1. 다음 편미분방정식을 풀어라.

(1) $y\dfrac{\partial z}{\partial y} - x\dfrac{\partial z}{\partial x} = z$

(2) $2\dfrac{\partial z}{\partial x} + 3\dfrac{\partial z}{\partial y} = 1$

2. 다음 편미분방정식의 일반해를 구하라.

(1) $u_{xx} + 2u_{xy} - 3u_{yy} = 0$

(2) $u_{xx} - 2u_{xy} + u_{yy} = 0$

(3) $u_{xx} + a^2u_{yy} = 0 \ (a > 0)$

(4) $u_{xx} - 2u_{xy} + 2u_{yy} = 0$

해답

1. (1) 특성방정식 $\dfrac{dx}{x} = \dfrac{dy}{y} = \dfrac{dz}{z}$을 풀어서 $\log y = \log x + \log c_1$,

$\log z = \log y + \log c_2$에서 $\dfrac{y}{x} = c_1$, $\dfrac{z}{y} = c_2$

구하는 일반해는 $f\left(\dfrac{z}{y}, \dfrac{y}{x}\right) = 0$ 또는 $\dfrac{z}{y} = \phi\left(\dfrac{y}{x}\right)$또는 $z = y\phi\left(\dfrac{y}{x}\right)$

(2) 특성방정식 $\dfrac{dx}{2} = \dfrac{dy}{3} = \dfrac{dz}{1}$에서 $3x - 2y = c_1$, $3z - y = c_2$

구하는 일반해는 $f(3x - 2y, 3z - y) = 0$ 또는 $3z - y = \phi(3x - 2y)$

또는 $z = \dfrac{1}{3}y + \phi^*(3x - 2y)$

2. (1) 보조방정식 $m^2 + 2m - 3 = (m-1)(m+3) = 0$에서 $m = 1, -3$

구하는 일반해 $u(x, y) = \phi_1(y + x) + \phi_2(y - 3x)$

(2) 보조방정식 $m^2 - 2m + 1 = (m-1)^2 = 0$에서 $m = 1$(중근)

구하는 일반해는 $u(x, y) = x\phi_1(y + x) + \phi_2(y + x)$

또는 $u(x, y) = y\phi_1(y + x) + \phi_2(y + x)$

(3) 보조방정식 $m^2 + a^2 = 0$ 에서 $m = \pm ai \ (a > 0)$이므로, 구하는 일반해는

$u(x, y) = \phi_1(y + aix) + \phi_2(y - aix)$

(4) 보조방정식 $m^2 - 2m + 2 = 0$에서 $m = 1 \pm i$이므로, 구하는 일반해는

$u(x, y) = \phi_1(y + (1 + i)x) + \phi_2(y + (1 - i)x)$

8.3 비제차 상수계수의 편미분방정식

본절에서 다루게 될 편미분방정식은

$$f(D_x,\ D_y)z = g(x,\ y)$$

꼴이다. 이 편미분방정식의 일반해는

$$f(D_x,\ D_y)z = 0\text{의 일반해와 특수적분 } \frac{1}{f(D_x,\ D_y)}g(x,\ y)$$

의 합으로 구성된다.

본절에서는 특수적분을 구하는 방법을 알아보자.

1계 편미분방정식

$$(D_x - mD_y)z = g(x,\ y) \text{ 즉 } \frac{\partial z}{\partial x} - m\frac{\partial z}{\partial y} = g(x,\ y)$$

의 특수적분은 다음 특성방정식을 이용하여 구할 수 있다.

$$\frac{dx}{1} = \frac{dy}{-m} = \frac{dz}{g(x,\ y)}$$

$$\frac{dx}{1} = \frac{dy}{-m}\text{에서 } y + mx = c$$

$$\frac{dx}{1} = \frac{dz}{g(x,\ y)} = \frac{dz}{g(x,\ c-mx)}\text{에서 } z = \int g(x,\ c-mx)dx$$

이므로

$$z = \frac{1}{D_x - mD_y}g(x,\ y) = \int g(x,\ c-mx)dx$$

우변을 적분한 다음 c 대신 $y+mx$를 대입한 것이 구하려는 특수적분이다.

예제 1 $(D_x - 3D_y)z = ye^x$을 풀어라.

(풀이) 특성방정식 $\frac{dx}{1} = \frac{dy}{-3}$에서 $y + 3x = c$이므로 특수적분은

$$z = \frac{1}{D_x - 3D_y}ye^x = \int e^x(c-3x)dx = ce^x - 3\left[xe^x - \int e^x dx\right] = ce^x - 3xe^x + 3e^x$$

$$= e^x(y + 3x - 3x + 3) = e^x(y+3)$$

구하는 일반해는

$$z = \phi(y+3x) + e^x(y+3)$$

예제 2 $(D_x + D_y)(D_x - 3D_y)z = ye^x$를 풀어라.

(풀이) $(D_x + D_y)z = \dfrac{1}{D_x - 3D_y} ye^x = \int e^x(c-3x)dx = ce^x - 3(xe^x - e^x)$

$$= (y+3x)e^x - 3(xe^x - e^x) = e^x(y+3)$$

$$\therefore z = \frac{1}{D_x + D_y} e^x(y+3) = \int e^x(c+x+3)dx = (c+3)e^x + (xe^x - e^x)$$

$$= (y - x + 3)e^x + xe^x - e^x = e^x(y+2)$$

구하는 일반해는

$$z = \phi_1(y-x) + \phi_2(y+3x) + e^x(y+2)$$

참 고

위 예제의 특수적분은 다음과 같이 역연산자를 부분분수로 분해하여 구할 수 있다.

$$z = \frac{1}{(D_x + D_y)(D_x - 3D_y)} ye^x$$

$$= \frac{1}{4D_x}\left(\frac{1}{D_x + D_y} + \frac{3}{D_x - 3D_y}\right)ye^x$$

$$\frac{1}{D_x + D_y} ye^x = \int e^x(c+x)dx = ce^x + xe^x - e^x = e^x(c+x-1)$$

$$= e^x[(y-x) + x - 1] = e^x(y-1)$$

$$= e^x(c+x-1) = e^x[(y-x) + x - 1] = e^x(y-1)$$

$$\frac{1}{D_x - 3D_y} ye^x = \int e^x(c-3x)dx = ce^x - 3(xe^x - e^x)$$

$$= e^x(c - 3x + 3) = e^x(y + 3x - 3x + 3) = e^x(y+3)$$

$$\therefore z = \frac{1}{4D_x}[e^x(y-1) + 3e^x(y+3)] = \frac{1}{4D_x}[e^x(4y+8)]$$

$$= \frac{1}{D_x}(y+2)e^x = (y+2)e^x$$

7 특수적분을 구하는 간단한 방법

(1) $f(D_x, D_y)z = g(ax+by)$에서 $f(a, b) \neq 0$인 경우

$$D_x g(ax+by) = ag'(ax+by), \quad D_y g'(ax+by) = bg'(ax+by)$$

$$D_x^2 g(ax+by) = a^2 g''(ax+by), \quad D_y^2 g(ax+by) = b^2 g''(ax+by)$$

$$D_x D_y g(ax+by) = abg''(ax+by), \cdots$$

일반적으로 $f(D_x, D_y)$가 D_x, D_y에 관한 n차 동차식일 때

$$f(D_x, D_y)g(ax+by) = f(a, b)g^{(n)}(ax+by) \quad (1)$$

$f(a, b) \neq 0$이면

$$\frac{1}{f(D_x, D_y)} g^{(n)}(ax+by) = \frac{1}{f(a, b)} g(ax+by) \quad (2)$$

여기서 $g^{(n)} = G(ax+by)$이라면, 다음 공식을 얻는다.

$$\frac{1}{f(D_x, D_y)} G(ax+by) = \frac{1}{f(a, b)} \int\int\cdots\int G(ax+by)[d(ax+by)]^n \quad (3)$$

다음 공식을 얻는다.

이 공식을 이용한 여러 가지 경우의 특수적분을 구해보자.

(a) $f(D_x, D_y)Z = e^{ax+by}$의 특수적분

$$\frac{1}{f(D_x, D_y)} e^{ax+by} = \frac{1}{f(a, b)} e^{ax+by} \quad \text{단, } f(a, b) \neq 0 \quad (4)$$

(b) $f(D_x, D_y)z = \sin(ax+by)$의 특수적분

$$D_x^2\sin(ax+by) = -a^2\sin(ax+by)$$

$$D_xD_y\sin(ax+by) = -ab\sin(ax+by)$$

$$D_y^2\sin(ax+by) = -b^2\sin(ax+by)$$

이므로

$$f(D_x^2, D_xD_y, D_y^2)\sin(ax+by) = f(-a^2, -ab, -b^2)\sin(ax+by)$$

$f(-a^2, -ab, -b^2) \neq 0$이면

$$\frac{1}{f(D_x^2, D_xD_y, D_y^2)} \sin(ax+by) = \frac{1}{f(-a^2, -ab, -b^2)} \sin(ax+by) \quad (5)$$

(c) $f(D_x, D_y)z = \cos(ax+by)$의 특수적분

(b)와 마찬가지로 다음 공식이 유도된다.

$$\frac{1}{f(D_x^2, D_xD_y, D_y^2)} \cos(ax+by) = \frac{1}{f(-a^2, -ab, -b^2)} \cos(ax+by) \quad (6)$$

$$\text{단, } f(-a^2, -ab, -b^2) \neq 0$$

이 공식은 다음과 같이 간단히 유도된다.

$$f(D_x^2,\ D_xD_y,\ D_y^2)\cos(ax+by) = f(-a^2,\ -ab,\ -b^2)\cos(ax+by)$$

$f(-a^2,\ -ab,\ -b^2) \neq 0$이면

$$\frac{1}{f(D_x^2,\ D_xD_y,\ D_y^2)}\cos(ax+by) = \frac{1}{f(-a^2,\ -ab,\ -b^2)}\cos(ax+by)$$

예제 3 $(D_x^2-3D_xD_y+2D_y^2)z = e^{2x+3y}+\sin(x-2y)$를 풀어라.

(풀이) $(D_x-D_y)(D_x-2D_y)z=0$의 여함수는

$$z = \phi_1(y+x)+\phi_2(y+2x)$$

특수적분은

$$\begin{aligned} z &= \frac{1}{D_x^2-3D_xD_y+2D_y^2}[e^{2x+3y}+\sin(x-2y)] \\ &= \frac{1}{4-3(2)(3)+2(9)}e^{2x+3y}+\frac{1}{-1+3(1)(2)+2(-4)}\sin(x+2y) \\ &= \frac{1}{4}e^{2x+3y}-\frac{1}{3}\sin(x+2y) \end{aligned}$$

구하는 일반해는

$$z = \phi_1(y+x)+\phi_2(y+2x)+\frac{1}{4}e^{2x+3y}-\frac{1}{3}\sin(x+2y)$$

(2) $f(D_x,\ D_y)z = g(ax+by)$에서 $f(a,\ b)=0$인 경우

다음 보기의 해법과 같이 푼다.

보기 1

$(bD_x-aD_y)z = x^r g(ax+by)$를 풀어보자. $(r \neq -1)$

$$\frac{dx}{b} = \frac{dy}{-a} = \frac{dz}{x^r g(ax+by)}$$

에서 해를 구한다.

$$f(D_x,\ D_y) = bD_x - aD_y\text{이므로 } f(a,\ b) = ba-ab=0$$

인 경우이다.

$$\frac{dx}{b} = \frac{dy}{-a}\text{에서 } ax+by=c_1$$

$$\frac{dx}{b} = \frac{dz}{x^r g(c_1)}\text{에서 } bz = \frac{x^{r+1}}{r+1}x^{r+1}g(c_1) = \frac{x^{r+1}}{r+1}g(ax+by)$$

이므로

$$z = \frac{x^{r+1}}{r+1}\frac{1}{b}g(ax+by) \quad \therefore z = \frac{x^{r+1}}{r+1}g^*(ax+by)$$

$$\therefore \quad z = \frac{1}{bD_x - aD_y}x^r g(ax+by) = \frac{x^{r+1}}{r+1}g^*(ax+by)$$

이 공식을 반복하여 이용해나가면, 다음 공식을 얻는다.

$$\frac{1}{(bD_x - aD_y)^n}g(ax+by) = \frac{1}{(bD_x - aD_y)^{n-1}}xg(ax+by)$$
$$= \frac{1}{(bD_x - aD_y)^{n-2}}\frac{x^2}{2}g(ax+by) = \cdots = \frac{x^n}{n!}g(ax+by)$$

(3) $f(D_x, D_y)z = g(ax+by)$에서 $f(a, b) = 0$이나,

$f(D_x, D_y) = (bD_x - aD_y)^r h(D_x, D_y)$, $h(a, b) \neq 0$인 경우

$$f(D_x, D_y)z = (bD_x - aD_y)^r h(D_x, D_y)z = g(ax+by)$$
$$(bD_x - aD_y)^r z = \frac{1}{h(D_x, D_y)}g(ax+by)$$
$$= \frac{1}{h(a, b)}g(ax+by)$$
$$\therefore z = \frac{1}{(bD_x - aD_y)^r}\frac{1}{h(a, b)}g(ax+by) = \frac{1}{h(a, b)}\frac{x^r}{r!}g(ax+by)$$

이상에서 다음공식을 얻는다.

$$\frac{1}{(bD_x - aD_y)^r h(D_x, D_y)}g(ax+by) = \frac{1}{h(a, b)}\frac{x^r}{r!}g(ax+by)$$

단, $h(a, b) \neq 0$

예제 4 $(D_x - D_y)^2(D_x - 2D_y)z = e^{x+y}$을 풀어라.

(풀이) $(D_x - D_y)^2 z = \dfrac{1}{D_x - 2D_y}e^{x+y} = \dfrac{1}{1-2(1)}e^{x+y} = -e^{x+y}$

$$\therefore z = \frac{1}{(D_x - D_y)^2}(-e^{x+y}) = -\frac{x^2}{2!}e^{x+y}$$

(4) $f(D_x, D_y)z = R(x)$, ($R(x)$는 x와 y의 다항식)인 경우
보기를 들어서 해법을 설명한다.

보기 2

$(D_x{}^2 - D_xD_y - 6D_y{}^2)z = x + y$를 풀어보자.

구하는 특수적분은

$$z = \frac{1}{D_x{}^2 - D_xD_y - 6D_y{}^2}(x+y)$$

역연산자를 무한급수로 전개한다.

$$\frac{1}{D_x{}^2 - D_xD_y - 6D_y{}^2} = \frac{1}{D_x{}^2}\frac{1}{1 - \dfrac{D_y}{D_x} - 6\left(\dfrac{D_y}{D_x}\right)^2}$$
$$= \frac{1}{D_x{}^2}\left[1 + \frac{D_y}{D_x} + 6\left(\frac{D_y}{D_x}\right) + 7\left(\frac{D_y}{D_x}\right)^2 + \cdots\right]$$

이므로

$$z = \frac{1}{D_x{}^2}\left[1 + \frac{D_y}{D_x} + \cdots\right](x+y) = \frac{1}{D_x{}^2}[(x+y) + x] = \frac{1}{D_x^2}(2x+y)$$
$$= \frac{1}{D_x}(x^2 + xy) = \frac{1}{3}x^3 + \frac{1}{2}x^2y$$
$$(D_x{}^2 - D_xD_y - 6D_y{}^2)z = (D_x + 2D_y)(D_x - 3D_y)z = 0$$

에서 여함수는

$$z = \phi_1(y-2x) + \phi_2(y+3x)$$

구하는 일반해는

$$z = \phi_1(y-2x) + \phi_2(y+3x) + \frac{1}{3}x^3 + \frac{1}{2}x^2y$$

② 미정계수법

특수적분을 미정계수법으로 구하는 기법은 상미분방정식에서와 유사하다.

보기 3

$(D_x - 3D_y)z = x + y$의 특수적분을 미정계수법으로 구해보자.

우변이 x와 y의 1차다항식이고, 1계미분방정식이므로 특수적분의 일반꼴은 x, y에 관한 2차 다항식

$$z = Ax^2 + Bxy + Cy^2$$

이다. 상수항은 불필요하다.

$$
\begin{aligned}
(D_x-3D_y)z &= (D_x-3D_y)(Ax^2+Bxy+Cy^2)+(D_x-3D_y)(Ex+Fy)\\
&= D_x(Ax^2+Bxy+Cy^2)-3D_y(Ax^2+Bxy+Cy^2)+E-3F\\
&= 2Ax+By-3(Bx+2Cy)+E-3F\\
&= (2A-3B)x+(B-6C)y+E-3F \equiv x+y \text{ (우변)}
\end{aligned}
$$

$$
\therefore \begin{cases} 2A-3B=1 \\ B-6C=1 \\ E-3F=0 \end{cases}
$$

$A=2$이면 $B=1$, $C=0$이고, $E=3F$에서 $E=0$이면 $F=0$이므로

$$
z=\phi(y+3x)+2x^2+xy
$$

참 고

$$
z=\frac{1}{D_x-3D_y}(x+y)=\frac{1}{D_x}\frac{1}{1-3\dfrac{D_y}{D_x}}(x+y)
$$

$$
=\frac{1}{D_x}\left[1+3\left(\frac{D_y}{D_x}\right)+\left(3\frac{D_y}{D_x}\right)^2+\cdots\right](x+y)
$$

$$
=\frac{1}{D_x}\left[(x+y)+3x\right]=\frac{1}{D_x}(4x+y)=2x^2+xy
$$

상수계수는 n계 편미분방정식

$$
f(D_x,D_y)z=g(x,y)
$$

에서 $g(x,y)$가 간단한 꼴인 경우, 특수적분의 형태를 알 수 있는 경우에 미정계수법으로 특수적분을 구할 수 있다.

연습문제 8.3

1. 다음 편미분방정식의 일반해를 구하라.

(1) $u_x + 2u_y = x$

(2) $u_{xx} + u_{yy} = 10e^{2x+y}$

(3) $u_{xx} - 4u_{yy} = e^{2x+y}$

(4) $u_{xx} - u_{yy} = 12y^2$

2. 다음 편미분방정식의 일반해를 구하라.

(1) $(D_x{}^2 + D_xD_y - 2D_y{}^2)z = e^x(y+1)$

(2) $(D_x{}^2 + 2D_xD_y - 8D_y{}^2)z = 2x + 3y$

3. 다음 편미분방정식을 풀어라.

(1) $(D_x{}^2 - 2D_xD_y)z = e^{2x+y}$

(2) $(D_x{}^2 - D_xD_y - 6D_y{}^2)z = \sin(x+2y)$

(3) $(D_x{}^2 - D_xD_y - 6D_y{}^2)z = e^x\cos 2y$

해답

1. (1) 특성방정식 $\dfrac{dx}{1} = \dfrac{dy}{2} = \dfrac{du}{x}$ 에서 $2x - y = c_1$, $xdx = du$에서 $u - \dfrac{1}{2}x^2 = c_2$

따라서 일반해는 $\phi(2x-y,\ u - \frac{1}{2}x^2) = 0$ 또는 $u = \frac{1}{2}x^2 + \phi_1(2x-y)$

또는 $u = \dfrac{1}{D_x + 2D_y}x = \dfrac{1}{D_x}\left(\dfrac{1}{1+\dfrac{2D_y}{D_x}}x\right) = \dfrac{1}{D_x}\left(1 - \dfrac{2D_y}{D_x}\right)x = \dfrac{1}{D_x}(x-0) = \dfrac{1}{2}x^2$

$(D_x + 2D_y)u = 0$에서 $u = \phi(y-2x)$ $\therefore u = \phi(y-2x) + \dfrac{1}{2}x^2$

(2) $(D_x{}^2 + D_y{}^2)u = 10e^{2x+y}$, $u = \dfrac{1}{D_x{}^2 + D_y{}^2}10e^{2x+y} = 10\dfrac{1}{2^2+1^2}e^{2x+y}$

$= 2e^{2x+y}$, $(D_x{}^2 + D_y{}^2)u = 0$에서 $u = \phi_1(y+ix) + \phi_2(y-ix)$

구하는 일반해는 $u = \phi_1(y+ix) + \phi_2(y-ix) + 2e^{2x+y}$

(3) $u = \dfrac{1}{D_x{}^2 - 4D_y{}^2}e^{2x+y} = \dfrac{1}{D_x - 2D_y}\left[\dfrac{1}{D_x + 2D_y}e^{2x+y}\right] = \dfrac{1}{D_x - 2D_y}\left[\dfrac{1}{2+2(1)}e^{2x+y}\right]$

$= \dfrac{1}{4}\dfrac{1}{D_x - 2D_y}e^{2x+y} = \dfrac{1}{4}xe^{2x+y}$ $\therefore u = \phi_1(y+2x) + \phi_2(y-2x) + \dfrac{1}{4}xe^{2x+y}$

(4) $u=\frac{1}{4}\frac{1}{D_x{}^2-D_y{}^2}12y^2=12\frac{1}{-D_y{}^2\left(1-\frac{D_x{}^2}{D_y{}^2}\right)}y^2=-\frac{12}{D_y{}^2}y^2=-12\left(\frac{1}{12}y^4\right)=-y^4$

$\therefore u(x,\ y)=\phi_1(y+x)+\phi_2(y-x)-y^4$

2. (1) $(D_x-D_y)(D_x+2D_y)z=e^x(y+1)$

$(D_x-D_y)z=\frac{1}{D_x+2D_y}e^x(y+1)=e^x(y-2+1)=e^x(y-1)$

$\therefore z=\frac{1}{D_x-D_y}e^x(y-1)=e^x(y+1-1)=e^xy$

따라서 구하는 일반해는 $z=\phi_1(y+x)+\phi_2(y-2x)+e^xy$

(2) $(D_x-2D_y)(D_x+4D_y)z=2x+3y$

특수적분 $z=\frac{1}{(2-2\times3)(2+4\times3)}(2x+3y)=\frac{2x+3y}{-56}$

일반해 $z=\phi_1(y+2x)+\phi_2(y-4x)-\frac{1}{56}(2x+3y)$

3. (1) 여함수 $z=\phi_1(y)+\phi_2(y+2x)$

특수적분 $\frac{1}{D_x{}^2-2D_xD_y}e^{2x+3y}=\frac{1}{2^2-2(2)(3)}e^{2x+3y}=-\frac{1}{8}e^{2x+3y}$

$\therefore z=\phi_1(y)+\phi_2(y+2x)-\frac{1}{8}e^{2x+3y}$

(2) 여함수 $z=\phi_1(y-2x)+\phi_2(y+3x)$

특수적분 $\frac{1}{D_x{}^2-D_xD_y-6D_y{}^2}\sin(x+2y)=\frac{1}{-1+2+24}\sin(x+2y)$

$\therefore z=\phi_1(y-2x)+\phi_2(y+3x)+\frac{1}{25}\sin(x+2y)$

(3) 여함수 $z=\phi_1(y-2x)+\phi_2(y+2x)$

특수적분 $z=Ae^{2x}\cos 2y+Be^{2x}\sin 2y=e^{2x}(A\cos 2y+B\sin 2y)$라면

$D_xz=2e^{2x}(A\cos 2y+B\sin 2y)$, $D_x{}^2z=4e^{2x}(A\cos 2y+B\sin 2y)$

$D_xD_yz=D_y(D_xz)=4e^{2x(-A}\sin 2y+B\cos 2y)$, $D_y{}^2z=-4(Ae^{2x}\cos 2y+Be^{2x}\sin 2y)$

$\therefore (D_x{}^2-D_xD_y-6D_y{}^2)z=4e^{2x}(A\cos 2y+B\sin 2y)-4e^{2x}(-A\sin 2y+B\cos 2y)$

$+24(Ae^{2x}\cos 2y+Be^{2x}\sin 2y)=4e^{2x}[(A-B+6A)\cos 2y+(B+A+6B)\sin 2y]$

$\equiv e^x\cos 2y$에서 $4(A-B+6A)=1,\ 4(B+A+6B)=0$에서

$A=\frac{7}{200}$, $B=-\frac{1}{200}$ 구하는 일반해는

$z=\phi_1(y-2x)+\phi_2(y+3x)+\frac{1}{200}(7e^{2x}\cos 2y-e^{2x}\sin 2y)$

8.4 파동방정식

1 파동방정식의 해

두 고정점 O, L 사이에 당겨 있는 현의 운동을 생각한다.

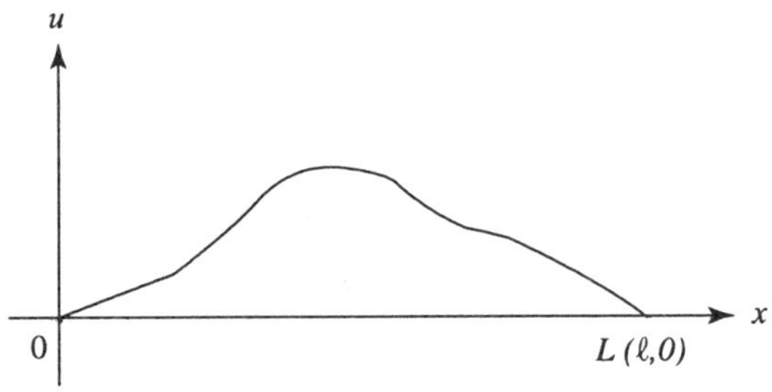

원점을 O, x축을 OL에 취하고, 현의 길이를 l이라 하면, L의 좌표는 $(l, 0)$이다.

현을 xy 평면에서 당겼다 놓으면, 현은 xy 평면에서 진동한다.

현상의 임의의 점의 변위를 $u(x, t)$이라 할 때, 현의 운동의 방정식은 다음 식으로 나타내진다.

$$\frac{\partial^2 u}{\partial t^2} = c^2 \frac{\partial^2 u}{\partial x^2} \tag{1}$$

이 방정식을 **1차원 파동방정식**(wave equation)이라 한다.

현은 $x=0$과 $x=l$에서 고정되었으므로, 두 개의 경계조건

$$u(0, t) = 0, \quad u(l, t) = 0 \ (\text{모든 } t\text{에서})$$

을 갖는다.

방정식 (1)이 $u = X(x)T(t)$꼴의 해를 갖는다면, (1)은

$$XT'' = c^2 X''T \quad \text{또는} \quad \frac{X''}{X} = \frac{T''}{c^2 T} (= \lambda) \tag{2}$$

λ는 부수조건을 만족하게 정한다.

(i) $\lambda > 0$인 경우

$$X'' - \lambda X = 0, \quad T'' - \lambda c^2 T = 0$$

에서

$$X = a_1 e^{\sqrt{\lambda} x} + a_2 e^{-\sqrt{\lambda} x}, \quad T = a_3 e^{c\sqrt{\lambda} t} + a_4 e^{-c\sqrt{\lambda} t}$$

이므로

$$u = (a_1 e^{\sqrt{\lambda} x} + a_2 e^{-\sqrt{\lambda} x})(a_3 e^{c\sqrt{\lambda} t} + a_4 e^{-c\sqrt{\lambda} t})$$

(ii) $\lambda=0$인 경우

$$X=b_1x+b_2,\quad T=b_3t+b_4$$

(iii) $\lambda<0$인 경우, $\lambda=-a^2(a>0)$이라면

$$X=d_1\cos ax+d_2\sin ax\quad T=a_3\cos cat+d_4\sin cat$$

$$\therefore\ u=(d_1\cos ax+a_2\sin ax)(d_3\cos cat+d_4\sin cat)\tag{3}$$

현의 운동은 주기운동이므로, t의 주기함수를 포함하는 해가 필요하다. 따라서 해는 $\lambda<0$에 대한 (iii)의 경우이어야 한다.

경계조건 $u(0,\ t)=0$에서 $\cos ax=1$, $\sin ax=0$이므로

$$u(0,\ t)=d_1(d_3\cos cat+d_4\sin cat)=0$$

이것은 모든 t에 관하여 성립해야 하므로 $d_1=0$

다음 조건 $u(l,\ t)=0$에서

$$d_2\sin ax\,(d_3\cos cat+d_4\sin cat)=0$$

여기서 $d_2=0$이라면 해는 $u\equiv0$ 되어 무의하므로 $d_2\neq0$, $d_3=d_4=0$이라면 $u\equiv0$ 되어 무의미하다.

따라서 $\sin al=0$ 되게 a를 정한다. 즉 $al=n\pi$에서 $a=\frac{n\pi}{l}(n\in N$

구하는 해는 $u=d_2\sin\frac{n\pi x}{l}\left(d_3\cos\frac{cn\pi}{l}t+d_4\sin\frac{cn\pi}{l}t\right)$ (4)

둘째 초기조건 $\left.\frac{\partial u}{\partial t}\right|_{t=0}=d_2\sin\frac{n\pi x}{l}\left(-d_3\frac{cn\pi}{l}\sin\frac{cn\pi}{l}t+d_4\frac{cn\pi}{l}\cos\frac{cn\pi}{l}t\right)_{t=0}$

$$=d_2d_4\left(\sin\frac{n\pi x}{l}\right)\frac{cn\pi}{l}=0$$

에서 $d_2\neq0$이며, $\frac{cn\pi}{l}\neq0$, $\sin\frac{n\pi x}{l}\neq0$이므로, $d_4=0$

초기조건 $u(x,\ 0)=A_0\sin\frac{\pi x}{l}$이 주어지면 (3)에서

$$u(x,\ 0)=d_2d_4\sin\frac{n\pi x}{l}=A_0\sin\frac{n\pi x}{l}$$

이므로 $d_2d_4=A_0$, $n=1$이다. 구하는 해는

$$u=A_0\sin\frac{\pi x}{l}\cos\frac{c\pi t}{l}\tag{5}$$

주기$=\dfrac{2\pi}{\frac{c\pi}{l}}=\dfrac{2l}{c}$로 단순한 진동을 반복한다.

예제 1 파동방정식 (1)의 해 (3)에서 $X(l)=0$인 경우의 해를 구하라.
단, $u(x,\ 0)=f(x)$, $u_t(x,\ 0)=g(x)$이다.

(풀이) $X(l)=0$에서 $d_1=0,\ d_2\neq 0$이므로 d_2를 d_n이라면

$$X(x)=d_n\sin\frac{n\pi}{l}x\ (n=1,2,\cdots)$$

무한급수 해를 얻기 위하여

$$T(t)=a_n\cos\frac{n\pi c}{l}t+b_n\sin\frac{n\pi c}{l}t$$

이라 놓으면, 대응하는 해는

$$u(x,\ t)=k_n\sin\frac{n\pi}{l}x\cos\frac{n\pi c}{l}t+M_n x\sin\frac{n\pi}{l}\sin\frac{n\pi c}{l}t\quad(n=1,2,\cdots)\tag{6}$$

(6)식으로는 초기조건을 만족하는 해를 구할 수 없으므로, 급수형(모든 n에 대한 합도 해이다.)으로 초기조건을 만족하는 해를 구한다.

$$\begin{aligned}u(x,\ t)&=\sum_{n=1}^{\infty}\left(k_n\sin\frac{n\pi}{l}x\cos\frac{n\pi c}{l}t+M_n\sin\frac{n\pi}{l}x\sin\frac{n\pi c}{l}t\right)\\&=\sum_{n=1}^{\infty}\sin\frac{n\pi}{l}x\left(k_n\cos\frac{n\pi c}{l}t+M_n\sin\frac{n\pi c}{l}t\right)\end{aligned}\tag{7}$$

초기조건 $u(x,\ 0)=f(x)=\displaystyle\sum_{n=1}^{\infty}k_n\sin\frac{n\pi}{l}x$에서 계수 k_n은 Fourier 급수의 계수이므로

$$k_n=\frac{2}{l}\int_0^l f(x)\sin\frac{n\pi x}{l}dx\tag{8}$$

항별 미분이 가능하다면

$$u_t(x,\ t)=\sum_{n=1}^{\infty}\sin\frac{n\pi x}{l}\left[\frac{n\pi c}{l}\left(-k_n\sin\frac{n\pi ct}{l}+M_n\cos\frac{n\pi ct}{l}\right)\right]$$

초기조건

$$u_t(x,\ 0)=g(x)=\sum_{n=1}^{\infty}\frac{n\pi c}{l}M_n\sin\frac{n\pi x}{l}$$

M_n은 Fourier 사인급수의 계수를 구하는 공식에 의하여

$$\frac{n\pi c}{l}M_n=\frac{2}{l}\int_0^l g(x)\sin\frac{n\pi x}{l}dx\text{에서 }M_n=\frac{l}{n\pi c}\int_0^l g(x)\sin\frac{n\pi x}{l}dx\tag{9}$$

구하는 해는 (7)식으로 주어지고, k_n, M_n은 (8), (9)식으로 정해진다.

예제 2 다음 경계조건에 따른 파동방정식의 해를 구하라.

$u_{tt}(x,\ t)=a^2u_{xx}(x,\ t)\quad(0<x<l,\ t>0)$

$u_x(0,\ t)=u_x(l,\ t)=0\quad(t>0),\quad u_t(x,0)=0\ (0<x<l)$

$u(x,\ 0)=f(x)\quad(0<x<l)$

(풀이) 변수분리형의 해를 $u(x,\ t)=X(x)T(t)$이라면

$$XT''=a^2X''T\text{에서}\quad\frac{T''}{a^2T}=\frac{X''}{X}=-\alpha^2$$

에서 다음 상미분방정식을 얻는다.

$$X''+\alpha^2X=0\quad\cdots①\qquad T''=\alpha^2a^2T=0\quad\cdots②$$

$u_x(0,\ t)=X'(0)T(t)=0$에서 $T(t)\neq0$이므로 $X'(0)=0$

$u_x(l,\ t)=X'(l)T(t)=0,\ T(t)\neq0$이므로 $X'(l)=0$

$u_t(x,\ 0)=X(x)\mathrm{T}'(0)=0$에서 $X(x)\neq0$이므로 $T'(0)=0$

이상에서 방정식 ①은 다음과 같이 된다.

(i) $X''+\alpha^2X=0,\quad X'(0)=X'(l)=0$

일반해는

$$X=c_1\cos\alpha x+c_2\sin\alpha x$$

이고, 미분하면

$$X'=-\alpha c_1\sin\alpha x+\alpha c_2\cos\alpha x$$

$X'(0)=0+\alpha c_2=0$에서 $\alpha\neq0$이므로, $c_2=0$

$X'(l)=-\alpha c_1\sin\alpha l=0$에서 $\alpha c_1\neq0$이므로 $\alpha l=n\pi,\ n\in N_0$

$\alpha=0$이면

$$X''=0,\quad X'=k_1,\quad X=k_1x+k_2$$

$X'(0)=0$에서 $k_1=0,\ k_2$는 임의 상수이다. $k_2=1,\ c_1=1$

$$X_0(x)=1,\quad X_n(x)=\cos\frac{n\pi x}{l},\ n\in N_0$$

(ii) ; $T''+\dfrac{n^2\pi^2a^2}{l^2}T=0,\quad \mathrm{T}'(0)=0$에서 일반해는

$$T=b_1\cos\frac{n\pi at}{l}+b_2\sin\frac{n\pi at}{l}$$

미분하면

$$\mathrm{T}'=\frac{-n\pi a}{l}b_1\sin\frac{n\pi at}{l}+\frac{n\pi a}{l}b_2\cos\frac{n\pi at}{l}$$

$$T'(0) = -\frac{n\pi a}{l} b_2 = 0 \text{에서 } b_2 = 0 \text{이므로 } T = b_1 \cos\frac{n\pi at}{l}$$

$B_1=1$이라면, $T_n = \cos\frac{n\pi at}{l}$ $n \in N_0$
이상에서

$$u_n(x,\ t) = X_n T_n = \cos\frac{n\pi x}{l} \cos\frac{n\pi at}{l},\ n \in N_0$$

이 식의 무한 일차결합으로 되는 급수해를 구한다.

$$u(x,\ t) = \frac{A_0}{2} + \sum_{n=1}^{\infty} A_n \cos\frac{n\pi x}{l} \cos\frac{n\pi at}{l}$$

초기상태를 써서 계수 $A_i(i=0, 1, 2, \cdots)$를 구한다.

$$u(x,\ 0) = f(x) = \frac{A_0}{2} + \sum_{n=1}^{\infty} A_n \cos\frac{n\pi x}{l}$$

에서

$$A_n = \frac{2}{l}\int_0^l f(x)\cos\frac{n\pi x}{l}\,dx,\ n \in N_0$$

이므로, 경계값 문제의 해는

$$u(x,\ t) = \frac{A_0}{2} + \sum_{n=1}^{\infty} A_n \cos\frac{n\pi x}{l} \cos\frac{n\pi at}{l}$$

$$\text{단, } A_n = \frac{2}{l}\int_0^l f(x)\cos\frac{n\pi x}{l}\,dx,\ n \in N_0$$

❷ 파동방정식의 D'Alembert 해

파동방정식

$$\frac{\partial^2 u}{\partial t^2} = c^2 \frac{\partial^2 u}{\partial x^2} \tag{1}$$

의 해를 $u = f(x + mt)$ 이라면

$$u_{tt} = m^2 f''(x + mt), \quad u_{xx} = f''(x + mt)$$

이고, $f''(x + mt) \neq 0$이므로, 특성방정식은

$$m^2 = c^2 \quad \therefore m = \pm c\ (\neq 0)$$

구하는 (1)의 일반해는

$$u = \phi(x + ct) + \psi(x - ct) \tag{2}$$

이 해를 D'Alembert 해라고 한다.

초기조건

$$u(x, 0) = f(x), \quad u_t(x, 0) = g(x)$$

을 만족하는 해를 구해보자.

$$u_t = c\phi'(x+ct) - c\psi(x-ct)$$

이므로

$$u(x, 0) = \phi(x) + \psi(x) = f(x) \tag{3}$$
$$u_t(x, 0) = c\phi'(x) - c\psi'(x) = g(x) \tag{4}$$

(4)식에서 얻는 식

$$\phi'(x) - \psi'(x) = \frac{1}{c} g(x)$$

을 x에 관하여 적분하면

$$\phi(x) - \psi(x) = \frac{1}{c}\int_{x_0}^{x} g(s)ds + k(x_0), \quad k(x_0) = \phi(x_0) - \psi(x_0) \tag{5}$$

이식과 (3)-(5), (3)+(5)에서

$$\psi(x) = \frac{1}{2} f(x) - \frac{1}{2c}\int_{x_0}^{x} g(s)ds - \frac{1}{2}k(x_0) \tag{6}$$

$$\phi(x) = \frac{1}{2} f(x) - \frac{1}{2c}\int_{x_0}^{x} g(s)ds + \frac{1}{2}k(x_0) \tag{7}$$

(7)식의 x를 $x+ct$로, (6)식의 x를 $x-ct$로 치환하면 (2)식에서

$$u(x, t) = \frac{1}{2}[f(x+ct) + f(x-ct)] + \frac{1}{2c}\int_{x-ct}^{x+ct} g(s)ds \tag{8}$$

만일 속도 $u_t(x, 0) = g(x) = 0$이면 (8)에서

$$u(x, t) = \frac{1}{2}[f(x+ct) + f(x-ct)] \tag{9}$$

를 얻고, $u(x, 0) = f(x)$이므로 초기조건을 만족한다.

연습문제 8.4

1. 다음 파동방정식을 풀어라. 단, $u(x,\ t)$는 시각 t에서 x축으로부터의 변위이다.

$$\frac{\partial^2 u}{\partial t^2} = a^2\frac{\partial^2 u}{\partial x^2} \quad 0 < x < l,\ t > 0$$

$$u(0,\ t) = u(l,\ t) = 0,\ u(x,\ 0) = f(x)\ (0 < x < l),\ u_t(x,\ 0) = 0\ (0 < x < l)$$

해답

1. 경계값 문제는 변수분리 $u = XT$로 푼다.

$XT'' = a^2X''T$에서 $T''/a^2T = X''/X = -\lambda^2$ 이므로,

$T'' + \lambda^2a^2T = 0,\ X'' + \lambda^2X = 0$을 풀어서

$T = A_1\sin\lambda at + B_1\cos\lambda at,\quad X = A_2\sin\lambda x + B_2\cos\lambda x$

$\therefore u(x,\ t) = XT = (A_2\sin\lambda x + B_2\cos\lambda x)(A_1\sin\lambda at + B_1\cos\lambda at)$

$u(0,\ t) = 0$에서 $A_2 = 0$이므로

$u(x,\ t) = B_2\sin\lambda x(A_1\sin\lambda at + B_1\cos\lambda at) = \sin\lambda x(A\sin\lambda at + B\cos\lambda at)$

$u(l,\ t)$에서 $\sin\lambda l(A\sin\lambda at + B\cos\lambda at) = 0$이므로, $\sin\lambda l = 0,\ \lambda l = n\pi$에서

$\lambda = \frac{n\pi}{l}$

$$u_t(x,\ t) = \sin\lambda l(A\lambda a\cos\lambda at - B\lambda a\sin\lambda at)$$

$u_t(x,\ 0) = (\sin\lambda x)(A\lambda a) = 0$에서 $A = 0$이므로

$$u(x,\ t) = B\sin\frac{n\pi x}{l}\cos\frac{n\pi at}{l}$$

$y(x,\ 0) = f(x)$를 만족하려면, $u(x,\ t)$는 다음 무한급수형으로 나타낸다.

$$u(x,\ t) = \sum_{n=1}^{\infty} B_m\sin\frac{n\pi x}{l}\cos\frac{n\pi at}{l}$$

$$u(x,\ 0) = f(x) = \sum_{n=1}^{\infty} B_m\sin\frac{n\pi x}{l}$$

이식을 $f(x)$의 Fourier 급수전개이므로,

$$B_m = \frac{2}{l}\int_0^l f(x)\sin\frac{n\pi x}{l}\,dx$$

$$\therefore u(x,\ t) = \sum_{n=1}^{\infty}\left(\frac{2}{l}\int_0^l f(x)\sin\frac{n\pi x}{l}\,dx\right)\sin\frac{n\pi x}{l}\cos\frac{n\pi at}{l}$$

8.5 열전도의 방정식

1 1차원 열전도의 방정식

x축 방향으로 흐르는 1차원 열도체에서 열의 흐름을 생각한다.
선분 $0 \le x \le l$ 상에 있는 막대기의 **열전도의 방정식**(heat equation)은

$$\frac{\partial u}{\partial t} = c^2 \frac{\partial^2 u}{\partial x^2} \tag{1}$$

으로 나타내진다.

편미분방정식 (1)의 해가운데 경계조건

$$u(0,\ t) = u(l,\ t) = 0 \ (t > 0)$$

및 초기조건

$$u(x,\ 0) = f(x) \ (0 \le x \le l)$$

을 만족하는 해를 구한다.

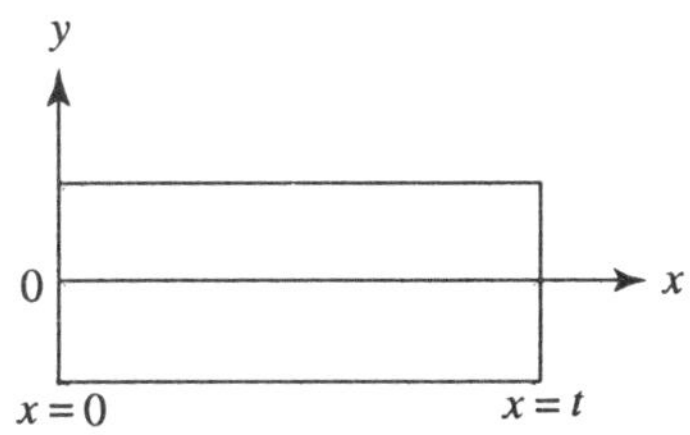

변수분리형의 해를

$$u(x,\ t) = X(x)T(t)$$

이라면, (1)식은

$$X(t)T'(t) = c^2X''(x)T(t)$$

양변을 $c^2X(x)T(t)$로 나누면

$$\frac{T'}{c^2T} = \frac{X''}{X}(= -p^2)$$

여기서 다음 두 개의 선형상미분방정식을 얻는다.

$$\mathrm{T}' + c^2p^2T = 0 \tag{2}$$

$$X'' + p^2X = 0 \tag{3}$$

(2)의 해는

$$T = ce^{-C^2p^2t}$$

(3)의 해는

$$X = A_1\cos px + B_1\sin px$$

이므로 (1)의 해는

$$u = e^{-c^2 p^2 t}(A\cos px + B\sin px) \tag{4}$$

경계조건

$$u(0,\ t) = X(0)T(t) = e^{-c^2p^2t}\ \ A = 0 \quad \therefore A = 0$$
$$u(l,\ t) = X(l)T(t) = e^{-c^2p^2t}\ \ B\sin pl = 0 \text{에서 } B \neq 0 \text{이므로}$$
$$\sin pl = 0,\quad pl = n\pi \quad \therefore p = \frac{n\pi}{l}\quad (n = 1, 2, \cdots)$$

따라서 해 (4)는

$$u = Be^{-(\frac{cn\pi}{l})^2 t}\cdot \sin\frac{n\pi}{l}x \tag{5}$$

그런데 해 (5)식으로는 초기조건

$$u(x,\ 0) = f(x)$$

를 만족하도록, A와 n를 정할 수 없으므로, 급수형

$$u(x,\ t) = \sum_{n=1}^{\infty} B_n e^{-(\frac{cn\pi}{l})^2 t}\cdot \sin\frac{n\pi}{l}x \tag{6}$$

의 꼴로 해를 구한다.

$$u = (x,\ 0) = \sum_{n=1}^{\infty} B_n \sin\frac{n\pi}{l}x = f(x)$$

가 성립하도록 계수 B_n을 구한다.

B_n은 $f(x)$의 Fourier 사인 급수의 계수이므로

$$B_n = \frac{2}{l}\int_0^l f(x)\sin\frac{n\pi x}{l}\,dx \tag{7}$$

이렇게 구한 B_n을 (6)식에 대입하여 해를 구한다.

예제 1 측면이 절연되고, 양끝의 온도가 0으로 유지되는 길이 l인 막대의 초기온도가

$$f(x) = \begin{cases} x & (0 < x < l/2) \\ l - x & (l/2 < x < l) \end{cases}$$

일 때, 막대의 온도 u를 구하라.

(풀이) 구하는 온도 u는 (6)식에서

$$u(x,\ t) = \sum_{n=1}^{\infty} u_n(x,\ t) = \sum_{n=0}^{\infty} B_n \sin\frac{n\pi x}{l}\, e^{-(\frac{cn\pi}{l})^2 t}$$
$$B_n = \frac{2}{l}\int_0^l f(x)\sin\frac{n\pi}{l}\,dx$$

B_n을 구하면

$$B_n = \frac{2}{l}\left[\int_0^{l/2} x\sin\frac{n\pi x}{l}\,dx + \int_{l/2}^{l}(l-x)\sin\frac{n\pi x}{l}\,dx\right]$$

$$= \begin{cases} \dfrac{4l}{n^2\pi^2} & (n = 1, 5, 9, \cdots) \\ -\dfrac{4l}{n^2\pi^2} & (n = 3, 7, 11, \cdots) \end{cases}$$

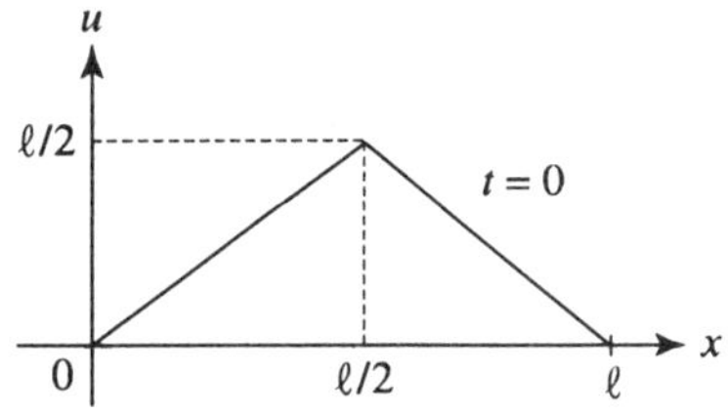

n이 짝수이면 $B_n = 0$

따라서 구하는 해 u는

$$u(x,\ t) = \frac{4l}{\pi^2}\left[\sin\frac{\pi x}{l}\exp\left\{-\left(\frac{c\pi}{l}\right)^2 t\right\} - \frac{1}{9}\sin\frac{3\pi x}{l}\exp\left\{-\left(\frac{3c\pi}{l}\right)^2 t\right\} + \cdots\right]$$

| 참 고 |

$$\int_{l/2}^{l}(l-x)\sin\frac{n\pi x}{l}\,dx = \int_{l/2}^{l} z\sin\frac{n\pi(l-z)}{l}\,d(l-z)\ \ (x = l-z)$$

$$= -\int_0^{l/2} z\left\{\sin\left(n\pi - \frac{n\pi z}{l}\right)\right\}(-dz) = \int_0^{l/2} z\left(\sin n\pi\cos\frac{n\pi z}{l} - \cos n\pi\sin\frac{n\pi z}{l}\right)(-dz)$$

$$= \int_0^{l/2} z\left\{-(-1)^n\sin\frac{n\pi z}{l}\,dz\right\} = (-1)^{n+1}\int_0^{l/2} x\sin\frac{n\pi x}{l}\,dx$$

$$\therefore B_n = \frac{2}{l}\left[\int_0^{l/2} x\sin\frac{n\pi x}{l}\,dx + (-1)^{n+1}\int_0^{l/2} x\sin\frac{n\pi x}{l}\,dx\right]$$

$$= \frac{2}{l}\{1 + (-1)^{n+1}\}\int_0^{l/2} x\sin\frac{n\pi x}{l}\,dx$$

$$\int_0^{l/2} x\sin\frac{n\pi x}{l}\,dx = -\frac{l^2}{2n\pi}\cos\frac{n\pi}{2} + \frac{l^2}{n^2\pi^2}\sin\frac{n\pi}{2} = \begin{cases} l^2/(n^2\pi^2) & (n = 1, 5, \cdots) \\ l^2/(2n\pi) & (n = 2, 6, \cdots) \\ -l^2/(n^2\pi^2) & (n = 3, 7, \cdots) \\ -l^2/(2n\pi) & (n = 4, 8, \cdots) \end{cases}$$

❷ 2차원 열전도의 방정식

2차원 **열전도의 방정식은**

$$\frac{\partial u}{\partial t} = c^2\left(\frac{\partial^2 u}{\partial x^2} + \frac{\partial^2 u}{\partial y^2}\right) \qquad (1)$$

으로 주어진다. 특히 열전도가 정상적(steady) 즉 열이 시간에 무관하면, $\dfrac{\partial u}{\partial t} = 0$ 이므로 (1)은

$$\nabla^2 u = \frac{\partial^2 u}{\partial x^2} + \frac{\partial^2 u}{\partial y^2} = 0 \qquad (2)$$

이 된다($\nabla^2 u = \nabla u$; ∇를 Laplacian이라 부른다).

열전도가 xy 평면의 직사각형 영역에서 행하지고, R의 경계선 c에서 온도 u가 주어지는 경계조건을 구성하는 Dirichet **문제**를 살펴보자.

온도 u가 직사각형 영역 R의 경계에서 다음 그림과 같이 주어진다 하자.

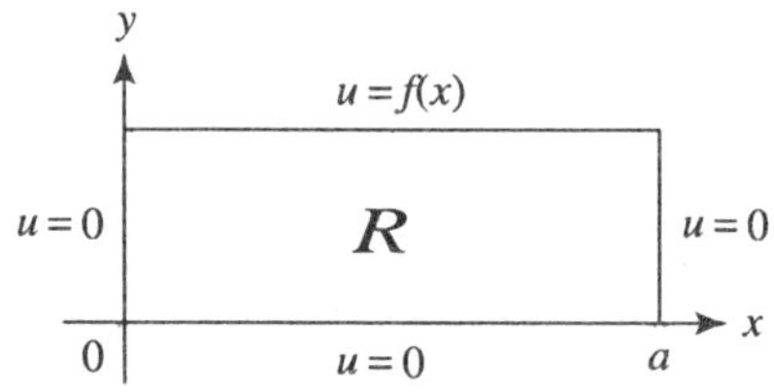

변수분리법으로 (2)의 해를 구한다.

$$u(x,\ y) = X(x)\,Y(y)$$

을 (2)에 대입하면

$$X''Y + XY'' = 0$$

양변을 XY로 나누면

$$\frac{X''}{X} + \frac{Y''}{Y} = 0,\quad \frac{X''}{X} = -\frac{Y''}{Y} = -k\ (k^2 > 0)$$

(i) $X'' + k^2X = 0,\quad X(0) = 0,\quad X(a) = 0$의 해는

$$X = c_1\cos kx + c_2\sin kx$$

$$X(0) = c_1 = 0,\quad X(a) = c_2\sin ka = 0$$

에서 $ka = n\pi \quad \therefore k = \dfrac{n\pi}{a}$

$$X = c_2\sin\frac{n\pi}{a}x,\quad X(0) = 0,\quad X(a) = c_2\sin n\pi = 0,\quad c_2 \neq 0$$

$c_2 = 1$일 때

$$X = \sin\frac{n\pi}{a}x$$

(ii) $Y'' - k^2Y = Y'' - \left(\dfrac{n\pi}{a}\right)^2 Y = 0,\quad u(x,\ 0) = 0$ 즉 $Y(0) = 0$

해는 $Y = A_1e^{\frac{n\pi}{a}y} + A_2e^{-\frac{n\pi}{a}y}$이고, 첫째 경계조건

$Y(0) = A_1 + A_2 = 0$에서 $A_2 = -A_1$

$$\therefore Y = A_1\left(e^{\frac{n\pi}{a}y} - e^{-\frac{n\pi}{a}y}\right) = 2A_1\sinh\frac{n\pi}{a}y$$

경계조건 $u(x,\ b) = f(x)$를 만족하는 해를 구하기 위하여 급수형으로 해를 나타낸다.

$$u(x,\ y) = \sum_{n=1}^{\infty} u_n(x,\ y) = \sum_{n=1}^{\infty} A_n{}^*\sin\frac{n\pi x}{a}\sinh\frac{n\pi y}{a}$$

이라면

$$u(x,\ b) = \sum_{n=1}^{\infty}\left(A_n{}^*\sinh\frac{n\pi b}{a}\right)\sin\frac{n\pi x}{a} = f(x)$$

$f(x)$의 Fourier 사인급수의 계수 b_n은 $f(x)$의 주기가 $2a$이므로

$$b_n = A_n{}^*\sinh\frac{n\pi b}{a} = \frac{2}{a}\int_0^a f(x)\sin\frac{n\pi x}{a}\,dx$$

$$\therefore A_n{}^* = \frac{2}{a\sinh(n\pi b/a)}\int_0^a f(x)\sin\frac{n\pi x}{a}\,dx$$

구하는 (1)의 해는

$$u(x,\ y) = \sum_{n=1}^{\infty} A_n{}^*\sin\frac{n\pi x}{a}$$

예제 2 다음 Laplace의 방정식을 풀어라.

$$u_{xx} + u_{yy} = 0 \ (0 < x < 2,\ 0 < y < 2)$$

단, $u(0,\ y) = u(2,\ y) = 0 \ (0 < y < 2)$

$u(x,\ 0) = 0,\quad u(x,\ 2) = 1 \ (0 < x < 2)$

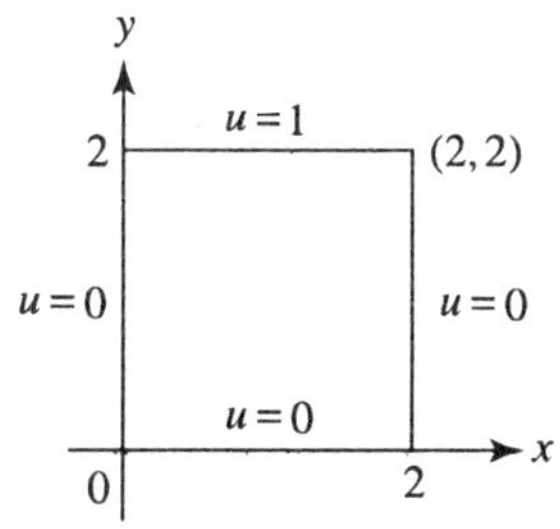

(풀이) $u(x,\ y) = X(x)Y(y)$을 준 PDE에 대입하면

$X''Y + XY'' = 0$에서 $\dfrac{X''}{X} = -\dfrac{Y''}{Y} = -\alpha^2$

이므로

$$X'' + \alpha^2 X = 0,\quad Y'' - \alpha^2 Y = 0$$
$$u(0,\ y) = X(0)Y(y) = 0$$
$$u(2,\ y) = X(2)Y(y) = 0$$

$Y(y) \neq 0$이므로, $X(0) = 0,\ X(2) = 0$

(i) $X'' + \alpha^2 X = 0,\ X(0) = 0,\ X(2) = 0$을 푼다.

$$X = c_1\cos\alpha x + c_2\sin\alpha x$$

에서 $X(0) = c_1 = 0,\ X(2) = c_2\sin 2\alpha = 0$에서 $c_2 \neq 0$이므로 $2\alpha = n\pi$

$\therefore \alpha = \dfrac{n\pi}{2},\ n \in N_0$ $n=0$이면 $\alpha=0$ 되어서 $X=0$이다. 이것은 자명해(불필요한 해)이다.

편의상 $c_2 = 1$로 하면

$$X = \sin\frac{n\pi}{2}x,\ n \in N \qquad (1)$$

(ii) $Y'' - \alpha^2 Y = 0,\quad Y'' - \left(\dfrac{n\pi}{2}\right)^2 Y = 0$에서

$$Y = c_1 e^{\frac{n\pi}{2}y} + c_2 e^{-\frac{n\pi}{2}y} = b_1 \frac{e^{\frac{n\pi}{2}y} + e^{-\frac{n\pi}{2}y}}{2} + b_2 \frac{e^{\frac{n\pi}{2}y} - e^{-\frac{n\pi}{2}y}}{2}$$

$$= b_1 \cosh\frac{n\pi}{2}y + b_2 \sin\frac{n\pi}{2}y \qquad (2)$$

(i), (ii)에서

$$u(x,\ y) = X(x)Y(y) = \sin\frac{n\pi x}{2}\left(b_1\cosh\frac{n\pi y}{2} + b_2\sinh\frac{n\pi y}{2}\right)$$

$u(x,\ 0) = b_1 \sin\frac{n\pi x}{2} = 0$에서 $\sin\frac{n\pi x}{2} \neq 0$이므로 $b_1 = 0$

$$\therefore u(x,\ y) = b_2 \sin\frac{n\pi x}{2}\sinh\frac{n\pi y}{2}$$

경계조건 $u(x,2) = f(x)$에 맞는 b_2를 구하기 위하여 급수형 해

$$u(x,\ y) = \sum_{n=1}^{\infty} b_n \sin\frac{n\pi x}{2}\sinh\frac{n\pi y}{2} \qquad (3)$$

를 구한다.

다음 경계조건에 의하여

$$u(x,\ 2) = \sum_{n=1}^{\infty} b_n \sin\frac{n\pi x}{2}\sinh n\pi = 1$$

u는 주기가 4이므로 Fourier 사인급수의 계수를 구하면

$$b_n \sinh n\pi = \frac{1}{2}\int_0^2 1\cdot\sin\frac{n\pi x}{2}dx = \frac{1}{2}\left[-\frac{2}{n\pi}\cos\frac{n\pi x}{2}\right]_0^2 = -\frac{1}{n\pi}(-1)^n$$

구하는 해 $u(x,\ y)$는 이 식에서 b_n을 구하여 (3)에 대입한다.

$$u(x,\ y) = \sum_{n=1}^{\infty} \frac{(-1)^{n+1}}{n\pi\sinh n\pi}\sin\frac{n\pi x}{2}\sinh\frac{n\pi y}{2} \qquad (4)$$

③ Laplace 변환에 의한 편미분방정식의 해법

편미분방정식은 양의 변수 하나에 관하여 Laplace 변환을 취하여 풀수 있다.

보기 1

양의 x와 t에 대한 파동방정식

$$u_{tt} = c^2 u_{xx} \qquad (1)$$

을경계조건 $u(0,\ t) = f(t),\ \lim_{x\to\infty} u(x,\ t) = 0$ (2)

및 초기조건 $u=0$을 써서 Laplace 변환으로 풀어보자. (3)

t에 관하여 Laplace 변환을 취한다.

$$\mathcal{L}(u_{tt}) = s^2\mathcal{L}(u) - su(x,\ 0) - u_t = s^2\mathcal{L}(u) = s^2 U$$

$$\mathcal{L}(u_{xx}) = \int_0^\infty e^{-st}u_{xx}\,dt = \frac{\partial^2}{\partial x^2}\int_0^\infty e^{-st}u(x,\ t)dt$$

$$= \frac{\partial^2}{\partial x^2}\mathcal{L}\{u(x,\ t)\} = \frac{\partial^2}{\partial x^2}U(x,\ s) = U_{xx}$$

$\mathcal{L}\{u(x,\ t)\}$을 $U(x,\ s)$로 나타낸다. 준 편미분방정식에서

$$s^2U = c^2U_{xx} \text{ 또는 } U_{xx} - \frac{s^2}{c^2}U = 0 \tag{4}$$

이 미방은 x만 관한 상미분방정식이다. 해는

$$U(x,\ s) = A(s)e^{sx/c} + B(s)e^{-sx/c} \tag{5}$$

식 (2)로부터

$$U(0,\ s) = \mathcal{L}\{u(0,\ t)\} = \mathcal{L}\{f(t)\} = F(s)$$

$$\lim_{x\to\infty} U(x,\ s) = \lim_{x\to\infty}\int_0^\infty e^{-st}u(x,\ t)dt = \int_0^\infty e^{-st}\lim_{x\to\infty}u(x,\ t)dt$$

$$= \int_0^\infty e^{-st}\cdot 0dt = 0$$

(5)에서 $x\to\infty$일 때 $e^{-sx/c}\to 0$, $e^{sx/c}\to\infty$이므로

$\lim_{x\to\infty} U(x,\ s) = 0$ 되려면 $A(s) = 0$이어야 하므로 (5)에서

$$U(0,\ s) = B(s)e^0 = B(s) = F(s)$$

식 (5)는

$$U(x,\ s) = F(s)e^{-sx/c} \quad \therefore u(x,\ t) = f\left(f - \frac{x}{c}\right)u\left(t - \frac{x}{c}\right)$$

연습문제 8.5

1. 다음 편미분방정식을 풀어라

$$\frac{\partial u}{\partial t} = 2\frac{\partial^2 u}{\partial x^2}, \quad -0 < x < 3, \quad t > 0, \quad u(0, t) = u(3, t) = 0,$$
$$u(x, 0) = 5\sin 4\pi x - 3\sin 8\pi x + 2\sin 10\pi x, \quad |u(x, t)| < M(\text{유계})$$

2. 문제 1의 풀이내용 (A)를 써서 다음 편미분방정식을 풀어라.

$$\frac{\partial u}{\partial t} = 2\frac{\partial^2 u}{\partial x^2}, \quad 0 < x < 3, \quad t > 0, \quad u(0, t) = u(3, t) = 0, \quad u(x, 0) = f(x)$$

3. 다음 Neumann 문제를 풀어라.

$$\nabla^2 u = 0 \quad (0 < x < \pi, \ 0 < y < \pi)$$
$$u_x(0, y) = u_x(\pi, y) = 0 \quad (0 < y < \pi)$$
$$u(x, 0) = 0, \quad u(x, 2\pi) = 1, \quad (0 < x < \pi)$$

해답

1. $u = X(x)T(t)$라면 $XT' = 2X''T$, $X''/X = T'/2T = -\lambda^2$에서
$X'' + \lambda^2 X = 0$, $T' + 2\lambda^2 T = 0$이고, 해는
$X = A_1\cos\lambda x + B_1\sin\lambda x$, $T = C_1 e^{-2\lambda^2 t}$에서 $u = XT = c_1 e^{-2\lambda^2 t}(A_1\cos\lambda x + B_1\sin\lambda x)$
$u(0, t) = 0$이므로 $e^{-2\lambda^2 t}(A) = 0$에서 $A = 0$이므로, $u(x, t) = Be^{-2\lambda^2 t}\sin\lambda x$
$u(3, t) = 0$이므로, $Be^{-2\lambda^2 t}\sin 3\lambda = 0$, $B \neq 0$이므로 $\sin 3\lambda = 0$, $3\lambda = n\pi$, $\lambda = n\pi/3$
$(n = 0, \pm 1, \pm 2, \cdots)$ 따라서 구하는 해는

$$u(x, t) = Be^{-2n^2\pi^2 t/9}\sin\frac{n\pi x}{3} \tag{A}$$

조기조건을 만족하는 해를 구한다.

$$u(x, t) = B_1 e^{-2n_1^2\pi^2 t/9}\sin\frac{n_1\pi x}{3} + B_2 e^{-2n_2^2\pi^2 t/9}\sin\frac{n_2\pi x}{3}$$
$$+ B_3 e^{-2n_3^2\pi^2 t/9}\sin\frac{n_3\pi x}{3} + \cdots$$
$$u(x, 0) = B_1\sin\frac{n_1\pi x}{3} + B_2\sin\frac{n_2\pi x}{3} + B_3\sin\frac{n_3\pi x}{3}$$
$$= 5\sin 4x - 3\sin 8\pi x + 2\sin 10\pi x$$

$\therefore B_1 = 5,\ n_1 = 12,\ B_2 = -3,\ n_2 = 24,\ B_3 = 2,\ n_3 = 30$

$\therefore u(x,\ t) = 5e^{-32\pi^2 t}\sin 4\pi x - 3e^{-128\pi^2 t}\sin 8\pi x + 2e^{-200\pi t^2}\sin 10\pi x$

2. $u(x,\ t) = \sum_{n=1}^{\infty} B_n e^{-2m^2\pi^2 t/9}\sin\frac{n\pi x}{3}$

$u(x,\ 0) = f(x)\sum_{n=1}^{\infty} B_n \sin\frac{n\pi x}{3}$ 에서 $B_n = \frac{2}{3}\int_0^3 f(x)\sin\frac{n\pi x}{3}\,dx$

3. $\nabla^2 u = u_{xx} + u_{yy} = 0$ 에서 $u(x,\ y) = X(x)Y(y)$이라면, $X''Y + XY'' = 0$

$\frac{X''}{X} = -\frac{Y''}{X} = -\alpha^2$에서 $X'' + \alpha^2 X = 0,\quad Y'' - \alpha^2 Y = 0$

$X = c_1\cos\alpha x + c_2\sin\alpha x,\quad Y = D_1 e^{\alpha y} + D_2 e^{-\alpha y}$이므로,

$u = XY = (c_1\cos\alpha x + c_2\sin\alpha x)(D_1 e^{\alpha y} + D_2 e^{-\alpha y})$

$u_x = (-\alpha c_1\sin\alpha x + \alpha c_2\cos\alpha x)(D_1 e^{\alpha y} + D_2 e^{-\alpha y})$

$u_x(0,\ y) = \alpha c_2(D_1 e^{\alpha y} + D_2 e^{-\alpha y}) = 0$에서 $Y \neq 0,\ \alpha \neq 0$이므로 $c_2 = 0$

$u_x(\pi,\ y) = -\alpha c_1\sin\alpha\pi(D_1 e^{\alpha y} + D_2 e^{-\alpha y}) = 0 \cdots ②$

$c_1 \neq 0$이므로 $\alpha\pi = n\pi$에서 $\alpha = n \in N_0$

$\therefore u(x,\ y) = c_2\sin nx(D_1 e^{ny} + D_2 e^{-ny})$

$u(x,\ 0) = c_2\sin nx(D_1 + D_2) = 0$에서 $c_2\sin nx \neq 0$이므로 $D_2 = -D_1$

$\therefore u = (c_2\sin nx)2D_1\left(\frac{e^{\alpha y} - e^{-\alpha y}}{2}\right) = 2c_2 D_1\sin nx\sinh ny = E_n\sin nx\sinh ny$

경계조건 $u(x,\ 2\pi) = 1$을 만족하는 u는 $\sum_{n=1}^{\infty} E_n\sin nx \cdot \sinh ny$ 꼴이므로

$u(x,\ 2\pi) = \sum_{n=1}^{\infty} E_n\sin nx\sinh 2n\pi = 1$에서 $E_n = \frac{2}{\pi}\int_0^{\pi}\sin nx\sinh 2n\pi\,dx$

$= \frac{2\sinh 2n\pi}{n\pi}[-\cos nx]_0^{\pi} = \frac{1-(-1)^n}{n\pi}2\sinh 2n\pi = \frac{4}{(2m-1)\pi}\sinh 2(2m-1)\pi$

n이 짝수이면 $E_n = 0$이다. 구하는 해는

$u(x,\ y) = \frac{4}{\pi}\sum_{m=1}^{\infty}\frac{\sinh[2(2m-1)\pi]}{2m-1}\sin(2m-1)x\sinh(2m-1)y$

찾아보기

ㄱ

ㄷ

ㅁ

ㅂ

ㅅ

ㅇ

ㅈ

이공계 학생을 위한

미분방정식

2008년 1월 15일 1판 1쇄 발행
2009년 3월 2일 1판 2쇄 발행

저 자 / 강부현 · 유동선
발행자 / 오판근
발행처 / 교우사

주 소 / 서울 동대문구 제기2동 148-19
전 화 / 925-2861(代), 편집부 / 925-2825
팩 스 / 925-2860
E-mail / kyowoo @ kyowoo.co.kr
http: // www. kyowoo. co. kr
등록 / 1994. 3. 24 제6-0256호

ISBN 978-89-8172-689-8 (93410)

값 20,000원